高等职业院校信息技术应用“十三五”规划教材

计算机基础应用教程

吴 薇 主 编

谷峥征 何文颖 陈利科 副主编

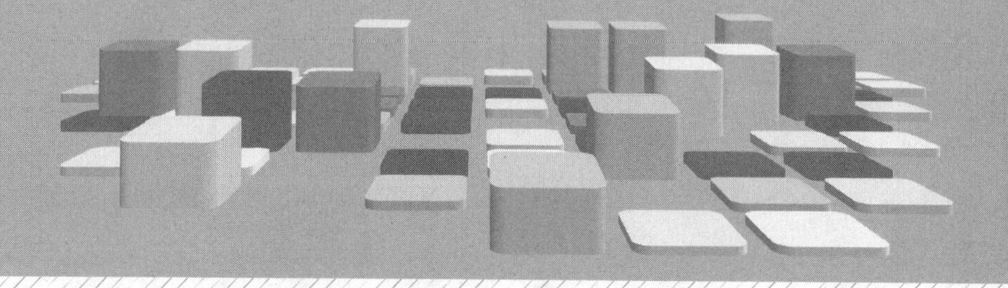

人 民 邮 电 出 版 社

北 京

图书在版编目（CIP）数据

计算机基础应用教程 / 吴薇主编. -- 北京 : 人民邮电出版社, 2018.9
高等职业院校信息技术应用“十三五”规划教材
ISBN 978-7-115-48898-5

Ⅰ. ①计… Ⅱ. ①吴… Ⅲ. ①电子计算机－高等职业教育－教材 Ⅳ. ①TP3

中国版本图书馆CIP数据核字(2018)第158847号

内 容 提 要

本书全面系统地介绍了计算机基础知识及其基本操作。全书共 8 个项目、27 个任务，主要内容包括了计算机基础知识、Windows 7 操作系统、网络应用常识、文字处理 Word 2010、电子表格 Excel 2010、演示文稿 PowerPoint 2010、实用多媒体软件、操作模拟试题等。

本书采用项目驱动式讲解方式，训练学生应用计算机的能力，并培养学生的信息素养。书中知识覆盖全面，内容安排循序渐进，案例典型、实用、生动活泼，是一本典型的知识讲授与自学辅导相结合的计算机基础用书。

本书适合作为高职高专院校计算机基础课程的教材，也可作为计算机培训班教材或学生的自学参考书。

◆ 主　　编　吴　薇
副 主 编　谷峥征　何文颖　陈利科
责任编辑　桑　珊
责任印制　马振武

◆ 人民邮电出版社出版发行　　北京市丰台区成寿寺路 11 号
邮编　100164　　电子邮件　315@ptpress.com.cn
网址　http://www.ptpress.com.cn
大厂回族自治县聚鑫印刷有限责任公司印刷

◆ 开本：787×1092　1/16
印张：17.75　　2018 年 9 月第 1 版
字数：560 千字　　2024 年 9 月河北第 9 次印刷

定价：45.00 元

读者服务热线：(010)81055256　印装质量热线：(010)81055316
反盗版热线：(010)81055315
广告经营许可证：京东市监广登字 20170147 号

前言 FOREWORD

随着科技的不断进步，计算机在人们社会生活中所起到的作用越来越大。现代社会中，计算机的应用是全方位的，涉及政治、经济、科研、文化等各个领域，因此，熟练运用计算机进行信息处理已经成为每个大学生应掌握的基本能力。

计算机基础课程作为高等职业院校的公共必修课，课程内容既可以辅助专业课程的学习，又可以推动学生职业能力的培养，促进就业，具有很高的实用价值。本书作为高职计算机基础课程的配套教材，不仅对课程的内容表述全面具体，还能为学生今后的就业提供计算机基础操作指导。

教材特色

1. 项目驱动，任务展开

本书编写以项目驱动、任务展开为主要形式，将计算机基础课程涉及的相关知识和技能操作进行有效划分，并以任务的形式对应用知识进行细化，辅以与其他专业相关的工作案例，旨在提升学生的实际操作能力。

2. 注重典型性，突出实用性

本书内容详实，案例选择合理，一切以注重知识的典型性、突出操作的实用性为宗旨，力求体现服务专业建设、服务学生终身发展的课程指导思想。本书通过与专业相关的配套案例，引发学生的学习兴趣，为学好课程、增强能力提供助力。

3. 知识全面，案例丰富

本书根据计算机基础课程的需要，全面总结了计算机基础理论、操作系统应用、办公软件使用、多媒体实用软件等相关知识，并根据知识点的学习需要设置了 8 个项目、27 个任务，选配了几十个经典案例和拓展实例，方便学生学习。

4. 循序渐进，生动活泼

本书从内容安排上做到了循序渐进，相关章节由浅入深、条理清晰，是一本典型的知识讲授与自学辅导相结合的计算机基础用书。同时，本书在知识表述上力求形式生动活泼，满足青年学生求新求异的心理特点，意在营造良好的学习氛围，创造快乐学习的良好环境。

内容安排

项目 1　计算机基础知识：主要介绍计算机理论和常规应用知识，共 3 个任务。

项目 2　Windows 7 操作系统：主要介绍计算机主流操作系统的使用技巧，共 3 个任务。

项目 3　网络应用常识：主要介绍网络应用常识和新技术，共 3 个任务。

项目 4　文字处理 Word 2010：主要介绍文字处理方面的实用技术，共 7 个任务。

项目 5　电子表格 Excel 2010：主要介绍数据管理方面的实用技术，共 6 个任务。

项目 6　演示文稿 PowerPoint 2010：主要介绍信息展示方面的实用技术，共 3 个任务。

项目 7　实用多媒体软件：主要介绍以光影魔术手、GoldWave 和狸窝全能视频转换器为代表的实用多媒体软件的使用，共 2 个任务。

项目 8　操作模拟试题：主要提供与目前计算机应用能力考试相关的技能试题。

教材资源

本书配有与各项目任务相关的素材、样张和样文，方便读者操作使用。另外，本书还根据知识点及技能操作点的需要配备了丰富的微课教学视频，读者可以通过微信扫码进行在线学习。

创作团队

本书由吴薇任主编，由谷峥征、何文颖、陈利科任副主编，由沙学玲、高冬梅、王秀玉、高添添参编，其中，项目 1 和项目 4 由吴薇编写、项目 2 由谷峥征编写、项目 3 由沙学玲编写、项目 5 由何文颖编写、项目 6 由陈利科编写、项目 7 任务 1 由高冬梅编写、项目 7 任务 2 由王秀玉编写、项目 8 由高添添编写。

由于编者水平有限，书中难免存在疏漏和不足，敬请读者批评指正。

编者
2018年5月

目录 CONTENTS

项目1

计算机基础知识

项目导学

本项目主要介绍计算机的相关基础知识，包括计算机的诞生和发展史、特点及分类、组成、数制与编码、工作原理、安全、应用等。本项目划分为 3 个任务，分别就计算机基础理论、计算机组成及原理、计算机系统安全和计算机信息管理等方面进行介绍，让读者了解计算机系统，为深入学习计算机基础应用知识和技能操作做必要的准备。

学习目标

- 能够深入认识计算机系统
- 了解计算机系统的基本理论
- 掌握计算机系统的防护常识
- 了解计算机系统的组成及工作原理
- 培养信息素养，提升分析、解决实际问题的能力

任务 1 我们的朋友——基础理论

任务提出

小叶同学是今年刚刚入学的新生，学院里的一切都让她感到新鲜！特别是第一学期开设的计算机课程，更是激发了她的学习兴趣。那么老师在课上都讲了些什么，会让她有这种感觉呢？计算机到底与我们有着怎样的关系呢？

任务分析

认识计算机及其发展史并熟识计算机的特点、分类和功能是本任务的核心内容，是让计算机成为我们的好朋友的第一步！

任务要点

- 计算机的诞生及发展历史
- 计算机的特点
- 计算机的分类
- 计算机的应用

知识链接

1.1.1 计算机的诞生及发展历史

1. 初识计算机

计算机（Computer）就是我们常常提及的“电脑”，是一种可以高速度、高精度处理数据的电子设备。它处理的数据种类十分广泛，从大家所熟知的传统数字、文字到形象生动的图像、声音、视频，凡是你能想到的，都可以在计算机上表达出来。它不但可以完成数值计算，还可以进行逻辑分析，并且具有超乎想象的存储与记忆功能。我们可以放心大胆地用它去加工各种数据，并为我们所用。换句话说，计算机是能够按照程序要求运行的，可以自动、高速、精确处理海量数据的现代化智能电子设备。

每一台电子计算机都是由硬件系统和软件系统所组成的，这与大家每天都拿在手中的智能手机很相似，如图 1-1 所示。与手机一样，没有安装任何软件的计算机被称为“裸机”。

图 1-1

计算机和手机在组成上有何区别与联系呢？如表 1-1 所示。

表 1-1 计算机与手机对比表

项目 \ 分类	硬件		软件	
	主机	外部设备	系统软件	应用软件
计算机	CPU、内存等	显示器、硬盘、网卡、鼠标等	Windows 7、Windows 10 操作系统等	财务软件（用友）、办公软件（Office）、QQ、多媒体软件（Photoshop）等
手机	处理器、内存等	TF 卡（存储卡）、耳机、摄像头等	Android、iOS 等	微信、掌上公交、记事本、闹钟等

在对计算机有了大致的认识之后，如果要更为深入、全面地了解计算机、认识计算机，读者还要了解计算机的诞生和发展史。

2. 计算机的诞生

微课：计算机的诞生及发展

提到计算机的诞生，就不能不说一说它的前身——各式各样的计算工具。从远古到现代，随着生产力水平的提高，人们对数据计算的要求也越来越高。计算工具的演化顺应了时代发展的要求，也经历了一个由简单到复杂、从低级到高级的过程。在这个漫长的历史过程中，我们可以自豪地说，计算工具起源于中国。最早的计算工具就是我们的祖先发明出来的。从“结绳记事”中的绳结到算筹、算盘、计算尺、机械计算机等都闪耀着中华文明的光辉。它们在不同的时期发挥了各自的历史作用，同时也启发了电子计算机的研制和设计思路。

现代计算机的发展历程如下。

- 1889 年，美国科学家赫尔曼·何乐礼研制出电力驱动的能储存计算资料的电动制表机。
- 1930 年，美国科学家范内瓦·布什造出世界上第一台模拟电子计算机。
- 1946 年，宾夕法尼亚大学的科学家为美国军方定制出世界上第一台通用电子计算机 ENIAC[①]，如图 1-2 所示。

图 1-2

必须要再提一句，在这伟大的历史洪流中，我们作为古老的东方古国，落后了一步。这使我们更加深刻地认识到“科技就是生产力”，落后就要受制于人，同学们，努力学习吧。

3. 计算机的发展

随着高水平计算工具的诞生，社会生产力得到了更快的发展。那么，我们再来了解一下计算机的发展历史吧！如表 1-2 所示。

表 1-2 计算机的发展

划分＼项目	时期	硬件	软件	应用领域
第 1 代 电子管计算机	1946～1957 年	逻辑元件采用真空电子管，主存储器采用汞延迟线、阴极射线示波管静电存储器、磁鼓、磁芯	使用机器语言、汇编语言	军事和科学计算
第 2 代 晶体管计算机	1958～1964 年	逻辑元件采用晶体管，主存储器使用磁鼓、磁芯	启用操作系统、开始使用高级语言及其编译程序	科学计算和事务处理
第 3 代 中小规模集成电路计算机	1965～1970 年	逻辑元件采用中、小规模集成电路，主存储器仍采用磁芯	出现了分时操作系统以及结构化、规模化程序设计方法	开始进入文字处理和图形图像处理领域
第 4 代 大规模和超大规模集成电路计算机	1970 年至今	逻辑元件采用大规模和超大规模集成电路	出现了数据库管理系统、网络管理系统和面向对象语言等	从科学计算、事务管理、过程控制逐步走向家庭应用

未来，计算机将继续向着超高速、超小型、并行处理和智能化的方向发展，并深度拥有感知、思考、判断、

① “电子数字积分计算机”，中文名为埃尼阿克（Electronic Numerical Integrator And Computer，ENIAC）。它是美国奥伯丁武器试验场为了满足计算弹道需要而研制成的。这台计算机使用了 17 840 支电子管，体积约为 440 立方米，重约为 28 吨，耗电量为 150 千瓦，造价为 48 万美元，其运算速度为 5 000 次/秒，价值约为 48 万美元。

学习和语言能力。比如，量子计算机、光子计算机、分子计算机、纳米计算机等将逐步进入生产、生活领域，完成计算机与人类的更完美结合，使我们的生产、生活品质更上一层楼。

1.1.2 计算机的特点

根据计算机主要硬件的不同，对其进行划分，特点如下。

- 第 1 代（电子管计算机）：体积大、功耗高、价格贵、可靠性差。运算速度相对较慢①，但已经较计算机的前身——各种其他的计算工具有了很大的进步，同时也为以后的计算机发展奠定了理论基础。
- 第 2 代（晶体管计算机）：体积缩小、能耗降低、可靠性提高、运算速度提高②、性能比第 1 代计算机有很大的提升。
- 第 3 代（集成电路计算机）：体积显著缩小、能耗更低、价格明显下降，运算速度更快③，可靠性显著提高。产品走向了通用化、标准化和系列化。
- 第 4 代（大规模和超大规模集成电路计算机）：体积更小、速度更快、可靠性更高。以 1971 年第一台微处理器在美国硅谷诞生为标志，开创了微型计算机的新时代，使计算机进入家庭成为可能。

从根本上讲，计算机的发展史就是组成计算机的物理元器件的发展史。随着物理元器件的更新换代，不仅计算机主机经历了数次更新换代，它的外部设备也在不断地变革。

以外存储器为例，由最初的阴极射线管发展到磁芯、磁鼓，以后又发展为通用的磁盘，再到只读光盘（CD-ROM）、直到目前通用的各种可移动存储设备，如图 1-3 所示。每一次硬件的革新都带动了计算机技术的发展。

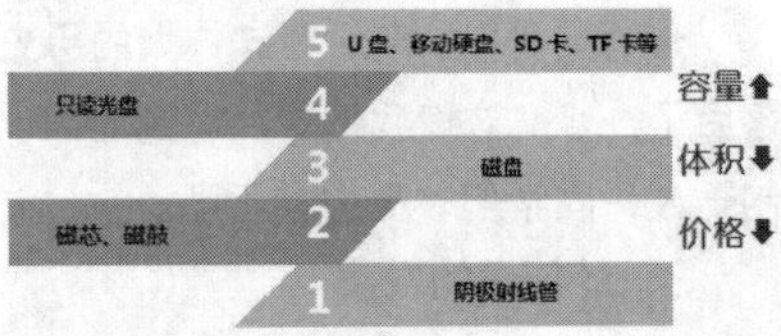

5 U盘、移动硬盘、SD卡、TF卡等
4 只读光盘
3 磁盘
2 磁芯、磁鼓
1 阴极射线管
容量↑
体积↓
价格↓

图1-3

作为现代信息技术的代表，计算机的特点大致可以总结为以下几点。

1. 运算速度快

计算机内部由各种电路元器件组成，可以高速地完成各种运算。目前，计算机系统的运算速度已达到每秒万亿次，即便是微型计算机的运算性能也不容小觑。比如，水利工程量计算、卫星轨道参数计算、24 小时天气预报分析等原来需要算上几年甚至几十年的海量数据，现在可以轻轻松松地在几分钟内得到计算结果。

2. 计算精度高

“精度”是数据计算的基本要求。在科学研究领域更是这样。目前，通用计算机可以做到十几位甚至几十位有效数字，这是任何早期的计算工具都很难做到的。正是因为计算机将运算精度控制在千分之一甚至百万分之一，才有了全球各类高新技术的蓬勃发展。我国的航天技术就是一个成功的典型。

3. 存储容量大

计算机内部的存储器具有记忆特性，可以存储大量的信息。这些信息，不仅包括各类数据信息，还包括加工这些数据的程序。一台计算机就是一个大型的资料库。

4. 自动化程度高

电子元器件的特性决定了计算机具有存储记忆能力和逻辑判断能力，所以人们利用基本的硬件条件进行计算机的程序存储，并用程序控制数据信息的处理，完成连续、自动的计算工作，不需要人工干预。

5. 逻辑运算能力强

计算机不但可以进行数据计算，还能够根据内部存储的程序进行逻辑判断，从而控制程序的运行方向。软件设计者正是利用计算机的这个特点设计、开发出许许多多面向信息处理、过程控制、人工智能等方面的应用软件。

---

① 一般为每秒数千次至数万次运算，以加法运算次数进行衡量。

② 一般为每秒数 10 万次，可高达 300 万次。

③ 一般为每秒数百万次至数千万次。

例如，在游戏产品开发中，计算机的这个特点就体现得尤为突出。

6. 性价比高

随着科技生产力的发展，计算机作为人们日常生活的一部分已经进入了普通家庭。它的普及应用已经成为信息社会的一大风景。在新的世纪里，计算机已成为每家每户不可缺少的设备，而且形式多样的态势已经见端倪，台式计算机、笔记本、平板电脑等，更新换代越来越快，性价比越来越高。

1.1.3 计算机的分类

计算机的分类方式有很多，常用的分类为：按性能、规模和处理能力，可以将计算机划分为巨型机、大型机、中型机、小型机和微型机；按计算机应用领域进行分类，可以将计算机划分为超级计算机、网络计算机、工业控制计算机、个人计算机、嵌入式计算机五大类。本书主要介绍这种划分方式。

1. 超级计算机（Super Computer）

超级计算机通常是指由成百上千甚至更多的处理器（机）组成的、能计算普通个人计算机和小型服务器不能完成的大型复杂计算任务的计算机。目前，超级计算机是计算机中功能最强、运算速度最快、存储容量最大的一类计算机，是国家科技发展水平和综合国力的重要标志。例如，我国的银河系列、天河系列计算机，如图 1-4（左为银河系列计算机、右为天河系列计算机）所示，就属于这一类。它们具有超强的并行计算能力，主要用于科学计算。在结构上，虽然超级计算机和服务器都可能是多处理器系统，二者并无实质区别，但是现代超级计算机较多采用集群系统，更注重浮点运算方面的性能表现，可被看成是一种专门用于科学计算的高性能服务器，价格较服务器要昂贵许多。

微课：按性能、规模和处理能力为计算机分类

图1-4

2. 网络计算机

根据用途，网络计算机可分为服务器、工作站、集线器、交换机、路由器等几类。

- 服务器专指某些性能高的能通过网络对外提供服务的计算机。相对于普通计算机来说，它们在运算能力、稳定性、安全性方面的标准更高，因此在 CPU（Central Processing Unit，中央处理器）、内存、芯片组、磁盘系统、网络部件等硬件上和普通计算机都有所不同。服务器往往作为网络的节点存储、处理网络上大约 80%的数据、信息，在网络运行过程中起到举足轻重的保障作用。例如，各大网络运营商都有自己的专门用于数据信息存储支持的服务器，是它们在时时刻刻为客户端计算机提供各种数据保障服务。每一台服务器都以其非同凡响的高性能，为网络用户提供着长时间的可靠运行和强大的外部数据吞吐能力等方面的技术支持。服务器的构成与普通计算机类似，也是由处理器、硬盘、内存、系统总线等构成的，但因为它是针对具体的网络应用特别制定的，因而服务器与微型计算机在处理能力、稳定性、可靠性、安全性、可扩展性、可管理性等方面存在很大差异。服务器在分类上主要有网络服务器（DNS、DHCP）、打印服务器、终端服务器、磁盘服务器、邮件服务器、文件服务器等。如图 1-5 所示，为惠普 ML310e Gen8 E5-1220 服务器。

图1-5

- 工作站是一种以个人计算机和分布式网络计算为基础，主要面向专业应用领域，具备强大的数据运算与图形、图像处理能力，为满足工程设计、动画制作、科学研究、软件开发、金融管理、信息服务、模拟仿真等专业领域而设计开发的高性能计算机。工作站最突出的特点是具有很强的图形交换能力，因此它在图形图像领域，特别是计算机辅助设计领域，得到了广泛应用。典型产品有美国 Sun 公司的 Sun 系列工作站。
- 集线器（HUB）是一种共享介质的网络设备。它的作用可以简单地理解为将一些机器连接起来组成一个局域网。HUB 本身不能识别目的地址。集线器上的所有端口争用一个共享信道的带宽，因此随着网络节点数量的增加，数据传输量的增大，每节点的可用带宽将随之减少。另外，集线器采用广播的形式传输数据，即向所有端口传送数据。如当同一局域网内的 A 主机给 B 主机传输数据时，数据包在以 HUB 为架构的网络上是以广播方式传输的，对网络上所有节点同时发送同一信息，然后再由每一台终端通过验证数据包头的地址信息来确定是否接收。其实，一般来说只有一个终端节点用来接收数据，而对所有节点都发送数据。在这种方式下，网络堵塞时常发生，而且绝大部分数据流量是无效的。这样就造成整个网络数据传输效率相当低。此外，由于所发送的数据包每个节点都能侦听到，容易给网络带来一些不安全隐患。
- 交换机（Switch）是按照通信两端传输信息的需要，用人工或设备自动完成的方法把要传输的信息送到符合要求的相应的路由上的技术统称。广义的交换机就是一种在通信系统中完成信息交换功能的设备。它是集线器的升级换代产品，外观上与集线器非常相似，其作用与集线器大体相同。但是两者在性能上有区别：集线器采用的是共享带宽的工作方式，而交换机采用的是独享带宽方式，即交换机上的所有端口均有独享的信道带宽，以保证每个端口上数据的快速有效传输。交换机为用户提供的是独占的、点对点的连接，数据包只被发送到目的端口，而不会向所有端口发送，其他节点很难侦听到所发送的信息。这样在机器很多或数据量很大时，不容易造成网络堵塞，也确保了数据传输安全，同时大大地提高了传输效率。
- 路由器（Router）是一种负责寻径的网络设备。它在互联网络中从多条路径中寻找通讯量最少的一条网络路径提供给用户通信。路由器用于连接多个逻辑上分开的网络，为用户提供最佳的通信路径。路由器的传输路径选择以路由表为基础。路由表包含网络地址以及各地址之间距离的清单。路由器利用路由表查找数据包从当前位置到目的地址的正确路径，使用最少时间算法或最优路径算法来调整信息传递的路径。路由器产生于交换机之后，就像交换机产生于集线器之后，所以路由器与交换机也有一定联系，并不是完全独立的两种设备。路由器主要克服了交换机不能向路由转发数据包的不足。交换机、路由器是一类特殊的网络计算机，它的硬件基础是 CPU、存储器和接口，软件基础是网络互联操作系统 IOS（Internet Working Operating System）。交换机、路由器和 PC（Personal Computer，个人计算机）一样，有中央处理单元 CPU，而且不同的交换机、路由器，其 CPU 一般也不相同，CPU 是交换机、路由器的处理中心。

3. 工业控制计算机

工业控制计算机是一种采用总线结构，对生产过程及其机电设备、工艺装备进行检测与控制的计算机系统的总称，简称工控机。通常，工业控制计算机是由计算机和过程输入/输出两大部分组成。具体来说就是，计算机由主机、输入/输出设备和外部存储设备等组成，同时在计算机外部还要增加一部分过程输入/输出通道。一方面，计算机将对生产过程的控制命令及信息转换成控制信号，送往所控对象的控制器中，指挥其下一步动作；另一方面，工业生产过程的检测数据也会再次反馈到计算机中，以指导新的控制命令的选择。循环往复，完成整个控制过程。工控机的主要类别有 IPC（PC 总线工业电脑）、PLC（可编程逻辑控制系统）、DCS（分散式控制系统）、FCS（现场总线系统）及 CNC（数控系统）等。如大家所熟知的智能家电都与各种工业控制系统相关，如图 1-6 所示。它们功能强大，且越来越受到消费者的喜爱。

4. 个人计算机（Personal Computer，PC）

个人计算机一词源自于 1981 年 IBM 的第一部桌上型计算机型号 PC，在此之前有 Apple II 的个人用计算机。它由硬件系统和软件系统组成，是一种能独立运行，且能完成特定功能的设备。计算机的硬件系统是指计算机的物理设备，如电源、主板、CPU、内存、硬盘等；软件系统是指为方便使用计算机而设计的程序，包括系统软件和应用软件。系统软件指的是主要用于控制和管理计算机资源的程序，如操作系统、编译系统等。应用软件指各种可以运行在操作系统中的程序，如游戏软件、工作软件等。

个人计算机包括台式计算机（Desktop Computer）、一体机、笔记本电脑（NoteBook 或 Laptop）、平板电脑等，如图 1-7 所示。

图 1-6

台式计算机

一体机

平板电脑

图 1-7

5. 嵌入式计算机（Embedded Systems）

嵌入式计算机即嵌入式系统，是一种以应用为中心，以微处理器为基础，软硬件可裁剪的，针对专门应用系统的对功能、可靠性、成本、体积、功耗等综合特性有严格要求的专用计算机系统。它一般由嵌入式微处理器、外围硬件设备、嵌入式操作系统以及用户的应用程序等 4 个部分组成。它涉及了计算机市场中增长最快的领域，种类繁多，形态多样，应用广泛。嵌入式系统几乎包括了所有电器设备，如自动售货机、银行 ATM 机、汽车控制系统、微波炉、电梯、医院自助服务机、计算器、手机、电视机顶盒、数字电视、多媒体播放器、数码相机、家庭自动化系统、空调、安全系统、工业自动化仪表等，如图 1-8、图 1-9 所示。

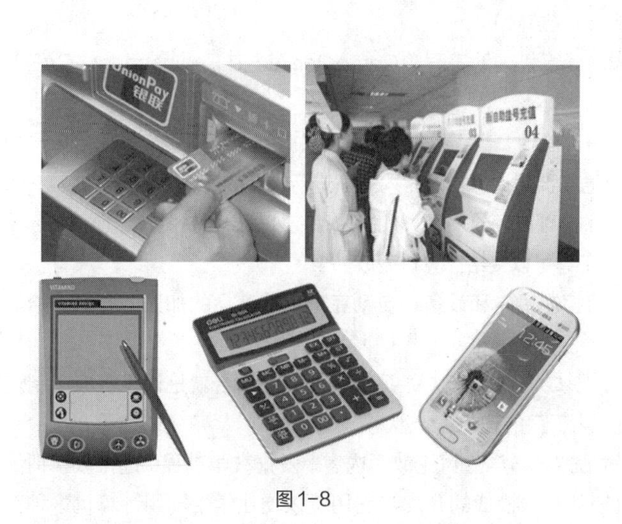

图 1-8

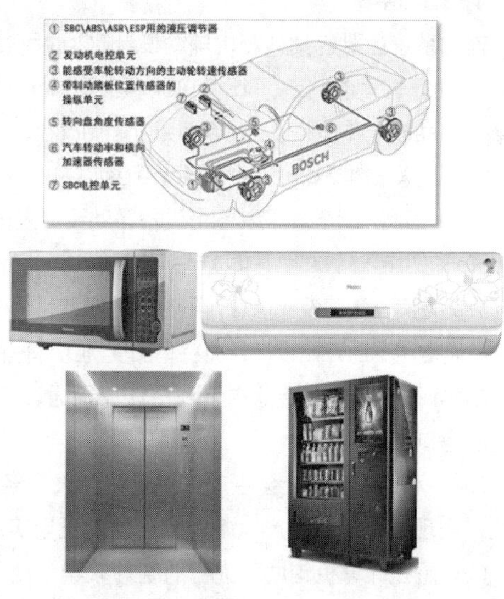

图 1-9

除了从硬件规模和应用角度对计算机进行分类以外，我们还有其他对其进行分类研究的方法。比如，按照处理数据的方式对计算机进行分类，可以将计算机分为数字计算机、模拟计算机和混合计算机；按使用范围分类，可以将计算机分为通用计算机和专用计算机。

1.1.4 计算机的应用

身处信息时代，使用计算机已经成为除吃、喝、睡以外我们每天必做的几件事之一了。你思考过没有，如果哪一天计算机突然故障，你的感受会是怎样的呢？一定不好受吧！这是为什么呢？计算机的应用对于我们的日常生活的影响大致体现在哪些方面呢？

计算机的应用已经深入到了人们社会生活的方方面面，归纳起来，大致表现在以下 7 个方面。

1. 科学计算

科学计算也被称为“数值计算”，它是计算机从诞生之初就具备了的“最原始”功能。不同领域的计算机使用者利用其运算速度快、计算精度高、存储能力强的特点，将复杂、庞大、人力无法完成的各种数值计算工作交给计算机来完成。我国引以为荣的航天事业就是计算机从事科学计算的典型，如在航天器的设计过程中，计算机承担了大量高精度数值的计算任务。除此以外，在军事、气象、道桥设计中也都有计算机的大量应用。

2. 信息处理

信息处理即数据处理，是指对数据进行收集、存储、整理、分类、加工、使用、共享等多种活动的总称。正是因为数据多样和规模庞大，才使信息处理成了计算机最为广泛的应用。它与我们的日常生活联系最为紧密。据统计，80%以上的计算机主要应用在数据处理领域，涉及许多行业。这其中以数据库方面的应用居多。大家经常听到的“大数据”就是计算机信息处理的典型应用。

3. 过程控制

过程控制又称为实时控制，即实现工业自动调节或工业自动控制。它是指利用计算机实时采集检测到的数据，按算法确定对受控对象的下一步操作的计算机应用领域。大到航天控制、钢铁冶炼、交通运输，小到家用电器的自动控制，这些都属于计算机在工业生产领域的应用。如大家日常用的全自动洗衣机的洗涤漂洗、电冰箱的温度控制、电压力锅的预约功能等都是过程控制的典型生活案例，如图 1-10 所示。

图 1-10

4. 辅助系统

辅助系统主要包括计算机辅助设计（Computer Aided Design，CAD）、计算机辅助制造（Computer Aided Manufacturing，CAM）、计算机辅助教学（Computer Aided Instruction，CAI）、计算机辅助工程（Computer Aided Engineering，CAE）、计算机辅助测试（Computer Aided Test，CAT）等。

CAD 即利用计算机及其图形设备帮助设计人员进行设计工作。在工程和产品设计中，计算机可以帮助设计人员担负计算、信息存储和制图等项工作。在设计中，工作人员通常要用计算机对不同方案进行大量的计算、分析和比较，以决定最优方案；各种设计信息，不论是数字的，还是图形的，都能存放在计算机的内存或外存里，并能快速地检索；设计人员通常用草图开始设计，而将草图变为工作图的繁重工作可以交给计算机完成。

CAM 指在机械制造业中，利用计算机通过各种数值控制机床和设备，自动完成离散产品的加工、装配、检测和包装等制造过程。

CAD 和 CAM 在社会生产工业化的今天已经融合，形成了 CAD/CAM 系统。两者的结合就是计算机集成制造系统，实现了设计、生产一条龙，可以真正地实现无人化工厂的理想生产状态。

CAI 是在计算机辅助下进行的各种教学活动，以对话方式与学生讨论教学内容、安排教学进程、进行教学训练的方法与技术。目前，各类学校都在广泛开展计算机辅助教学模式的开发与利用，以便让学生利用计算机这种教学辅助工具在较短的时间里学到更多、更有价值的知识。

5. 网络应用

计算机网络是计算机技术与通信技术的结合体。它的出现使人与人之间的交流超越了时空界限，奠定了信息社会的发展基础。现在人们在互联网上检索信息、在线交流、浏览新闻、收发邮件、选购商品、远程医疗、转账汇兑已经成为常态，如图 1-11 所示。QQ、微信、搜狐、新浪、京东、天猫、12306 等成了我们离不开的朋友。所以当我们时时享受网络的巨大便捷时，清楚地认识计算机、了解网络就变得更有实际意义了。

图 1-11

6. 人工智能

人工智能（Artificial Intelligence，AI）是研究、开发用于模拟、延伸、扩展人类智能的一门理论、方法及应用的新兴技术。它属于跨界科学，是计算机科学的一个分支。它尝试了解智能的实质，创造性地生产新的、能模拟人类智能反应方式的智能机器，帮助人类解决各种实际问题。它的研究方向包括机器人、语言识别、图像识别、自然语言处理和专家系统等多个方面。如常见的指纹、语音识别等就是人工智能的典型实用案例。

7. 多媒体技术

多媒体技术是指通过计算机对文字、数字、图形、图像、动画、声音等多种媒体信息进行综合处理和管理，使用户可以通过多种感官与计算机进行实时信息交互的技术，又称为计算机多媒体技术。目前，多媒体技术在学校教育、电子图书、视频会议、流媒体作品制作等方面都得到了广泛应用。它的应用特点大致分 3 个方面：可以完成相关信息的处理和传送，以交互的形式完成工作，媒体信息可以通过网络传输。

总之，计算机在各个领域中的广泛应用已经成为人类思维的延伸，人类不及之处正是计算机最为擅长的，它无疑已经成为人类现代生活中的亲密伙伴。

任务实施

计算机是人类现代生活必不可少的“朋友”，让我们总结一下它的日常应用，并简述以下问题。

（1）第一台通用电子计算机的诞生史。

提示：时间、地点、事件、名称。

（2）计算机的发展历史及意义。

提示：表 1-2、电子元件的影响、计算机发展水平的影响。

（3）计算机的特点，并举例。

提示：6 个特点分别举例说明。

（4）计算机的分类。

提示：5 类，结合专业回答。

例如：嵌入式计算机，可以作为电子机械装置或设备的一部分，它是将一个控制程序存储在 ROM 中的嵌入式处理器控制板植入设备中，并发挥一定的逻辑控制功能。一般带有数字接口的设备，如手表、微波炉、录像机、汽车等，都使用嵌入式系统。有些嵌入式系统还包含操作系统，但大多数嵌入式系统都是由单个程序实现整个控制。

（5）计算机的应用。

提示：7 个方面，分别结合专业或日常生活回答。

例如，人工智能方面的应用——扫地机器人，如图 1-12 所示。

图1-12

任务拓展

1. 讨论

在初步学习了计算机的基础理论知识的前提下，作为像小叶同学一样的新生，你认为计算机对你的生活、学习以及未来的工作会有怎样的用处呢？结合自己的专业，谈谈你的看法。说一说计算机是怎样成为你的“朋友”的（或者你打算如何让它成为你的“朋友”）？

2. 论文

通过在手机上搜索相关信息，完成一篇关于计算机应用的小论文，并保存。可以以《计算机改变了我们的生活》为题，作为后续课程电子邮件收发的素材使用。

提示

在什么活动里，怎样使用计算机，完成什么样的任务，达到什么样的使用效果……最好围绕专业学习和日常生活展开。例如，使用计算机完成学习资料的分类存档，方便检索使用；电子文档中使用书签，方便阅读等。

任务练习

1. 选择题

（1）1946 年世界上第一台电子计算机 ENIAC 诞生在（　　）。

A. 英国　　B. 美国　　C. 中国　　D. 德国

（2）第二代电子计算机的划分年代是（　　）。

A. 1946 ~ 1957 年　　B. 1958 ~ 1964 年　　C. 1965 ~ 1970 年　　D. 1971 年至今

（3）目前，计算机在（　　）方面的应用是计算机最为广泛的应用。

A. 信息处理　　B. 过程控制　　C. 科学计算　　D. 网络应用

（4）计算机的通用性使其可以求解不同的算术和逻辑运算。这主要取决于计算机的（　　）。

A. 高速运算　　B. 指令系统　　C. 可编程序　　D. 存储功能

（5）自计算机问世至今已经经历了 4 个时代，划分时代的主要依据是计算机的（　　）。

A. 规模体积　　B. 主要性能　　C. 使用功能　　D. 电子元件

（6）下列关于世界上第一台电子计算机 ENIAC 的叙述中，错误的是（　　）。

A. 它诞生在宾夕法尼亚大学　　B. 它使用高级语言进行程序设计

C. 它的主要电子器件采用电子管　　D. 它主要用于弹道计算

（7）第一代计算机体积大、性能低、耗电多，其主要原因是制约于（　　）。

A. 电子器件　　B. 制造工艺　　C. 设计水平　　D. 原材料

（8）目前，微型计算机中广泛采用的电子元器件是（　　）。

A. 电子管　　B. 晶体管
C. 小规模集成电路　　D. 大规模和超大规模集成电路

（9）计算机可分为数字计算机、模拟计算机和混合计算机，这种分类是依据（　　）。
A. 功能和用途　　B. 性能和规律　　C. 处理数据的方式　　D. 使用范围

（10）全自动洗衣机的电子控制面板中的电子控制部分主要属于计算机应用的（　　）方面。
A. 科学计算　　B. 信息处理　　C. 过程控制　　D. 人工智能

2. 连线题

请指出计算机典型应用与生活实例的对应关系。

1. 科学计算　　A. 园林工程设计
2. 信息处理　　B. 百度检索信息
3. 过程控制　　C. 驾校报名时指纹识别
4. 辅助系统　　D. 天宫二号运行轨迹测算
5. 网络应用　　E. 银行存取款信息处理
6. 人工智能　　F. 奥运会宣传片
7. 多媒体技术　　G. 化肥生产过程的控制

任务2 我要保护你——防护

任务提出

在学习了一些计算机的基础理论之后，同学们应该对“计算机就是我们密不可分的朋友”这点有了深切的体会。每天和计算机打交道，那么它的安全性也应该成为我们关注的重点。到底怎样才能保护计算机，怎样才能让我们的宝贝数据安全存储，不受黑客、木马、病毒的侵害呢?

任务分析

随着互联网的发展，人们对网络的依赖性越来越大，计算机单机使用的情况也越来越少了，绝大多数计算机用户在使用自己的本地机的同时也会使用网络，完成信息的共享、交流。例如，在网络上进行信息的检索、查看、下载；与朋友进行实时的连线交流。这样，就给一些别有用心的不法之徒提供了入侵别人计算机、盗取个人信息资源、危害数据安全的可乘之机！所以人们才会常常从各种媒体中听到和看到黑客、木马、病毒等名词，而这些词又总是和信息泄露、财产损失等词语联系在一起。

所以，我们要了解信息安全的相关知识，明确计算机病毒的危害，学习相关防范措施，明了网络社会责任。

任务要点

- 信息安全知识
- 计算机病毒防范
- 计算机病毒及危害
- 网络社会责任

知识链接

1.2.1 信息安全知识

相对于社会发展和科技进步而言，信息和信息技术无疑是动态的，是带有明显时代特色的概念。因为不同时代人们所关心的、使用的、创造的、记载的东西都留有时代印迹。

我们需要先学习以下相关的基本知识。

1. 信息

信息是对客观世界中各种事物的运动状态和变化的反映，是客观事物之间相互联系和相互作用的表征，表现的是客观事物的运动状态和变化的实质内容。

对于信息的基本概念说法众多，无一定论，但是它总归是具有可感知、可存储、可加工、可再生等基本属性特征的。我们每一个人每天都被形形色色的信息所包围，有的被我们捕捉并利用。比如，“笑脸”让你感觉到朋友的心情应该不错；“蓝天”又会让你体会到天气晴好、PM2.5 应该不会超标等。同样，有的信息也会被“视而不见”，那么它就会悄悄从我们身边“溜走”，所以我们才会时常有“没注意”“没想到”等感慨。总之，信息是一切附着在传输介质上的更深层面的“内涵”，感知并应用信息，才能让信息“为我所用”。

2. 信息技术

信息技术（Information Technology，IT）是主要用于管理和处理信息所采用的各种技术的总称。它是依靠计算机技术和通信技术等各种硬件设备及软件工具与科学方法，以对文、图、声、像各种信息进行采集、存储、加工、传输和应用为前提，进行研究的技术系统的总称。所以它也常被称为信息和通信技术（Information and Communications Technology，ICT）。

信息技术主要包括传感技术、计算机与智能技术、通信和控制技术三类，是一门综合性的技术。

信息技术的特征应可以从技术性和信息性两方面来进行诠释。首先，它的技术性，表现为方法的科学性、工具的先进性、技能的专业性、过程的快捷性、功能的高效性；其次，它的信息性，表现为信息技术的服务面向的是信息，核心功能是提高信息处理与利用的效率。此外，信息的本质决定了信息技术还具有普遍性、客观性、相对性、动态性、共享性、可变换性等特性。它不但为人们提供了处理信息的基本思路和方法，还为信息的利用开发拓宽了领域。

3. 信息处理

信息处理就是对信息的采集、存储、分类、加工、使用、共享等操作，通常用于办公自动化、资源管理、情报检索、数据统计等工作领域。为了精准无误地达成各项处理功能，我们在使用计算机处理信息、加工信息的过程中，需要保证信息的实时性、准确性与安全性。

4. 信息社会

信息社会也称信息化社会，是继工业化社会之后的、信息起主要作用的社会形态。

自 20 世纪 60 年代初“信息化”被提出以来，一般认为，信息化是指信息技术和信息产业在经济和社会发展中的作用日益加强，并发挥主导作用的动态发展过程。它以信息产业在国民经济中的比重、信息技术在传统产业中的应用程度和信息基础设施建设水平为主要标志。

从信息社会在信息处理的内容角度分析，信息化可分为信息生产、信息应用和信息保障三大方面。

（1）信息生产即信息产业化，要求发展一系列信息技术及产业，涉及信息和数据的采集、处理、存储技术，包括通信设备、计算机、软件和消费类电子产品制造等领域。

（2）信息应用即产业和社会领域的信息化，主要表现在利用信息技术改造和提升农业、制造业、服务业等产业，大大提高各种物质和能量资源的利用效率，促使产业结构的调整、转换和升级，促进人类生活方式、社会体系和社会文化发生深刻变革。

（3）信息保障指保障信息传输的基础设施和安全机制，使人类能够可持续地提升获取信息的能力，包括基础设施建设、信息安全保障机制、信息科技创新体系、信息传播途径和信息能力教育等。

正是基于信息化的上述功用，为了保证信息化的顺利进行，人们提出了信息安全的概念。

5. 信息安全

信息安全指信息资源和信息系统的安全，如图 1-13 所示。

信息作为一种资源，它的普遍性、共享性、增值性、可处理性和多效用性，使其对于人类具有特别重要的意义。根据国际标准化组织的定义，信息安全就是指保证信息的完整性、可用性、保密性和可靠性。信息安全是任何国家、政府、部门、行业甚至于个人都必须十分重视的问题，是一个不容忽视的国家安全战略性问题。但是，对于不同的部门和行业来说，其对信息安全的要求和重点还是有一定区别的。

深究信息安全的内涵，可以将其细分为3个层次。

（1）数据安全。数据安全包括数据信息自身安全和信息防护安全两层含义，其中，前者指有效地防止数据信息在录入、存储、统计、输出过程中，由于软硬件故障、误操作等造成的损坏、丢失现象的发生；后者指信息进行有效存储后，防止由于系统防护失当，如黑客入侵、病毒破坏，而造成的数据损失事件的发生。

图1-13

（2）计算机安全。在信息社会，信息的存储加工离不开计算机及其众多的衍生形式（如智能手机），信息安全与相关信息处理设备密不可分。保护相关硬件、软件不因偶然的或恶意的因素而遭受破坏、修改或泄露，是信息安全必须考虑的问题。

（3）信息系统安全。信息系统安全指的是信息网络的硬件、软件及数据的保护问题。保证系统安全涉及系统正常运行、服务顺利实现、数据准确传输等内容，同时还需要保证信息的真实性、完整性和保密性。

要保障信息安全，计算机病毒是不得不考虑的问题。

1.2.2 计算机病毒及危害

计算机病毒（Computer Virus）指“编制者在计算机程序中插入的破坏计算机功能或者破坏数据，影响计算机正常使用并且能够自我复制的一组计算机指令或者程序代码”[①]。

计算机病毒与医学上的“病毒”不同，计算机病毒不是天然存在的，是人们利用计算机软件和硬件所固有的脆弱性而编制的一组指令集或程序代码。所以从本质上讲，病毒就是程序，是有害的程序。它会潜伏在计算机的存储介质（即程序）里，条件满足时即被激活，通过修改其他程序的方法将自己的精确拷贝或者以衍生形式放入其他程序中，感染其他程序，对计算机资源进行破坏，从而影响整个系统的正常运行，甚至造成系统瘫痪。

在网络环境中，计算机病毒会借助资源的上传与下载更快地蔓延，危害四方。

1. 计算机病毒的起源和发展

- 1949 年，第一份关于计算机病毒理论的学术报告由计算机之父约翰·冯·诺伊曼完成。他当时在伊利诺伊大学用演讲的形式描述了一个计算机程序复制其自身过程，并完成了论文《自我繁衍的自动机理论》，把病毒的蓝图勾勒了出来。虽然当时他没有使用“病毒”一词明确特指，但是这些理论促进了人们对病毒的深入认识。
- 20 世纪 60 年代初，在美国贝尔实验室，3 个年轻的程序员编写了一个名为“磁芯大战”的游戏。游戏中通过自身复制摆脱对方的控制的做法，就是“病毒”的第一个雏形。
- 1977 年，美国科普作家雷恩在一部科幻小说中提出了“计算机病毒”的概念。
- 1983 年，在国际计算机安全学术研讨会上，美国计算机专家科恩首次自主将病毒在 VAX/750 计算机上运行，就此世界上首个计算机病毒诞生。
- 1987 年，计算机病毒 C-BRAIN 诞生，由巴基斯坦兄弟巴斯特（Basit）和阿姆捷特（Amjad）编写。计算机病毒主要是引导型病毒，具有代表性的是“小球”和“石头”病毒。
- 1988 年，中国最早的计算机病毒在财政部的计算机上被发现。
- 1989 年，引导型病毒发展为可以感染硬盘，比较有代表性的有“石头 2”。
- 1990 年，发展为复合型病毒，可感染 COM 和 EXE 文件。
- 2003 年，中国发作最多的病毒中已经有了专门针对大众聊天软件 QQ 的病毒：QQ 传送者和 QQ 木马。

---

① 引自《中华人民共和国计算机信息系统安全保护条例》。

- 2005 年，1 月到 10 月，金山反病毒监测中心共截获或监测到的病毒达到 50 179 个，其中，木马、蠕虫、黑客病毒约占 91%，盗取用户有价账号的木马病毒就多达 2 000 多种。
- 2007 年 1 月，病毒累计感染了中国 80%的用户，熊猫烧香[①]肆虐全球。江民发布的 2007 年毒王是 U 盘病毒。

计算机病毒的发展一直都没有停止，用户只有更深入地认识计算机病毒，才能更加有效地防御!

2. 计算机病毒分类

对计算机病毒进行分类的方式比较多，常见的有以下几种。

（1）根据破坏性划分：可以分为良性病毒、恶性病毒、极恶性病毒、灾难性病毒。

（2）根据传染方式划分：可以分为引导区型病毒、文件型病毒、混合型病毒、宏病毒。

- 引导区型病毒：主要通过引导盘在操作系统中传播，感染引导区，进而蔓延到硬盘，并能感染硬盘中的“主引导记录”。
- 文件型病毒：又称“寄生病毒”，通常感染扩展名为 COM、EXE、SYS 等类型的文件。
- 混合型病毒具有引导区型病毒和文件型病毒两者的特点。
- 宏病毒是用 BASIC 语言编写的病毒程序，寄存于 Office 文档的宏代码中，会影响文档的正常操作。

（3）根据连接方式划分：可以分为源码型病毒、入侵型病毒、操作系统型病毒、外壳型病毒。

- 源码型病毒：攻击高级语言编写的源程序，在源程序编译之前插入其中，并随源程序一起编译、连接成可执行文件。较少见，且编写难度大。
- 入侵型病毒：可用自身代替正常程序中的部分模块或堆栈区，故这类病毒只攻击某些特定程序，针对性强，且不易发现，清除困难。
- 操作系统型病毒：可用其自身部分加入或替代操作系统的部分功能，直接感染操作系统，危害性较大。
- 外壳型病毒：通常将自身附着于正常程序的开头或结尾，相当于给正常程序加了个外壳，没有深入程序内部，编写相对容易。大部分文件型病毒都属于这一类。

3. 计算机病毒的传播途径

不同种类的计算机病毒的传播途径也是不同的。了解常见的病毒传播途径有助于我们通过切断传播途径来进行计算机病毒防治。

（1）通过移动存储设备传播：如病毒可以通过光盘、U 盘、SD 存储卡、TF 存储卡、可移动硬盘等移动存储设备（如图 1-14 所示）的交叉使用来传播。

图 1-14

（2）通过计算机网络传播：随着计算机网络的迅猛发展，网络已经成为目前最主要的病毒传播介质。由于网络的复杂性，也给病毒的防治带来了很大难度。计算机、手机等设备的病毒防范几乎已经成为我们每天都要思考的问题了。

---

① 熊猫烧香是一种恶性的计算机病毒，是一种经过多次变种的“蠕虫病毒”，拥有感染传播功能，2007 年 1 月初肆虐网络。它主要通过下载的文档传染，受到感染的文件因为携带病毒间接对其他计算机程序、系统产生严重危害。病毒制造者因危害网络环境获刑。

4. 计算机病毒的危害及特征

在计算机病毒出现的初期，说到计算机病毒的危害，往往注重病毒对信息系统的直接破坏作用，比如格式化硬盘、删除文件数据等，并以此来区分恶性病毒和良性病毒。其实这些只是病毒劣迹的一部分，随着计算机应用的发展，人们深刻地认识到凡是病毒都可能对计算机信息系统造成严重的破坏。

一般，计算机病毒的主要危害有以下几方面。

（1）破坏系统数据，隐藏删除文件。

大部分病毒在激活后直接破坏计算机的重要信息数据，自主格式化磁盘、改写文件分配表和目录区、删除重要文件或者用无意义的“垃圾”数据改写文件、破坏 CMOS 设置等。

例如，磁盘杀手病毒（D1SK KILLER）内含计数器，在硬盘染毒后累计开机时间 48 小时内激活，并改写硬盘数据。

再如，当计算机被文件夹 EXE 病毒感染时，若你把你的 U 盘插入一台计算机后，突然发现 U 盘内生成了以文件夹名字命名的文件，扩展名为.exe，并且它们的图标跟 Windows 操作系统默认的文件夹图标是一样的，很具有迷惑性，而自己原有的正常文件夹却被隐藏了，不能正常使用。

（2）占用内存资源，降低运行速度。

大多数病毒在动态下都是常驻内存的，这就必然抢占一部分系统资源。病毒所占用的基本内存长度大致与病毒本身长度相当。病毒抢占内存，导致内存减少，一部分软件不能运行。除占用内存外，病毒还抢占中断地址，干扰系统运行。计算机操作系统的许多功能是通过中断调用技术来实现的。病毒为了传染激活，总是修改一些有关的中断地址，在正常中断过程中加入病毒的“私货”，从而干扰了系统的正常运行。

病毒进驻内存后不但干扰系统运行，还影响计算机速度，主要表现在：病毒为了判断传染激活条件，总要对计算机的工作状态进行监视。这相对于计算机的正常运行状态既多余又有害。有些病毒为了保护自己，不但对磁盘上的静态病毒加密，而且进驻内存后的动态病毒也处在加密状态，CPU 每次寻址到病毒处时要运行一段解密程序把加密的病毒解密成合法的 CPU 指令再执行；而病毒运行结束时再用一段程序对病毒重新加密。这样 CPU 额外执行数千条以至上万条指令。

（3）干扰外设使用，诱发设备异常。

病毒在进行传染时同样要插入非法的额外操作，特别是传染移动存储设备时不但计算机速度明显变慢，而且设备正常的读写顺序被打乱，发出刺耳的噪声。此外，这种干扰还可能会造成显示异常、打印异常、键盘失灵等。

（4）盗取数据信息，危害数据安全。

泄密是计算机病毒的另一个主要危害。例如，木马也称木马病毒，是指通过特定的程序来控制另一台计算机。“木马”程序是目前比较常见的病毒文件。它通常有两个可执行程序：一个是控制端，另一个是被控制端。与一般的病毒不同，它不会自我繁殖，也并不“刻意”地去感染其他文件。它通过将自身伪装而吸引用户下载执行，向施种木马者提供打开被种主机的门户，使施种者可以任意毁坏、窃取被种者的文件，甚至远程操控被种主机。木马病毒的产生严重危害着现代网络的安全运行。

此外，计算机病毒错误与不可预见的危害更是让人心生“恐惧”。因为计算机病毒与其他计算机软件的一大差别是病毒的无责任性。编制一个完善的计算机软件需要耗费大量的人力、物力，经过长时间调试完善，软件才能推出。但在病毒编制者看来既没有必要这样做，也不可能这样做。很多计算机病毒都是个别人在一台计算机上匆匆编制调试后就向外抛出。反病毒专家在分析大量病毒后发现绝大部分病毒都存在不同程度的错误。错误病毒的另一个主要来源是变种病毒。有些计算机编程初学者尚不具备独立编制软件的能力，出于好奇或其他原因修改别人的病毒，造成错误。这些都会使计算机病毒错误所产生的后果呈现出种种不可预见的危害。但是人们不可能花费大量时间去分析数万种病毒的错误所在。所以大量含有未知错误的病毒扩散传播开去，后果也是难以预料的。

那么了解计算机病毒特性，并有针对性地防治各种计算机病毒就成为计算机产业的一大任务。

归纳一下，计算机病毒的基本特征包含以下 5 个方面。

（1）传染性：计算机病毒可以通过介质进行传染，如 U 盘、光盘、电子邮件等。

（2）破坏性：计算机病毒可以影响计算机上程序的正常运行，造成对数据资源的损害。

（3）隐蔽性：通常计算机病毒自身很小，会依附在正常程序或磁盘引导扇区中，难以被发现。

（4）潜伏性：病毒的运行通常需要激活条件，在激活条件不满足时不会立刻发作。

（5）触发性：有些病毒的触发条件一旦成立，就会实施攻击行为，比较常见的就是日期或计数条件，可以让用户在不知不觉中受到实质性的“损害”。

虽然了解计算机病毒的常识很重要，但这不是我们学习病毒知识的全部。我们更为主要的任务是要学会防范计算机病毒的基本手段，保护好自己的计算机，成功守护自己的数字资源。

1.2.3 计算机病毒防范

1. 计算机病毒常规防范

一般来说，最有效的防范计算机病毒的方法就是切断病毒的传播途径，主要应注意以下几点。

（1）不用非原始启动磁盘或其他介质引导机器，对原始启动盘实行必要的保护措施。

（2）做好系统磁盘管理，不同种类的资源分类存放，方便系统备份或恢复。

（3）做好系统软件、应用软件及重要应用数据备份，供系统恢复用，以备不时之需。

（4）不随便使用外来可移动磁盘或其他介质，做到先检查，后使用。

（5）计算机系统要专机专用，工作、娱乐要分离，减少病毒感染机会。

（6）对下载的数据要先检查，后使用。

（7）不打开、不使用任何不明或可疑链接，不登录可疑或不良信息网站。

（8）有条件的，应该做到接收邮件计算机与系统计算机分开使用。

（9）发现计算机感染病毒，立即隔离，防止病毒通过网络蔓延。

（10）及时完成系统更新，使漏洞得到实时修补，改善系统安全性能。

此外，安装使用适合的反病毒软件，也是计算机病毒防范的有效方法。但由于计算机数据流动性大，不同的反病毒软件对各类病毒的防御功能不同，且存在一定的滞后性，所以在对它们的使用过程中还要做到以下几个方面。

（1）为计算机选择适合的实时病毒检测软件，定期对计算机进行病毒检查。

（2）定期对杀毒软件进行病毒库的升级，提高对病毒的防范能力。

（3）必要时更换杀毒软件，以改善对病毒的适用性。

任何一种病毒都有一定的标志、特征，所以计算机一旦感染病毒，就会以某种形式修改系统或影响设置，且出现各种“中毒”反应，所以我们要细心观察计算机的运行情况，及时发现系统安全隐患。

其实，在了解了计算机病毒的生命周期规律（见图 1-15）之后，我们还可以找到更多的抵御计算机病毒的方法，大家可以思考一下。

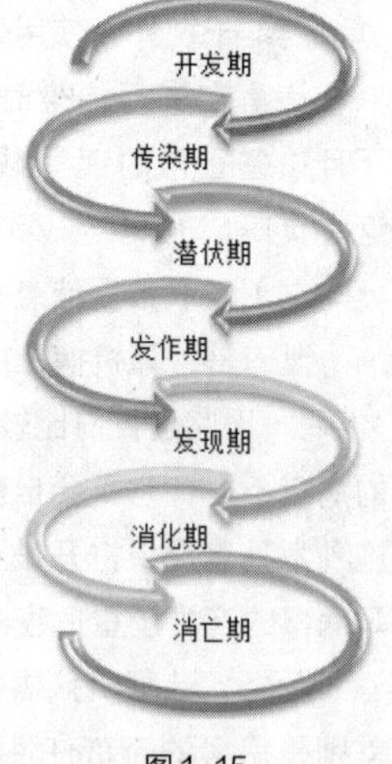

图 1-15

2. 计算机病毒演化

随着计算机技术的发展，移动设备已经取代传统个人计算机成为人们的主流上网工具。所以针对移动终端，特别是手机的病毒也越来越多，且感染率呈现出逐年上升的趋势。2015 年，18.7%的用户在使用网络支付时遭受到经济损失。据国家计算机病毒应急处理中心统计，2015 年网络安全事件发生率比上年下降了 24.48%，呈现下降的态势。但移动终端的病毒感染比例为 50.46%，比上年增长 18.96%。智能手机等移动终端，实时在线率高，移动安全已经成为安全领域的焦点话题。

2015 年 12 月 20 日至 2016 年 1 月 20 日，计算机病毒中心在全国范围内组织开展了信息网络安全状况暨计算机和移动终端病毒疫情调查。调查显示：2015 年，感染病毒、木马等恶意代码再次回潮，成为最主要的网络安全威胁；作为传统 PC 和移动终端共同面临的安全问题，网络钓鱼、网络欺诈日趋严重；网络诈骗告别了以往单纯依靠病毒的局面，更多的是与数据信息泄露相结合，将大数据统计分析得出的结果应用于网络诈骗，使诈骗定位更精准；高水准的 APT[①]事件也呈现出上升趋势。

3. 反病毒软件知识

反病毒软件也称杀毒软件，是用于消除计算机病毒等计算机威胁的一类应用软件。它们通常集成监控识别、扫描病毒、清除病毒和自动升级病毒库等功能，有的杀毒软件还带有数据恢复等功能，是计算机防御系统的重要组成部分。

（1）反病毒软件工作原理。

反病毒软件的任务是实时监控和扫描磁盘，其工作原理大致分为以下 4 类。

① 通过在系统添加驱动程序的方式，进驻系统，并且随操作系统启动，这类杀毒软件一般还具有防火墙功能、实时监控功能。

② 通过在内存里划分一部分空间，将计算机内存里的动态数据与其自身所带的病毒库（包含病毒定义）的特征码比较，以判断这些数据是否为病毒。

③ 在杀毒软件运行的内存空间里模拟系统或用户程序执行过程，根据运行情况或结果做出判断。

④ 用扫描磁盘的方式，将所有磁盘文件或者用户自定义范围内的文件做统一检查。

（2）反病毒软件查杀技术。

① 脱壳技术：是一种十分常用的技术，是可以对压缩文件、封装类文件等进行分析的技术。

② 自我保护技术：自主防止病毒结束杀毒软件进程或篡改杀毒软件文件。

③ 修复技术：对被病毒损坏的文件进行修复的技术，如病毒破坏了系统文件，杀毒软件可以修复或下载对应文件进行修复。

④ 实时升级技术：每一次连接互联网，反病毒软件都自动连接升级服务器查询升级信息，如需要则进行升级。这种技术最早由金山毒霸提出。

⑤ 云查杀技术：实时访问云数据中心进行判断，用户无需频繁升级病毒库即可防御最新病毒。

⑥ 主动防御技术：通过动态仿真反病毒专家系统对各种程序动作的自动监视，自动分析程序动作之间的逻辑关系，综合应用病毒识别规则知识，实现自动判定病毒，达到主动防御的目的。

⑦ 启发技术：在原有的特征值识别技术基础上，根据反病毒样本分析专家总结的分析可疑程序样本，在没有符合特征值比对时，根据反编译后程序代码所调用的 windows32 API 函数情况，如特征组合、出现频率等，符合判断条件即报警提示用户发现可疑程序，达到防御未知病毒、恶意软件的目的。解决了单一通过特征值比对存在的缺陷。

⑧ 智能技术：采用人工智能算法，具备“自学习、自进化”能力，无需频繁升级特征库，就能免疫大部分的变种病毒，查杀效果优良，而且一定程度上解决了“不升级病毒库就杀不了新病毒”的技术难题。

（3）反病毒软件改进。

① 增强智能识别未知病毒能力，从而更好地发现未知病毒。

② 提高发现病毒能力，准确、快速、彻底清除病毒。

③ 改进数据保护能力，减少误杀，提高系统安全性。

④ 增强自我保护功能，抵御病毒进程屏蔽，保护系统正常运行。

⑤ 更低的系统资源占用，如对内存、CPU 资源占用，既保证系统安全，又不降低系统速度。

---

① APT（Advanced Persistent Threat，高级持续性威胁）是指利用先进的攻击手段对特定目标进行长期持续性网络攻击的攻击形式。

（4）反病毒软件杀毒方式。

① 清除：清除感染的文件，清除后文件恢复正常。

② 删除：删除病毒文件。被感染的文件，本身就含毒，无法清除，可以直接做删除处理。

③ 禁止访问：禁止访问病毒文件。在发现病毒后用户如选择不处理则可禁止访问病毒文件。

④ 隔离：病毒删除后转移到隔离区。用户可从隔离区找回被删除文件。隔离区文件不能运行。

⑤ 不处理：不处理病毒。如用户暂时不知是否为病毒可暂不处理。防止误杀，造成数据损失。

微课：启用 Windows 防火墙

任何一种杀毒软件都不具备查杀所有病毒的能力，而且杀毒软件能查到的病毒，也可能杀不掉。另外，大部分杀毒软件是滞后于计算机病毒的。用户在及时更新升级软件版本和定期扫描的同时，还要注意充实自己的计算机安全以及网络安全知识，做到不随意打开陌生的文件或者不安全的网页，不浏览不健康的站点，注意更新自己的隐私密码，配套使用安全助手与个人防火墙（如 Windows 系统自带的防火墙）等。这样才能更好地维护好自己的电脑以及网络安全。

（5）常用反病毒软件。

常用反病毒软件的应用方向一般分为 PC 和移动终端两类。我们可以根据自身的系统情况选择性地下载安装适合的反病毒软件。2016 年杀毒软件排行榜前十名，如图 1-16 所示。

图 1-16

微课：使用第三方软件保护系统

1.2.4 网络社会责任

大学生作为计算机和网络的主要受众人群，是营造健康网络社会环境的中坚力量。

1. 明确责任很重要

作为新一代的大学生，社会环境包括网络环境的优劣与我们每个人都直接相关，在要求“他律”的同时，首先应该做到“自律”。大学生应真正把自己看作是社会、国家、学校、家庭责任的“承担者”，从自己做起，从小事做起，从上网、用网做起，促进正确价值观的形成，约束、规范自己的个人行为，用自己的实际行动践行“不以善小而不为，不以恶小而为之”的古训，真正成为维护网络环境的卫士。

2. 提出要求要具体

（1）不随意发表言论。网络具有匿名性，成了一些自律性相对薄弱的人随意发表言论的“场合”。不负责任的观点、言论很可能与事实不符，会对当事人造成人身权利的损害；同时，也会在无形之中对发言者的个人素养培养带来负面影响。于人于己有害无益。

（2）不制造虚假、垃圾信息。以讹传讹要不得，直接制造虚假信息的行为更加不能被社会所接纳。虚假信息不仅会对当事人的生活、工作、人格造成严重伤害，有的甚至危害社会安全。另外，还有一些网络垃圾信息，虽然危害性有限，但数量多了也同样会给人们的生活带来困扰，造成网络拥堵、资源占用，同样也应该尽量减少和避免，如图 1-17 所示。多为大众提供简洁、实用的正面信息，为网络资源共享做些有益的事才是青年学生应该做的。

（3）不盗用他人信息。网络为大众提供了共享社会资源的有利条件，但是这里面所指的信息共享不是没有原则界定的。网络在提供信息共享的同时更要保护他人隐私、知识产权、学术成果、发明专利等。如果既盗用别人的专属信息，如图 1-18 所示，又将其用于谋利，不但不道德还会触犯法律。

（4）不传播网络病毒。开发、传播网络病毒，危害他人及社会，这是不可取的。著名的“熊猫烧香”病毒就是一例，编写者因危害网络安全受到了法律的制裁，如图 1-19 所示。

图1-17

图1-18

图1-19

任务实施

在信息社会中，计算机及其衍生产品（如智能手机）已经成为人们日常工作、学习、生活的必需品，安全使用这些电子产品，让它们为“我们”所用、尽可能在安全范围内发挥最大的作用，是我们的目的所在。请你总结一下，计算机安全使用的注意事项。提示：认真阅读教材，从个人认识、社会环境、自我约束三方面简述。如图 1-20 所示。

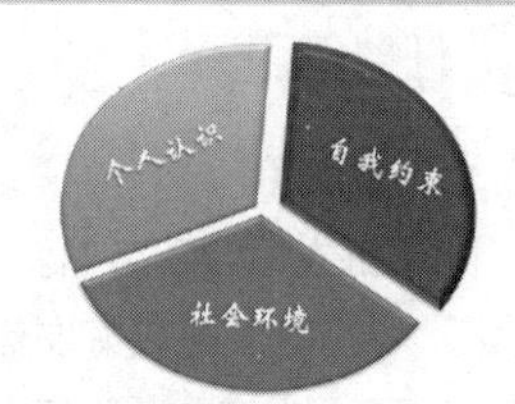

图1-20

任务拓展

1. 讨论

作为新生，小叶同学在使用手机或计算机上网时总是有一种“恐惧感”，主要是害怕“中招”，一是手机和计算机里有一些很重要的东西需要保密，如身份信息、银行卡信息等；二是还有一些自己的“小秘密”，如聊天记录、日记随笔、相册照片等。请你为她打造一个安全使用手机或计算机的“行动方案”。

提 示

（1）认真做到本项目中所讲述的“计算机病毒常规防范”中的几点，在手机中也要根据操作环境特点尽量做到，如“不打开、不使用任何不明或可疑链接”“不登录可疑或不良信息网站”等。

（2）为计算机或手机安装适合的查、杀、监控病毒软件。

（3）认真查看手机系统“设置”中的与“安全”相关的项目，并学会使用。

（4）个人账户登录密码、关联手机、密保问题最好一一设置齐全，必要时设置语音、指纹等登录模式或手机登录动态密码、短信通知等。

（5）个人账户登录密码定期更换，重要信息保存加密。

（6）一旦“中招”及时处理，如银行卡电话冻结挂失、手机恢复出厂设置、通知相关人员避免更大损失等。

……

请你再想想，还有哪些……讨论一下吧。

2. 论文

通过总结自己在手机使用中的亲身经历或上网搜索相关案例，完成一篇关于手机安全使用的小短文，配图并保存。用《手机安全使用小心得》为题。一例即可，作为微信朋友圈内容共享给朋友、同学和老师。发文截屏，记录成绩。

提 示

（1）主题：谈谈在自己在日常生活里“手机安保经验”。

（2）内容：自用手机品牌安全设置、微信（记事本、相册）等应用安全设置。

（3）目的：帮助同学们提高手机使用安全性。

（4）提升：你的“手机安保”体会。

注 意

要有操作步骤、图示说明。请将相关操作分条列出、操作界面截图并进行标注。

任务练习

1. 选择题

（1）好友的 QQ 突然发来一个网站链接要求投票，最合理的做法是（　　）。

A. 因为是其好友信息，直接打开链接投票

B. 先打电话给好友确认链接安全，再考虑是否投票

C. 把好友拉黑，不再理睬

D. 不参与任何投票活动，防止中招

（2）使用微信时可能存在安全隐患的行为是（　　）。

A. 设置独立的微信账号、密码　　B. 取消“允许陌生人查看10张照片”功能

C. 允许“回复陌生人自动添加为朋友”　　D. 安装防病毒软件，从官网下载正版微信

（3）浏览社交类网站时，不恰当的做法是（　　）。

A. 尽量不要填写过于详细的个人资料　　B. 充分利用社交网站的安全机制

C. 不要轻易加社交网站好友　　D. 无条件相信他人转载的信息

（4）ATM机是我们日常存取现金经常接触的金融设备，以下说法正确的是（　　）。

A. 所有ATM机运行的都是专业操作系统，非常安全

B. 黑客无法通过网络攻击ATM机

C. ATM机也可能会遭遇病毒入侵

D. ATM机只有在系统升级时才无法运行，一般不会出现蓝屏

（5）日常上网过程中，对于青少年来说存在安全风险的行为是（　　）。

A. 将电脑开机密码设置成复杂的12位强密码

B. 安装盗版的操作系统

C. 在QQ聊天过程中不单击任何不明链接

D. 避免在不同网站使用相同的用户名和密码

（6）浏览网页时，弹出“美女视频聊天室”的页面，你应该（　　）。

A. 网络主播流行，很多网站都有，可以点开看看

B. 安装流行杀毒软件，然后再打开这个页面

C. 访问完这个页面之后，全盘做病毒扫描

D. 不单击，因为此广告页面风险太大

（7）U盘里有重要资料，同事临时借用，你应该（　　）。

A. 同事关系需要维系，直接借给同事用

B. 删除文件之后再借

C. 同事使用U盘的过程中，全程查看，防止信息泄漏

D. 先备份全部U盘文件，然后将U盘文件粉碎，再借给同事

（8）电商时代已经来临，网购直接影响我们每一个人的生活。但网购时应该注意（　　）。

A. 网络购物不安全，远离网购

B. 在标有工商管理机关标志和有网络销售经营许可的大型购物网站上购物

C. 不管什么网站，只要卖得便宜就好

D. 查看购物评价再决定

（9）对于网络“人肉搜索”，我们应持有的正确态度是（　　）。

A. 主动参加　　B. 关注进程　　C. 积极转发　　D. 不转发，不参与

（10）如果发现自己的计算机感染病毒，断开网络的目的是（　　）。

A. 影响上网速度　　B. 担心数据被泄露，电脑被损坏

C. 防止计算机被病毒进一步感染　　D. 控制病毒向外传播

2. 填空题

（1）Windows操作系统从＿＿＿＿＿＿＿＿版本开始引入安全中心概念的。

（2）＿＿＿＿＿＿＿＿不在数字证书数据的组成里反映。

（3）防范特洛伊木马软件进入学校网络的最好选择之一是＿＿＿＿＿＿＿＿。

（4）计算机安装多款安全软件可能会大量消耗系统资源，相互之间产生______________。

（5）如果家里的电话或者手机只响一声就挂了，最佳的处理方式是______________。

（6）在兼顾可用性的前提下，防范 SQL 注入攻击的最有效的手段是______________，控制用户权限。

（7）驻留在网页上的恶意代码通常利用______________来实现植入并进行攻击。

（8）为避免他人使用自己的计算机，临时离开时按______________组合键，可以帮你的 Windows 操作系统实现锁屏。

（9）为了防止出现数据丢失意外的情况，重要数据要及时进行______________。

（10）在网络访问过程中，最常用的防御网络监听的方法是______________。

3. 判断题

（1）操作系统自身存在的“后门”属于操作系统自身的安全漏洞。

（2）可以通过记录用户在操作计算机时敲击键盘的按键情况，盗取用户密码的木马程序属于键盘记录型木马。

（3）“暴力破解密码”就是通过暴力威胁，让用户主动透露密码。

（4）假设使用一种加密算法，它的加密方法很简单：将每一个字母加 5，即 a 加密成 f。这种算法的密钥就是 5，那么它属于对称加密技术。

（5）给计算机系统和应用软件安装更新的最新补丁，是克服黑客利用系统及软件漏洞进行攻击的最有效方案。

（6）邮件炸弹攻击主要是破解受害者的邮箱密码，破坏电子邮件。

（7）网页恶意代码通常利用网站平台漏洞实现攻击目的。

（8）若网站用户登录需要输入 6 位数字的验证码，且在网站不设置对验证码输入错误次数的限制时，对验证短信进行暴力破解，最多尝试 1 000 000 次就可以完成破解。

（9）“进不来”“拿不走”“看不懂”“改不了”“走不脱”是网络信息安全建设的目的，其中“看不懂”是指数据加密服务。

（10）严禁在连接互联网的计算机上处理、存储涉及国家机密、企业秘密的相关文件信息。

4. 分析题

（1）若你的微信收到“微信团队”的安全提示：“您的微信账号在 09：12 尝试在另一个设备登录。登录设备：XX 品牌 XX 型号”，那么你应该怎么做?

（2）某日汽车系学生李凯接到电话，对方称他的快递没有及时领取，请联系 XXXX 电话。李凯有点晕，因为前几日正值“11.11”，自己的确在网上买了几样东西！于是他拨打那个电话后并提供自己的私人信息，想了解快递投递的情况。但对方却非常明确地告知他并没有快递，是物流信息弄混了。数日后，李凯多个账号都无法登录。此事件中，李凯最有可能遇到了什么情况？他应该怎么做?

（3）某同学喜欢玩网游，一天他正玩，突然弹出一个窗口，提示：“特大优惠！仅 1 元就可购 300 元游戏币!”他单击链接输入银行卡账号和密码，网上支付后发现自己银行卡里的钱都没了。请问发生问题的原因是什么，如何应对?

任务 3　探究你的结构——系统组成

任务提出

在学习了一些计算机防护知识之后，一些同学心中难免产生种种“不安”：能顺利使用计算机还真的是不太容易呀！其实，大家不必这样担心，只要了解了计算机的结构，对其系统组成有比较深入的认识，那计算机操作会变得很容易！使用计算机与操作一部新手机、学习使用一种新家电非常类似。下面我们就来看看计算机的“使用说明书”吧！

任务分析

要和计算机成为朋友，读者就需要了解计算机的系统组成及工作原理。本任务就将指导大家学习计算机的内部组成，细致介绍计算机系统的结构及各部分之间的相互关系，并简要说明计算机的工作原理。

任务要点

- 计算机系统组成
- 计算机硬件系统
- 计算机软件系统
- 计算机工作原理简介

知识链接

1.3.1　计算机系统组成

现代电子计算机自20世纪40年代诞生以来，发展迅猛，但在结构上一直没有做颠覆性的改变，即目前世界上每一台计算机都还在沿用几乎相同的计算机体系结构。说到这点不能不提到美籍匈牙利科学家冯·诺依曼。这个影响了现代科技发展的计算机体系结构就是由他提出来的。因此，目前所有的计算机都可以被称为冯·诺依曼结构计算机。

从冯·诺依曼计算机体系结构出发，人们对计算机的系统组成进行了整合，一个完整的计算机系统包括硬件系统和软件系统两大部分。前者是构成计算机系统的各种物理设备的总和，是计算机系统的物质基础，就像人类的身体各部分器官一样；后者则是为计算机正常运行、管理和维护而加载的各种程序、数据和相关文档的统称，也可以类比为人类大脑里的各种知识信息、技能本领、逻辑观念等。二者相辅相成，前者以后者为"灵魂"，后者又以前者为环境。所以人们常常会把不安装任何软件的计算机硬件系统称为"裸机"，这就好像初生的婴儿，由于没有任何知识储备什么工作也做不了一样，暂时还不能成为一个比较完善的人，如图1-21所示。计算机的硬件和软件必须紧密结合，协同一致，才能完成特定的工作，二者缺一不可。

为了让大家有一个更为全面的认识，我们可以用一张图来描述计算机的系统组成结构，如图1-22所示。

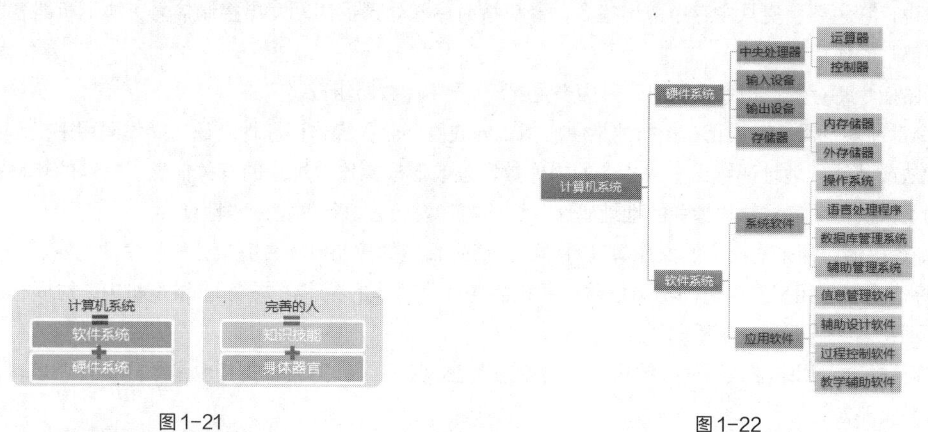

图1-21　　图1-22

1.3.2　计算机硬件系统

1. 冯·诺依曼计算机体系结构

在讲解计算机的硬件系统前，必须首先介绍英国科学家艾兰·图灵（Alan Turing）和美国科学家冯·诺依曼（John Von· Neumann）。前者建立了计算机的理论模型，奠定了人工智能的基础，"代表作"就是"图灵机"；后者则首先提出了计算机体系结构的设想，而把他的设想归纳一下，可以用以下3句话对计算机的体系结构进行概括。

① 计算机处理的数据和指令一律用二进制数表示。

② 顺序执行程序①。

③ 计算机硬件由运算器、控制器、存储器、输入设备和输出设备五大部分组成。

正是由于冯·诺依曼体系结构具备了无可替代的理论前瞻性，所以之后在其理论的基础上，整个世界创造出了一个又一个的科学奇迹。因此，人们总是把冯·诺依曼称为“计算机之父”。

2. 计算机硬件系统

严格地讲，计算机的硬件是指组成计算机的各种物理设备，也就是我们看得见、摸得着的具备一定功能的电子设备。它包括计算机的主机和外设。通常硬件是由电容、电阻、二极管、三极管及各种规格的芯片等电子元件构成的，品种、规格、形状繁多，部分元件如图 1-23 所示。它们之间协同合作，共同完成各种数字信号的传输，并进行一系列逻辑运算，完成程序所规定的任务。

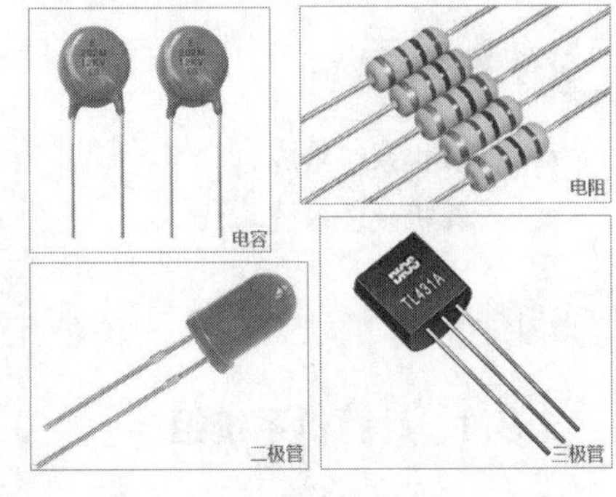

图1-23

（1）运算器。运算器由算术逻辑单元（Arithmetic and Logic Unit，ALU）、累加器、通用寄存器组成。

① 算术逻辑单元：即专门执行算术和逻辑运算的数字电路。它是计算机中央处理器（Central Processing Unit，CPU）的最重要组成部分，甚至连最小的微处理器也包含 ALU，以实现计数功能。一般 ALU 可完成以下简单运算。

- 整数算术运算（主要是加减运算，乘除运算需要先转化为加减运算）。
- 位逻辑运算（与、或、非、异或）。
- 移位运算（将一个字向左或向右移位或浮动特定位，而无符号延伸）。

② 累加器：一种暂存器，用来储存计算所产生的中间结果。它的使用可以提高运算速度。

③ 通用寄存器：可用于传送和暂存数据，也可参与算术逻辑运算，并保存运算结果。根据中央处理器位数的不同，机器用的通用寄存器位数和个数也不同。

（2）控制器（Controller）。控制器是指按照预定顺序改变电路接线和电阻值来控制启动、调速和指令执行的装置。具体来说，它主要负责从主存中取出指令，译码按时序和处理器周期发出控制信号，协调机器各部分动作，起到“指挥部”的作用。

控制器由指令寄存器、指令译码器、时序产生器②和程序计数器组成。

① 指令寄存器：用来存放正在执行的指令。指令分成两部分：操作码和地址码。操作码用来指示指令的操作性质，如加法或减法；地址码给出本条指令的操作数地址或形成操作数地址的有关信息。特殊的转移指令，用来改变指令的正常执行顺序。这种指令的地址码部分给出的是要转去执行的指令的地址。

② 指令译码器：用来对指令的操作码进行译码，产生相应的控制电平，完成分析指令的功能。

③ 时序产生器：用来产生时间标志信号，即机器各部分动作的频率（快慢）。微型机中，时间标志信号一般包括指令周期、总线周期和时钟周期。

④ 程序计数器：用来形成下一条要执行的指令的地址。它在工作时会根据指令是顺序执行还是转移执行而采取不同的计数策略。

运算器和控制器组合在一起就是我们常说的计算机的中央处理器——CPU。

---

① 计算机运行过程中，把要执行的程序和处理的数据首先存入主存储器即内存，计算机执行程序时，将按顺序自动地从内存中取出指令，一条一条地执行，这被称作顺序执行程序。

② 可以决定计算机的主频。

（3）存储器（Memory）。存储器是计算机中用于保存信息的记忆设备。在数字系统中，只要能保存二进制数据的都可以算作存储器，如RAM、内存条、TF卡等。计算机中全部信息，包括输入的原始数据、计算机程序、中间运行结果和最终运行结果都保存在存储器中。它可以根据控制器指定的位置存入和取出信息。依靠存储器，计算机有了记忆能力，从而保证机器的正常运行。

计算机中的存储器分为主存储器（内存）和辅助存储器（外存）。

① 内存：指主板上的存储部件，用来存放当前正在执行的数据和程序，但仅用于暂时存放程序和数据，关闭电源或断电，数据会丢失。按读写方式，内存可以分为只读存储器和随机存储器。

- 只读存储器：即ROM（Read-Only Memory）。一般是厂家在ROM装入整机前事先将其固化在集成芯片上，用户只能读取其中的数据，不能自主修改其中的数据。ROM所存数据稳定，断电后所存数据不变；ROM结构简单，读取方便，故常用于存储具备共性的程序及数据。
- 随机存储器：即RAM（Random acces Memory）。RAM是与CPU直接交换数据的内部存储器，也叫主存（内存）。它可以随时读写，而且速度很快，通常作为操作系统或其他正在运行中的程序的临时数据存储媒介。RAM以字节[①]存储数据，并且按地址读写。RAM的容量一般用B、KB、MB、GB、TB表示，换算关系如下。

$$1\text{KB}=2^{10}\text{B}=1\,024\text{B}$$
$$1\text{MB}=2^{10}\text{KB}=1\,024\text{KB}$$
$$1\text{GB}=2^{10}\text{MB}=1\,024\text{MB}$$
$$1\text{TB}=2^{10}\text{GB}=1\,024\text{GB}$$

因为内存容量大小直接影响计算机的运行速度，所以它一直以来都是人们在选配计算机时所关注的主要技术指标之一。目前计算机主流内存一般是8G，甚至更大。这比起早期的计算机来说已经有了很大进步。

主机就是以CPU和内存为主而构成的计算机的主要硬件设备。

② 外存：目前通常是指磁性材料或光学材料为介质制作的存储器，能长期保存信息。外存的种类比较多，目前常用的有硬盘、移动硬盘、U盘、SD卡、TF卡、光盘等。

- 硬盘：硬盘是计算机主要的存储媒介之一，由一个或者多个铝质或者玻璃的碟片组成，碟片外覆盖有铁磁性材料。一般硬盘会被密封固定在硬盘驱动器中，既能防尘又能屏蔽电磁干扰。它作为计算机系统的外存，具有存储容量大、存取速度快等特点。一般情况下，硬盘容量越大，单位字节的价格就越便宜，但是超出主流容量的硬盘价格会比较高。硬盘在使用过程中应该注意存储数据的备份、常备系统启动盘、不频繁开关机等问题，防止数据、系统或设备损失的发生。
- 移动硬盘：它是具有便携性的一种硬盘存储产品。移动硬盘多采用USB、IEEE1394等传输速度较快的接口，以较高的速度与系统进行数据传输。截至2015年，主流2.5英寸品牌移动硬盘的读取速度约为50MB/s～100MB/s，写入速度约为30MB/s～80MB/s。移动硬盘可以提供相当大的存储容量，是一种较具性价比的移动存储产品。目前市场中的移动硬盘以500GB、1024GB（1TB）、1.5TB、2TB、2.5TB、4TB等容量为主流容量，甚至更大。它可以说是U盘、磁盘等闪存产品的升级版，已经被大众广泛接受。

① 1字节（Byte）等于8个二进制位（bit 比特）。按照计算机的二进制方式，1Byte=8bit；1KB=1 024Byte；1MB=1 024KB；1GB=1 024MB；1TB=1 024GB。

用户在选购时一般要考虑品牌、价格、容量等因素，如图 1-24 所示。

- U 盘：即 USB flash disk，USB 闪存盘。它是一种使用 USB 接口的无需物理驱动器的微型高容量移动存储产品，通过 USB 接口与计算机连接，即插即用，实现数据 U 盘与计算机间的数据交换。U 盘的称呼源于朗科科技[1]（如图 1-25 所示为朗科科技大厦）生产的存储设备“优盘”，由于专利权之故使各生产厂商使用谐音“U 盘”来称呼这类存储产品。

图 1-24

- SD 卡：即 SD 存储卡，是一种基于半导体快闪记忆器的新一代记忆设备。它体积小、数据传输速度快、可热插拔。它被广泛地使用于便携式装置上，例如数码相机、摄像机。
- TF 卡：MicroSD Card，原名 Trans-flash Card（TF 卡），2004 年正式更名为 Micro SD Card，由 SanDisk（闪迪）公司发明。它目前已经广泛取代嵌入式记忆体应用在手机里，极大限度地扩大手机存储容量，有效提升升级空间。它仿效 SIM 卡的应用模式，具有兼容性，同一张卡可以应用在不同型号的手机上，减少了手机制造商的研发设计环节。Micro SD 卡足以堪称可移动式的储存集成电路（Integrated Circuit，IC）。目前它的主流容量有 32GB、64GB、128GB 等。
- 光盘：光盘是以光信息作为存储载体并用于数据存储的一种价格相对比较低廉的辅助存储器。它利用激光原理进行数据读、写，可以存放文本、声音、图形、图像和动画等多媒体数字信息。从数据读写方式角度看，光盘分不可擦写光盘、可擦写光盘。由于光盘存在容量有限、读写数据需要光盘驱动器支持、可擦写光盘使用局限性较大等缺点，所以近年来其使用越来越受到前面几种辅助存储器的冲击，使用率呈现明显下降趋势。

综上所述，外部存储器在计算机整个硬件体系中占据着较为重要的位置，而且目前市场存储技术的更新也大多从此入手，特别是在可移动存储设备（如图 1-26 所示）方面体现得尤其充分。科技适应生活，让普通百姓用上方便、可靠、性价比高的产品才是硬道理。

图 1-25

图 1-26

（4）输入设备。输入设备（Input Device）是向计算机输入数据信息的设备的总称。它们是计算机与用户其他设备通信的纽带。通过各种输入设备，用户可以实现与计算机系统之间的信息沟通。鼠标、键盘、扫描仪、摄像头、数位板、光笔、游戏柄、语音输入装置等都属于输入设备，如图 1-27 所示。

---

① 深圳市朗科科技股份有限公司成立于 1999 年 5 月，是全球闪存盘及闪存应用领域产品与解决方案的领导者。该公司于 2010 年初在 A 股创业板成功上市，被称为“中国移动存储第一股”。作为闪存盘的发明者，朗科推出的以优盘®为商标的闪存盘是世界上首创的基于 USB 接口、采用闪存（Flash Memory）介质的新一代存储产品。

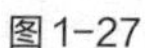

图1-27

输入设备作为人或外部与计算机进行交互的一种装置，用于把原始数据和处理这些数据的程序输入到计算机中。计算机能够通过不同种类的输入设备接收多种数据，可以是传统的数值型的数据，也可以是各种非数值型的数据，如文本、图形、图像、声音等。

① 鼠标：鼠标（Mouse）[①]是计算机硬件系统中的常用输入设备，是计算机显示系统纵横坐标定位的指示器，其因形似老鼠而得名，也叫“滑鼠”。它可以使计算机的操作更加简便快捷。目前常用的鼠标有光电鼠标和无线鼠标。一般，前者以USB接口与计算机进行物理连接，并利用发光半导体及光电感应器控制计算机工作；后者则是利用辐射技术把鼠标移动、按键动作转换成无线信号来控制计算机的。鼠标的常用操作有移动定位、单击、双击、拖动、右击5种形式，易学易用，操作灵活。

② 键盘：键盘是计算机系统的传统标准输入设备。键盘虽然种类繁多，但结构大同小异。最常见的是104键键盘。根据按键的功能划分，整个键盘通常分为主键盘区、副键盘区和功能键区，如图1-28所示。通过了解键盘组成、熟悉操作指法可以极大地提高操作效率，特别是财会等相关行业工作的从业人员应该着力提高自己这方面的操作技能。

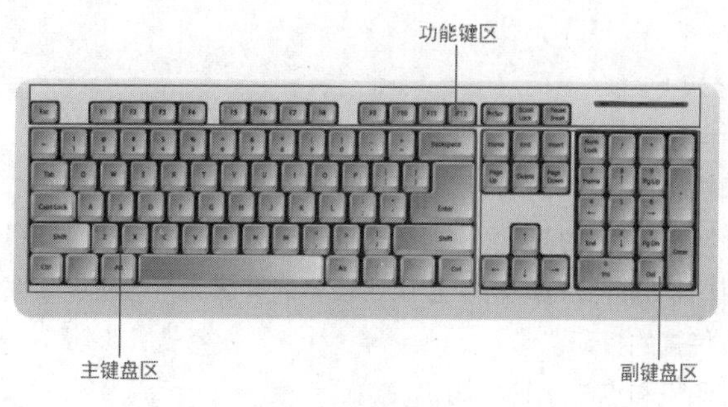

图1-28

- 主键盘区：是整个键盘分区中按键个数最多的部分，包括数字键和符号键、字母键、控制键，其中一些控制键如退格键（“Backspace”）、制表定位键（“Tab”）、大小写控制（“CapsLock”）、回车键（“Enter”）、换挡键（“Shift”）、控制键（“Ctrl”）、交替换档键（Alt）等的作用非常大。
- 副键盘区：包括数字小键盘和编辑键。数字小键盘区有数字输入和光标控制双重作用，用“Num Lock”键控制功能切换，使此部分在大量数字录入（财务账目处理）时显得极为方便。编辑键区除了光标控制键外，还有插入/改写切换、删除键等。
- 功能键区：包括“Esc”键（中止键）、特殊功能键（“F1”～“F12”）、屏幕拷贝（“Prtsc SysRq”）、滚动锁定（“Scroll Lock”）、暂停键（“Pause Break”）及键盘状态指示灯。

（5）输出设备。输出设备（Output Device）是能够接收计算机数据，并将其输出的显示打印、声音播放、协调控制的外围设备，属于计算机硬件系统的终端设备。常见的输出设备有显示器、打印机、绘图仪、影像输出系

① 鼠标是1964年由加州大学伯克利分校博士道格拉斯·恩格尔巴特发明的。

统、语音输出系统、电磁记录设备等。下面我们主要讲解前 2 种。

① 显示器：它是计算机标准的输出设备。作为人机交互的界面，显示器只是一类显示终端设备，而一个完整的计算机显示系统是由显示器、显卡和显示驱动程序组成的。从工作原理角度划分，显示器可以分为阴级射线管（Cathode Ray Tube，CRT）、液晶（Liquid Crystal，LC）、发光二极管（Light Emitting Diode，LED）、3D、等离子等几类。而随着技术的进步，显示技术也在不断更新换代。人们在选用计算机显示器时，应从清晰度、价格、耗电量、体积、重量等多方面进行考量。后面几种显示器的性价比越来越比 CRT 有优势，所以 CRT 这种传统显示器的老旧技术与过时外观，已经让它渐渐退出了市场。

如图 1-29 所示，即为 CRT 与戴尔旋转升降 LED 液晶显示器的对比图。后者以 4K 分辨率、99%的 s RGB 覆盖率、178 度广角轻松观看、安装简便的升降旋转支架、多种外设接口应用等比前者更具优势，是日益讲究生活品质的计算机用户更喜欢选择的新型显示终端设备。

图 1-29

② 打印机：它也是计算机的输出设备之一，主要用于将计算机处理结果打印在相关介质上。打印的对象从文本到图形、图像均可。

打印机的重要技术指标有两项：打印分辨率和打印速度。此外，在选购打印机时，人们也经常会考虑噪声因素的影响。

打印机的种类很多，按不同标准划分如下。

- 按打印颜色：分为彩色打印机、单色打印机。
- 按数据传输方式：分为串行打印机、并行打印机，后者打印速度更快。
- 按工作方式：分为击打式打印机与非击打式打印机。击打式打印机有常见的针式打印机，通常用于票据打印，所以在财务工作中经常使用；非击打式打印机中应用比较多的有激光打印机、喷墨打印机、热敏式打印机等，经常用于文件、图片、传真的打印。
- 按打印字符结构：分为全形字打印机和点阵字符打印机。

目前，应用比较多的打印机有针式打印机、激光打印机和喷墨印机。知名的打印机品牌有惠普、佳能、爱普生、兄弟、三星、联想等，如图 1-30 所示。

图 1-30

通常，我们把输入/输出设备统称为 I/O 设备。一般输入过程完成的同时，计算机完成数据的接收、存储，然后计算机根据需要对数据进行加工处理，最后完成结果输出。目前，多数 I/O 设备都使用 USB 接口与计算机相连，当然也有一些设备采用无线形式。这无疑让用户在使用时感觉越来越方便了。

说明

外存及输入/输出设备（I/O 设备）统称为计算机硬件系统的外部设备。主机和外部设备构成整个硬件系统。

目前面向多媒体应用的多媒体机是计算机市场的主流。它在硬件配备方面具有一定的特殊性，通常除了包括传统的计算机硬件外，还需要有音频和视频处理器、多种媒体输入/输出设备、信号转换装置、通信传输设备及对应的接口装置。这些硬件中就包括大家所熟知的声卡、扫描仪、调制解调器等。

微课：多媒体计算机的硬件

1.3.3　计算机软件系统

软件系统（Software Systems）是指由系统软件和应用软件组成的，为计算机配置的各种程序及相关资料的集合。这里所说的软件就是具有特定功能的程序。它的配备相当于为计算机“裸机”安装了“大脑”。

1. 系统软件

系统软件是控制计算机运行、管理计算机各种资源、为应用软件提供支持和服务的一类软件的总称。

① 操作系统：它是用于管理计算机的硬件和软件资源、控制程序的运行、为用户提供方便操作环境的程序集合。操作系统的基本职能分为两个方面：管理、控制、协调系统运行；为用户提供交互界面，是用户与计算机之间沟通的桥梁。它是计算机的“灵魂”。每次计算机启动时都要先期运行操作系统，然后才能在它的支持下协调其他程序的运行，并维持整个计算机的正常工作。

一般地，计算机操作系统将它的管理、协调功能细化为：处理器（CPU）管理、存储管理、文件管理、设备管理和作业管理五类。

② 语言处理程序：语言处理系统是用于处理软件语言等的软件，包括汇编程序、解释程序和翻译程序。计算机语言涉及机器语言、汇编语言和高级语言。这里只有机器语言能够直接被机器硬件识别，因为它是直接用二进制代码表达指令的计算机语言，也就是说它的指令是用 0 和 1 组成的一串串代码。汇编语言和高级语言则不同，它们是使用助记符和语句代码来表达程序指令的，所以它们必须要经过语言处理系统的“翻译”，才能将各种指令“变身”为机器语言，顺利表达它们本来的含义并实现处理，最后完成运行结果的输出。

一般地，用高级语言编辑的原代码的“翻译”过程有解释和编译两种形式。“解释”是逐条翻译逐条执行，运行结束后目标程序不保存；“编译”是先把源程序一次性全部翻译为目标程序（机器语言形式），然后再执行此目标程序。不同的语言处理程序有不同的“翻译”手法，例如，C 语言就是通过编译的形式将指令转化为机器语言的。

但在实际应用中，由于高级程序设计语言更接近自然语言，算法更容易掌握，与具体机器结构的关联没有汇编及机器语言那么密切，数据结构丰富，编写的程序往往更具有可读性和可移植性，所以它们才是程序设计领域的主流设计语言。它们以友好的操作界面、方便快捷的编辑方式、完善且强大的“类”等，将程序设计过程变得越来越“简单”“容易”。

③ 辅助管理系统：用户使用和进行计算机维护时使用的程序。它一般涉及系统监控程序、系统调试程序、系统故障及诊断程序、设备驱动程序、程序开发工具等多个方面。用户只需要告诉计算机想要什么，至于怎么做无需关心，这些辅助管理系统软件可以为用户协调、规划，最后完成任务，向用户提供最终结果。应用极其广泛的数据库管理系统就属于这一类，例如 Oracle。

综合地讲，系统软件是面向计算机本身的管理、控制与维护的软件集合。在用户眼中，它们的存在似乎没有直接的意义，但是它们为计算机的正常运行提供了前提基础。

2. 应用软件

应用软件是为某一专门的应用目的而开发的计算机软件，所以应用软件门类繁多。获取应用软件的途径有多种，我们既能自己开发研制，也能联系软件公司为自己量身定制，还可以从软件市场上购买。

微课：应用软件

我们在日常工作中常见的应用软件有：学生信息管理、教学管理、人事档案管理、财务管理、网络票务管理、图形图像处理、文字编辑处理、电子表格处理等，涉及领域广泛。

目前，在计算机终端上使用的各种应用软件虽然已经非常普及，但是随着各种移动终端产品特别是智能手机的出现，为了可以让用户更加及时方便地享受网络服务，各种移动应用 App（Application）如雨后春笋般地出现了。这无疑将计算机在社会生活中的作用进一步放大，也让人们越来越体会到计算机、网络的强大功能。这里所说的移动应用 App 指的就是“手机软件”。它们被安装在手机上，占用空间不大，但是使用方便，功能强大，并且有明显的个性化特点，因此越来越受到用户的喜爱。如图 1-31 所示，微信、QQ、铁路 12306、天猫、淘宝、美图秀秀、百度音乐、百度文库等都是常用的手机软件，涉及系统安全、交友、购物、图像处理、娱乐生活、学习进修等各个方面。这些手机软件之所以受到大众的喜爱与它们鲜明的个性、便捷的操作、强大的功能以及针对性强等优点紧密相关。

图 1-31

1.3.4 计算机工作原理简介

根据冯·诺依曼计算机体系结构，计算机遵从“存储程序和程序控制”的原则进行工作，并且在数据处理过程中均使用二进制数来进行数据的表达。所以计算机的工作原理也是围绕着“如何进行二进制数的处理”这一永恒的主题展开的。

1. 计算机的工作过程

一般地，我们把计算机工作过程分为以下 4 步。

① 通过输入设备实现程序和数据的输入，并保存至存储器。

② 开始运行后，计算机从存储器中取出程序指令交由控制器进行识别，分析该指令的操作意图是什么。

③ 控制器根据指令含义发出相应的命令（如加法、减法等），将存储单元中存放的操作数取出送往运算器进行运算，再把运算结果送回存储器指定的单元中。

④ 运算任务完成后，根据指令的规定将结果通过输出设备输出。

说明

“指令”是指挥计算机工作的指示和命令。计算机程序就是能完成特定任务的一条条指令的集合。每一类指令都有其固定的结构，一般分为操作码和操作数两部分，其中，前者指明操作的种类，而后者指明参与操作的对象或对象所在的位置（即地址）。

从以上工作过程分析得知，计算机的工作过程不是其“自主”完成的，大致过程为：由人把数据和程序录入，将工作任务和处理方法翻译为机器可以理解的二进制代码；然后由计算机一步步地执行二进制代码的序列，即执行指令，并得到运行结果。这一系列的行为全面地反映出“计算机只能执行指令并被指令所控制”的工作特性。

2. 数制转换

为了让计算机能够“理解”操作者的编程意图，就需要把指令转换为机器语言——二进制代码的序列。这就要用到数据转换即进制转换技术。进制（二、八、十、十六进制）间的相互转换，一般在计算机编程中较为常见。

（1）基本概念。

- 数码：数制中表示基本数值大小的不同数字符号。比如，十进制有 10 个数码——0～9，二进制有 1 和 0 两个数码。
- 基数：数制所使用数码的个数。例如，二进制的基数为 2；十进制的基数为 10。
- 位权：数制中某一位上的 1 所表示数值的大小（所处位置的价值）。十进制数 316 中 3 的位权是 100，1 的位权是 10，6 的位权是 1；同理，二进制数的 101，第一个 1 的位权是 4，0 的位权是 2，第二个 1 的位权是 1。所以根据计数的规则，即使数码相同、位置不同所代表的数的值也是不同的。

(2) 意义。

人们在日常生活中最熟悉的进位计数制是十进制，用 0~9 这 10 个数字来描述数值的大小，通用方便，而计算机却弃用十进制转而使用二进制，原因何在呢?

- 实现方便：若在计算机中描述十进制中的 10 个数字，需要机器的某些硬件具有 10 种状态，才能够准确完成表达工作，而这对于硬件来说是十分困难的。相反，硬件的通电、断电两种状态表达自然、实现方便，用它们来代表 0 和 1，进而使用二进制也就顺理成章了。
- 可靠性高：二进制中数码种类少，传输和处理时出错率低。
- 运算简单：与十进制相比，二进制数的运算规则要简单许多。以二进制加法为例，0+0=0、0+1=1、1+0=1、1+1=10。这样就可以化简对运算条件及结果的判断过程，方便提高运算速度，简化计算机运算器结构。
- 逻辑值易实现：逻辑量只有两种——对或错，可以方便地用二进制的两个数码表示。

总之，十进制转化为二进制是为了计算机在表达数据时更为方便。那么，为什么人们还在二进制启用后又引入八进制和十六进制呢? 又为什么效仿十化二、二化十的进制转换方法，并衍生出了更多的数制转换操作呢?

(3) 转换方法。

- 二进制→十进制：按位权展开，相加求和。位权为 2 的整数次幂。

例：二进制数 11010011.01 转换为十进制数。

$$(11010011.01)_2=1\times2^7+1\times2^6+0\times2^5+1\times2^4+0\times2^3+0\times2^2+1\times2^1+1\times2^0+0\times2^{-1}+1\times2^{-2}$$
$$=2^7+2^6+2^4+2^1+2^0+2^{-2}$$
$$=128+64+16+2+1+0.25$$
$$=211.25$$

同理，八进制或十六进制转换十进制的方法，也是“按位权展开，相加求和”，只是位权变为 8 的整数次幂或 16 的整数次幂。

- 十进制→二进制：整数部分、小数部分分别进行转换。整数部分除 2 取余数，倒序读取；小数据部分乘 2 取整，顺序读取。

例：十进制数 131.125 转换为二进制数。

$(131.125)_{10}=(10000011.001)_2$

2 | 131
2 | 65 余1
2 | 32 余1
2 | 16 余0
2 | 8 余0
2 | 4 余0
2 | 2 余0
2 | 1 余0
0 余1
倒序读取

0.125
× 2
0.250 取整为0
× 2
0.50 取整为0
× 2
1 取整为1
正序读取

整数部分 小数部分

同理，十进制转换为八进制或十六进制的方法，也要分整数和小数两部分分别转换，整数部分除以 8（或 16）取余数，倒序读取；小数据部分乘以 8（或 16）取整，顺序读取。

- 二进制→八进制：整数部分和小数部分分别转换。从小数点起分别向左、向右每 3 位分为一组，最左或最右不足 3 位的补 0，并且每组数分别位权相加，转换为 0~7 这 8 个数字，再按从左到右的顺序读取。此方法可以称为“三位一组法”。

例：将 $(10011100.0011)_2$ 转换为八进制数。

$(10011100.0011)_2=(010\ 011\ 100.001\ 100)_2=(234.14)_8$

同理，二进制转换为十六进制采用“四位一组法”。

- 八进制→二进制：将每一位八进制数转化为三位二进制数，然后顺序读取。此为“一分为三法”。

例：将（601.03）$_8$转换为二进制数。

（601.03）$_8$=（110 000 001.000 011）$_2$

同理，十六进制转换为二进制，采用“一分为四法”。

3. 信息编码

计算机中，各类信息都是用二进制数来进行表达的，即不论是数字、文字、图形、图像、声音、动画，还是视频，都需要转换为二进制代码 0 和 1，才能在计算机中存储、加工。因此，计算机需要对这些信息进行识别，这就要利用不同的编码规则。

（1）字符编码。

字符编码主要是指对英文编码，涉及字母、数字、标点、运算符等。采用国际通用的 ASCII 码[1]。为了方便计算机应用，我国制定了能与国际兼容的国家编码标准 GB 1988。ACSII 共有 128 个字符，包括英文大小写字母 52 个、标点符号和运算符 32 个、控制符 34 个和数字 10 个。

每个字符用一个 7 位二进制数表示，一个字节 8 位，最高位 D7 为 0，具体编码对照如表 1-3 所示。

表 1-3 ASCII 码表

$D_7D_6D_5$ / $D_4D_3D_2D_1$	000	001	010	011	100	101	110	111
0000	NULL	DEL	SP	0	@	P	`	p
0001	SOH	DC1	!	1	A	Q	a	q
0010	STX	DC2	“	2	B	R	b	r
0011	EXT	DC3	#	3	C	S	c	s
0100	DOT	DC4	$	4	D	T	d	t
0101	ENG	NAK	%	5	E	U	e	u
0110	ACK	SYN	&	6	F	V	f	v
0111	BEL	ETB	‘	7	G	W	g	w
1000	BS	CAN	(	8	H	X	h	x
1001	HT	EM	)	9	I	Y	i	y
1010	LT	SUB	*	:	J	Z	j	z
1011	VT	ESC	+	;	K	[	k	{
1100	EE	FS	,	<	L	\	l	|
1101	CR	GS	–	=	M	]	m	}
1110	SO	RS	.	>	N	^	n	~
1111	SI	US	/	?	O	_	o	DEL

若想确定某字符的 ASCII 码，只要查看它在表中的行和列，并读取相应二进制位数值就可以了。例如，字符#的 ASCII 编码为 010 0011，即将代表高 3 位的列标题与代表低 4 位的行标题连续读取即可，然后再将第 8 位补 0，即用二进制数 0010 0011 表示#。

① ASCII（American Standard Code for Information Interchange，美国信息交换标准代码）是基于拉丁字母的一套电脑编码系统，主要用于显示现代英语和其他西欧语言。它是现今最通用的单字节编码系统。

（2）汉字编码。

汉字在编码形式和内容上远比英文复杂。它是为便于汉字输入计算机而设计的代码。由于电子计算机现有的输入键盘与英文打字机键盘完全兼容，所以如何输入非拉丁字母的文字（包括汉字）便成了多年来人们研究的课题。汉字信息处理系统一般包括编码、输入、存储、编辑、输出和传输等模块，其中编码是关键。不解决这个问题，汉字就不能进入计算机。

计算机中，汉字的表示也是用二进制编码，也是人为编码。根据应用目的的不同，汉字编码主要分为输入码、交换码、机内码和字形码等。

- 输入码：也称外码，是用来将汉字输入到计算机中的一组键盘符号。常用的输入码有拼音码、五笔字型码、区位码等。一种好的编码应有编码规则简单、易学好记、操作方便、重码率低、输入速度快等优点，每个人可根据自己的需要进行选择。目前使用最多的是“搜狗拼音”等拼音类的输入码。
- 机内码：即交换码、国标码，计算机内部处理的信息，都是用二进制代码表示的，汉字也不例外。而二进制代码使用起来是不方便的，于是需要采用信息交换码。中国标准总局 1981 年制定了中华人民共和国国家标准 GB2312-80《信息交换用汉字编码字符集——基本集》，即国标码。区位码是国标码的一种表现形式，把国标 GB2312-80 中的汉字、图形符号组成一个 94×94 的方阵，按区和位指定字符位置，总数=94×94=8 836 个，表示 7 445 个汉字和图形字符，保留 1 391 个空位备用。根据国标码的规定，每一个汉字都有确定的二进制代码。在计算机内部，汉字代码都用机内码。在磁盘上记录的汉字代码也使用机内码。
- 字形码：字形码是汉字的输出码，输出汉字时都采用图形方式，无论汉字的笔画多少，每个汉字都可以写在同样大小的方块中。通常用 16×16 点阵来显示汉字。

一个汉字从输入，到最后输出到屏幕或打印机上，经历的先以输入码形式完成录入、翻译为机内码让计算机识别、根据地址码到汉字字库中寻找字形码、最后把字形码所代表的图形符号显示或打印出来，整个流程可以用图 1-32 表示，其间环节多，过程复杂可见一斑。

（3）色彩编码。

图形、图像的二进制表达也是用编码的形式解决的。例如，一般人们会把将各种标准颜色表达为对应的 RGB 值，进而再转化为对应的二进制数，而为了方便书写、记忆又会直接记作对应的十六进制数。此外，在专业人员应用各种颜色时往往会参照标准色板，以便准确地挑选颜色。如图 1-33 所示，表示的是 3 种不同的蓝色的颜色值。

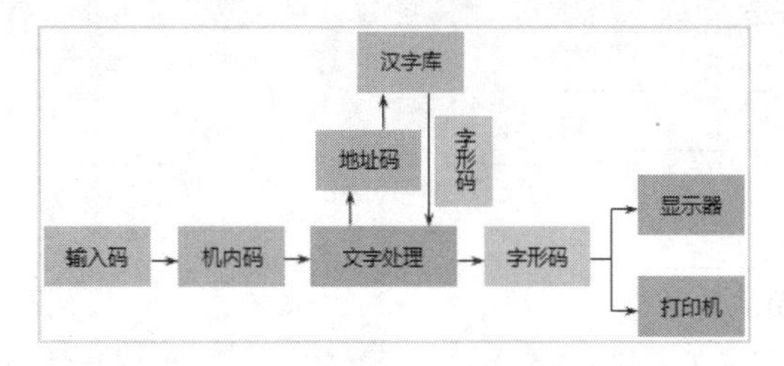

图1-32

实色效果	英文名称	R.G.B	16色
	Blue	0 0 255	#0000FF
	DodgerBlue	30 144 255	#1E90FF
	DeepSkyBlue	0 191 255	#00BFFF

图1-33

任务实施

根据任务安排，以讨论、提问的方式，熟悉计算机系统的基本组成，掌握计算机硬件系统和软件系统常识，了解计算机的简单工作原理。

任务拓展

微信朋友圈：题目自拟，完成一份以“计算机和我们到底有多亲密”为主题的小文章，对自己使用计算机或智能手机的人生经历做一个记载，并发表在自己的微信朋友圈内。谈谈自己对计算机或智能手机的认识。

要求发文截屏，记录成绩。

以一至两个生活实例为切入点，介绍一下计算机或智能手机给自己和家人的日常生活带来的变化。比如，什么情况下开始使用计算机或智能手机，用了以后出现了什么问题，怎么解决的，后来的生活又发生了什么变化，自己的感受如何，打算以后怎么应用等。

任务练习

1. 判断题

（1）断开电源后，存储在 RAM 中的数据不会丢失。

（2）计算机指令由操作码和操作数两部分组成的。

（3）字长表示 CPU 一次能处理二进制数据的位数，是 CPU 的主要性能指标之一。

（4）在 ASCII 码表中，小写英文字母的码值比大写英文字母要小。

（5）汇编语言属于高级程序设计语言。

（6）中央处理器能直接读取内存里的数据。

（7）在计算机的硬件设备中，硬盘驱动器既可以当作输出设备，又可以当作输入设备。

（8）在计算机中，8 位二进制数构成 1 个字节。

（9）在录入汉字过程中，只需要如搜狗拼音这样的输入码就可以将汉字显示在屏幕上了。

（10）对于图形设计人员来说，数位板和压感笔也是一种常用的计算机输入设备。

2. 填空题

（1）一个完整的计算机系统确切地讲应该是由________和________组成的。

（2）在计算机系统软件中，最基本、最核心的软件是________。

（3）计算机软件的确切含义应该是________、________和________的总称。

（4）能直接与中央处理器 CPU 进行信息交换的存储器是________。

（5）中央处理器主要技术性能指标有________、________和________。

（6）计算机运算器的功能完整地讲包括________运算和________运算。

（7）计算机硬件能够直接识别并执行的语言是________。

（8）在微型计算机系统中，西文字符采用的编码形式是________。

（9）上网需要在计算机上安装________，才能完成网页的查看。

（10）若在一个二进制非零无符号整数最低位之后添上两个 0，则此数值被变为原数的________；若删除一个二进制非零无符号整数最低位的 1 个 0，则此数的值被变为原数的________。

3. 简答题

（1）常用的计算机输入、输出设备有哪些?

（2）计算机操作系统主要有哪些功能模块?

（3）十进制数 119 转换成二进制数是什么？写出计算过程。

（4）将高级语言程序翻译为低级语言可以采用什么方式？人们为什么更喜欢用高级程序设计语言编写的程序?

（5）假设某游戏计算机的内存容量为 8GB，硬盘容量为 2TB，还有 256GB 的 SSD（Solid State Drives，固态硬盘），请问常规硬盘容量是内存容量的多少倍?

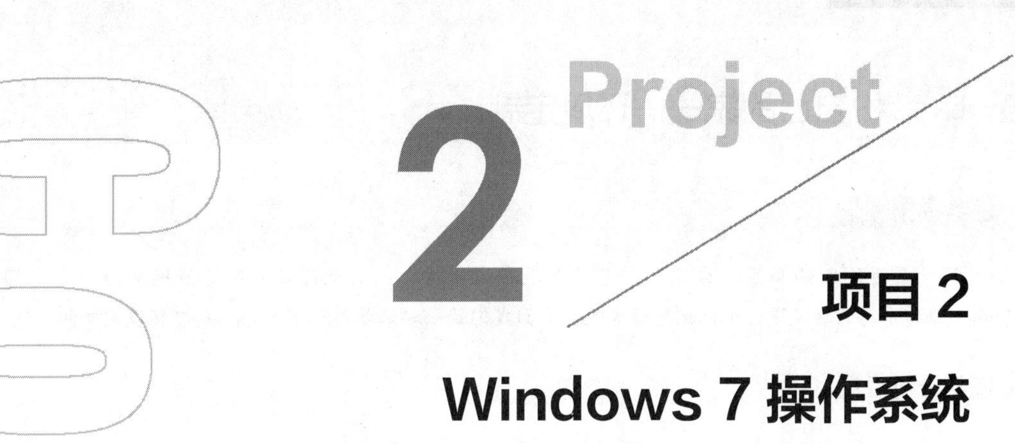

项目2 Windows 7 操作系统

项目导学

Windows 操作系统是美国微软公司研发的一套操作系统，问世于 1985 年，随着版本的不断更新升级，成为了人们最喜爱的操作系统之一。因此，对于计算机新手来说，学习 Windows 操作系统的使用是非常必要的。

本项目主要介绍 Windows 7 操作系统相关基础知识和操作方法。本项目有 3 个任务，分别就 Windows 7 操作系统环境定制、文件管理、系统清理等内容进行介绍。

学习目标

- 能够熟练使用操作系统进行文件管理及系统常规设置
- 掌握 Windows 操作系统基本知识
- 熟练掌握 Windows 操作系统常规操作
- 培养信息素养，提升信息整理能力
- 培养分析、解决实际问题的能力
- 培养科学严谨、务实高效的工作态度

任务1 装扮自己的家——环境定制

任务提出

小叶同学最近刚刚购买了一台笔记本电脑，现在她想将自己的笔记本电脑好好地装扮一下，那么如何对Windows 7操作系统的环境进行个性化的设置呢？下面我们就一起来学习一下Windows 7环境定制的方法吧。

任务分析

要想更好地使用计算机，首先我们要了解Windows 7启动和退出的方法，认识窗口、菜单和对话框，掌握Windows 7个性化环境设置的方法，如系统主题的设置、桌面背景的更换、屏幕保护程序的设置等。

任务要点

- 掌握Windows 7启动和退出的方法
- 掌握Windows 7个性化设置的方法
- 认识Windows 7窗口、菜单和对话框

知识链接

2.1.1 Windows 7的启动和退出

1. Windows 7的启动

Windows 7是具有革命性变化的操作系统。该系统旨在让人们的日常计算机操作更加简单和快捷，为人们提供高效易行的工作环境。下面详细介绍Windows 7的启动方法。

微课：启动Windows 7

（1）打开计算机主机连接的所有外部设备，如显示器、音箱、打印机等。

（2）按下主机的电源按钮，显示器的屏幕上出现Windows 7开始启动的界面，如图2-1所示。

（3）进入Windows 7操作系统的主界面，即可完成Windows 7操作系统的启动，如图2-2所示。

图2-1

图2-2

2. Windows 7的退出

正确地退出操作系统有助于计算机的健康和安全。用户退出Windows 7操作系统，可以根据需要选择不同的退出方式，如注销、关机等操作。下面将详细介绍退出Windows 7的操作方法。

（1）注销。

注销就是清除当前登录用户的缓存空间和注册表信息，注销后可用其他用户来登录操作系统。操作方法是，单击“开始”→“关机”→“注销”菜单项，如图 2-3 所示，操作系统进入注销界面。

微课：退出 Windows 7

（2）关机。

如果用户不再使用计算机，可以采用关机方式退出 Windows 7 操作系统。操作方法非常简单，单击“开始”→“关机”按钮即可关闭 Windows 7 操作系统，如图 2-4 所示。

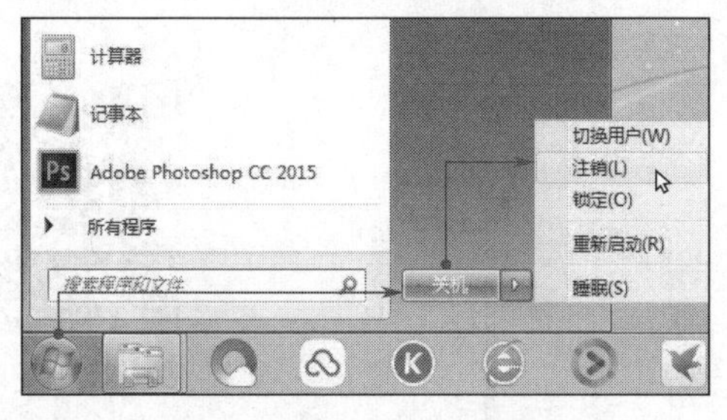

图 2-3

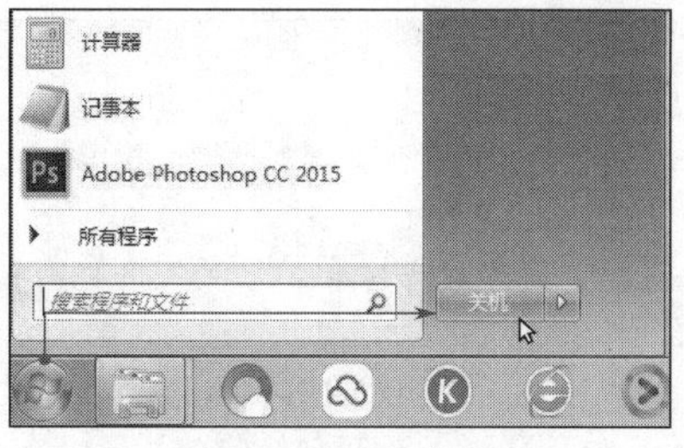

图 2-4

2.1.2 认识 Windows 7 窗口

Windows 操作系统是一个视窗化的操作系统，用户在 Windows 中进行的大部分操作都是在窗口中进行的。下面将详细介绍 Windows 7 窗口的基本操作方法。

1. 窗口的组成

窗口的组成如图 2-5 所示。

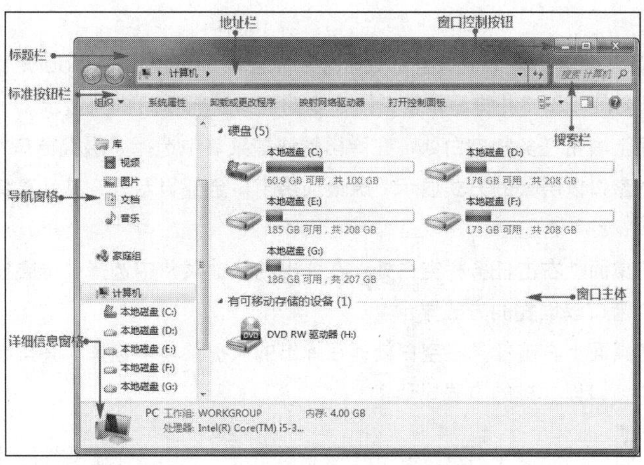

图 2-5

- 标题栏：位于窗口的最顶端，用户可以在标题栏位置对窗口进行位置的移动、大小的调整等操作。
- 地址栏：用于显示和输出当前窗口的地址，单击右侧的下拉箭头，在弹出的下拉列表中选择准备浏览的路径。
- 窗口控制按钮：可对窗口进行最小化、最大化和关闭操作。
- 标准按钮栏：提供了一组按钮，单击这些按钮可快速执行一些常用操作。
- 搜索栏：通过该功能，用户能够快速地在计算机中找到所查找的文件所在的位置。
- 导航窗格：位于窗口的左侧，显示磁盘、文件列表，可以帮助用户快速地定位所需目标。
- 详细信息窗格：显示当前的操作状态或选定对象的详细信息。
- 窗口主体：显示操作对象及操作结果，比如在资源管理器窗口中，工作区主要用来显示文件和文件夹。

2. 窗口操作

微课：打开窗口及窗口对象

窗口操作中最基本的就是打开窗口操作。用户通过打开窗口来打开文件夹或应用程序的操作界面。在已经打开的窗口中，用户可以进行其他各种窗口操作。具体有以下几种。

（1）最小化、最大化和关闭窗口。

若用户想最小化、最大化或关闭当前窗口，只需单击窗口标题栏右侧的“最小化”按钮、“最大化”按钮或“关闭”按钮，即可执行相应的操作，如图 2-6 所示。

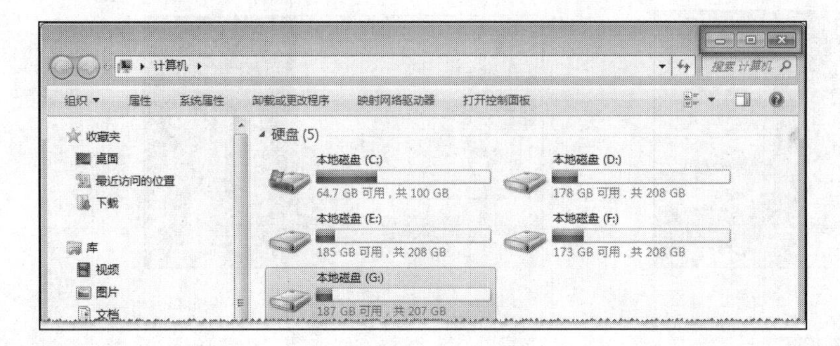

图 2-6

微课：最大化或最小化窗口

（2）移动和调整窗口。

- 将鼠标指针移动到要移动位置的窗口标题栏，左键单击鼠标并拖动，然后将窗口移动到需要的位置，松开鼠标左键即可。
- 将鼠标移动到窗口边缘，当鼠标变为双向箭头形式时，拖动鼠标可以调整窗口大小。

微课：移动和调整窗口大小

（3）排列窗口。

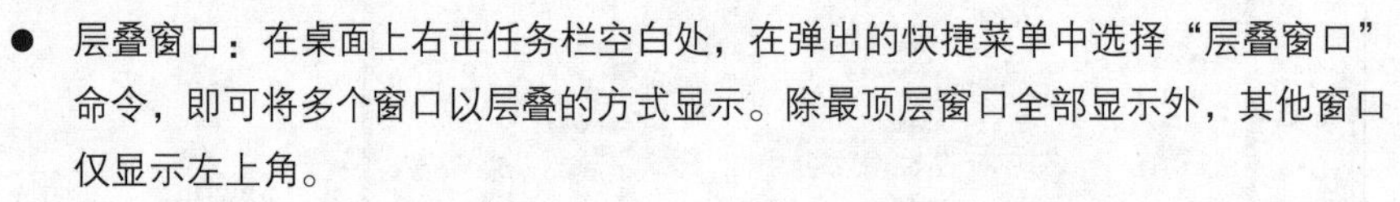

当用户打开了多个窗口，并需要多个窗口全部处于显示状态时，可使用 Windows 7 中“层叠窗口”“堆叠显示窗口”和“并排显示窗口”命令对窗口进行重新排列显示。

- 层叠窗口：在桌面上右击任务栏空白处，在弹出的快捷菜单中选择“层叠窗口”命令，即可将多个窗口以层叠的方式显示。除最顶层窗口全部显示外，其他窗口仅显示左上角。
- 堆叠显示窗口：在桌面上右击任务栏空白处，在弹出的快捷菜单中选择“堆叠显示窗口”命令，如图 2-7 所示，即可将多个窗口以堆叠的方式显示。
- 并排显示窗口：在桌面上右击任务栏空白处，在弹出的快捷菜单中选择“并排显示窗口”命令，如图 2-8 所示，即可将多个窗口以并排的方式显示。

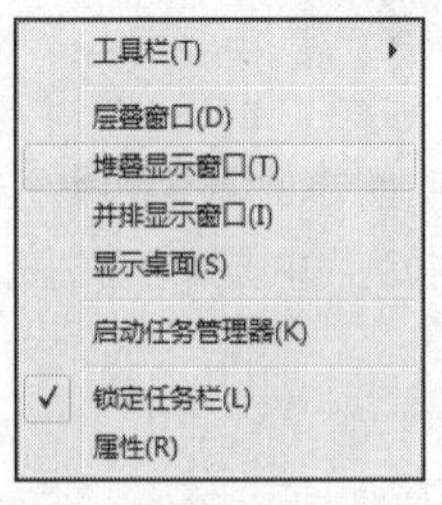

图 2-7

图 2-8

微课：排列窗口

（4）切换窗口。

当用户打开了多个应用程序窗口时，若想在多个窗口间进行切换，则可按“Alt”+“Tab”组合键在窗口间进行切换。

2.1.3　认识 Windows 7 的菜单和对话框

1. 使用 Windows 7 的菜单

（1）窗口菜单的使用。

Windows 中的很多应用程序都将其命令集中到了窗口菜单中。用户单击菜单名称，弹出相应的子菜单，从中选择需要的菜单选项，可完成相应的操作。

- 单击“开始”→“所有程序”→“附件”→“Windows 资源管理器”命令，打开“Windows 资源管理器”对话框，如图 2-9 所示。

图 2-9

- 分别单击“查看”→“大图标”和“查看”→“列表”菜单命令，可看到图标的显示方式，如图 2-10 所示。

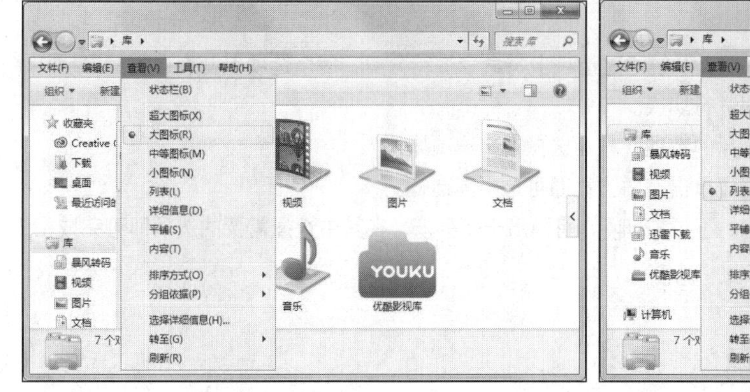

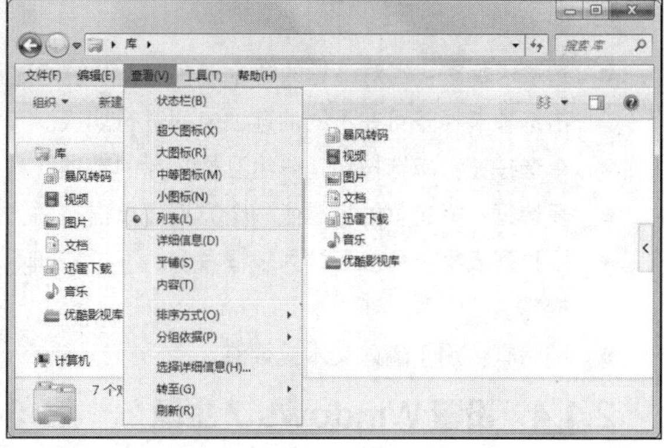

图 2-10

（2）快捷菜单的使用。

在 Windows 操作系统中，用鼠标右键单击对象弹出的菜单称为快捷菜单。如用鼠标右键单击 Windows 7 桌面，在弹出的快捷菜单中选择“个性化”命令，即可打开桌面环境设置对话框，如图 2-11 所示。

2. 使用 Windows 7 对话框

对话框是一种特殊的窗口，主要用于参数的设置。虽然 Windows 7 中的各个对话框的形态、功能各不相同，但大都包含标题栏、选项卡、编辑框、列表框、复选框、单选按钮、按钮等元素，如图 2-12 所示。

图 2-11

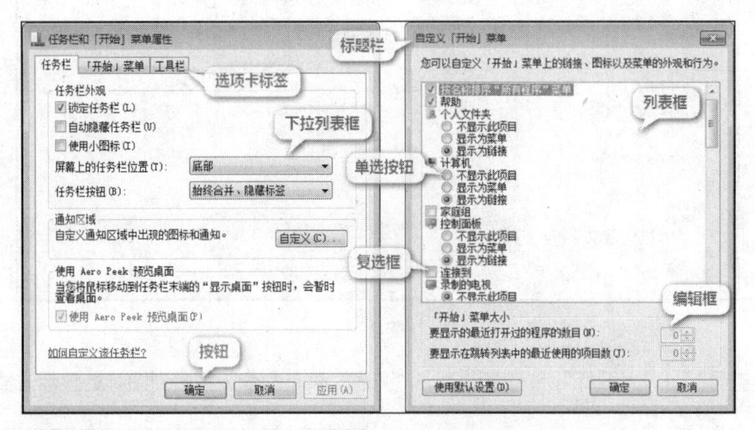

图 2-12

- 选项卡标签：当对话框的命令较多时，系统通过选项卡将命令进行分类，每个选项卡都有自己的名字。单击选项卡标签可在不同的选项卡间进行切换。
- 单选按钮：单选按钮是一组互相排斥的选项，只能选择其中一项操作。
- 复选框：复选框的标志是一个方框，单击空白方框即可选中复选框。
- 下拉列表框：单击下拉列表框右侧的下拉按钮，将弹出一个列表，在其中选择需要的选项即可完成相应操作。
- 编辑框：用于输入文本或数值。

2.1.4 设置 Windows 7 主题

为了满足用户追求个性化设置的需求，Windows 7 操作系统为用户提供了丰富的桌面主题，以便用户可以根据喜好进行选择。用户通过改变桌面主题，可以同时改变桌面图标、背景图案和窗口颜色等外观。下面我们就来学习设置 Windows 7 主题的方法。

（1）用鼠标右键单击桌面空白处，在弹出的快捷菜单中选择“个性化”命令，打开“个性化”窗口，如图 2-13 所示。

（2）在“Aero 主题”区域中，选择准备使用的主题，如单击“中国”主题，即可改变 Windows 7 的主题，如图 2-14 所示。

图 2-13

图 2-14

提示

Aero 主题是 Windows 7 系统的标准主题，那么这个主题在哪里呢？如果系统安装在 C 盘，那么路径就是在“C:\Windows\Resources\Temes\Aero”。

（3）如果用户对系统标准的主题不满意，还可以从网上下载新的主题。单击右侧列表框中的“联机获取更多主题”按钮，打开“主题下载”主页，如图 2-15 所示。

（4）在网页中根据个人喜好选择主题，单击“下载”链接，打开下载对话框，在其中选择下载路径为“C:\Windows\Resources\Themes”，单击“下载”按钮，下载该主题，如图 2-16 所示。

（5）在“个性化”窗口的“我的主题”中可以找到我们下载的主题，单击即可应用，如图 2-17 所示。

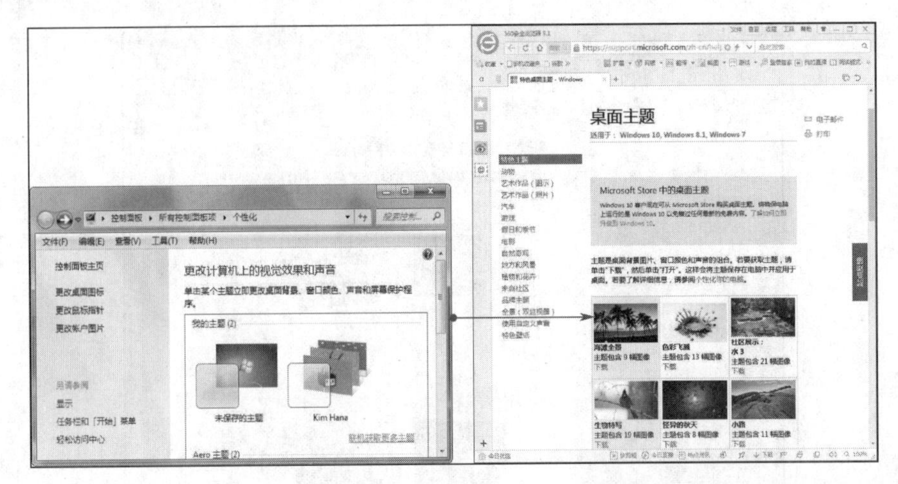

图 2-15

图 2-16

图 2-17

提 示

Windows 7 系统的联机下载主题的存放路径为“C:\Windows\Resources\Temes”。

2.1.5 修改桌面背景

在 Windows 7 中，用户可以将自己喜爱的图片设置为桌面背景，方法如下。

（1）用鼠标右键单击桌面空白处，在弹出的快捷菜单中选择“个性化”命令，打开“个性化”窗口，如图 2-18 所示。

（2）在“个性化”窗口下方单击“桌面背景”选项，打开“桌面背景”窗口，如图 2-19 所示。

（3）在“桌面背景”窗口中，单击“浏览”按钮选择准备使用的图片（默认情况下，文件夹中的所有图片处于选中状态，即使用多张图片作为桌面背景，在下方的“更改图片时间间隔”下拉列表框中设置图片切换的时间，图片将每隔一段时间切换桌面背景；若选中“无序播放”复选框，图片将随机切换，否

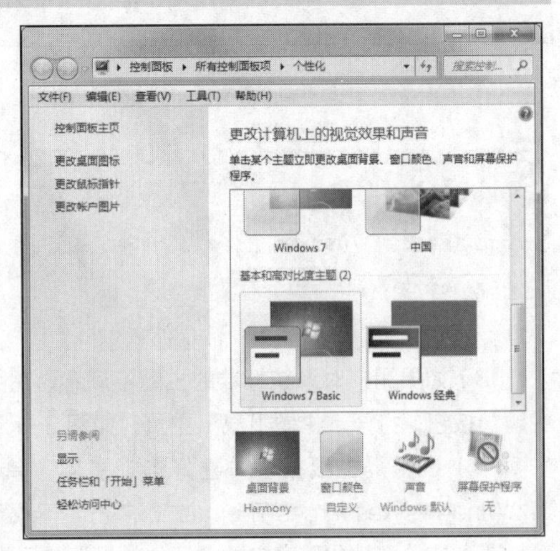

图 2-18

则，图片将按顺序切换。如果要将单张图片设置为背景图片，那么需要将其他图片左上角的☑去掉）。最后单击“保存修改”按钮即可修改桌面背景，如图 2-20 所示。

图 2-19

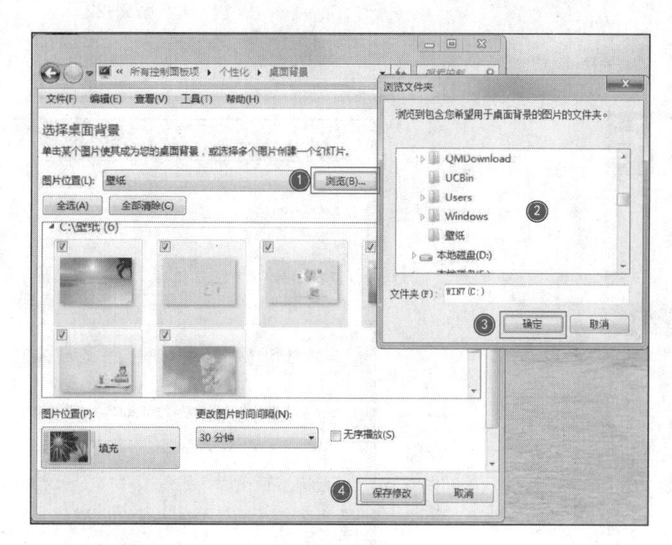

图 2-20

2.1.6　设置窗口颜色和外观

在 Windows 7 操作系统中，用户可以根据个人喜好设置窗口的颜色和外观。

（1）在“个性化”窗口下方单击“窗口颜色”选项，打开“窗口颜色和外观”对话框，在其中选择一种颜色作为窗口边框、“开始”菜单和任务栏的颜色，如图 2-21 所示。

（2）拖动“颜色浓度”滑块，可以调整颜色的浓度。

（3）单击“显示颜色混合器”下拉按钮，可在展开的界面中分别设置窗口颜色的色调、饱和度和亮度。

（4）单击“高级外观设置”选项，可打开“窗口颜色和外观”对话框，如图 2-22 所示。

（5）在“窗口颜色和外观”对话框的“项目”下拉列表中选择“活动窗口标题栏”项，设置“大小”为“23”，“颜色 1”为“深蓝色”，“字体”为“楷体”，“字体大小”为“12”，“字体颜色”为“红色”“加粗”，如图 2-23

所示。单击“确定”按钮返回“窗口颜色和外观”对话框，再次单击“保存修改”按钮，即可修改活动窗口的标题栏，如图 2-24 所示。

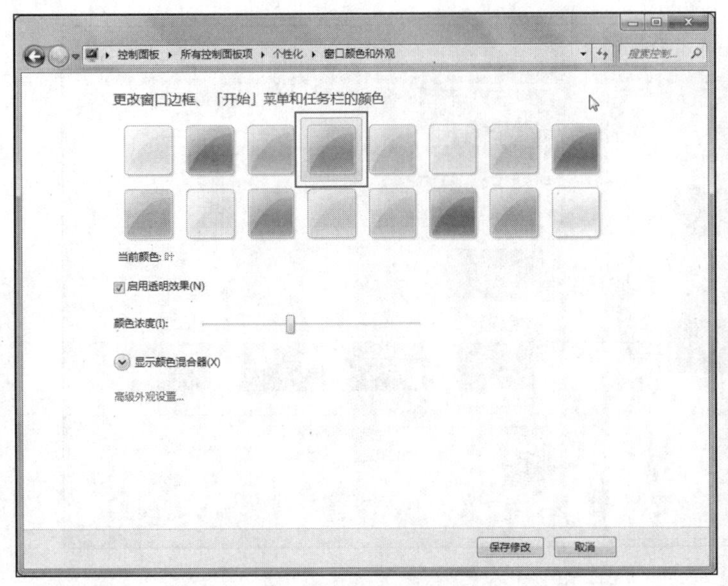

图 2-21

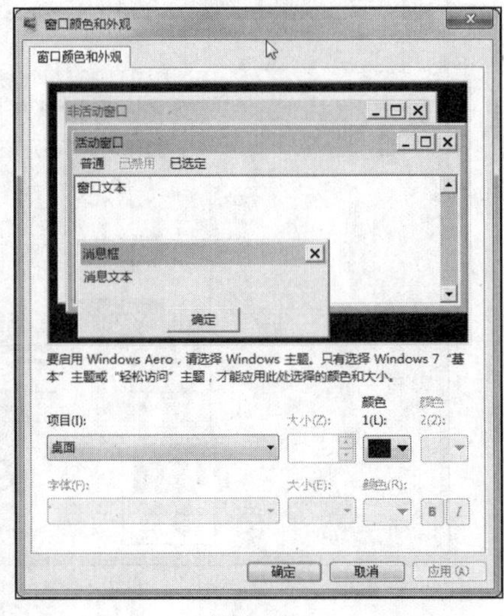

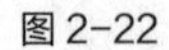

图 2-22

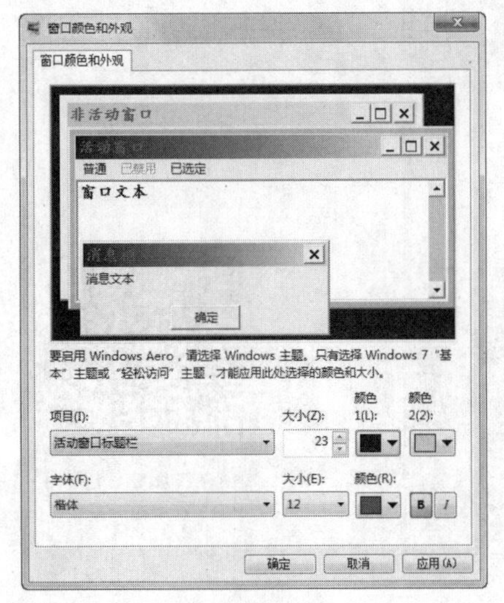

图 2-23

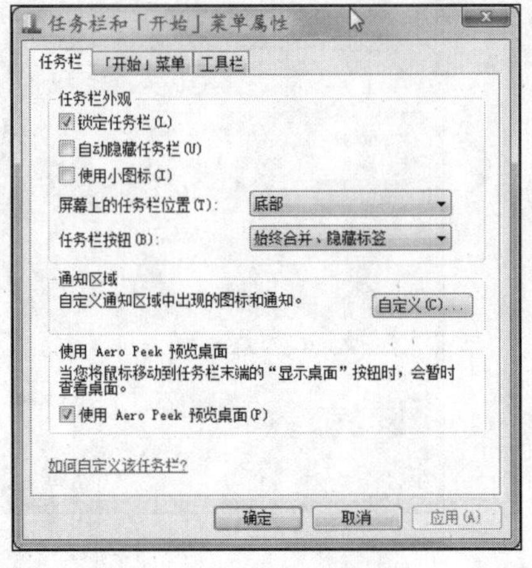

图 2-24

2.1.7 设置屏幕保护程序

微课：设置屏幕保护程序

设置屏幕保护程序的方法如下。

（1）在“个性化”窗口下方单击“屏幕保护程序”选项，打开“屏幕保护程序设置”对话框，如图 2-25 所示。

（2）在“屏幕保护程序设置”对话框中，单击“屏幕保护程序”下拉列表，选择“变幻线”效果，如图 2-26 所示。

（3）在“等待”编辑框中输入数值，以确定在无人操作的情况下系统等待多长时间后启动屏幕保护，单击“确定”按钮完成设置，如图 2-27 所示。

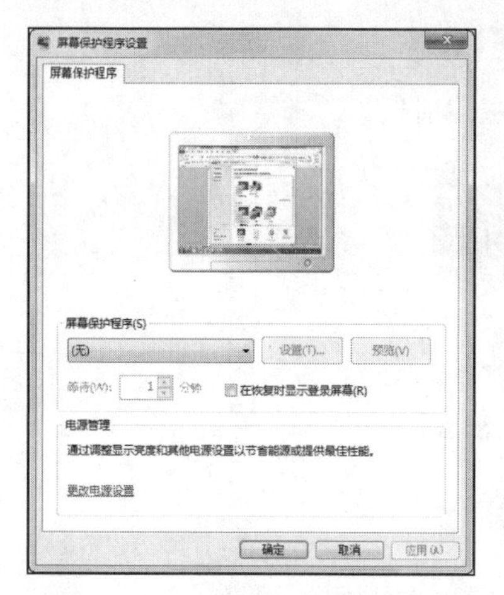

图2-25

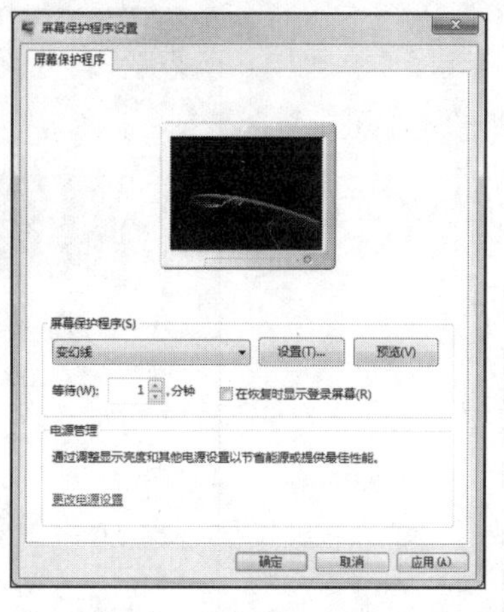

图2-26

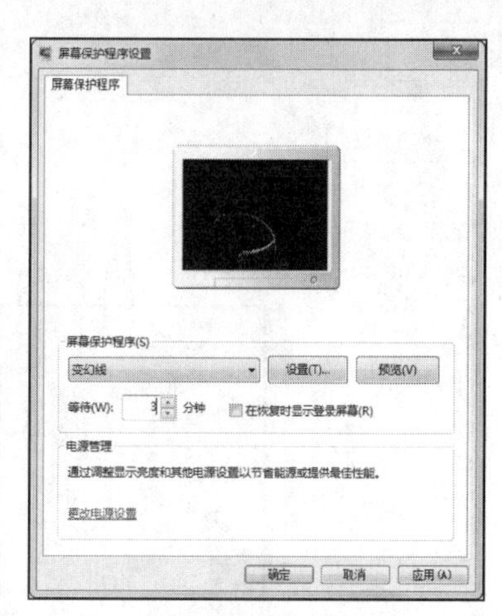

图2-27

2.1.8 更改桌面系统图标

Windows 7系统桌面上放置着一些系统图标，用户可以根据自己的喜好对其进行个性化设置。

（1）在“个性化”窗口左侧单击“更改桌面图标”选项，如图2-28所示。

（2）打开“桌面图标设置”对话框，单击“计算机”图标，然后单击“更改图标”按钮，如图2-29所示。

（3）在“更改图标”对话框的列表框中选择想使用的图标，然后单击“确定”按钮，返回“桌面图标设置”对话框，再次单击“确定”按钮，即可更改桌面图标，如图2-30所示。

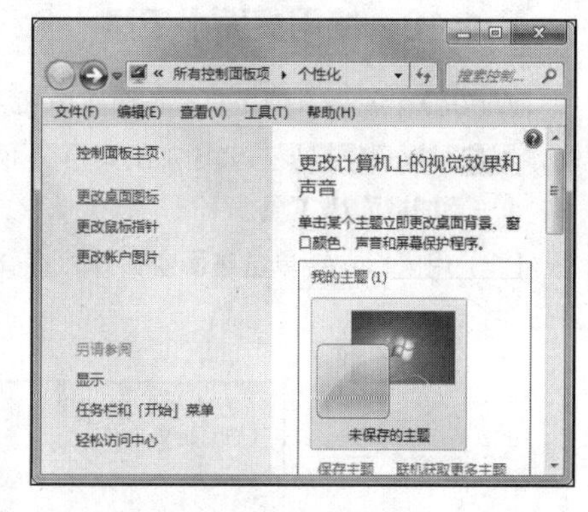

图2-28

图2-29

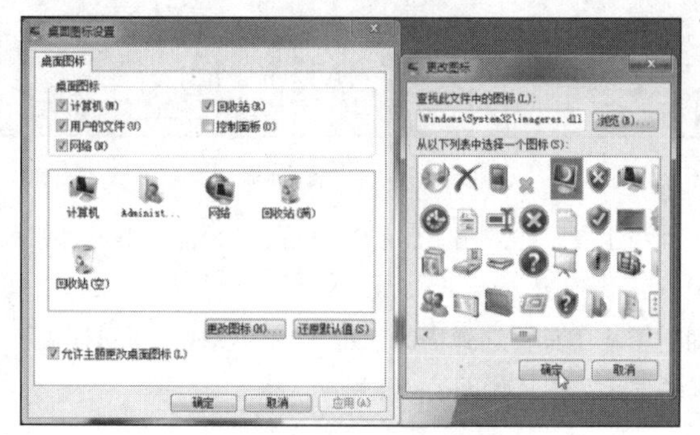

图2-30

微课：添加和更改桌面系统图标

2.1.9 调整合适的屏幕分辨率

屏幕分辨率是指屏幕上显示的像素个数，比如，分辨率160×128的意思是水平方向含有像素数为160个，垂直方向含有像素数为128个。屏幕尺寸一样的情况下，分辨率越高，显示效果就越精细。

（1）右键单击计算机桌面空白处，在弹出的快捷菜单中选择“屏幕分辨率”命令，如图2-31所示。

（2）在弹出的“屏幕分辨率”窗口中，单击“分辨率”下拉按钮，选择合适的分辨率，单击“确定”按钮，即可设置屏幕的分辨率，如图2-32所示。

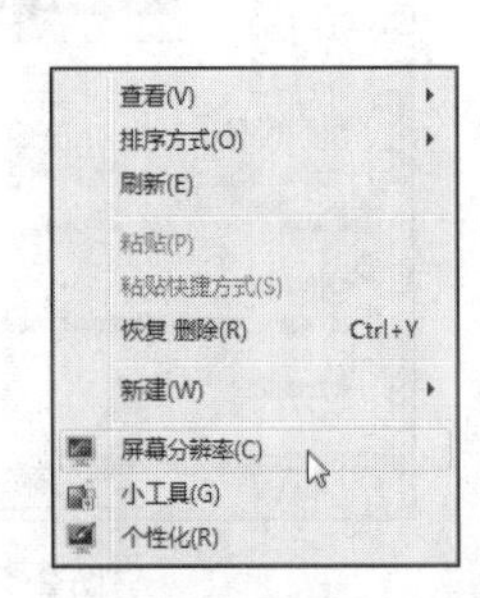

图 2-31

图 2-32

2.1.10 使用桌面小工具

Windows 7 为方便用户操作而新增加了"桌面小工具"程序。它们是一组便捷的小程序，默认情况下是隐藏的，用户可以根据需要将其添加到桌面。下面我们一起来学习桌面小工具的使用方法。

1. 添加桌面小工具

（1）用鼠标右键单击桌面空白处，在弹出的快捷菜单中选择"小工具"命令，打开"小工具"库窗口，如图 2-33 所示。

图 2-33

（2）双击要添加的桌面小工具，如双击"时钟"之后，"时钟"小工具即可在桌面上显示。

2. 设置桌面小工具

用鼠标右键单击"时钟"小工具，在弹出的快捷菜单中选择"不透明度"命令，选择相应的不透明度数值，即可调整"时钟"小工具的显示效果，如图 2-34 所示。

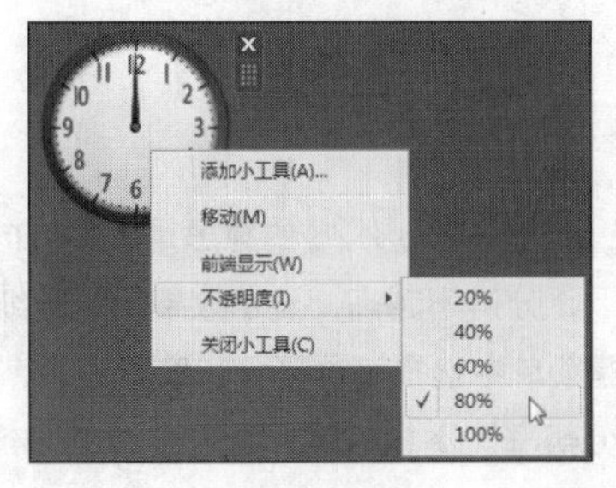

图 2-34

微课：添加和设置桌面小工具

2.1.11 设置任务栏

任务栏主要由开始菜单、应用程序区、语言选项带、快速启动栏和托盘区组成，而Windows 7及其以后版本系统的任务栏右侧则有“显示桌面”功能。用户可以根据需要对任务栏进行个性化设置，使其符合自己的使用习惯。

1. 自动隐藏任务栏

用鼠标右键单击任务栏空白处，在弹出的快捷菜单中选择“属性”命令，如图2-35所示。打开“任务栏和[开始]菜单属性”对话框，勾选“自动隐藏任务栏”复选框，如图2-36所示，单击“确定”按钮完成设置。这样，当鼠标指针移动到任务栏所在位置时，任务栏显示；当鼠标指针离开后，任务栏隐藏。

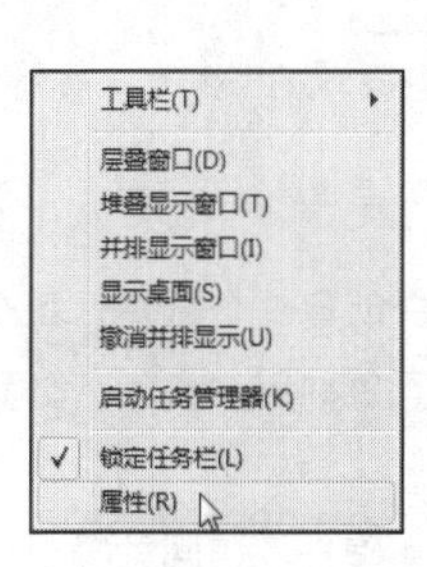

图2-35

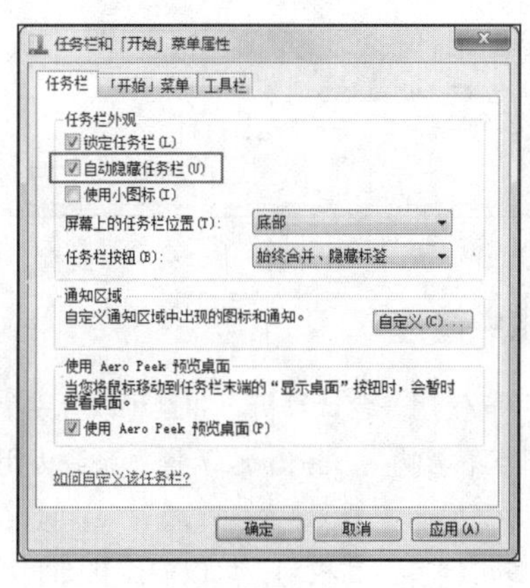

图2-36

微课：设置任务栏和“开始”菜单

2. 隐藏通知区域图标

通知区域会显示在电脑后台运行的软硬件程序图标，用户可以根据需要隐藏通知区域图标。

（1）用鼠标右键单击任务栏空白处，在弹出的快捷菜单中选择“属性”命令，打开“任务栏和[开始]菜单属性”对话框。在该对话框的“通知区域”选项内，单击“自定义”按钮，如图2-37所示。打开“通知区域图标”对话框，如图2-38所示。

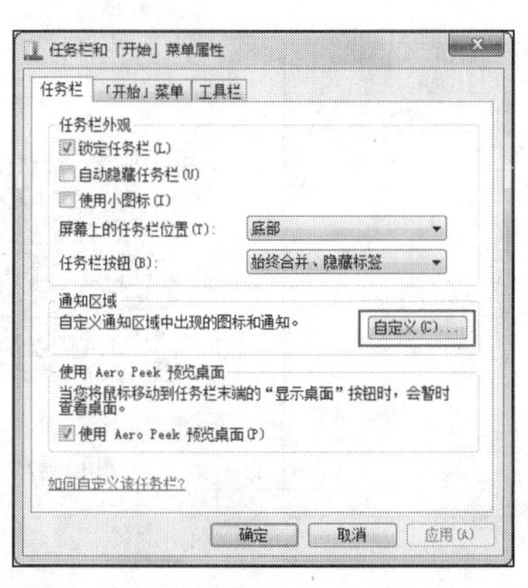

图2-37

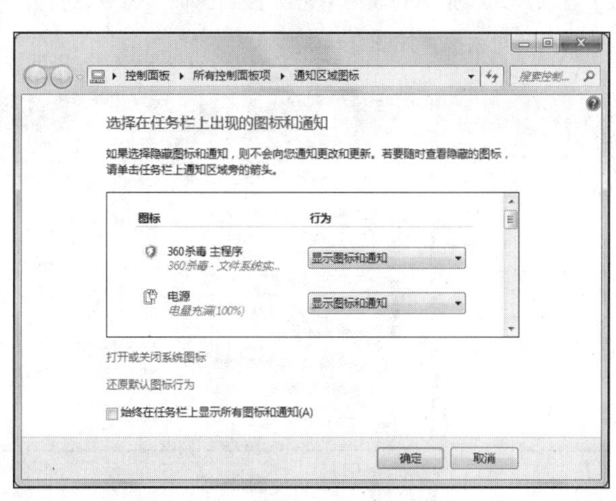

图2-38

（2）在“通知区域图标”对话框中，单击需要隐藏图标的下拉列表框，选择“隐藏图标和通知”选项，单击“确定”按钮，即可完成隐藏通知区域图标的操作，如图2-39所示。

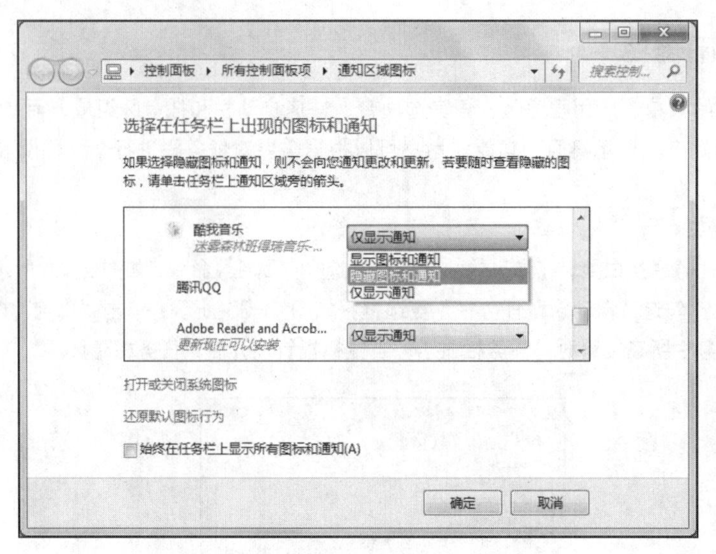

图 2-39

2.1.12 Windows 7 系统账户管理

Windows 7 操作系统允许多个用户共同使用一台计算机，并且可以分别为每个用户创建一个账户，每个账户都拥有独立的工作界面，从而使用户之间互不影响。Windows 7 操作系统为用户提供了 3 种用户类型，分别是管理员账户、标准用户账户、来宾账户。

- 管理员账户：该类用户账户对计算机拥有最高权利，可以安装和卸载程序、增删硬件、访问计算机中的所有文件、管理计算机中的所有其他用户账户等，但也容易让计算机受攻击。
- 标准用户账户：该类用户账户在使用计算机时会受到一些限制，如不能删除重要文件、更改系统设置时会受到一定限制，但不会对计算机造成重大的损害。
- 来宾账户：该类用户账户只拥有最小的使用权限，只能有限地使用计算机。

1. 创建新的用户账户

（1）在“开始”菜单列表中单击“控制面板”命令，打开“控制面板”对话框，单击“用户账户”选项，打开“用户账户”对话框，如图 2-40 所示。

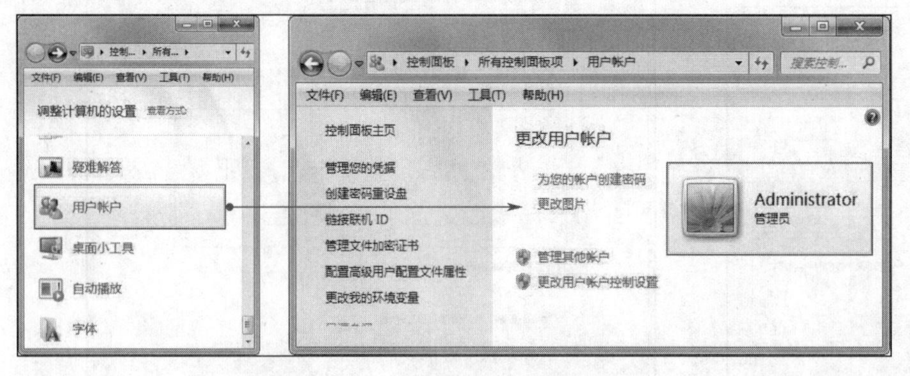

微课：设置 Windows 7 用户账户

图 2-40

（2）在“用户账户”对话框中，单击“管理其他账户”选项，打开“管理账户”对话框，单击“创建一个新账户”选项，打开“创建新账户”对话框，在其中输入新账户名称，并选择“标准用户”单选按钮，然后单击“创建账户”按钮，如图 2-41 所示，即可创建一个标准账户。

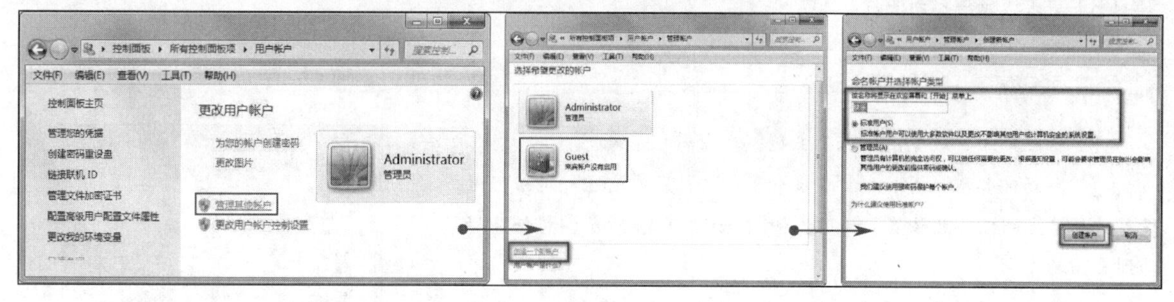

图2-41

2. 设置账户登录密码

账户创建完成后，为保证账户的安全，还可以为每个账户设置登录密码。

（1）在“管理账户”对话框单击要创建密码的账户，如图2-42（左）所示。

（2）打开“更改账户”对话框，然后单击对话框左侧的“创建密码”选项，如图2-42（中）所示。

（3）打开“创建密码”对话框，输入密码，然后单击“创建密码”按钮即可为用户账户创建密码，如图2-42（右）所示。

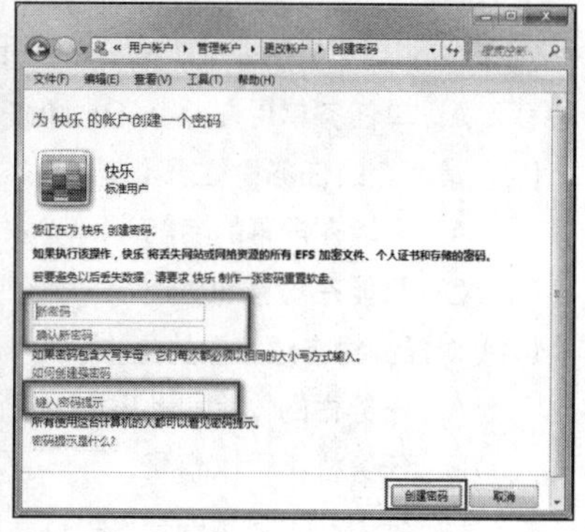

图2-42

任务实施

1. Windows 7桌面设置

（1）为Windows 7系统更换Aero主题中的“中国”主题。

（2）修改Windows 7桌面背景。选择背景“晨雾中的梯田”，位置为“适应”。

（3）设置窗口颜色为“紫红色”，单击“保存修改”按钮。

（4）设置屏幕保护三维立体文字为“你好”，字体为“微软雅黑”，字形为“粗体”，旋转类型为“摇摆式”，屏幕保护等待时间为5分钟。

（5）查看屏幕分辨率。将屏幕分辨率设置为1024像素×768像素。

2. Windows 7任务栏设置

（1）设置任务栏外观为自动隐藏。

（2）隐藏通知区域图标。

3. 账户管理

（1）创建一个标准用户账户。

（2）为标准用户账户设置密码。

（3）更改该账户标志图片。

任务拓展

（1）从网页上下载 Windows 7 主题，并应用于系统中。

（2）移动任务栏位置。在“任务栏和[开始]菜单属性”对话框中，设置“屏幕上的任务栏位置”为“左侧”，如图 2-43 所示，将任务栏移动到桌面的左侧。

图 2-43

（3）将程序锁定到任务栏。运行 Word 程序，任务栏上会显示一个 Word 图标。用鼠标右键单击该图标，在弹出的快捷菜单中选择“将此程序锁定到任务栏”命令，即可将 Word 程序图标锁定到任务栏上。关闭程序后，该图标仍会显示在任务栏上，方便用户快速打开程序。

任务练习

1. 选择题

（1）Windows 7 是一个（　　）操作系统。

A. 单任务单用户　B. 单任务多用户　C. 多用户多任务　D. 多用户单任务

（2）桌面上的任务栏位于（　　）。

A. 只能在屏幕的底部　B. 只能在屏幕的左边
C. 只能在屏幕的右边　D. 可以在屏幕的四周

（3）对任务栏描述错误的是（　　）。

A. 任务栏的位置和大小均可以改变
B. 任务栏不可以隐藏
C. 任务栏上显示的是已经打开的文档或运行的应用程序图标
D. 任务栏的尾端可以添加图标

（4）下列叙述中正确的是（　　）。

A. 对话框只能改变大小，不能移动位置　B. 对话框不可以改变大小，也不能移动位置
C. 对话框只能移动位置，不能改变大小　D. 对话框只能改变大小，不能移动位置

（5）恢复最小化的窗口可以（　　）。

A. 单击该图标　B. 双击该图标
C. 使用“还原”命令　D. 使用“退出”命令

（6）在窗口中，复选框是指在所列的选项中（　　）。

A. 仅选一项　B. 可以选多项　C. 选全部项　D. 必须选多项

（7）有关 Windows 屏幕保护程序的说法不正确的是（　　）。

A. 可以减少屏幕的损耗　B. 可以设置口令
C. 可以保障系统安全　D. 可以节省计算机内存

（8）在 Windows 中通常能弹出某一对象的快捷菜单的操作是（　　）。

A. 右击　B. 双击　C. 单击　D. 双击鼠标右键

（9）退出 Windows 系统时，直接关闭计算机电源可能产生的后果是（　　）。

A. 可能破坏默认程序的数据　B. 可能破坏尚未存盘的文件

C. 可能破坏临时设置　　D. 以上都对

（10）在 Windows 中，桌面是指（　　）。

A. 资源管理器　　B. 电脑桌面

C. 活动窗口　　D. 窗口、图标和对话框所在的屏幕背景

2. 简答题

（1）简述自动隐藏任务栏的意义及操作。

（2）如何改变任务栏在桌面中位置?

任务2 让自己更有条理——文件管理

任务提出

计算机中的各种资源，如文档、图片、视频、软件等都是以文件的形式保存的，因此，使用计算机的过程就是同各种文件打交道的过程。最让小叶同学发愁的是，随着使用计算机中各种类型的文件越来越多，想要查找一个文件要花费很长时间。那么，如何来管理这些文件，使它们变得有条理呢？下面我们就一起来学习一下吧！

任务分析

要想让计算机中的各种资源变得更有条理，就必须认识文件和文件夹，还需要掌握使用 Windows 资源管理器管理文件及文件夹的操作方法。

任务要点

- 了解文件、文件夹的概念
- 认识资源管理器
- 掌握操作文件及文件夹的方法
- 掌握文件压缩和解压缩的方法
- 掌握回收站的使用方法

知识链接

2.2.1 认识文件、文件夹和资源管理器

1. 认识文件

计算机中的各种数据，如文字、声音、视频和图像等，都是以文件的形式存储的。在 Windows 系统中，文件都是用图标和文件名来标识的，那么如何来为文件命名呢?

在 Windows 中，文件名由主文件名和扩展名两部分组成，中间用“.”分隔，如图 2-44 所示。

- 主文件名：命名规则是文件名不能超过 255 个英文字符或 127 个汉字，键盘输入的英文字母、符号、空格等都可以作为文件名的字符来使用，但是不能使用“:”“/”“\”“?”“*”“"”“<”“>”和“|”。
- 扩展名：是文件存储的格式，其决定了文件的类型。

2. 认识文件夹

文件夹是计算机中用于分类存储文件的工具。用户可以将同类文件或文件夹放置在一个文件夹中。在 Windows 系统中，文件夹由文件夹名和文件夹图标组成，如图 2-45 所示。

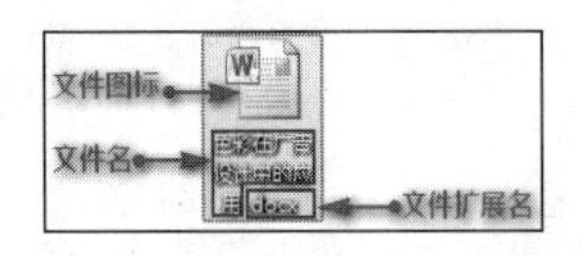

图 2-44

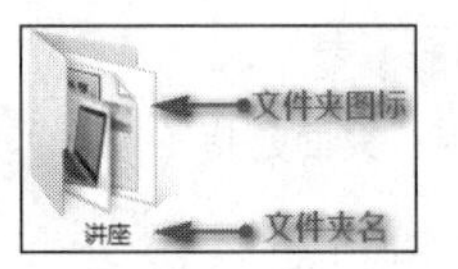

图 2-45

3. 资源管理器

资源管理器是 Windows 系统提供的资源管理工具，我们可以用它来查看本地机的所有资源。特别是它提供的树形的文件系统结构，可使我们更清楚、直观地认识计算机的文件和文件夹。另外，在“资源管理器”中还可以对文件进行各种操作，如打开、复制等。

启动资源管理器的方法是选择“开始”→“所有程序”→“附件”→“Windows 资源管理器”，如图 2-46 所示。

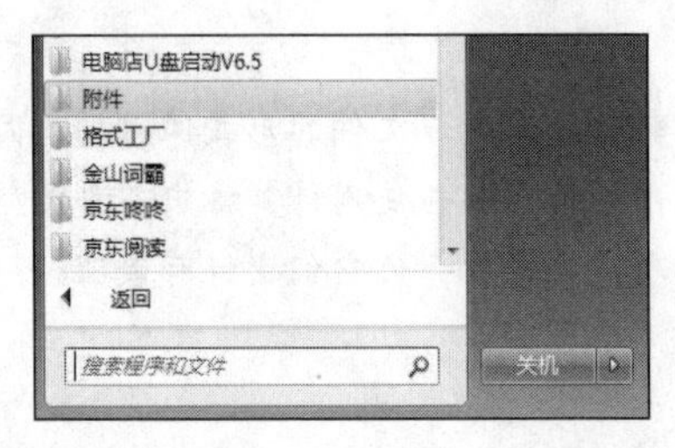

图 2-46

2.2.2 管理文件和文件夹

在使用计算机的过程中，用户会不断地存储文件和创建文件夹，并且会对文件或文件夹进行选择、重命名、移动或复制等管理操作。下面我们就来学习如何对计算机中的文件和文件夹进行管理。

1. 查看文件或文件夹

在 Windows 7 桌面上双击“计算机”图标，打开“计算机”窗口，双击“本地磁盘（D:）”，在当前的窗口中可以查看该磁盘下保存的文件和文件夹。

2. 设置文件和文件夹的显示方式

文件和文件夹的显示方式有很多种，包括超大图标、大图标、中等图标、小图标等，用户可以根据自己的需要设置显示方式。

在当前打开的磁盘窗口中，单击工具栏右侧的“更改视图”下拉箭头，在弹出的下拉菜单中选择需要的选项即可，如图 2-47 所示。

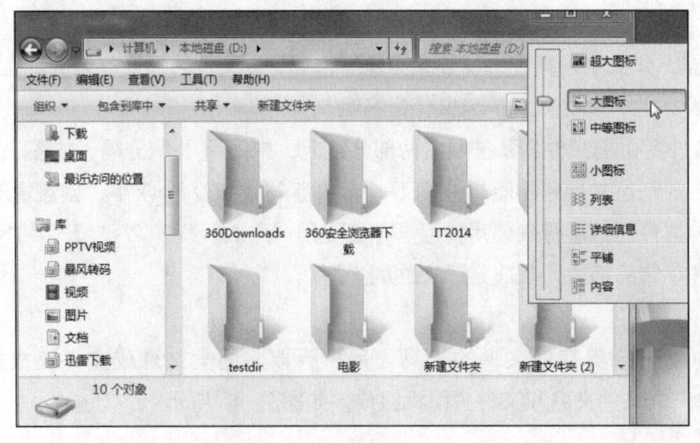

图 2-47

3. 查看文件或文件夹的属性

在当前窗口中，用鼠标右键单击要查看的文件或文件夹，在弹出的快捷菜单中选择“属性”命令，或按键盘上的“Alt”+“Enter”组合键打开“属性”对话框，在其中的“常规”选项卡中可以查看文件和文件夹的属性，如图 2–48 所示。

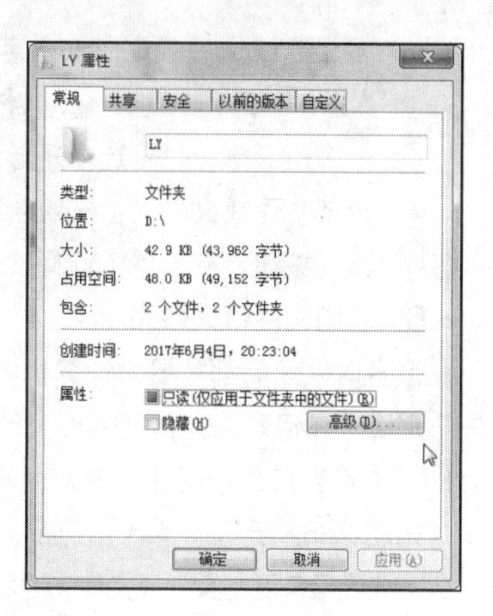

图 2–48

4. 新建文件或文件夹

（1）新建文件夹。

方法 1：在“文件夹”窗口中用鼠标右键单击空白处，在弹出的快捷菜单中选择“新建”→“文件夹”命令。新建文件夹的默认名称为“新建文件夹”，修改文件夹名称后按键盘上的回车键，即可完成文件夹的创建，如图 2–49 所示。

方法 2：在“文件夹”窗口中单击“标准按钮栏”上的“新建文件夹”按钮，即可创建文件夹，如图 2–50 所示。

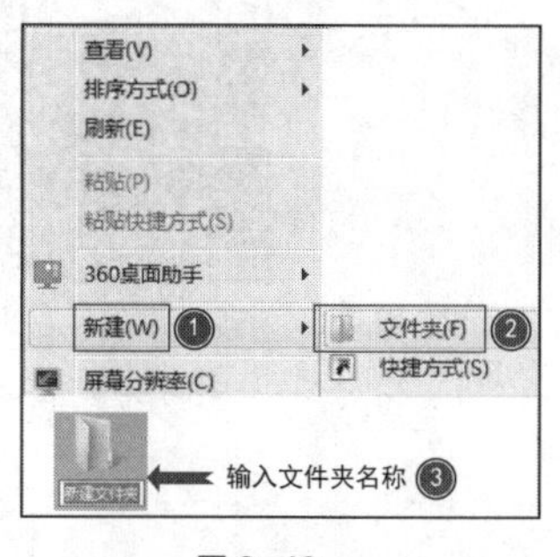

图 2–49

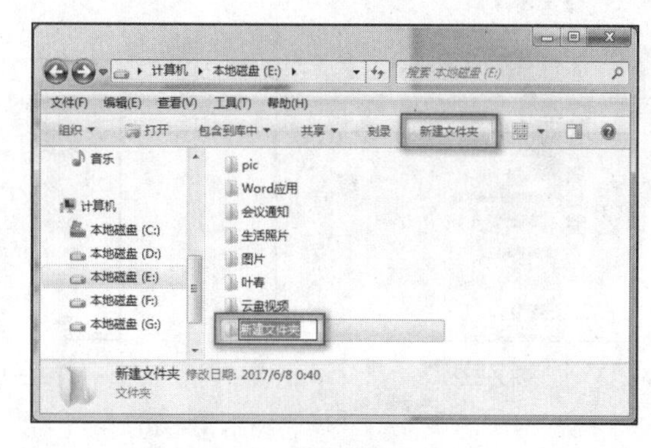

图 2–50

（2）新建文件。

右键单击文件夹窗口空白处，在弹出的快捷菜单中选择某种类型的文档，如“新建 Microsoft Word 文档”项，然后输入主文件名“年度计划”，鼠标单击空白处完成文件创建过程，如图 2–51 所示。

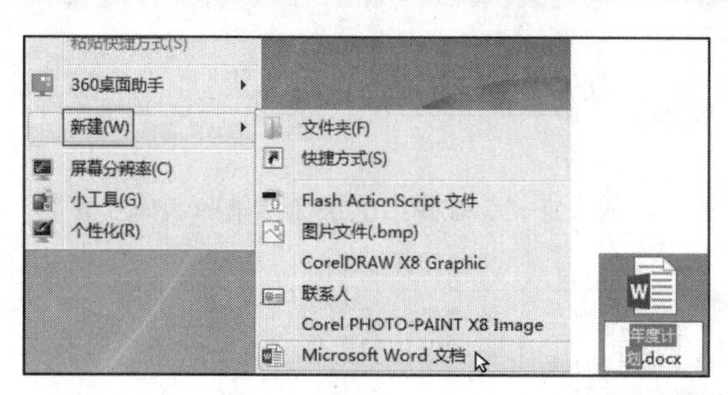

图 2–51

微课：新建文件夹和文件

5. 选择文件或文件夹

要对文件或文件夹进行任何操作前，首先都要选择文件或文件夹。下面我们就一起来学习一下选择文件或文件夹的常用方法。

- 单个文件或文件夹：若要选择单个文件或文件夹，则可使用鼠标单击该文件或文件夹。
- 多个非连续文件或文件夹：若想选择多个不连续的文件或文件夹，需按住“Ctrl”键，然后依次单击要选中的文件或文件夹即可。

- 多个连续文件或文件夹：若想选择多个连续文件夹，则首先单击选中第一个文件或文件夹，然后按住“Shift”键单击最后一个文件或文件夹，即可选中连续多个文件或文件夹；或者按住鼠标左键不放，拖出一个矩形框，也可选择矩形框内所有连续文件或文件夹。
- 全部文件或文件夹：按组合键“Ctrl”+“A”可以选择全部文件或文件夹；或者单击窗口工具栏中的“组织”按钮，在菜单中选择“全选”命令也可选择全部文件或文件夹。

6. 复制文件或文件夹

很多时候我们都需要为计算机中的文件或文件夹创建副本，这样可以防止机器故障而导致的文件和文件夹丢失。那么，如何来为文件或文件夹创建副本呢？

（1）在当前文档夹窗口中，用鼠标右键单击准备复制的文件或文件夹，在弹出的快捷菜单中选择“复制”命令，如图 2-52 所示。

（2）在准备复制文件或文件夹的目标位置，右键单击鼠标，在弹出的快捷菜单中选择“粘贴”命令，如图 2-53 所示。

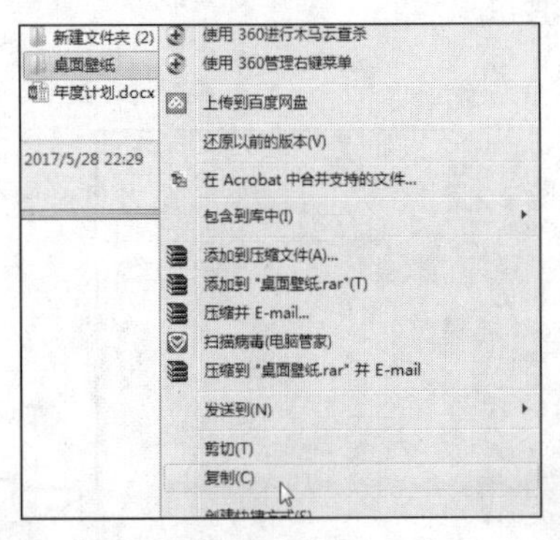

图 2-52

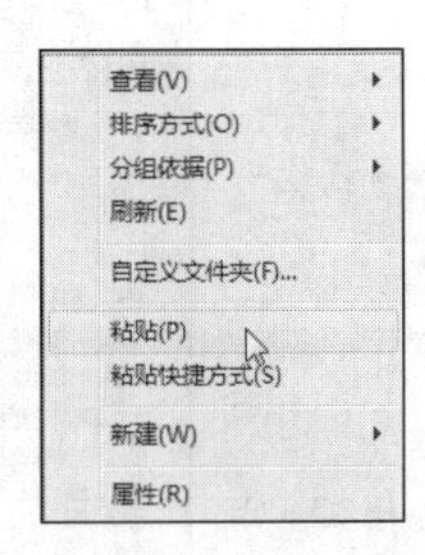

图 2-53

微课：复制、移动文件和文件夹

左键单击选择准备复制的文件或文件夹，按组合键“Ctrl”+“C”对文件和文件夹进行复制，然后在准备复制的目标位置按组合键“Ctrl”+“V”进行粘贴。

7. 移动文件或文件夹

除了文件或文件夹的复制操作外，将文件或文件夹从一个位置移动到另外一个位置，称为选定目标的“移动”，其操作方法如下。

（1）在当前窗口中，用鼠标右键单击准备移动的文件或文件夹，在弹出的快捷菜单中选择“剪切”命令，如图 2-54 所示。

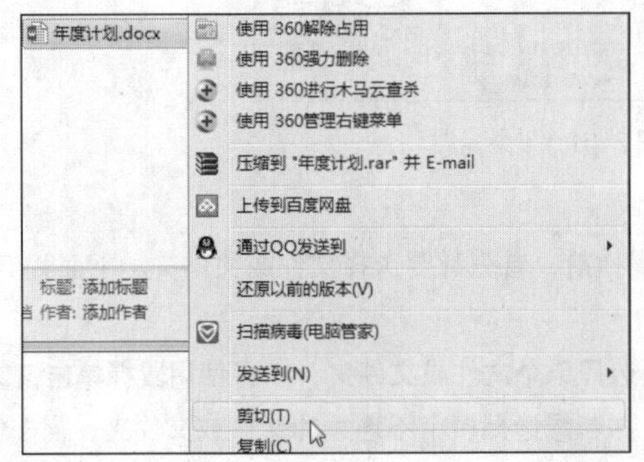

图 2-54

（2）在准备移动文件或文件夹的目标位置，右键单击鼠标，在弹出的快捷菜单中选择“粘贴”命令，如图 2-55 所示。

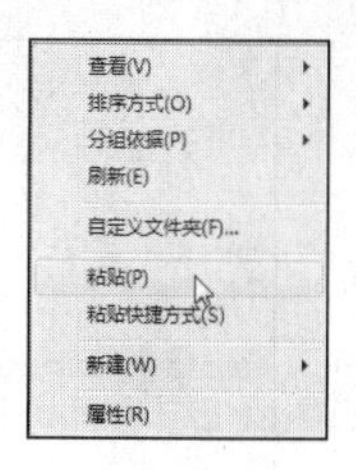

图 2-55

选择准备移动的文件或文件夹，按组合键“Ctrl”+“X”对文件和文件夹进行剪切，然后在准备复制的目标位置按组合键“Ctrl”+“V”进行粘贴。

8. 删除文件或文件夹

为了节约计算机的磁盘空间，将一些不需要的文件或文件夹清除是十分必要的。下面详细介绍删除文件或文件夹的方法。

（1）用鼠标右键单击准备删除的文件或文件夹，在弹出的快捷菜单中选择“删除”命令，如图 2-56 所示。

（2）在弹出的“删除文件”对话框中，单击“是”按钮，即可将文件或文件夹删除到“回收站”中，如图 2-57 所示。

删除文件或文件夹还可以通过按键盘上的“Delete”键，然后在“删除文件”对话框中，单击“是”按钮来完成。若想将文件或文件夹永久删除，需在用鼠标右键单击要删除的对象的同时按住键盘上的“Shift”键即可实现，删除后该对象无法还原。

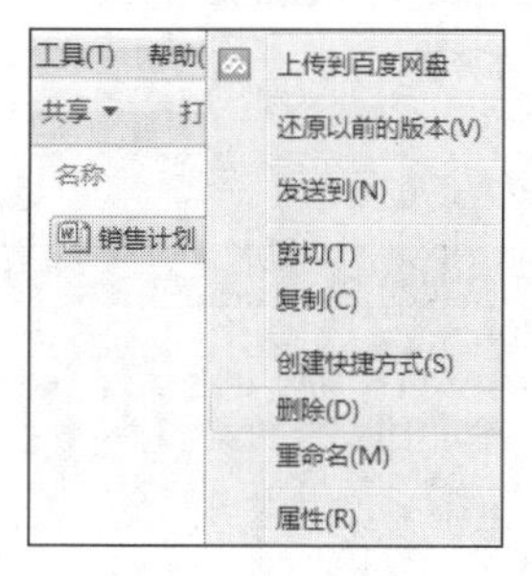

图 2-56

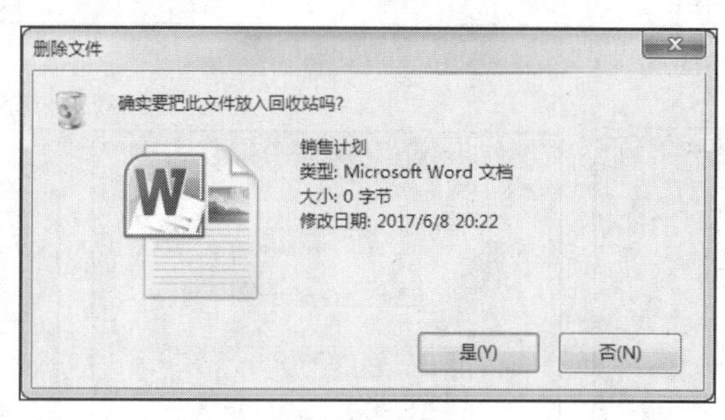

图 2-57

微课：删除文件和文件夹

9. 隐藏文件或文件夹

如果磁盘中有的文件或文件夹不希望被他人看到，可以将它们隐藏起来。操作方法如下。

（1）用鼠标右键单击想要隐藏的文件或文件夹，在弹出的快捷菜单中选择“属性”命令，如图 2-58 所示。

（2）在打开的“属性”对话框中，勾选“隐藏”属性复选框，单击“确定”按钮，如图 2-59 所示。

10. 显示隐藏的文件或文件夹

如果想要查看隐藏的文件或文件夹，可以将隐藏的文件或文件夹显示出来，操作方法如下。

（1）在磁盘窗口中，单击工具栏中的“组织”下拉箭头，在弹出的下拉菜单中选择“文件夹和搜索选项”菜单命令，如图 2-60 所示。

（2）在打开的“文件夹选项”对话框中选择“查看”选项卡，在“高级设置”列表框中选择“显示隐藏的文件、文件夹和驱动器”单选按钮，然后单击“确定”按钮，如图 2-61 所示。这样即可将隐藏的文件显示出来，如图 2-62 所示。

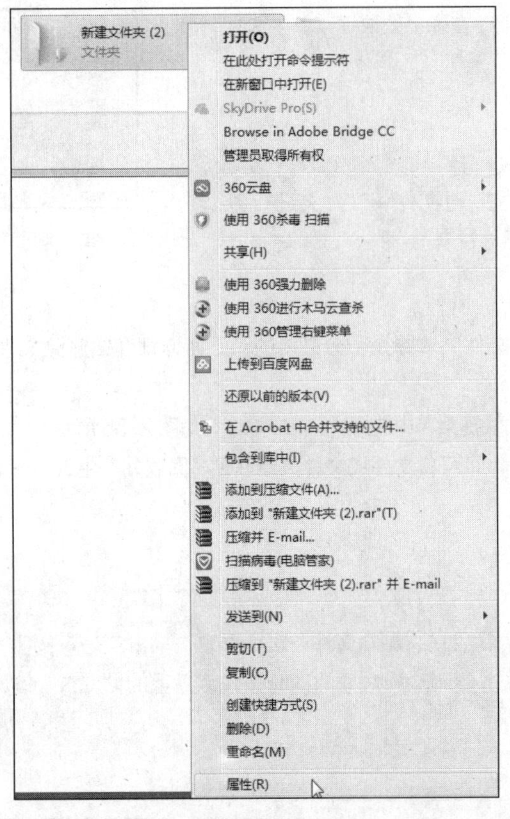

图 2-58

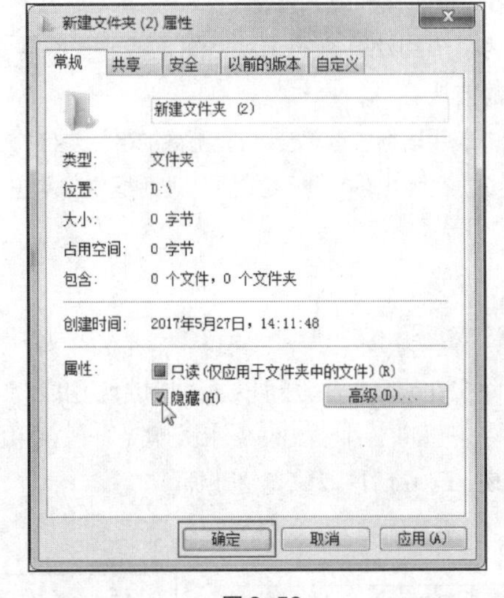

图 2-59

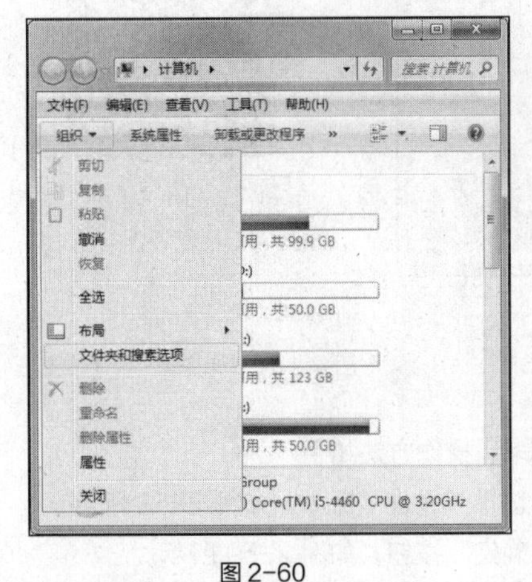

图 2-60

图 2-61

图 2-62

11. 搜索文件或文件夹

随着计算机磁盘中文件和文件夹的不断增加，我们经常会遇到找不到需要的文件或文件夹的问题。这时可以利用 Windows 7 系统中的搜索功能来查找磁盘中的文件或文件夹。

（1）双击桌面上的“计算机”图标，打开“资源管理器”窗口，窗口的右上角是“搜索计算机”编辑框，如图 2-63 所示。

（2）在“搜索计算机”编辑框中输入要查找的文件或文件夹的名称，然后系统开始在所有磁盘中搜索指定的文件或文件夹，如图 2-64 所示。

微课：搜索文件或文件夹

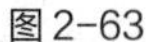
图2-63

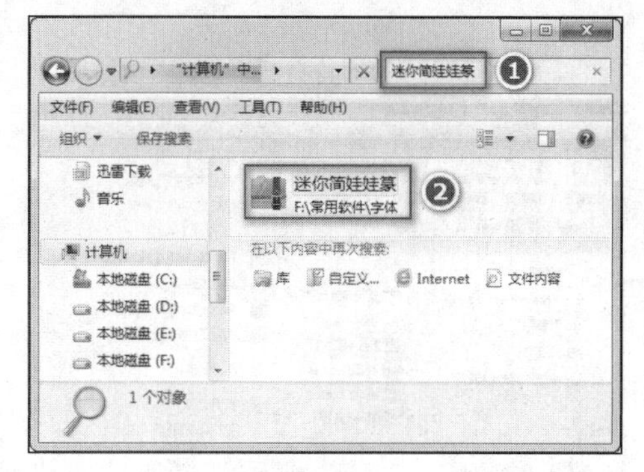
图2-64

提示

① 如果用户知道要查找的文件或文件夹的大致存放位置，可以在资源管理器窗口中打开该磁盘或文件夹窗口，然后在“搜索计算机”编辑框中输入文件或文件夹的名称。这样可以缩小搜索范围，提高搜索速度。

② 如果记不清文件或文件夹的全名，可只输入部分文件名，还可以输入通配符“*”和“?”进行查找，其中，“*”表示多个任意字符；“?”表示任意一个字符。

12. 压缩/解压缩文件或文件夹

在网上传输文件时，使用压缩文件可以使原文件体积大幅减小，从而减少传输时间，并且可以避免在上传或下载过程中被病毒感染。同时，用户也可将多个文件或文件夹压缩成一个文件。那么，如何将文件进行压缩呢?下面我们就一起来学习吧。

（1）压缩文件。

要对文件或文件夹进行压缩，首先要在计算机上安装一款文件压缩软件。目前流行的压缩软件有多种，如WinRAR、WinZip、快压等。下面以WinRAR为例，说明压缩过程。

① 选择要进行压缩的文件或文件夹，然后用鼠标右键单击所选文件，从弹出的快捷菜单中选择“添加到压缩文件”，如图2-65所示。

② 在打开的“压缩文件名和参数”对话框中的“压缩文件名”编辑框中输入压缩文件名；在压缩方式列表框中选择一种压缩方式，单击“确定”按钮，即可将文件压缩，如图2-66所示。

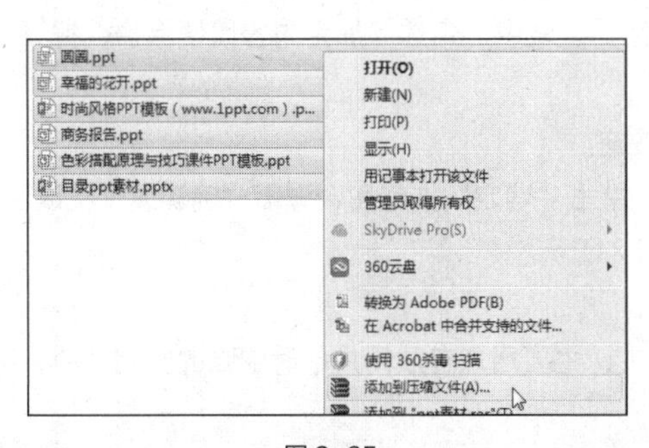
图2-65

图2-66

（2）解压缩文件。

用鼠标右键单击压缩文件，在弹出的快捷菜单中选择“解压文件”命令，如图2-67所示。打开“解压路径和选项”对话框，在该对话框设置目标路径和选项后，单击“确定”按钮，如图2-68所示，即可解压文件。

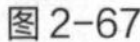
图 2-67

图 2-68

13. 加密文件或文件夹

为了防止计算机中的文件或文件夹被他人查看或修改，我们可以为文件或文件夹加密。

（1）选中准备加密的文件或文件夹，单击窗口工具栏上的“组织”按钮的下拉箭头，选择“属性”命令，如图 2-69 所示。

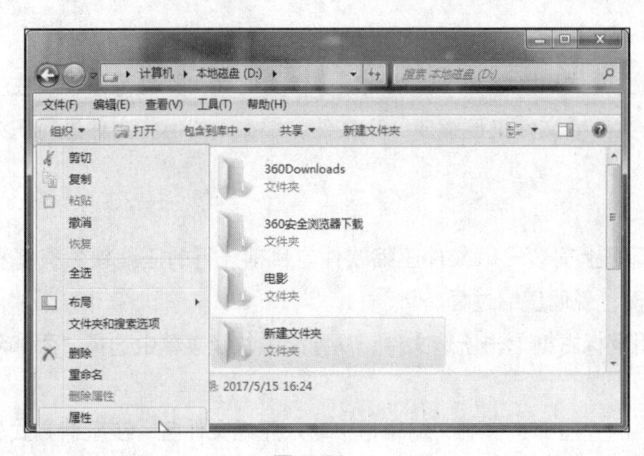

图 2-69

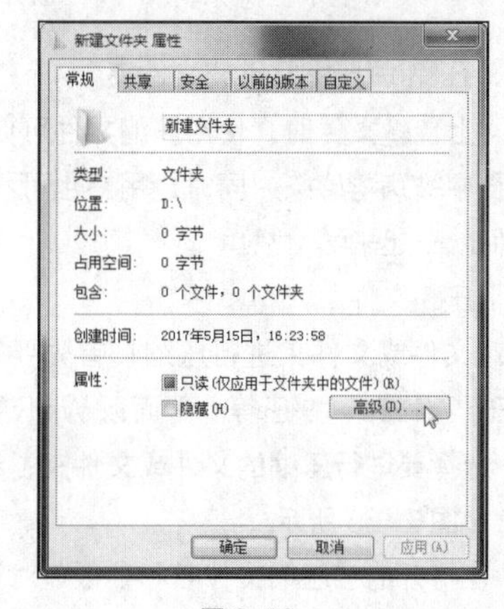

图 2-70

（2）在弹出的“新建文件夹 属性”对话框中，单击“高级”按钮，如图 2-70 所示。

（3）在弹出的“高级属性”对话框的“压缩或加密属性”区域中，勾选“加密内容以便保护数据”复选框，单击“确定”按钮，如图 2-71 所示。

（4）返回“新建文件夹属性”对话框，单击“确定”按钮。

（5）如果设置加密的文件夹内还有其他文件或文件夹，单击“确定”按钮后会弹出“确认属性更改”对话框，在其中选择需要设定的属性，单击“确定”即可，如图 2-72 所示。

14. 回收站的使用

回收站是微软 Windows 7 操作系统里的一个系统文件夹，主要用来存放用户临时删除的文档资料，存放在回收站的文件可以恢复，可避免因用户误删而造成的麻烦。

（1）删除回收站的文件或文件夹。

回收站中的文件或文件夹仍然占用着磁盘的空间，那么如何将其彻底删除呢？

① 删除选中对象。打开“回收站”窗口，用鼠标右键单击准备删除的文件或文件夹，在弹出的快捷菜单中选择“删除”命令；然后在弹出的“删除文件”对话框中单击“是”按钮，即可完成文件或文件夹的彻底删除，如图 2-73 所示。

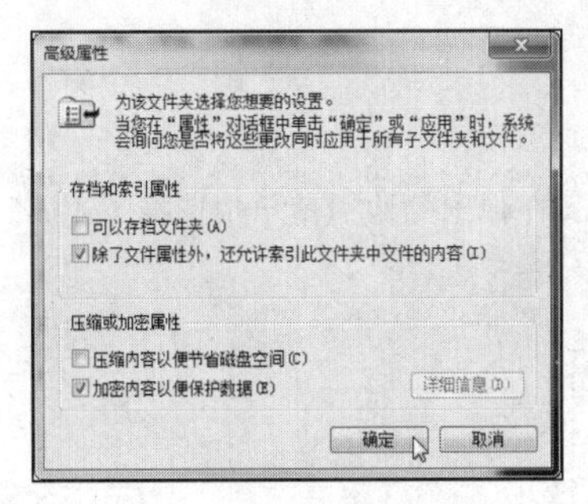

图2-71

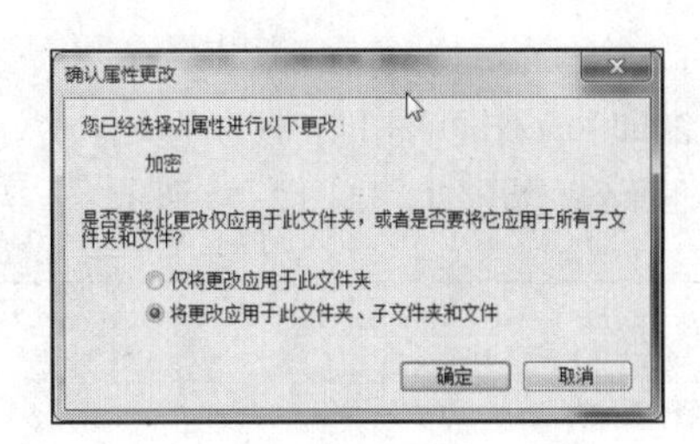

图2-72

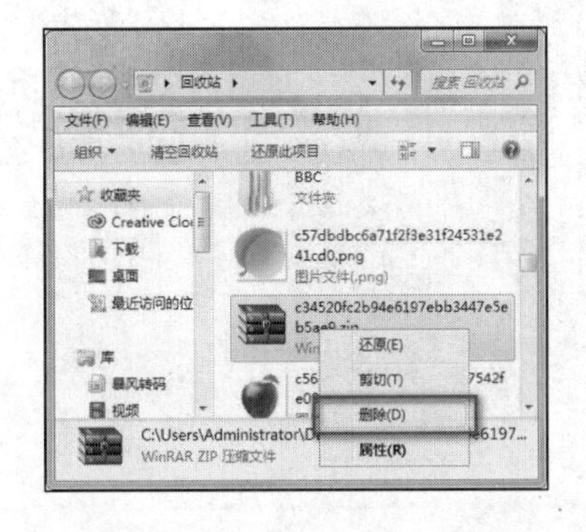

图2-73

② 清空回收站。目前主要有以下两种方法来完成该操作。

方法 1：打开"回收站"窗口，在工具栏上单击"清空回收站"按钮，如图2-74上图所示。在弹出的"删除多个项目"对话框中单击"是"按钮，如图2-74下图所示，即可完成清除。

方法 2：用鼠标右键单击"桌面"中的"回收站"图标，在弹出的快捷菜单中选择"清空回收站"命令，如图2-75所示。在弹出的"删除多个项目"对话框中单击"是"按钮，也可清空回收站中的文件或文件夹。

图2-74

（2）还原回收站的文件或文件夹。

回收站中的文件和文件夹可以还原到原来的存储位置。

首先，双击Windows 7桌面上的"回收站"图标，打开"回收站"窗口。

然后在"回收站"窗口中，单击选中准备还原的文件，然后单击窗口工具栏中的"还原此项目"按钮，即可将文件或文件夹还原到原始位置，如图2-76所示。

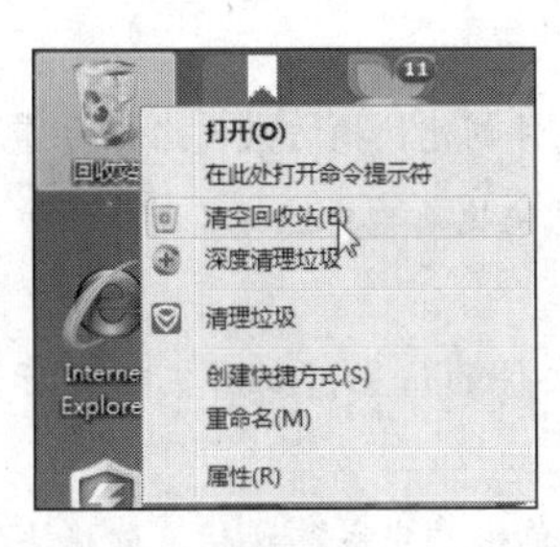

图2-75

图2-76

提示

在“回收站”窗口中，右键单击准备还原的文件或文件夹，在弹出的快捷菜单中选择“还原”命令，也可以将选中的项目还原到原始位置，如图 2-77 所示。

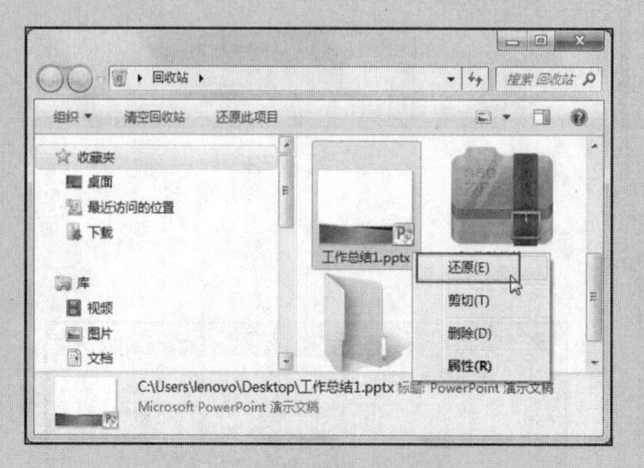

图 2-77

微课：删除、还原文件和文件夹

任务实施

（1）在 D 盘下建立“Luck”文件夹。

（2）在“Luck”文件夹下建立一个名为“2017 年度报表.xlsx”的 Excel 文件。

（3）在 C 盘中搜索文件名以“b”开头的所有“exe”文件。

（4）将“C:\Windows\System32”文件夹中的 attrib.exe、bcdedit.exe 文件复制到 D 盘下的“Luck”文件夹中。

（5）将“Luck”文件夹中的“attrib.exe”文件删除。

（6）将“Luck”文件夹的属性设置为隐藏。

（7）在“文件夹选项”对话框中设置“显示隐藏的文件和文件夹”。

（8）恢复回收站中的“attrib.exe”文件。

任务拓展

（1）在 D 盘下建立一个名为“LY”的文件夹，并在其中分别创建名为“life”“style”的两个子文件夹。

（2）在 C 盘中搜索文件名只包含两个字母、并且最后 1 个字母为“g”的所有“txt”文件。

（3）将“C:\Windows\System32”文件夹中的 calc.exe、xcopy.exe、notepad.exe、mspaint.exe 4 个文件复制到“style”文件夹中。

（4）在“life”文件夹中为“style”文件夹中的“xcopy.exe”文件创建快捷方式，名称为“复制”。

① 打开“life”文件夹窗口，在空白处单击鼠标右键，在弹出的快捷菜单中选择“新建”→“快捷方式”命令，如图 2-78 所示。

② 在“创建快捷方式”对话框中，单击浏览按钮选择目标文件的位置，如图 2-79 所示，单击“下一步”按钮。

③ 在“键入该快捷方式的名称”编辑框中输入“xcopy.exe”单击“完成”按钮，创建快捷方式，如图 2-80

所示。

（5）将“style”文件夹中的“calc.exe”移动到“life”文件夹中，并设置其属性为“只读”。

（6）为“LY”文件夹设置“加密”属性。

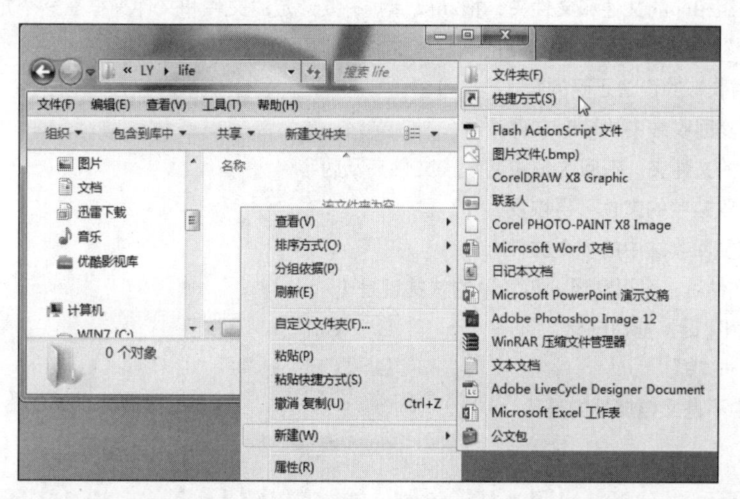

图 2-78

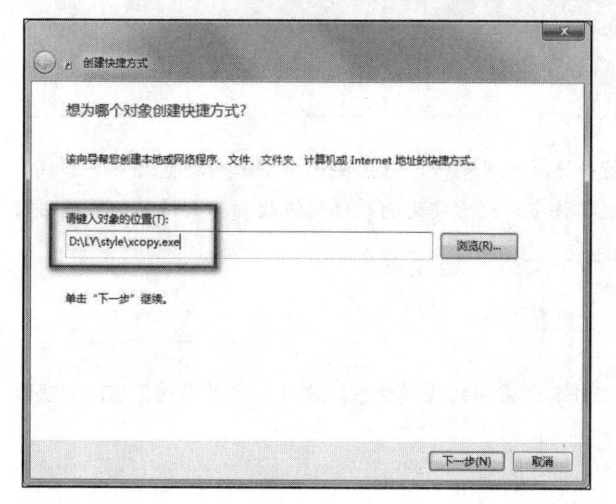

图 2-79

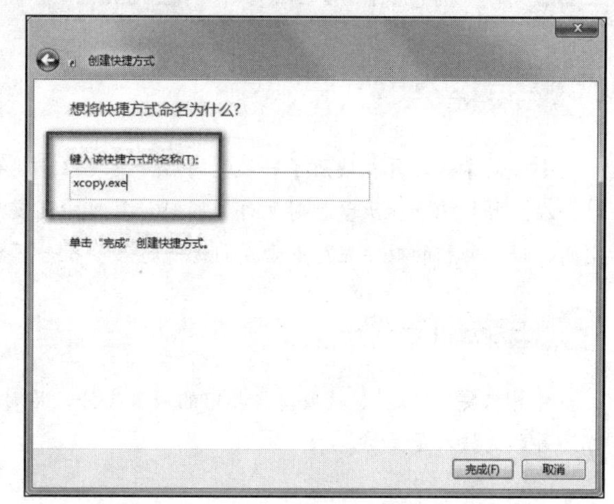

图 2-80

任务练习

1. 填空题

（1）回收站是________。

（2）Windows 系统中，文件的名称包括________和________两部分。

（3）Windows 的文件夹组织结构是一种________。

（4）选定文本后，可将该文件复制的组合键是________。

（5）选定多个不连续的文件时，需要按下键盘上的________键。

2. 选择题

（1）在 Windows 7 中文件夹是指（　　）。

A. 程序　　B. 目录　　C. 磁盘　　D. 文档

（2）在 Windows 7 资源管理器窗口中正确选定多个文件和文件夹的操作是（　　）。

A. 按“Ctrl”+“Alt”组合键，选定窗口中所有文件和文件夹

B. 按“F4”键可以选定窗口中的所有文件和文件夹

C. 选定一组相邻的文件和文件夹，拖动鼠标，将要选定的文件和文件夹框在一个矩形框中

D. 按“Alt”键，然后单击要选定的文件和文件夹

（3）下列关于回收站的说法正确的是（　　）

A. 无法恢复回收站中的单个文件

B. 对删除的文件夹，在回收站中显示该文件夹及内容

C. 放到回收站中的文件可再恢复

D. 无法恢复回收站中的多个文件

（4）选定目标文件后，可以实现“剪切”的快捷键是（　　）。

A. 按“Ctrl”键，拖动鼠标　　B. “Ctrl”+“C”

C. “Ctrl”+“V”　　D. “Ctrl”+“X”

（5）下列选项中不是文档属性的是（　　）。

A. 隐藏　　B. 只读　　C. 存档　　D. 图形

任务 3　你得再快些——定期清理

任务提出

小叶同学的计算机使用了一段时间后，发现系统运行的速度越来越慢。这主要是由于上网浏览网页、下载资料会在计算机中产生大量临时文件，同时计算机中还安装了许多不经常使用的软件的缘故。那么该如何管理磁盘空间、提高电脑的效率呢？下面我们就一起来学习一下吧！

任务分析

计算机要“提速”，就要清除其中的垃圾文件、临时文件和不常用的应用软件。这时，掌握磁盘管理的方法和程序卸载的技术是关键。

任务要点

- 查看磁盘容量
- 调整磁盘分区
- 磁盘格式化
- 程序卸载
- 磁盘清理

知识链接

2.3.1　磁盘的管理

1. 查看磁盘容量

（1）在桌面上双击“计算机”图标，打开“资源管理器”窗口。

（2）在“详细信息”“平铺”和“内容”显示模式下，每个硬盘驱动器图标的旁边都会显示磁盘的容量和可用的剩余空间信息。单击需要查看的硬盘驱动器图标，窗口底部窗格就会显示出当前磁盘的总容量和可用的剩余空

间信息。如图 2-81 所示为“详细信息”显示模式下的磁盘容量显示情况。

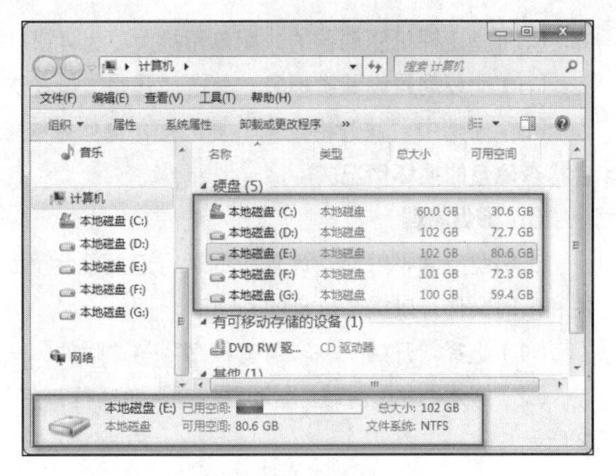

图 2-81

（3）在“资源管理器”窗口中右击需要查看的磁盘驱动器图标，在弹出的快捷菜单中选择“属性”命令，打开磁盘的属性对话框，如图 2-82 所示，在其中就可了解磁盘空间占用情况等信息。

2. 格式化磁盘

磁盘的格式化操作将删除磁盘上所有的数据，因此，操作一定要谨慎。具体操作方法如下。

（1）在资源管理器窗口中用鼠标右键单击需要格式化的磁盘驱动器图标，在弹出的快捷菜单中选择“格式化”命令，如图 2-83 左图所示，打开“格式化”对话框。

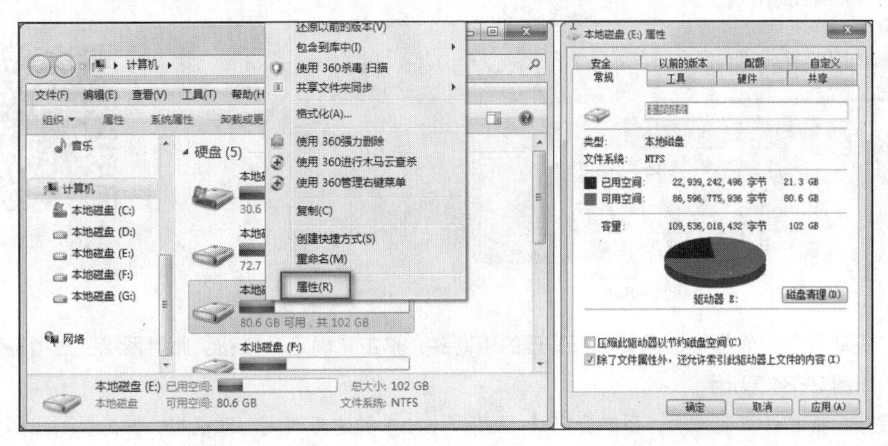

图 2-82

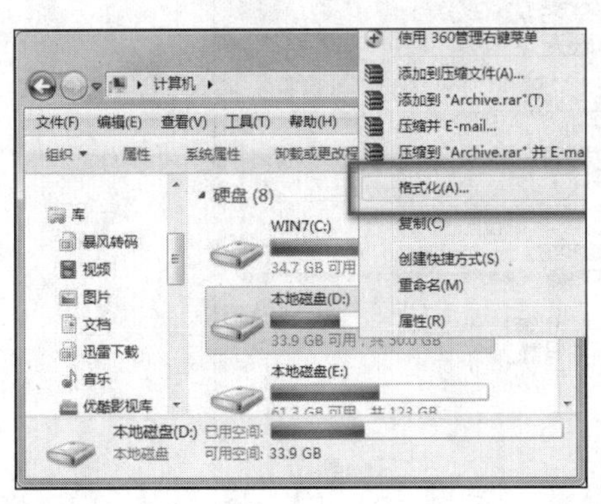

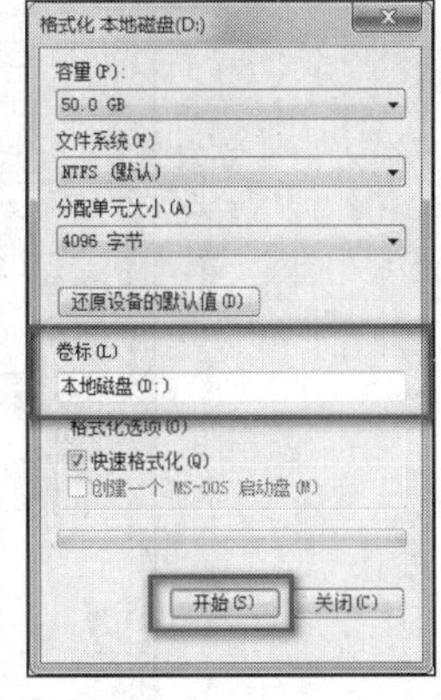

图 2-83

（2）指定格式化分区采用的文件系统格式，默认情况下为 NTFS[①]。

① NTFS 是 WindowsNT 环境的文件系统（如 Windows 2000、Windows XP、Windows Vista、Windows 7 和 windows 8.1）等的限制级专用的文件系统（操作系统所在的盘符的文件系统必须格式化为 NTFS 的文件系统，4096 簇环境下）。目前，NTFS 取代了老式的 FAT 文件系统。

（3）指定裸机驱动器的分配单元的大小为 4 096 字节。

（4）为驱动器设置卷标名，单击“开始”按钮进行格式化，如图 2-83 右图所示。

（5）若选中“快速格式化”复选框，操作系统能够快速完成格式化工作，但采用这种格式化方式下，系统不会检查磁盘的损坏情况。

3. 磁盘清理

当磁盘空间不够时，计算机的运行速度就会受到影响。这时，用户可利用磁盘清理程序清理磁盘中的垃圾文件和临时文件，以提高磁盘的利用率。

（1）选择“开始”→“所有程序”→“附件”→“系统工具”→“磁盘清理”命令，如图 2-84①所示。

（2）打开“磁盘清理：驱动器选择”对话框，在“驱动器”列表中选择需要进行清理的目标驱动器，如图 2-84②所示。

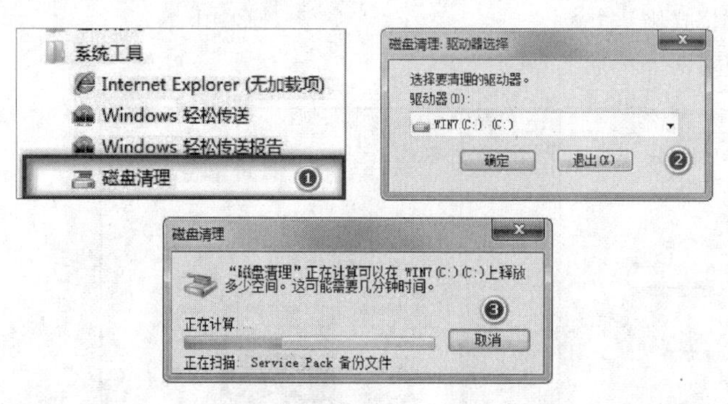

图 2-84

（3）在“驱动器”列表框中选择要进行清理的驱动器，单击“确定”按钮。此时系统会对指定磁盘进行扫描和计算工作，如图 2-84③所示。

（4）在完成扫描和计算工作后，系统会打开“WIN7（C:）的磁盘清理”对话框，并分类列出指定磁盘上所有可删除文件的大小，根据需要在“要删除的文件”列表框中选择需要的文件，如图 2-85 所示。

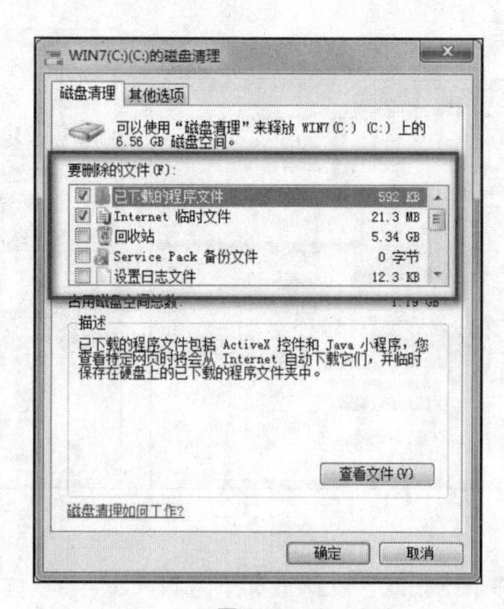

图 2-85

（5）单击“确定”按钮，开始磁盘清理工作。

4. 磁盘分区调整

现在购买的新计算机通常是预装有 Windows 7 系统的，打开“资源管理器”窗口后会发现电脑上 1T 的硬盘大多只有两个分区C盘和D盘。一般情况下，用户都想多分出几个分区以便分类保存自己的资料，那么，如何来调整磁盘分区呢？下面我们就一起来学习一下吧！

图2-86

（1）用鼠标右键单击Windows 7桌面上的“计算机图标”，在弹出的快捷菜单中选择“管理”命令，如图2-86所示。

（2）打开“计算机管理”窗口，在左窗格中选择“存储”→“磁盘管理”选项，如图2-87①所示。在右窗格中将显示“磁盘管理”页面，如图2-87②所示。

（3）用鼠标右键单击选择要压缩的磁盘（如D盘），在弹出的快捷菜单中选择“压缩卷”命令，如图2-87③所示。

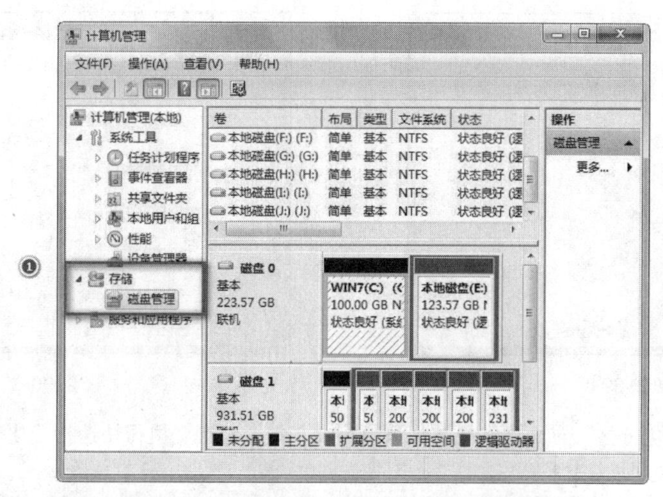

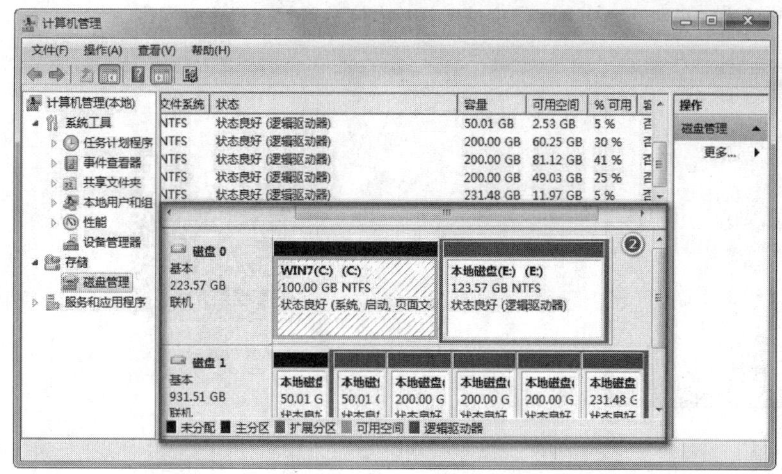

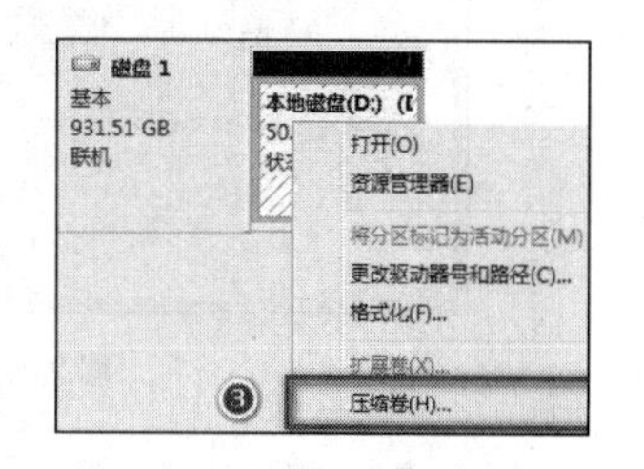

图2-87

（4）打开“压缩”对话框，在“输入压缩空间量（MB）”里输入要压缩出的空间量，然后单击“压缩”按钮，如图2-88 ①所示。

（5）压缩后会发现多出一块“未分区磁盘”（注：绿色分区），用鼠标右键单击该分区，在弹出的快捷菜单中选择“新建简单卷”命令，如图2-88 ②所示。

（6）打开“新建简单卷向导”对话框，单击“下一步”按钮，在“指定卷大小”界面中输入要新建磁盘的大小，单击“下一步”按钮，如图2-89所示。

（7）在打开的“分配驱动器号和路径”界面中选择驱动器磁盘号，然后单击“下一步”按钮，如图2-90所示。

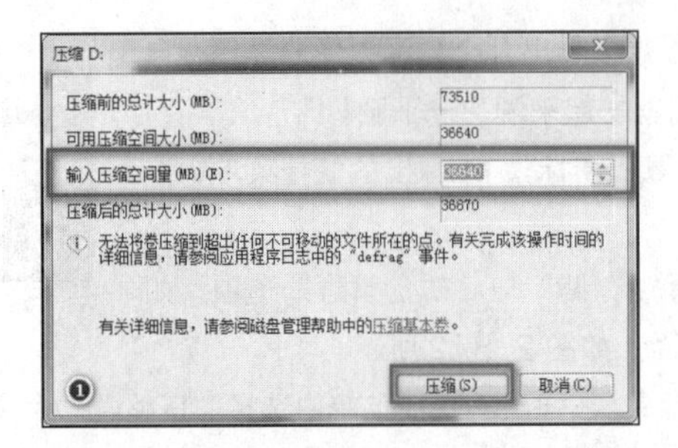

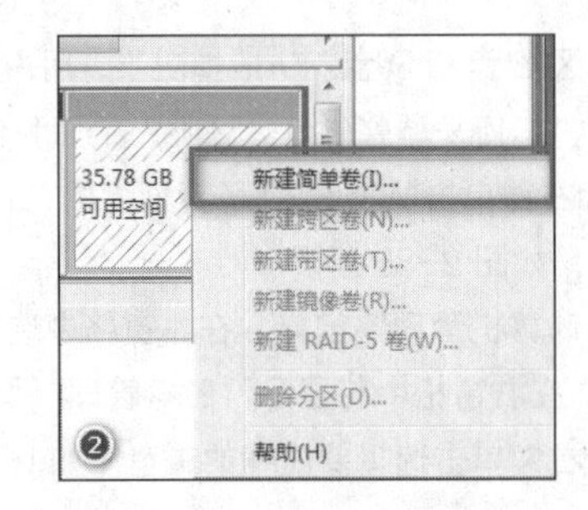

图 2-88

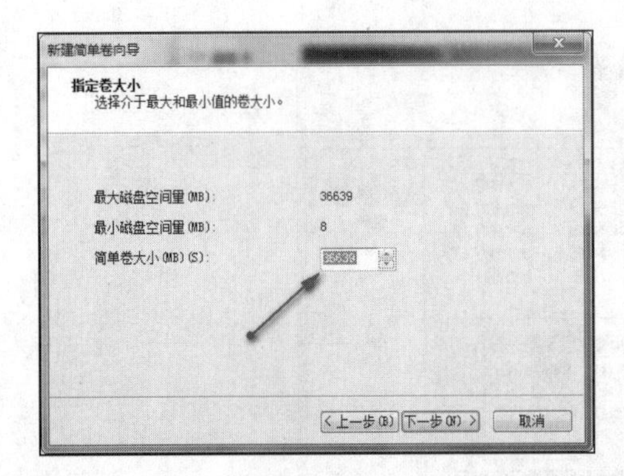

图 2-89

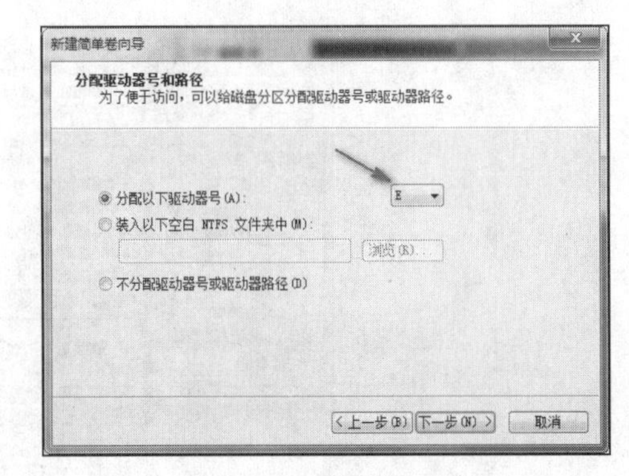

图 2-90

（8）在打开的“格式化分区”界面中选择文件系统格式，然后勾选“执行快速格式化”复选框，单击“下一步”按钮，如图 2-91 所示。

（9）在打开的“正在完成新建简单卷向导”页面中单击“完成”按钮，完成新建磁盘分区操作。

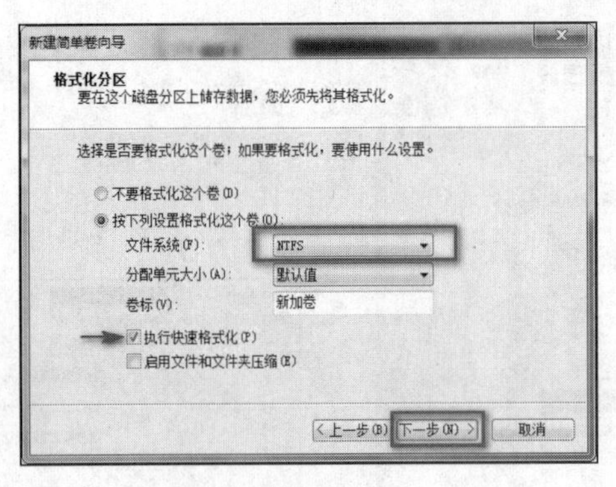

图 2-91

微课：硬盘分区与格式化

2.3.2 程序的卸载

在计算机的日常使用中，我们会安装许多软件。对这些软件的管理可以遵循一个基本原则：经常使用的保留，不经常使用的最好进行卸载，待需要时再临时安装。这样不仅可以节省磁盘的空间，还可以提高系统的运行速度。那么如何正确地卸载软件呢？

（1）单击“开始”→“控制面板”命令，打开“控制面板”窗口，单击“程序和功能”选项，如图 2-92 所示。

（2）打开“程序和功能”窗口，在右侧列表框中可以显示计算机已安装的软件。用鼠标左键单击选择要卸载的软件，然后单击工具栏中的“卸载/更改”按钮，如图 2-93 所示。

（3）此时弹出“卸载程序”窗口，如图 2-94 所示，单击“确定”按钮，系统开始卸载程序。

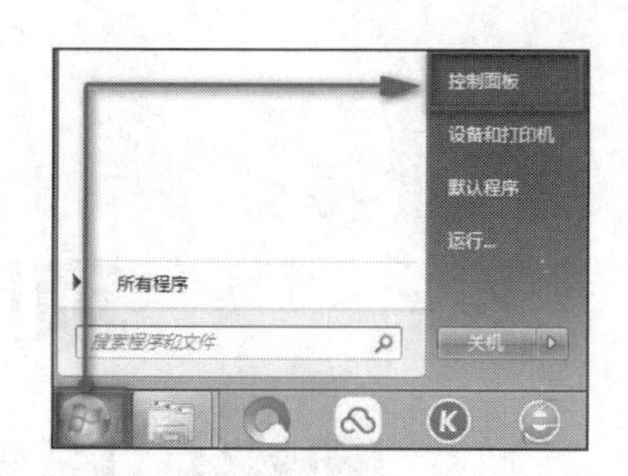

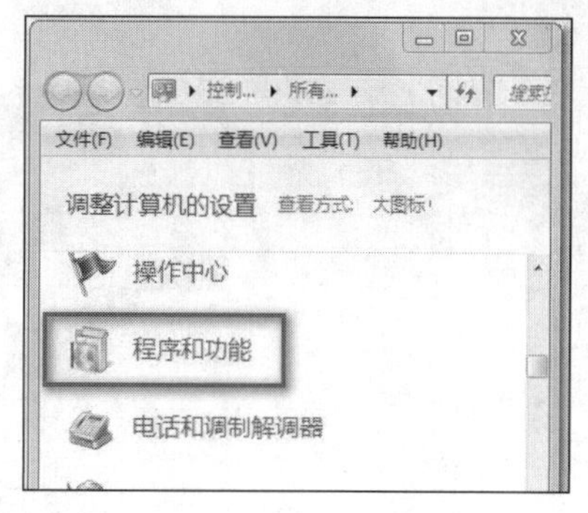

图2-92

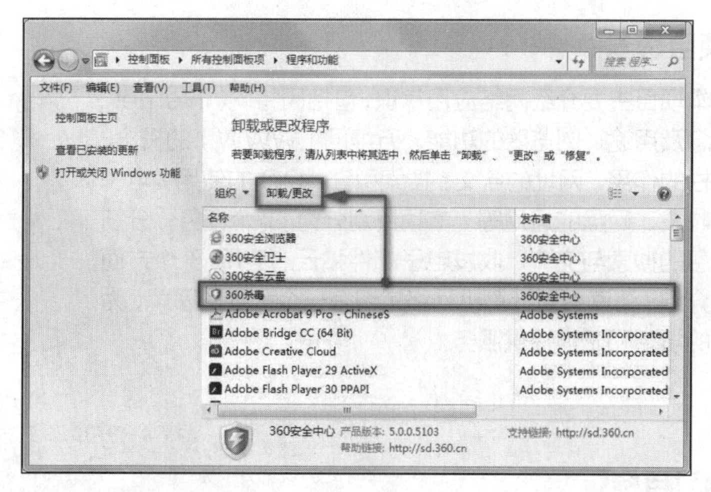

图2-93

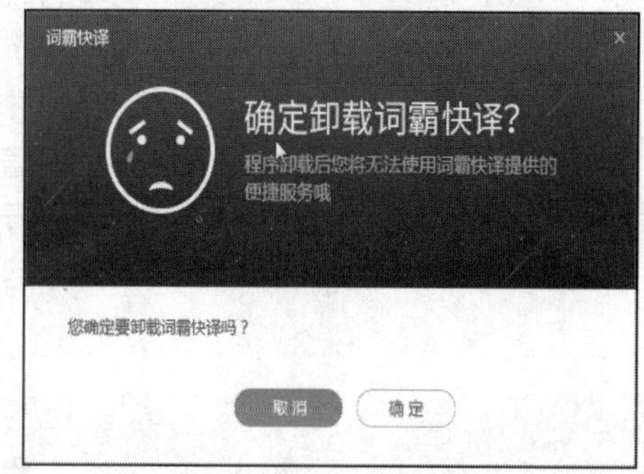

图2-94

任务实施

（1）打开“资源管理器”窗口，查看“本地磁盘（D:）”的磁盘属性。

（2）将“本地磁盘（F:）”格式化。

（3）清理“本地磁盘（C:）”中的垃圾文件和临时文件。

（4）卸载系统中已安装的QQ软件。

任务练习

（1）简述磁盘清理的方法。

（2）简述程序卸载的方法。

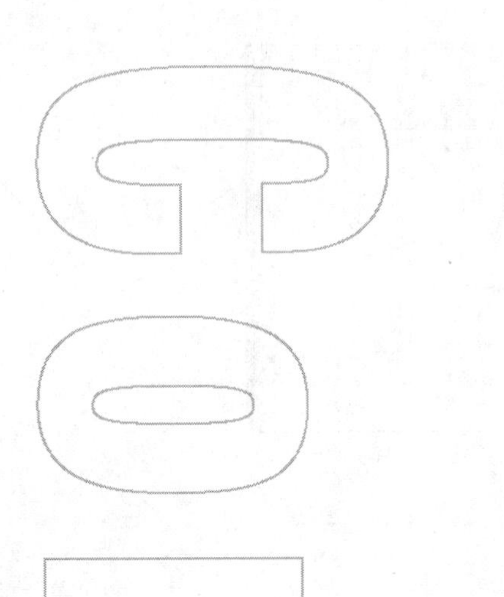

Project

3

项目 3

网络应用常识

项目导学

本项目主要介绍网络应用常识，包括因特网（Internet）的概念及用途、浏览器的功能、万维网（WWW）的概念、导航栏的作用、网址的含义、搜索引擎、QQ 的使用、电子邮件收发、网盘的运用等。本项目划分为 3 个任务，分别就信息的搜索与交流、收发电子邮件和云的应用 3 个方面进行介绍，让读者对计算机网络常识有一个大致的了解，为今后的学习和工作提供服务。

学习目标

- 能够熟练使用网络，实现信息的获取与存储
- 了解网络应用常识
- 熟练掌握网络常规操作
- 培养信息素养，提升信息搜集、整理能力
- 培养分析、解决实际问题的能力
- 培养科学严谨、务实高效的工作态度

任务1 世界真“小”——搜索与交流

任务提出

园林专业的学生要参加青年设计师创意竞赛，因此他们必须在网络上搜索、下载相关的资料。另外，他们也需要经常跟指导老师在制作技术上进行交流。那么，他们怎样来完成这些工作呢？

任务分析

认识网络相关知识、会快速搜索信息并下载，是本任务的核心内容，也是让Internet这个巨大的信息资源宝库为我们所用的前提！

任务要点

- 认识因特网
- 漫游因特网
- 搜索信息
- 保存信息
- QQ收发消息并传送文件

知识链接

3.1.1 认识因特网

1. 因特网的概念及起源

因特网（Internet），又叫国际互联网。它通过通信线路将世界各地许多计算机连接在一起，形成一个庞大的计算机网络。它是一个建立在网络互连基础上的目前最大的、开放的全球性网络。因特网的示意图如图3-1所示。

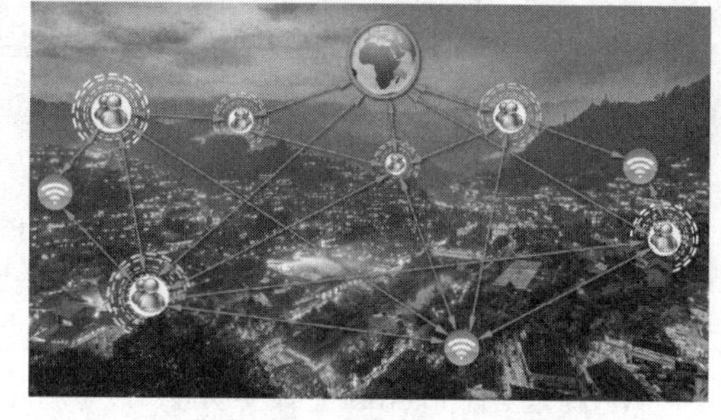

图3-1

Internet起源于20世纪60年代中期由美国国防部资助的一个与广域网有关的项目，而ARPA（Advanced Research Projects Agency，高级研究计划局）承担了这个项目，开发出了ARPANet网络，其主要作用是支持军事研究。Internet的第一次飞越是在20世纪80年代。美国国家科学基金会（National Science Foundation，NSF）的NSFNET加入了Internet主干网，由此推动了Internet的发展，其主要作用是满足各大学及政府机构的工作需要。20世纪90年代的商业应用促使Internet有了第二次飞越。初期Internet不以营利为目的，主要用于进行科学研究和数据传送。此后，世界各地无数拥有雄厚资金的商业组织和个人的介入，终于使其发展成今天成熟的Internet。

2. 因特网的用途

Internet的出现给人类生活带来了巨大的变化。无论用户是在北京，还是在廊坊，只要用户的计算机与Internet建立连接，就可以传递各种信息，包括文字、声音、图像甚至影像。上网浏览各种信息和收发电子邮件是因特网的两个最主要用途。接入Internet后，就可以到各个网站去查看自己感兴趣的内容。

此外，通过Internet，用户还可以举行网上会议、参加某些问题的讨论，网上看电影、听音乐、购物、聊天及网上玩游戏、下载游戏和软件、了解股市行情等。

今天，Internet 已在世界范围内得到了广泛的普及与应用，并正在迅速改变人们的学习方式、工作方式和生活方式。

3．浏览器的功能

浏览器把在互联网上找到的文本文档（和其他类型的文件）翻译成网页。网页可以包含图形、音频、视频和文本。浏览器是装在用户的硬盘上的应用软件，为用户上网提供方便。常用的浏览器有 IE 浏览器、QQ 浏览器、360 浏览器、搜狗浏览器、百度浏览器等。如图 3-2 所示。

图 3-2

4．理解万维网

WWW 是 World Wide Web （环球信息网）的缩写，是一张附着在 Internet 上的覆盖全球的信息“蜘蛛网”，镶嵌着无数以超文本形式存在的信息，其中有璀璨的“明珠”，也有腐臭的“垃圾”。有人叫它全球网，有人叫它万维网，或者就简称为 Web。

WWW 是当前 Internet 上最受欢迎、最为流行、最新的信息检索服务系统。它把 Internet 上现有资源统统连接起来，把各种类型的信息（静止图像、文本声音和音像）天衣无缝地集成起来。WWW 不仅提供了图形界面的快速信息查找，还可以通过同样的图形界面与 Internet 的其他服务器对接。

5．网页导航的作用

网页导航（Navigation）是指通过一定的技术手段，为网页的访问者提供一定的途径，使其可以方便地访问到所需的内容，并且可以方便地回到网站首页以及其他相关内容的页面。

网页导航表现为网页的栏目菜单设置、辅助菜单、其他在线帮助等形式。网页导航设置是在网页栏目结构的基础上，进一步为用户浏览网页提供的提示系统，由于各个网页设计并没有统一的标准，不仅菜单设置各不相同，打开网页的方式也有区别。因此，仅有网页栏目菜单有时会让用户在浏览网页过程中迷失方向，如无法回到首页或者上一级页面等，还需要辅助性的导航来帮助用户方便地使用网页信息，如图 3-3 所示。

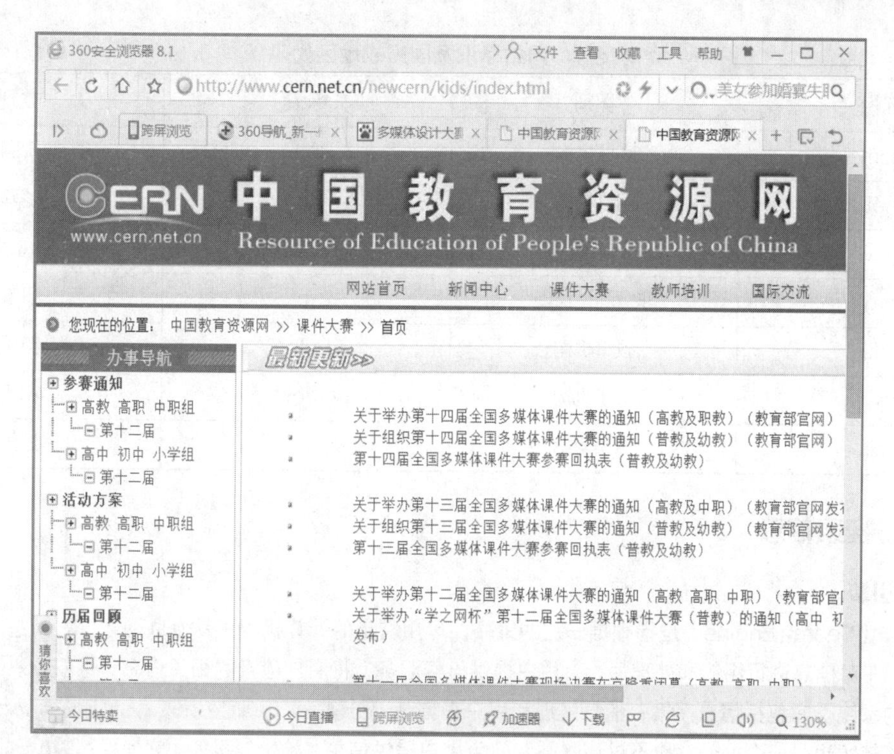

图 3-3

3.1.2　漫游因特网

1. IE 浏览器功能简介

Internet Explorer 浏览器，简称 IE，是微软公司推出的一款网页浏览器。它是综合性的网上浏览软件，是使用最广泛的一种 WWW 浏览器，也是用户访问 Internet 必不可少的一类工具的代表。

IE 主要按钮的功能如图 3-4 所示。

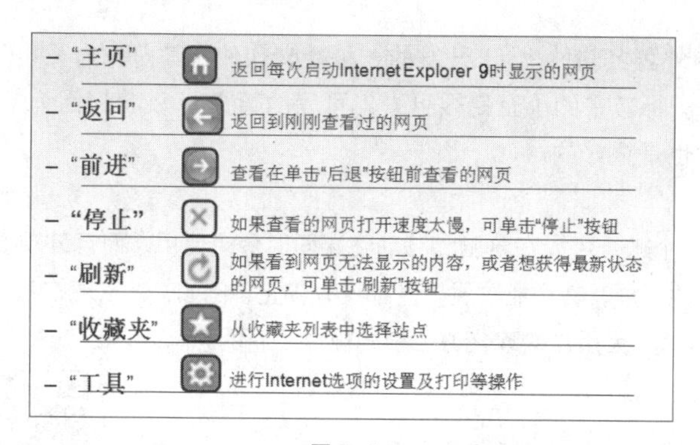

图 3-4

微课：浏览网页

2. 网址的含义

一般来说，网址由 4 部分组成，彼此之间用小点隔开，这 4 部分各有含义。例如，人民邮电出版社的网址 www.ptpress.com.cn，其中的 www 是万维网，它表示通过 www 方式来访问这个网站；ptpress 是区别不同网站的依据，也是与网站的名称相关的一个标识；com 表示这个网站的性质，表示这个网站属于商业机构；cn 表示这个网址是在中国注册的。

网站标识及国家或地区代码如表 3-1 所示。

表 3-1　网站标识及国家或地区代码

标识	类别	标识	类别
com	商业机构	cn	中国
net	网络机构	ru	俄罗斯
gov	政府部门	ca	加拿大
org	非营利性组织	jp	日本
edu	教育机构	uk	英国
ac	科研机构	de	德国
mil	军事网站	fr	法国

3.1.3　搜索信息

1. 搜索引擎

搜索引擎（Search Engine）是指根据一定的策略、运用特定的计算机程序从互联网上搜集信息，在对信息进行组织和处理后，为用户提供检索服务，将用户检索的相关信息展示给用户的系统。它包括信息搜集、信息整理和用户查询 3 部分。

微课：使用搜索引擎

搜索引擎其实也是一个网站，只不过该网站专门为用户提供信息“检索”服务。它使用特有的程序把因特网上的所有信息归类，以帮助人们在浩如烟海的信息海洋中搜寻到自己所需要的信息。

2. 常用的搜索引擎

国内用户使用的搜索引擎主要有百度、搜狗、360 搜索等。

3.1.4　QQ 的使用

1. QQ 的由来

腾讯 QQ 是由深圳市腾讯公司参照国外著名软件 ICQ 开发的一种社交软件，其前身为 OILQ。腾讯 QQ 的标志一直没有改动，一直是小企鹅标志。标志中的小企鹅很可爱，可爱的英文为 cute，因为 cute 和 Q 谐音，所以小企鹅的标志配上 QQ 这个名称也是很好的。

2. QQ 的优点

QQ 作为目前比较流行的社交软件，一个账号可以在电脑和移动终端同时登录使用，而且外观友好，使用方便，操作简单。此外，腾讯 QQ 经历了多年的发展，其功能扩展一直都没有停止。例如，大家现在都在使用的“腾讯文档”就是一个功能强大的在线协作文档功能，为用户的现代办公模式提供了新的思路。

3. QQ 的主要用途

（1）可以使用 QQ 和好友进行交流，信息即时发送和接收。

（2）可以进行语音、视频面对面聊天，功能非常全面。

（3）可以进行离线文件传输、点对点的断点续传文件、共享文件操作。

（4）可以使用 QQ 邮箱、备忘录、网络收藏夹、发送贺卡等功能。

微课：即时通信

随着时间的推移，依托 QQ 所开发的附加产品越来越多，如 QQ 游戏、QQ 宠物、QQ 音乐、QQ 空间等，这些都受到 QQ 用户的青睐。

任务实施

1. 漫游因特网

（1）启动 IE 浏览器。

（2）输入网址 http: //www.ptpress.com.cn/。

（3）利用超链接查看“人民邮电出版社”的相关网页，如图 3-5 所示。

（4）将当前网页添加到收藏夹。

① 将浏览内容返回到主页。

② 选择“收藏夹”→“添加到收藏夹”命令。

③ 在弹出的“添加收藏”对话框的“名称”文本框中输入要为这个网站取的名字，单击“添加”按钮，即可保存该网址，如图 3-6 所示。

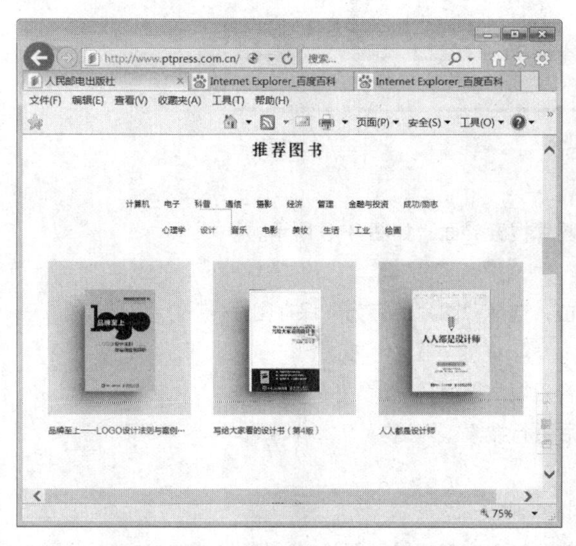

图 3-5

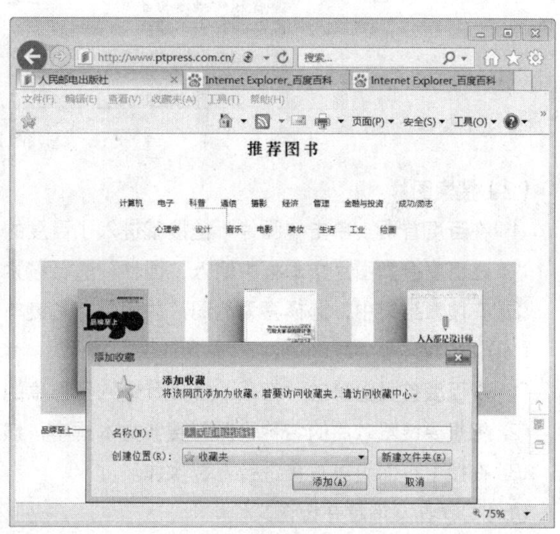

图 3-6

④ 网址被添加到收藏夹后，再访问该网页时就会很方便。在“收藏夹”菜单中找到该网站，单击文字链接即可。

（5）设置本网页为主页。

① 启动 IE 浏览器，选择“工具”→“Internet 选项”命令。

② 弹出“Internet 选项”对话框，在“常规”选项卡的“主页”文本框中输入要启动时打开的网址，然后单击“确定”按钮，如图 3-7 所示。

③ 当用户下次启动 IE 浏览器时，即可打开该网页。

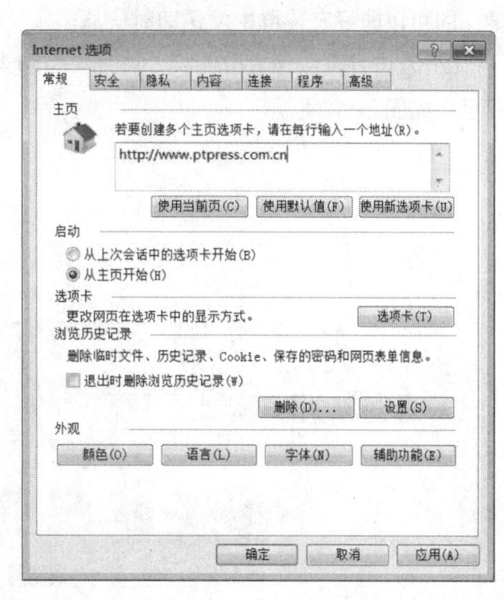

图 3-7

2. 搜索保存信息

（1）搜索“园林”的相关网页。

① 利用百度搜索引擎搜索“园林”相关的网址。

② 找到符合条件的项目，单击该链接。

（2）搜索相关文本。

① 打开“人民邮电出版社”主页。

② 选择“文件”→“另存为”命令，弹出“保存网页”对话框。

③ 设置保存信息，如图 3-8 所示。

④ 单击“保存”按钮。

图 3-8

（3）搜索图片。

① 在百度首页上单击“图片”链接就进入了百度的图片搜索界面，如图 3-9 所示。

② 在百度搜索图片文本框中输入“园林”进行搜索。

③ 在搜索结果中，选择喜爱的图片并用鼠标右键单击，选择“图片另存为”保存图片。

（4）搜索音乐。

① 在百度首页上单击“音乐”链接就进入了百度的音乐搜索界面。

② 把想要搜索歌曲的名称输入到搜索文本框中，然后进行搜索。

③ 在搜索页面可以直接进行下载操作。

（5）QQ 收发消息并传送文件。

① 双击好友头像或群图标，打开一个聊天窗口，在编辑区输入文字或粘贴图片，单击“发送”按钮或使用“Enter”键，即可以向好友或群中发送即时信息。

② 双击好友头像或群图标，打开一个聊天窗口，将文件直接拖到编辑区，单击“发送”按钮或按“Enter”键即可，如图 3-10 所示。

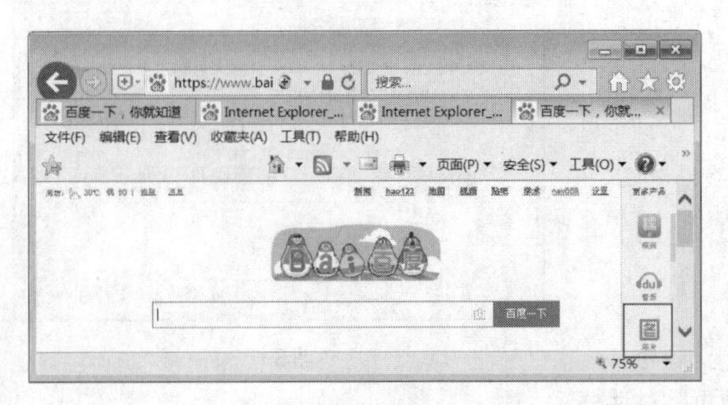

图 3-9

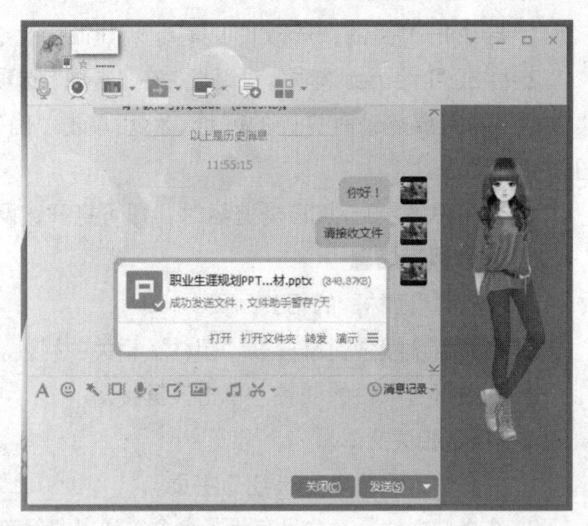

图 3-10

任务拓展

同学们可以根据任务实施中的相关步骤下载自己所学专业所需要的文件并保存。

任务练习

填空题

（1）WWW 中文名称为________。

（2）网址是网络上用来标识网站的，每一个网站都有一个________。

（3）经常访问的网址可将其添加在________中。

（4）保存网页图片的方法，可在图片上用鼠标右键单击，选择________。

（5）保存网页上一部分文字信息，方法和 Word 中一样，可通过________来实现。

（6）在搜索关键词中间加________，则该关键词必须出现在搜索结果的网页上。

任务 2 工作沟通助手——电子邮件

任务提出

园林专业的学生正在积极地准备竞赛作品。他们除了在作品制作过程中需要经常跟指导老师进行交流，还要把自己的作品发送给老师寻求指导，之后，还需发送到学院组织部门进行初审。那么，他们怎样来完成这些工作呢？

任务分析

电子邮件是最常用的 Internet 服务。通过电子邮件可以与 Internet 上的所有人交换信息，实现非实时交流与沟通，长期保存交流“痕迹”，有利于工作上的信息交流与沟通。学习电子邮件知识、会快速发送电子邮件，是本任务的核心内容。

任务要点

- 申请免费电子邮箱
- 电子邮件的发送与接收
- 电子邮件地址格式

知识链接

3.2.1 认识电子邮件

1. 认识电子邮件

电子邮件（Electronic Mail，E-mail）是利用电子手段实现信息交换的一种通信方式，是互联网应用最广的服务之一。通过电子邮件系统，用户可以以非常低廉的价格、非常快速的方式，与世界上任何一个角落的网络用户联系。

电子邮件发送的信息既安全又多样，可以是文字、图像、声音等多种形式。同时，用户可以得到大量免费的新闻、专题邮件，并实现轻松的信息搜索。电子邮件的存在极大地方便了人与人之间的沟通与交流，促进了社会的发展。

要收发电子邮件，必须先申请电子邮箱。目前，国内的很多网站都提供了免费的电子邮箱服务，如腾讯、新浪、网易等。

2. 电子邮件地址格式

电子邮件地址的组成与现实生活中信封上的信件地址的组成形式十分相似，有收信人姓名、收信人地址等，其结构是：用户名@邮件服务器，其中，用户名就是用户在主机上使用的登录名，而@后面的是通信运营商服务器计算机的标识（域名），是通信运营商给定的。

在互联网中，电子邮件地址的格式是：用户名@域名。“@”是分隔符，电子邮件地址是表示在某部主机上的一个使用者账号，它并不是身份。

3.2.2 收发电子邮件

收发电子邮件的过程本质上就是“发送方”通过自己的邮件服务运营商所提供的“电子邮件服务器”将邮件发至“接收方”运营商所提供的“电子邮件服务器”，并等待“接收方”在“适合”的时机进行“接收”的过程。这种网上交流形式属于一种非实时的通信形式，发送与接收是“非同步”进行的。

任务实施

1. 申请免费电子邮箱

（1）启动 IE，打开 126 邮箱页面，如图 3-11 所示。

（2）单击“注册”按钮，然后填写一个还没被注册过的账号、密码、手机号码、验证码，然后单击“立即注册”按钮，如图 3-12 所示。

（3）完成新邮箱注册。

（4）单击“写信”按钮，进入写新邮件的页面，填写好收件人地址、主题和邮件正文，选择添加附件，在打开的对话框中选择“参赛作品”，单击“发送”按钮，如图 3-13 所示，即可完成新邮件的发送。

图 3-11

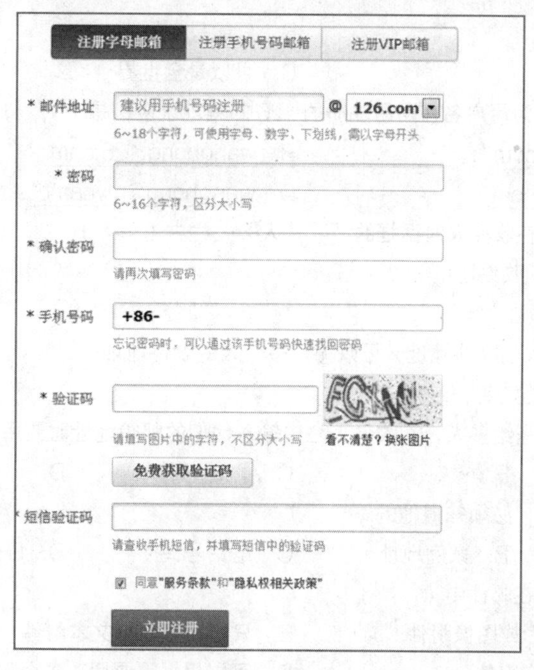

图3-12

（5）单击"收信"链接，打开邮件列表，单击邮件的主题链接，打开邮件详细内容的页面。

（6）单击"回复"按钮，打开邮件回复的页面，填写好回复的主题、正文再发送邮件，即可完成邮件的回复。

图3-13

任务拓展

根据任务实施中的相关步骤，练习在其他网站注册邮箱，并能够熟练地进行带附件的邮件的发送，及群发邮件、设置邮件的自动回复。

任务练习

选择题

（1）如果E-mail的地址是wang@mail.edu.y11.cn，那么用该邮箱地址发送邮件的范围是（　　）

A. 只能是北京　　B. 只能是中国
C. 只能是行政部门　　D. 可以是全世界

（2）某同学以 wanghong 为用户名在网易注册的 126 邮箱地址应该是（　　）
A. wanghong@126.com　　B. wanghong.126.com
C. wanghong.126@com　　D. wanghong@myname

（3）在撰写电子邮件时，在收件人对话框的“收件人”一栏中（　　）
A. 只能输入一个人的收件地址
B. 只能输入多个人的收件地址
C. 既可以输入一个人的收件地址又可以输入多个人的收件地址
D. 只能输入收件人的姓名

（4）一个电子邮件同时发送给多人，在收件人栏中输入他们的邮箱地址时要用（　　）分隔。
A. *　　B. 。　　C. ，　　D. /

（5）要给某人发电子邮件，必须知道他的（　　）。
A. 姓名　　B. 家庭地址　　C. 电话号码　　D. E-Mail 地址

（6）在发送电子邮件时，在邮件中（　　）。
A. 只能插入一个图形或图像附件　　B. 只能插入一个文本附件
C. 只能插入一个声音附件　　D. 可以根据需要插入多个附件

任务 3　我的数据在云端——云的应用

任务提出

园林专业的学生经常把自己下载的文件和制作的作品保存在本地计算机上，但出于安全考虑给重要数据进行备份是必不可少的。U 盘等外部存储工具不太方便使用，又易感染病毒……有没有不用担心丢失，又能随时随地使用这些数据的好方法呢？

任务分析

“网盘”就能帮助我们解决这个问题。只要有网络，网盘就能发挥它最大的效用。数据一旦上传，便可随时下载使用，再也不用因为忘记带 U 盘而手忙脚乱了。

百度网盘和金山快盘都是很不错的选择。了解网盘相关知识，学会注册和使用网盘，是本任务的核心内容。

任务要点

- 注册网盘
- 管理文件
- 上传文件
- 下载文件

知识链接

3.3.1 云的应用

在这个信息爆炸、数据疯涨的时代，我们的数据存储需求如何更好地得到满足呢？品质的提高依赖于“科技”，这绝对是亘古不变的“真理”。

相信同学们对网络硬盘或者云存储一定有所耳闻，但是却对云和它的相关知识知之甚少。其实，对于日常应用来说，云的应用范围之广已经到了人们难以想象的地步，例如“搜索引擎”“通信服务”等。一般把云的应用分为“云物联”“云安全”和“云存储”三个层面。虽然我们每时每刻都在“享受”着“云”给我们的现代化生活带来的便捷，但对于我们这些计算机技术应用水平较低的用户来说，云的最大最实用的功能就是“数据存储”。

下面我们就以“百度云”服务中的“百度网盘”为例来了解一些“云存储”的相关操作。

3.3.2 百度云与百度网盘

1. 百度云

它是百度公司推出的一款云服务产品。它以高规格数据中心、高效稳定的计算服务和可靠安全的存储服务为核心。用户可以在各类设备中使用存储在“云”上的图片、文档、通讯录等数据，并可在朋友圈中交流与分享……百度云能为广大用户提供文件的网络备份，兼顾资源的同步与分享以及跨平台的运用。

2. 百度网盘

百度网盘是百度云的一项数据存储服务。网盘具备基础的存储功能，主要用来保存信息，注册和使用都极为方便，一般服务中小客户居多。

任务实施

1. 登录百度页面

输入百度网址，打开百度主页。

2. 注册百度网盘（可直接使用百度账号登录）

（1）在百度主页右侧单击“更多产品”，在下拉列表中选择“全部产品”，在其中可找到“百度网盘”，如图 3-14 所示。

（2）在打开的页面中选择“百度网盘”。打开登录页面，如果还没有注册，则需单击“立即注册”按钮，如图 3-15 所示。用户根据需要填入相关信息，完成注册。

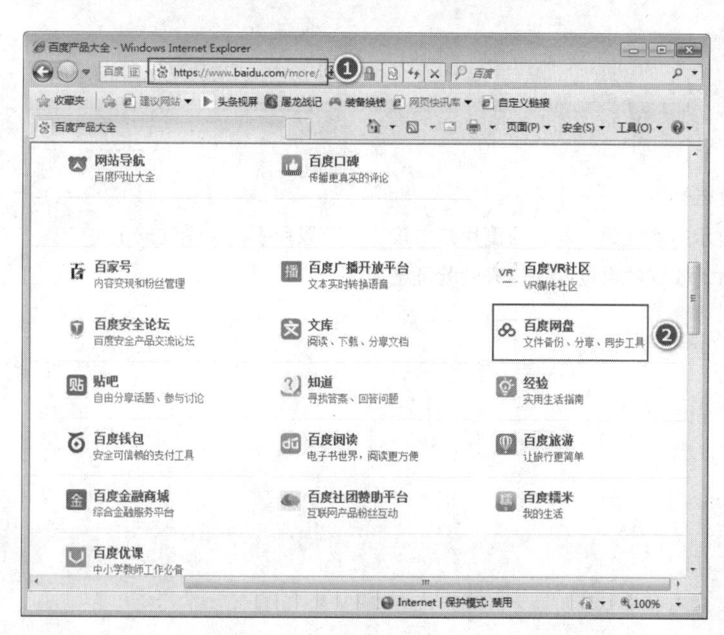

图 3-14

图 3-15

（3）登录进入百度网盘主页面，如图 3-16 所示，单击“上传”按钮，根据提示就可以把本地磁盘上的文件传到网盘中了。

（4）选中网盘中的文件对象，用鼠标右键单击，在弹出的快捷菜单中可以选择“下载”“复制到”“移动到”“重命名”“删除”命令，对文件进行管理操作；也可以单击被选中对象右侧的操作按钮，实现对应操作，如图 3-16 所示。

（5）可以单击“分享”按钮，实现网盘资源的共享，如图 3-17 所示。

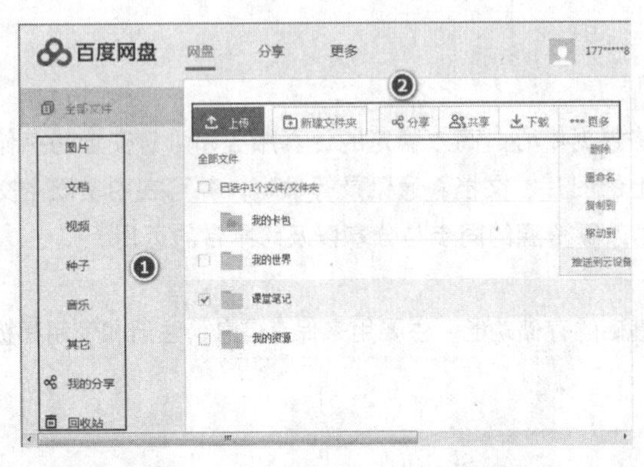

图 3-16

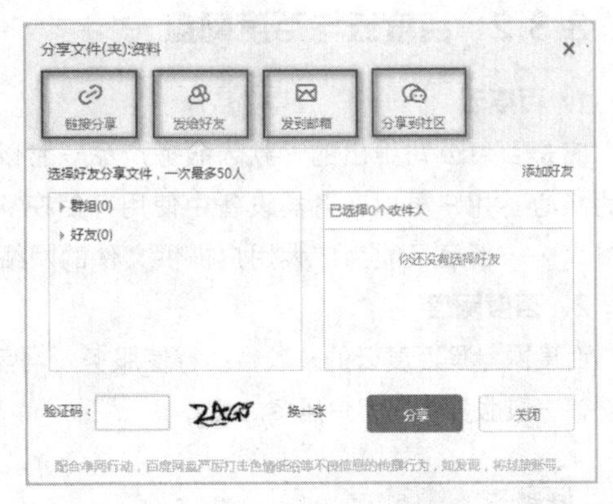

图 3-17

任务拓展

（1）在网盘中创建新的分类文件夹，并命名。

（2）把文档、图片、音视频等文件分别上传至不同文件夹中。

（3）把已经上传的文件进行整理，进行重命名、移动操作。

（4）从网盘中下载文件。

（5）探究“我的分享”功能的使用。

任务练习

注册百度云账号。

（1）进入百度网盘主页，注册百度账号。

（2）填入你的邮箱、密码及下方显示的验证码，勾选百度用户协议（也可以用手机号码注册）。

（3）登录你注册百度云的邮箱，激活收到的百度发送过来的验证链接。

（4）再输入一下显示的验证码。

完成后用你的邮箱登录百度云。

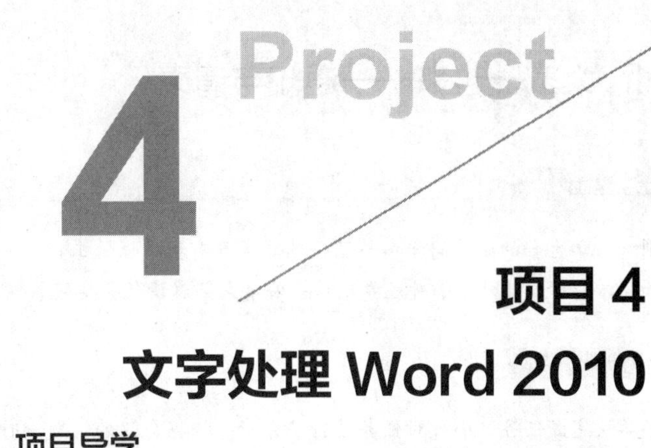

项目 4 文字处理 Word 2010

项目导学

本项目主要介绍 Office 2010 办公系列软件中的文字编辑部分——Word 2010 的常规应用。Word 作为 Microsoft 公司出品的办公软件 Office 的核心组件，一直以来都以其强大的文字处理能力得到广大用户的认可与支持。通过 Word 编辑排版的电子文档，不仅可以实现简单的排版效果，更能使版面图文并茂，美观大方。Word 目录、书签、审阅功能齐全，实用又方便。本项目通过多个典型工作任务，从 Word 2010 的基本操作入手，介绍包括软件基本操作、图文混排、表格应用、自动目录生成、邮件合并等在内的多项文字编辑实用操作，以实现熟练处理电子文档的教学目标。

学习目标

- 能够熟练使用 Word 2010 进行文字编辑排版
- 能够提高电子文挡的使用效率
- 掌握 Word 2010 的基本概念及术语
- 熟练掌握文字编辑排版操作，制作美观实用的电子文档
- 掌握电子文档的使用常识，提高使用效率
- 培养信息素养，提升信息搜集、整理、加工的能力
- 培养分析、解决实际问题的能力
- 培养科学严谨、务实高效的工作态度
- 鼓励个性发展，培养创新意识

任务1 大家一起来——通知与请柬

任务提出

刚刚加入学生会的小叶同学参与了一项非常具有挑战性的工作——制作“入学教育”会议通知，要求全体系部老师和同学参加。此外，小叶还要制作一份请柬，邀请教务处领导作为嘉宾列席会议。

任务分析

为了尽快完成任务，小叶对任务进行了分析。根据会议的议题、时间、地点、参加人员等具体内容，分别制作两个Word文档“会议通知”和“请柬”，然后以截图或附件形式通过QQ发送给学生、老师和嘉宾。

任务要点

- 软件启动与退出
- 软件界面与环境定制
- 文档的创建与保存
- 文档的页面设置
- 文档的编辑和格式设置
- 文档的美化修饰
- 文档的发送

知识链接

4.1.1 Word 2010的启动与退出

Word 2010的启动、退出方法与其他软件很类似，具体如下。

（1）启动方法

方法1. 选择“开始”→“所有程序”→“Microsoft Office”→“Microsoft Word 2010”命令。

方法2. 用鼠标双击桌面Word 2010的快捷方式图标。

方法3. 用鼠标单击“快速启动区”的Word 2010的快捷方式图标。

提示

若桌面和快速启动区无对应图标，可以先创建，再使用。

（2）退出方法

方法1. 选择“文件”→“退出”菜单命令。

方法2. 用鼠标单击Word 2010窗口右上角的“关闭”按钮。

方法3. 用鼠标单击Word 2010窗口左上角的控制菜单图标，再单击“关闭”命令。

方法4. 使用“Alt”+“F4”组合键。

4.1.2 Word 2010的工作界面

Word 2010的工作界面是由标题栏、快速访问工具栏、功能区、文档编辑区、状态栏等元素组成，如图4-1所示。

（1）控制菜单图标：单击可打开Word 2010“控制菜单”，内有移动、大小、关闭等控制命令。可以用鼠标选取，也可以用键盘操作来控制程序窗口。组合键“Alt”+“空格键”可启动“控制菜单”。

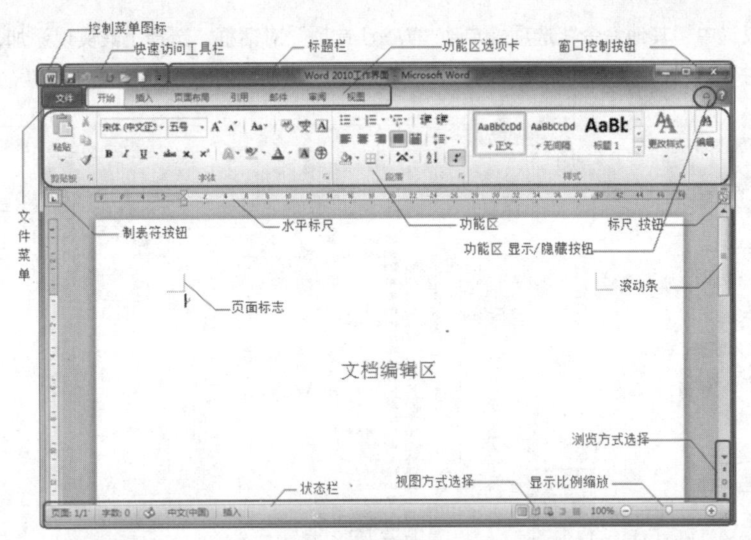

图4-1

（2）快速访问工具栏：用于放置使用频率较高的工具按钮。在默认情况下，该处仅有“保存”、“撤销”、“恢复”（或“重复”）3个按钮，但用户可根据操作需要，按“自定义快速访问工具栏”按钮，完成工具的添加或隐藏、修改快速启动区的放置位置等操作，从而实现“快速访问工具栏”的自定义，使工作界面更具个性化特点。

微课：撤销与恢复

（3）标题栏：位于Word 2010工作界面顶端正中，用以显示当前文档的名称及应用软件名称。右端有3个窗口控制按钮，方便进行窗口的最小化、最大化/还原、关闭操作。

（4）文件菜单：内置软件基本操作命令，包括文件的“保存”“打开”“新建”“打印”“信息”“帮助”等操作命令。另外，还有系统“选项”设置项目。

（5）功能区：位于标题栏下方，以选项卡形式分类存放文档排版、修饰、查阅时所要用到的全部工具。单击选项卡标签可方便地打开相应的功能区。每个功能区都以“功能面板”的形式分组显示操作按钮，方便查找使用。包括“开始”“插入”“页面设置”“引用”“邮件”“审阅”和“视图”共7个功能区选项卡，分类细致，功能强大。

（6）标尺：用鼠标反复单击“标尺”按钮可以改变标尺的显示或隐藏状态。应用标尺可以完成文档编辑过程中的定位操作，其中水平标尺上还有“首行缩进”“悬挂缩进”“左缩进”“右缩进”按钮，使用鼠标拖动的形式即可完成对当前段落的“缩进”格式设置。

（7）文档编辑区：文档编辑区是完成文本输入和编辑的区域。遵循“所见即所得”的原则，该区域中显示的文档效果即是将来打印输出的效果。新建文档后，该区域中出现一个闪烁的光标，它明确地标示出文本的插入点位置。

（8）状态栏：状态栏位于工作界面的底部，由“文档页码”“文档字数”“校对”“语言”“输入状态”“视图切换区”“显示比例区”7部分构成。通过对状态栏的查看，可以比较详细地了解和修改文档的当前工作状态，如单击“输入状态”按钮可以使文档的输入状态在“插入”和“改写”之间切换。

4.1.3　Word 2010工作环境定制

启动Word 2010后，就会展现默认的工作界面，用户可以根据自身的操作习惯和工具使用需要，定制自己的个性化工作界面，这样可以使日常操作更加得心应手。

对工作界面的定制涉及快速启动工具栏定制、显示或隐藏文档元素、功能区定制3个方面。

（1）快速启动工具栏定制

① 添加按钮：用鼠标单击快速启动工具栏最右侧的“自定义快速访问工具栏”按钮，在打开的列表菜单中单击选中需要添加的工具项，使该工具项前面出现“√”即可，如图4-2左图所示。如果在列表菜单中没有想要添

加的工具项，则可以选中“其他命令”选项，启动“Word 选项”对话框，选择工具实现添加，还可以利用最右侧的“上移”“下移”按钮实现快速启动工具栏内工具按钮的顺序调整，如图 4-2 右图所示。

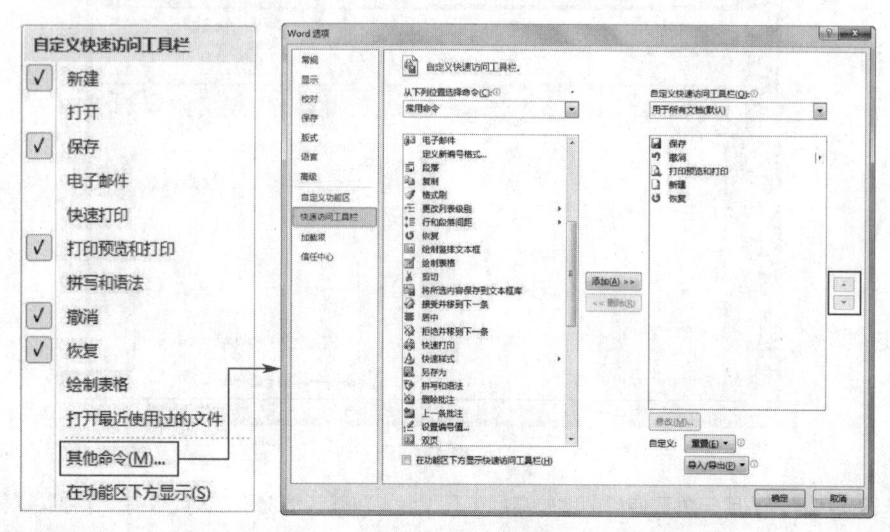

图4-2

② 删除按钮：同理，删除快速启动按钮也可以在上述两个位置完成。选择对应工具选项单击，去掉“√”选中标记，或者在“Word 选项”对话框中选中右侧列表中的“已选”工具，按“删除”按钮，即可完成删除快速启动按钮的操作。

③ 更改快速启动工具栏位置：用鼠标单击快速启动工具栏最右侧的“自定义快速访问工具栏”按钮，选中最下面的“在功能区下方显示”命令；反之，也可以将“快速启动工具栏”的显示位置复位为“在功能区上方显示”，使之还原到默认位置。

（2）显示或隐藏文档元素

在 Word 2010 文本编辑区中可以显示标尺、网格线、导航窗格、滚动条等多种编辑辅助元素，以方便我们的日常操作。自如地显示或隐藏这些辅助元素，可以提高编辑效率，提高文档编辑质量。

① 标尺的显示或隐藏的相关操作如下。

- 单击“视图”选项卡，在“显示”面板中，可以通过选取或取消选取“标尺”对应的复选项完成显示或隐藏操作。
- 反复单击垂直滚动条顶端的“标尺”按钮，可完成标尺显示或隐藏操作。
- 选择“文件”菜单→“选项”命令→“高级”分组，在“显示”分类下选取或取消选取“在页面视图中显示垂直标尺”复选项完成“垂直标尺”显示设置，且此种设置优先级最高。

② 网格线、导航窗格：单击“视图”选项卡，在“显示”面板中，可以通过选取或取消选取“网格线”“导航窗格”对应的复选项，完成显示或隐藏操作，如图 4-3 所示。隐藏“导航窗格”也可以通过单击其右上角的“关闭”按钮来实现。

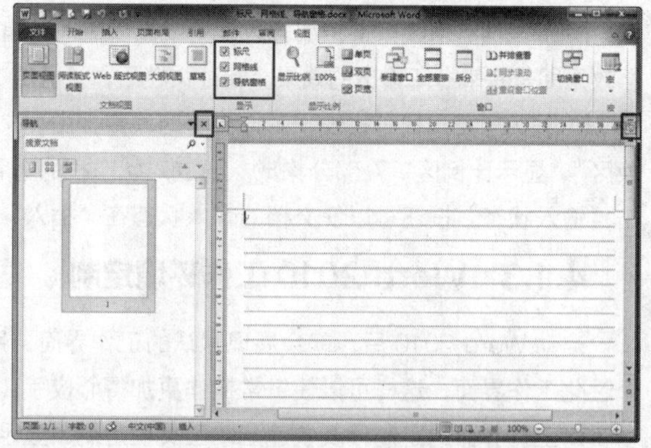

图4-3

③ 滚动条：选择“文件”菜单→“选项”命令→“Word 选项”对话框中的“高级”分组，在“显示”分类

下选取或取消选取“显示水平滚动条”和“显示垂直滚动条”复选项即可完成滚动条的显示或隐藏操作，如图 4-4 所示。

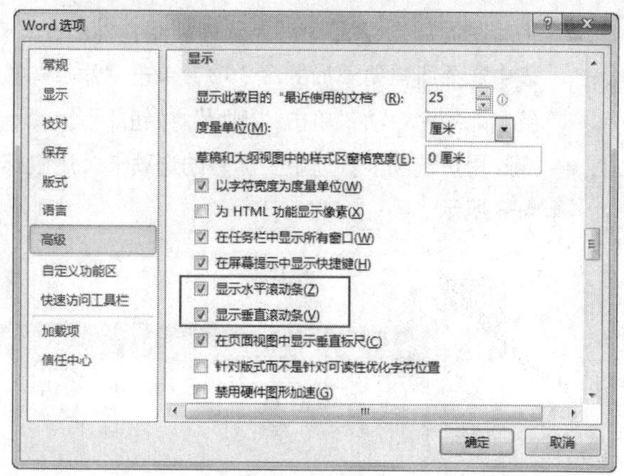

图 4-4

（3）功能区定制

① 功能区选项卡的显示/隐藏

- 用鼠标双击任意功能区选项卡标题。
- 反复单击功能区选项卡最右端的“功能区展开 /最小化 ”按钮。
- 反复按“Ctrl”+“F1”组合键。

② 功能区个性化

- 主选项卡：在“Word 选项”对话框中，选中“自定义功能区”分组，勾选右侧“主选项卡”列表中的复选项，并单击“确定”按钮，如图 4-5 所示。

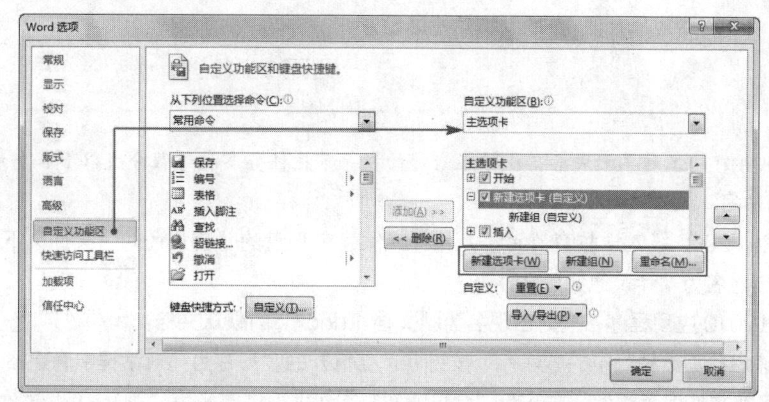

图 4-5

- 工具选项卡：在“Word 选项”对话框中，选中“自定义功能区”分组，切换“自定义功能区”下拉列表至“工具选项卡”，并勾选下方列表中对应的复选项，单击“确定”按钮，如图 4-6 所示。

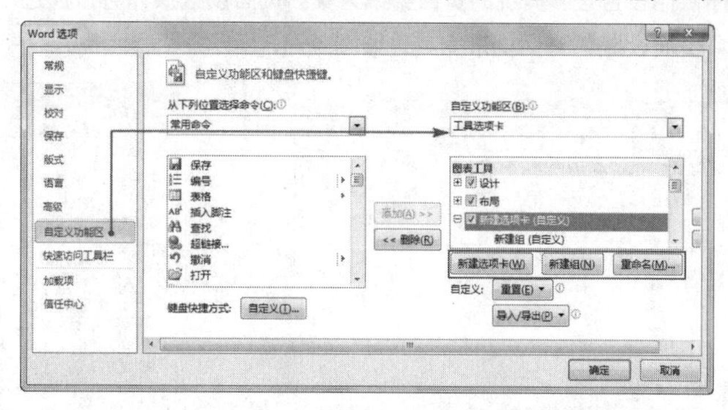

图 4-6

- 重命名用户选项卡：在“Word 选项”对话框的“自定义功能区”分组窗口中，选中已经创建的“主选项卡”或“工具选项卡”，就可以通过单击“重命名”按钮完成对默认的选项卡名——“新建选项卡（自定义）”进行重命名的操作，如图 4-6 所示。
- 创建新组：在“Word 选项”对话框中，选中“自定义功能区”分组，单击“新建组”按钮，为新组选定图标，再单击“重命名”按钮，输入新组的名称，如图 4-6 所示。

- 为新组添加/删除命令：先选中新组，然后在“自定义功能区”分组页面中的“从下列位置选择命令”列表中选择所需要添加的命令项，单击“添加”按钮，效果如图 4-7 所示；若要删除，则可从新组中选中要删除的命令项，单击“删除”按钮即可。
- 删除用户选项卡：选中要删除的选项卡，用鼠标右键单击，在弹出的快捷菜单中选择“删除”命令，如图 4-8 所示。

图 4-7

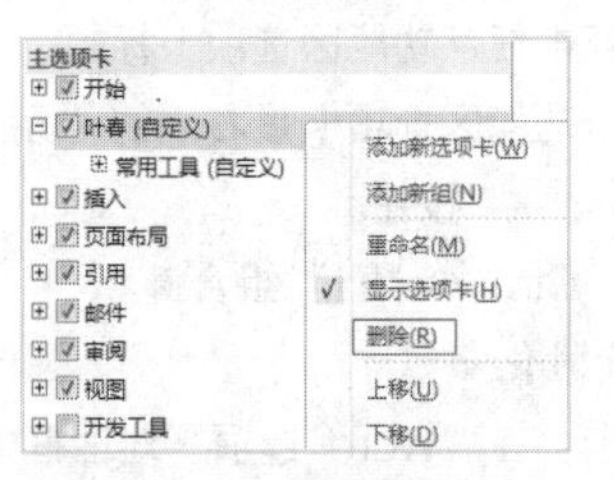

图 4-8

- 恢复选项卡：若想清除全部自定义项目，可单击“Word 选项”对话框“自定义功能区”分组窗口中的“重置”按钮，即可还原 Word 2010 的默认功能区设置。

任务实施

在熟悉了 Word 2010 的工作界面之后，小叶在老师的指导下把任务实施过程分成以下 7 个步骤。

1. 文档创建与命名

新建 Word 文档“2016 级入学教育.docx”，并将其保存在 E 盘的“会议通知”文件夹下，操作步骤如下。

（1）在 E 盘中创建名为“会议通知”文件夹。

（2）启动 Word 2010 应用程序，同时出现名为“文档 1.docx”的默认文档。

（3）单击“快速启动工具栏”中的“保存”按钮，在打开的“另存为”对话框中确定 3 个方面内容，即文件保存位置、文件名和文件保存类型。在 E 盘“会议通知”文件夹下创建名为“2016 级入学教育.docx”的 Word 文档，如图 4-9 所示，并按“保存”按钮。

2. 文档页面设置

页面设置可以为文档提供比较合理、美观的页面组织方案。页面设置操作可以通过“页面布局”选项卡的“页面设置”面板或直接启动“页面设置”对话框来完成，如图 4-10 所示。

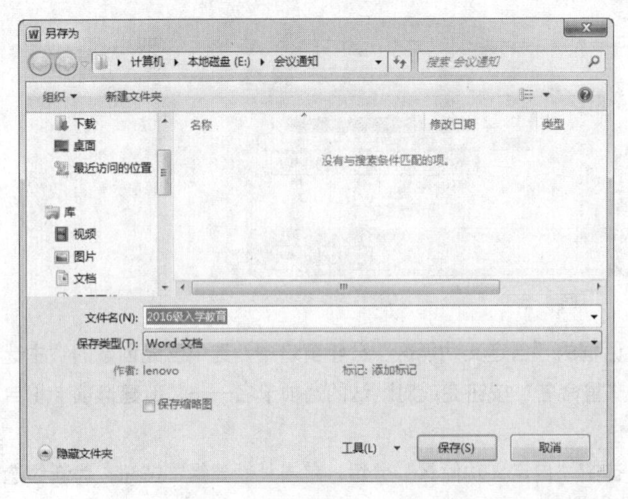

图 4-9

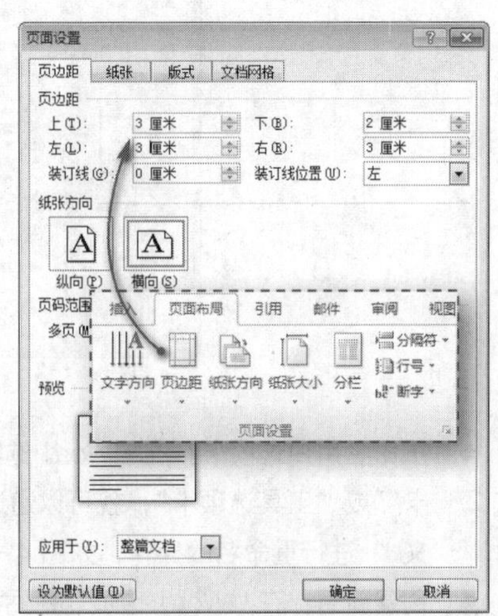

图 4-10

单击“页面布局”选项卡，在“页面设置”面板下进行页面属性设置，如图 4-10 所示：设置纸张大小为 A4（21 厘米×29.7 厘米）；页边距为自定义页边距，上 3 厘米，下 2 厘米，左右均为 3 厘米；纸张方向为横向。

3. 文档内容录入

文档内容录入操作涉及汉字、英文、标点、特殊符号等的录入。

操作步骤如下。

（1）启动熟悉的中文输入法。

（2）每段顶格录入，段落结束按“回车”键（即录入段落标记“↵”），直至完成，如图 4-11 所示。全部内容包括汉字、英文、特殊符号（如✌、☺）和数字序号（如①②③）的录入。

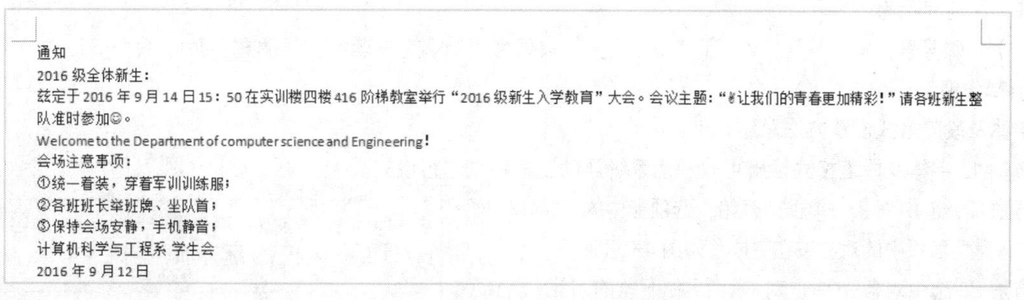

通知
2016 级全体新生：
兹定于 2016 年 9 月 14 日 15：50 在实训楼四楼 416 阶梯教室举行“2016 级新生入学教育”大会。会议主题：“✌让我们的青春更加精彩！”请各班新生整队准时参加☺。
Welcome to the Department of computer science and Engineering!
会场注意事项：
①统一着装，穿着军训训练服；
②各班班长举班牌、坐队首；
③保持会场安静，手机静音；
计算机科学与工程系 学生会
2016 年 9 月 12 日

图 4-11

📖操作说明

- 按“Ctrl”+“*”组合键或单击“开始”选项卡→“段落”面板→“显示或隐藏编辑标记”按钮，方便显示段落标记和其他隐藏的格式符号。
- 文档段落定义：文档中每按一次回车符就会出现一个段落标记“↵”，形成一个段落。所以除了文档第 1 段之外，每两个段落标记之间的内容就会形成一个段落，即自然段。所以，本例中共有 10 个段落。

📖操作提示

- 汉字与英文录入：选择熟悉的中文输入法，并结合英文输入法来完成文本内容录入。系统默认中英文切换按“Ctrl”+“Shift”组合键实现所有输入法之间的切换，按“Ctrl”+“空格”组合键实现某种汉字输入法和英文输入法之间的切换。
- 特殊符号录入：单击“插入”选项卡→“符号”面板→“符号”按钮→选择列表中所需符号（或选中“其他符号”插入来自对话框的符号，如图 4-12 所示）。
- 数字序号录入：右击或单击所选中文输入法状态条中的“软键盘”按钮，选中其中的“数字序号”项目，完成数字序号的输入，如①②③。

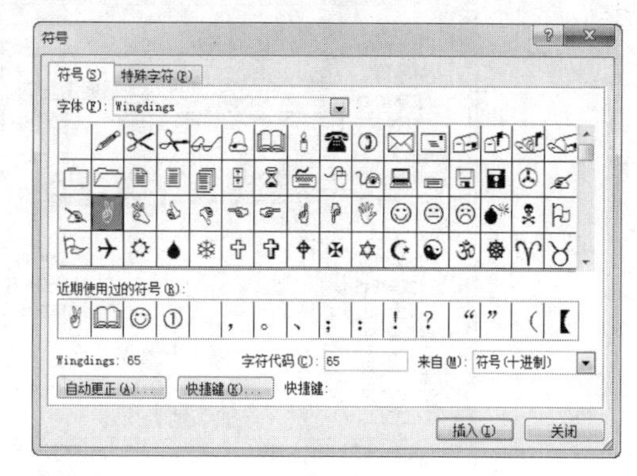

图 4-12

4. 文档字符与段落格式设置

字符格式设置是对选定内容，包括汉字、英文字符、数字和运算符号及特殊符号等进行的字体、字形、字号、文本效果、字体颜色、中文版式等格式设置操作的总和。

操作要求如下。

（1）标题格式：字体格式，黑体、小一号、字符间距加宽 10 磅；段落格式，字符缩放 150%、居中。

📖操作说明

- 字体、字号设置：单击“开始”选项卡→选择“字体”面板中的对应操作按钮完成。

- 字符间距设置：单击“开始”选项卡→“字体”面板→右下角“字体”按钮→“字体”对话框→“高级”选项卡→“字符间距”。
- 字符缩放设置：单击“开始”选项卡→“段落”面板→“中文版式”按钮下拉列表中的“字符缩放”命令。

（2）正文格式：第2段宋体（正文），小二号，无缩进；第3、5~8段宋体（正文），四号，首行缩进2字符；第4段使用英文字体Times New Roman，四号，倾斜，加粗，标准色中的蓝色，首行缩进2字符；为文字“会场注意事项：”添加标准色中的蓝色双下划线；正文“时间、地点”信息添加着重号。

（3）落款格式：落款署名宋体（正文），四号，右对齐，段前间距为2行；落款日期为宋体（正文），四号，右对齐，段前间距为0.5行。

（4）特殊符号：特殊符号“✌”和“☺”的文本效果为渐变填充—蓝色，强调文字颜色1，一号。

📖操作提示

字体及段落格式设置方法总结如下。

方法1. 字体及段落格式设置可以利用系统浮动工具栏来进行设置。

方法2. 选中对象→单击“开始”选项卡中的“字体”面板或“段落”面板中的对应按钮完成，如图4-13所示。

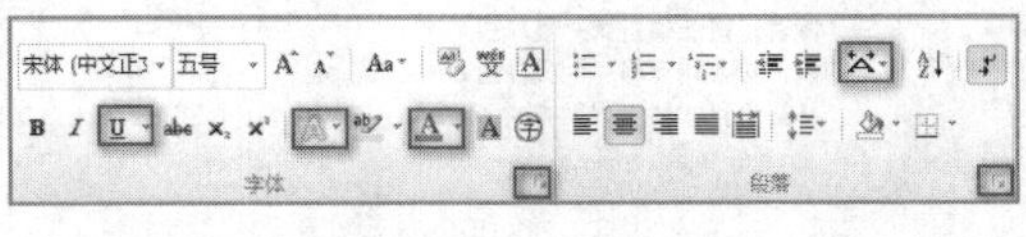

图4-13

方法3. 选中对象→单击对应面板右下角的对话框启动按钮→打开“字体”或“段落”对话框完成设置，如图4-14所示。

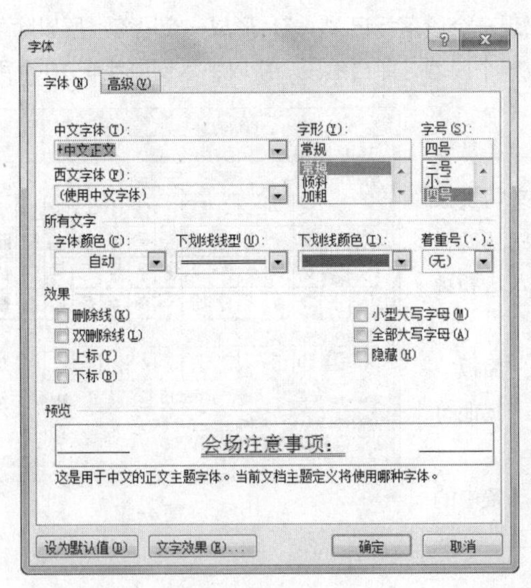

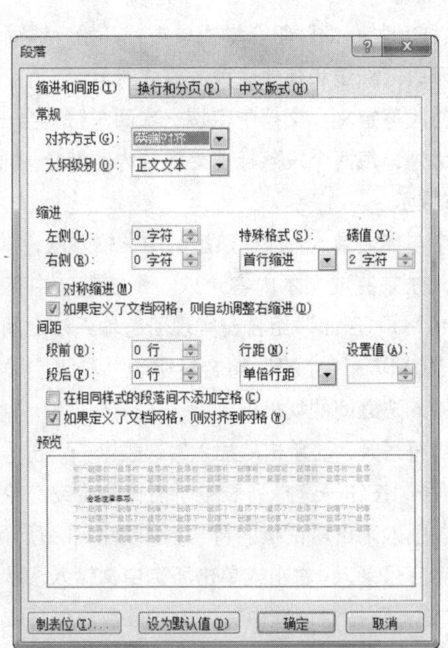

图4-14

方法4. 部分设置可以使用组合键完成。

- 字型类：加粗为“Ctrl”+“B”、倾斜为“Ctrl”+“I”、下划线为“Ctrl”+“U”、下标为“Ctrl”+“=”、上标为“Ctrl”+“Shift”+“+”。
- 字号类：增大字号为“Ctrl”+“>”、减小字号为“Ctrl”+“<”。
- 对齐方式类：文本左对齐为“Ctrl”+“L”、居中为“Ctrl”+“E”、文本右对齐为“Ctrl”+“R”、两端对齐为“Ctrl”+“J”、分散对齐为“Ctrl”+“Shift”+“J”。

微课：字体格式

微课：段落对齐方式

微课：段落缩进

微课：行间距和段间距

5. 文档美化修饰

文档美化修饰的方式有很多，设置页面颜色就是其中之一。本例操作要求：设置“通知”文档页面颜色；填充效果为渐变，双色，颜色 1（白色，背景 1）、颜色 2（水绿色，强调文字颜色 5，淡色 60%）；底纹样式为水平；变形为左上形式。

6. 文档的保存与发送

文档的保存分为“首次保存”和“再次保存”两类。前者执行保存操作时会直接打开“另存为”对话框，要求操作者完成“文件保存位置选取”“文件命名”和“文件保存类型确定”三项操作；后者则又可分为“覆盖保存”和“另外保存”两种情况。

文档资料的网络发送可以达到省时省力的操作目的。一般，我们会通过电子邮件或实时通信软件（如 QQ）来完成。但接收方的状态问题可能使发送与接收存在一定的延时。此外，用户还可以将文件打开进行页面截图，直接发送图片，方便接收方查看。

操作步骤如下。

（1）用鼠标单击快速访问工具栏中的“保存”按钮，完成对所编辑文档的保存操作。这里我们使用“再次保存”中的“覆盖保存”操作。

（2）启动 QQ，完成文档发送。

📖**操作提示**

方法 1. 电子邮件发送：文档以电子邮件附件的形式发送。用这种形式完成文件发送可以长期保留。

方法 2. 文件上传发送：使用“上传文件”按钮或直接将文件夹窗口中的文档拖动至 QQ 聊天对象的窗口中即可，等待对方下载。上传文件，方便长期使用，如图 4-15 左图所示。

方法 3. 使用 QQ 屏幕截图工具按钮 ✂ 完成文档页面截图，并发送，如图 4-15 右图所示，但是这种方法在聊天页面出现“灌水”的现象时会被“冲掉”。

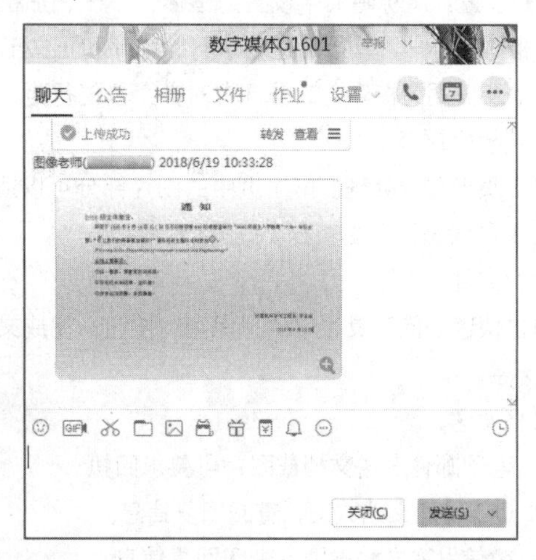

图 4-15

7. 请柬的制作

为了圆满承办本次新生入学教育，老师还要求小叶再制作一份请柬，方便邀请学院教务处的各位领导参加本次活动。

具体要求与前面编辑的“2016 级入学教育.docx”文档类似，只是文档的措辞、风格等方面有所改变。

为了让文档更加美观、实用，李老师为小叶介绍了一种建立文档的新方法——模板创建！

操作步骤如下。

（1）新建文件

选择“文件”菜单→“新建”命令→Office.com 模板“活动”→“请柬 3”，单击“下载”按钮，如图 4-16 所示，新建此模板对应的新文档“文档 1”。

（2）保存命名

单击快速访问工具栏中的“保存”按钮，将新文档以“2016 入学教育邀请.docx”为名保存至 E 盘的“会议通知”文件夹下。

（3）文档内容编辑及格式设置

- 内容编辑：根据要求将“请柬 3”中的文字进行更新替换，具体内容如图 4-17 所示。

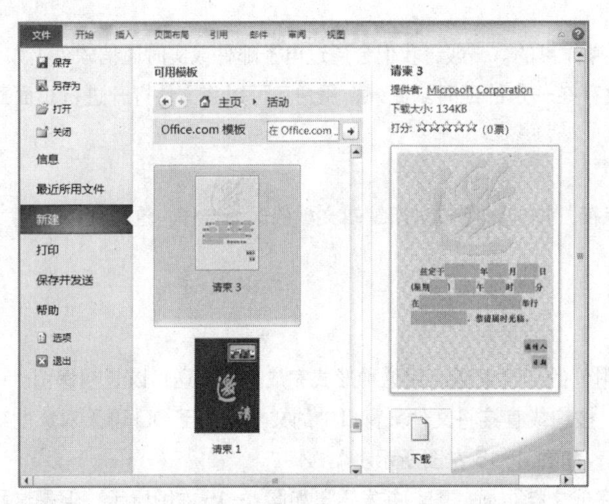

图 4-16

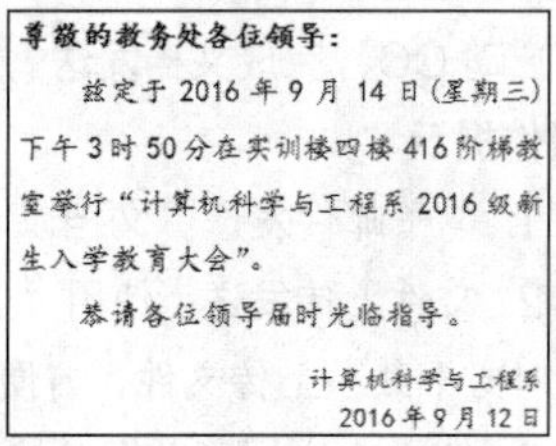

尊敬的教务处各位领导：

兹定于 2016 年 9 月 14 日（星期三）下午 3 时 50 分在实训楼四楼 416 阶梯教室举行“计算机科学与工程系 2016 级新生入学教育大会”。

恭请各位领导届时光临指导。

计算机科学与工程系

2016 年 9 月 12 日

图 4-17

- 格式设置：将称呼文字设置为楷体、小一、加粗、无缩进；正文文字设置为楷体、小一、首行缩进 2 字符；称呼和正文部分行间距固定值为 35 磅；落款及日期为楷体、二号、右对齐，单倍行距。

（4）文档模板调整

文档第 2 页做删除处理。第 1 页中的图片部分可以适当调整大小和位置，使整篇文档保持 1 页状态，方便查看或截图。

（5）保存文件

再次单击快速访问工具栏中的“保存”按钮，完成文档编辑后的覆盖保存，如图 4-18 所示。

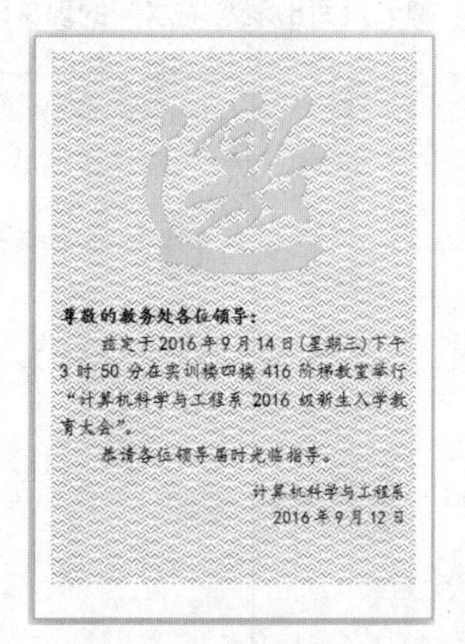

尊敬的教务处各位领导：

兹定于 2016 年 9 月 14 日（星期三）下午 3 时 50 分在实训楼四楼 416 阶梯教室举行“计算机科学与工程系 2016 级新生入学教育大会”。

恭请各位领导届时光临指导。

计算机科学与工程系

2016 年 9 月 12 日

图 4-18

（6）文档发送

方法 1. 电子邮件发送文档截图，可要求回执。

方法 2. QQ 发送文档截图，查阅回复信息。

方法 3. 微信发送文档截图，查阅回复信息。

方法 4. 传统彩色打印，使用人工方式发送，这种方式比较正式。

任务拓展

在学习了 Word 2010 的简单文字编辑与排版常识后，承担学生会秘书工作的小叶同学还想学习更多的文字处理技能。正好这天她在老师的桌子上发现了一份学院下发的“红头文件”……那么怎么才能编辑好这么“正式”的文件文档呢？她也想学习一下。

老师告诉小叶，一般这种“红头文件”被称为“公文”，即“公务文书”“公务文件”，是法定机关与组织在公务活动中，按照特定的体式、经过一定的处理程序形成和使用的书面材料。按照国务院办公厅规定，通用公文包括：命令（令）、决定、公告、通告、通知、通报、议案、报告、请示、批复、意见、函、纪要、决议、公报。不同种类的公文的书写要求不同，当然格式方面也有一些特定的要求。

文档：公文格式标准

我们常见的“通知”是适用于批转下级机关、转发上级机关和不相隶属机关的公文，一般用于传达要求下级机关办理和需要有关单位周知或者执行的事项及人员任免信息。在它的文档页面中常常会出现发文机关、主题词或抄送机关提示信息、页码等内容，这些都是在文档编辑过程中需要用文字编辑软件来解决的技术问题，属于特殊格式设置的范畴。

下面就以正式公文形式制作一个“XXX 通知”，让大家大致了解一下公文格式操作的相关内容：

操作步骤如下。

（1）新建 Word 2010 文档“通知公文制作.docx”，将其保存在用户文件夹下。

（2）录入通知文字内容，或者使用素材进行内容的复制，如图 4-19 所示。

ＸＸ市质量技术监督局ＸＸ市疾病控制中心文件
ＸＸ质技监[2017]16 号
关于开展 2017 年秋季农贸市场联合专项治理工作的通知
各农贸市场经营管理单位：
为改善农贸市场经营、管理秩序，切实保护种植、养殖农户利益，保障人民群众的“菜篮子”安全，打击不文明及不法经营活动，ＸＸ市质量技术监督局和ＸＸ市疾病控制中心决定在全市各主要农贸市场范围内开展 2017 年秋季农贸市场联合专项治理工作，现将有关事项通知如下。
一、农贸市场管理者要严格遵守各项市场管理制度
1. 切实落实，严格管理。督促商户周周完成所经营品种的相应卫生检疫核查上报工作，并做好日常登记；督促商户自主完成每天的摊位卫生清理，营造良好的经营卫生环境。
2. 每天由市场管理监督员就主要果品、蔬菜、禽畜、水产等进行随机抽样，送市质量技术监督局检测；一旦出现不合格商品，立即停止一切经营活动，交由相关部门全面检查。
3. 凡经营生鲜商品的商户必须每日陈列相关商品的卫生检疫证照，随时准备核查。
二、农副产品经营者不得从事下列经营、管理行为
1. 凡经营者必须持有个人健康证，不能无证从事经营活动。
2. 经营商品不允许出现过期变质、腐败霉烂、农药超标等不合格现象，必须保证食品安全。
3. 其他违反法律、法规的行为。
三、对拒绝、阻挠、妨碍质量技术监督人员依法履行职责，违反治安管理规定的，依法交由市场管理部门处理；情节严重的交由公安、司法机关处理，并依法追究刑事责任。

ＸＸ市质量技术监督局
ＸＸ市疾病控制中心
2017 年 8 月 30 日

抄送：ＸＸ市委、ＸＸ市政府、ＸＸ市公安局
XX 市质量技术监督局 2017 年 9 月 1 日印发

图 4-19

（3）格式设置，具体要求如下。

① 页面设置：纸张大小为 A4，纸张方向为纵向，页边距设置上下均为 3.5 厘米、左为 2.8 厘米、右为 2.6 厘米，版式为奇偶页不同。

② 发文机关标志：此处双发文机关可以使用“双行合一”功能完成标志制作；宋体，红色，50 号大字居中；左右各缩进 1 字符，分散对齐，段前 0 行、段后 2 行、行距为固定值 70 磅。

③ 发文字号：设置为仿宋、三号、居中；段前、段后间距各 2 行。

“双行合一”操作提示

- 选定发文机关名称“ＸＸ市质量技术监督局ＸＸ市疾病控制中心”。
- 在“开始”选项卡→“段落”分组→“中文版式”按钮下拉列表中选择“双行合一”命令→启动其设置对话框；
- 在对话框中，观察“双行合一”的预览效果，单击“确定”按钮，如图 4-20 所示；若预览中不能将两发文单位名称合理地分布于两行中，可将光标定位于名称稍短的发文机关名称末尾边加空格，边观察预览效果，直到发文单位名称分别出现在不同的行中。

图 4-20

④ 标题：将标题“关于开展……的通知”设置为宋体、二号、居中；段前、段后间距各 1 行。

⑤ 主送机关：主送机关“各农贸市场经营管理单位：”设置为仿宋体、三号、无缩进。

⑥ 正文：仿宋体、三号；两端对齐、首行缩进 2 字符、单倍行距。

⑦ 发文机关及发文日期：仿宋体、三号，且将两“发文机关”调整至同一行，中间按两次“Tab”键空出间距，使两单位名称间有一定间隔；“发文机关”右对齐，右缩进 4 字符，段前间距为 2 行；“发文日期”放置于“发文单位”下面一行，按数次“增加缩进量”按钮使之与右侧的发文单位名称呈左右轴对称状态，方便加盖两单位的公章。

⑧ 版记：即抄送机关、发文单位及印发日期，设置为仿宋体、四号，左右各缩进 1 字符；发文单位和印发日期之间用空格填充，将发文单位置于页面左侧，印发日期置于页面右侧。

⑨ 页码：半角，四号，宋体，阿拉伯数字，编排在公文版心下边缘之下，数字左右各放一条一字线，一字线距版心下边缘 7mm（页脚距边界 2.8cm）；单页页码右缩进 1 字，双页页码左缩进 1 字。

📖 **“页码”操作提示**

- 选择“插入”选项卡→“页眉和页脚”面板→“页码”按钮。
- 单击“页码”按钮→“页面底端”→“普通数字 1”，如图 4-21 所示。
- 在页码数字左右两侧各输入一个“-”。
- 编辑奇数页页码时，右对齐，右缩进 2 字符；编辑偶数页页码时，左对齐、左缩进 2 字符。

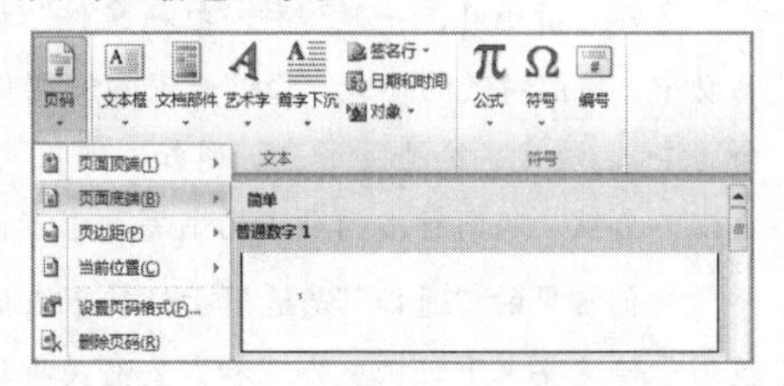

图 4-21

（4）水平直线操作：在发文字号和标题之间绘制一条水平直线，直线颜色为红色，线宽为 2 磅；在版记部分（抄送机关、发文单位及印发日期）用 3 条黑色直线将其分隔为两部分，抄送机关上面的第一条直线为 1.5 磅的粗线，发文单位及印发日期下面的直线为第三条直线，也是 1.5 磅的粗线，两部分之间为 0.75 磅的细线段。

📖 **“水平直线”操作提示**

- 单击“插入”选项卡→“插图”面板中的“形状”按钮→“线条”→选择“直线”。
- 光标变为“十”字形状，选择适当位置，按住“Shift”键的同时，按鼠标左键向右拖动，即可画出一条水平直线。
- 选中所画直线，使用对应的“绘图工具”→“格式”选项卡→修改“大小”→设置线宽为 15.6 厘米，横向贯穿页面版心。
- 选中所画直线，使用对应的“绘图工具”→“格式”选项卡→修改“形状样式” →设置线条颜色和粗细（形状轮廓→粗细→若列表中有指定粗细，直接单击选择，若无则选择“其他线条”→打开“设置形状格式”对话框设置线型宽度，如 2 磅，如图 4-22 所示）。
- 版记水平直线左对齐、纵向分布，横向贯穿页面版心。

最后的效果如图 4-23 所示。

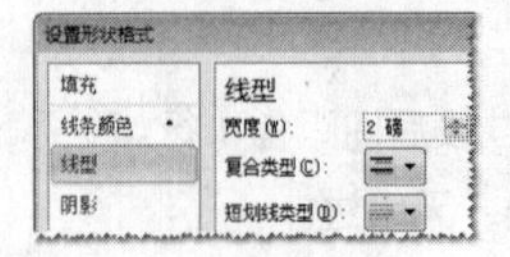

图 4-22

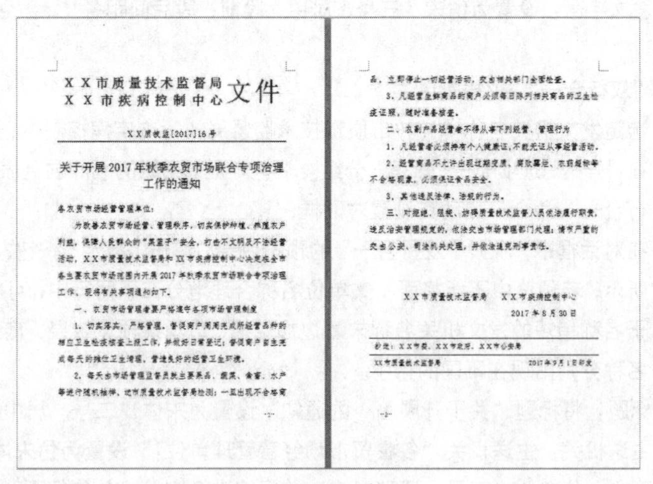

图 4-23

任务练习

1. 填空题

（1）Word 2010 是一种________软件，它的文档扩展名的默认类型是________。

（2）Word 2010 窗口界面的组成部分中，除常见的组成元素外，还增加了________。

（3）在 Word 2010 中“关闭当前文档”的组合键是________。

（4）在 Word 2010 中“打开”文档的作用是________。

（5）在 Word 2010 中按组合键“Ctrl+B”的功能是________。

（6）Word 2010 可以记录最近使用过的文档。若用户出于保护隐私目的要求删除文件使用记录，可以在________中设置操作。

（7）在 Word 2010 中页眉和页脚的默任作用范围是________。

（8）在 Word 2010 的编辑状态下，执行“剪切”操作后所选中的文字消失，但是它们已经被存储在系统的________里了。

（9）在 Word 2010 的编辑状态下，若鼠标在某行行首的左边选择栏中，使用________操作可以方便地选中光标所在的行。

（10）“格式刷”可以方便地完成选中文字格式的复制，其组合键是________；格式复制完成后可以选择目标对象，用组合键________完成格式的粘贴。

2. 简答题

（1）在 Word 文档中有一个段落的最后一行只有一个字符，想把该字符合并到上一行上，可以怎么操作？优缺点如何？

（2）在 Word 2010 中对文字字体格式设置的项目又有新的变化，如图 4-24 所示左上角的按钮就是其中之一，请说出它的功能。

图 4-24

任务 2 我很优秀——求职简历与产品简介

任务提出

在学生会“共事”了一段时间的学姐快要毕业了，在一旁看着她忙着准备求职事宜的小叶注意到学姐正在做一份“求职简历”。小叶也想学两手，毕竟很有用，将来自己也用得上。

任务分析

小叶为了和学姐学习求职简历的制作，特意让学姐为自己介绍了一下它的组成。

一份完整的求职简历通常包括：封面、个人简介、自荐信、封底 4 个部分。在简历的设计上，需做到既能清楚体现自己的专业特点和个人优势，又能图文并茂、形式活泼、言简意赅。一般来说，简历设计会用到图片或剪贴画、艺术字或特殊字体、文本框、形状、项目符号或编号等。

任务要点

- 图片、剪贴画
- 艺术字
- 安装并使用新字体
- 文本框
- 分栏
- 形状
- 项目符号或编号

知识链接

4.2.1 图片、剪贴画

图片和剪贴画是 Word 2010 的插图类图形对象，它们的插入可以使文档产生图文并茂的艺术效果，而且也可以通过它们改善文档的可读性，方便读者对文档的阅读和理解。

1. 插入图片、剪贴画

将光标置于插入点，单击“插入”选项卡→“插图”面板→“图片”（或“剪贴画”）按钮，如图 4-25 所示。

图 4-25

- 插入图片：启动“插入图片”对话框→选择图片“保存位置”→在列表中选择“图片名称”→单击“插入”按钮，如图 4-26 所示。
- 插入剪贴画：启动“剪贴画”任务窗格→在“搜索文字”文本框中输入要搜索内容的关键字→单击“搜索”按钮→从搜索列表中选中“剪贴画”并双击，即可在光标当前位置实现剪贴画的插入，如图 4-27 所示。

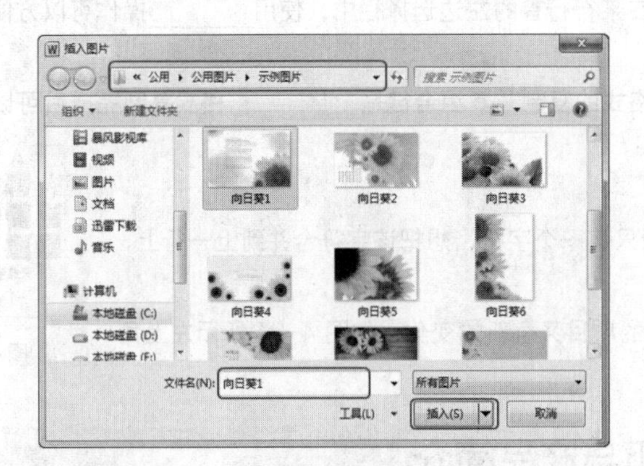

图 4-26

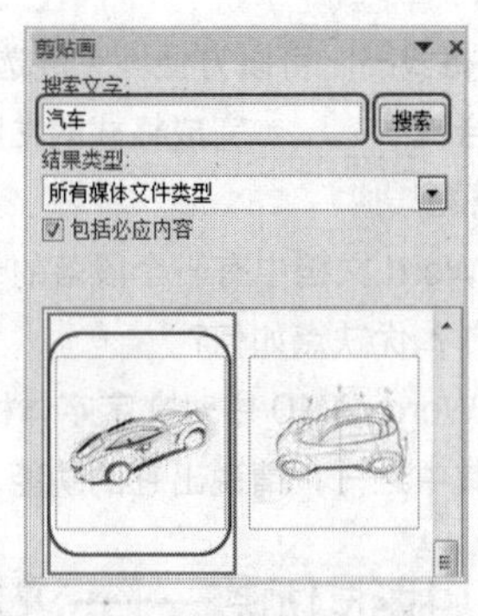

图 4-27

2. 设置图片或剪贴画格式

（1）选中图片或剪贴画。

（2）在选项卡标题最右侧即可动态出现“图片工具”项目。

（3）选中“图片工具”项目之下的“格式”选项卡，如图 4-28 所示。

（4）可以使用相应工具按钮完成图片和剪贴画的颜色调整、图片样式、排列方式、对象大小等相关设置及操作。

图 4-28

4.2.2 艺术字

艺术字是经过艺术加工的变形字体。它在符合文字特征的基础上，易认易识、醒目张扬，具有一定的美观性和趣味性。经过变形，字体千姿百态，它属于字体艺术创新的范畴。在版面设计中，人们经常会借助它来实现对文档的修饰与美化。

1. 插入艺术字

(1) 将光标置于插入点，单击“插入”选项卡→“文本”面板→“艺术字”按钮。

(2) 启动艺术字样式列表，从中选择任意一种艺术字样式并单击，即可打开艺术字编辑文本框，录入相关文字内容，如图 4-29 所示。

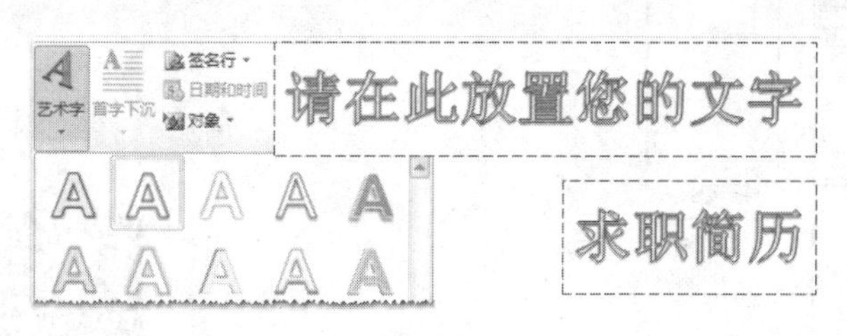

图 4-29

微课：插入艺术字

2. 设置艺术字格式

(1) 选中艺术字。

(2) 在选项卡标题最右侧即可动态出现“绘图工具”项，选中“绘图工具”项之下的“格式”选项卡，如图 4-30 所示。

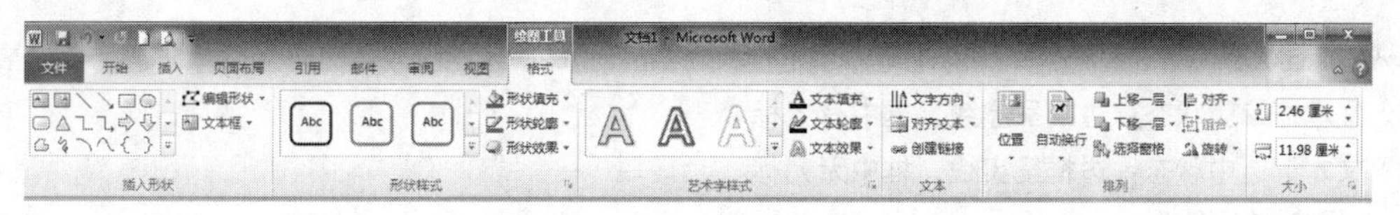

图 4-30

(3) 可以对艺术字编辑框的形状样式、艺术字样式、排列方式等多方面进行设置和操作。

4.2.3　安装并使用新字体

从互联网上下载有趣的新字体，安装在自己的计算机上，并利用它们美化自己的文档，在某种程度上可以起到和艺术字相近的效果，而且方便快捷。

(1) 将自己下载的新字体文件（如“萝莉体”）复制到剪贴板，找到目标文件夹“C:\Windows\Fonts”进行粘贴；也可在下载的字体文件上直接右击，选择快捷菜单中的“安装”命令即可完成安装过程。

(2) 在文档中选中需要设置字体的文字。

(3) 单击“开始”选项卡→“字体”面板→“字体”按钮下拉列表→选择新字体。

微课：安装与卸载字体

4.2.4　文本框

“文本框”是 Word 2010 中一种可移动、可调大小的文字、图形容器。使用“文本框”，可以在文档页面的任意位置上放置一个或数个文字、图形块，亦或使这些文字、图形与文档中其他版面元素拥有不同的排列方向，能灵活方便地实现文字位置、方向的指定或文档版面的划分。

1. 插入文本框

(1) 单击“插入”选项卡→“文本”面板→“文本框”按钮。

(2) 在打开的下拉列表中，如图 4-31 所示，选择某种系统“内置”的文本框模板并单击，实现某种格式的文本框的插入。

(3) 也可以选择下拉列表中的“绘制文本框”或“绘制竖排文本框”→鼠标形状变为“十”字形→按下鼠标左键在目标位置拖动→绘制以“单击点”和“结束点”为对角点的矩形区域为范围的文本框。

（4）在文本框中会出现闪烁的光标，可以进行文字的录入与编辑。

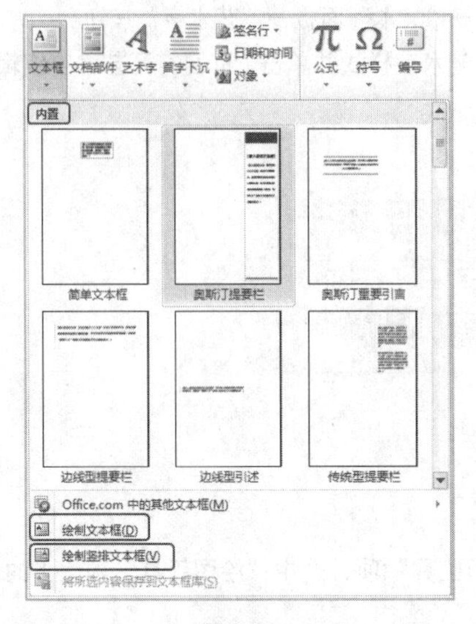

图 4-31

微课：内置文本框应用

2. 文本框状态

（1）文本框编辑状态：边框呈虚线，框中有光标。

（2）文本框选中状态：边框呈实线，框中无光标。

3. 设置文本框格式

用鼠标单击文本框边框线，使其呈选中状态，进行设置。

方法 1. 在选项卡标题栏最右侧即可动态出现“绘图工具”项，选中“绘图工具”项之下的“格式”选项卡，如图 4-30 所示，可以对文本框的填充、轮廓、效果、文字方向、对齐方式、链接、大小等进行设置。

方法 2. 右击鼠标，在快捷菜单里选择“设置形状格式”命令，启动“设置形状格式”对话框，可对形状对象的填充、线条颜色、线型、阴影等进行设置，如图 4-32 所示。

图 4-32

4.2.5 分栏

所谓分栏，即将文档的版面划分为若干条型分区，常用于文档排版，是文档版面划分的一个基本方法。

在默认情况下，Word 2010 提供了 5 种分栏类型，即一栏、两栏、三栏、偏左、偏右。分栏基本操作如下。

（1）选中需要分栏的文本，单击“页面布局”选项卡。

（2）在“页面设置”面板中选择“分栏”按钮，可在下拉列表中选择分栏类型；如果需要进一步设置可选择“更多分栏……”，启动“分栏”对话框，如图 4-33 所示，可方便地对“栏数”、栏的“宽度”和“间距”、分栏范围及是否添加“分隔线”进行定制。

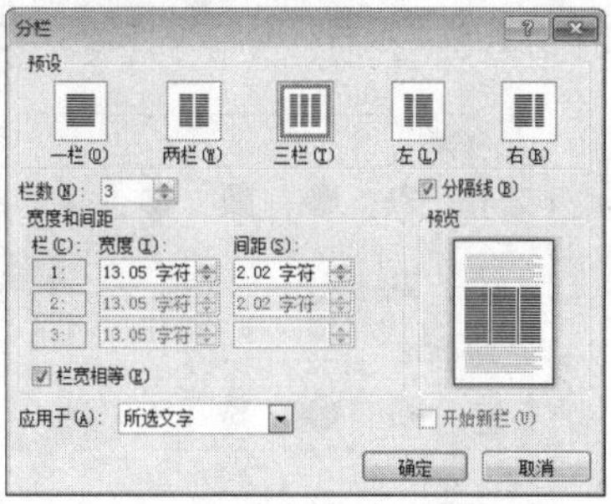

图 4-33

4.2.6 形状

形状是指 Word 2010 中的一组内置的图形符号的总称。它包括线条、矩形、基本形状、箭头总汇、公式形状、流程图、星与旗帜和标注等 8 类。使用形状可以方便地完成图形的绘制与组合，形状内部亦可添加文字，辅助文档内容的表达。

1. 绘制形状

（1）单击“插入”选项卡→选择“插图”面板→单击“形状”按钮。

（2）在打开的形状下拉列表中单击需要绘制的形状（如选中“基本形状”区域的“椭圆”），如图 4-34 所示，鼠标指针变为“十”字形。

（3）将鼠标指针移动到目标位置→按下鼠标左键，沿对角线拖动至结束位置，释放鼠标左键，即可绘制指定形状。

如果在释放鼠标左键以前按下“Shift”键，则可以绘制“正形状”，如圆形、正方形、正五角星等。

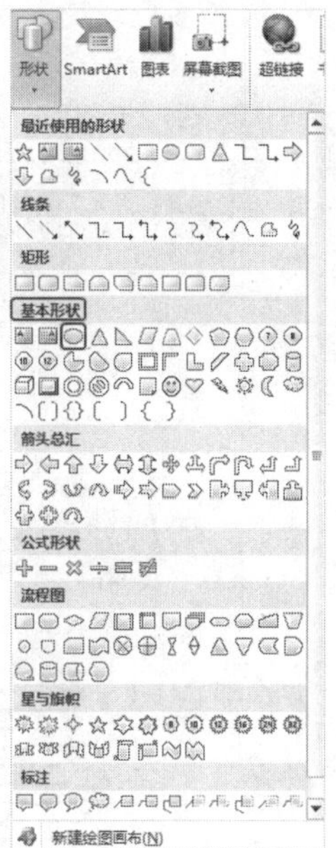

图 4-34

（4）将图形调整至合适大小后，释放鼠标左键完成所选形状的绘制。

2. 设置形状格式

方法 1. 选中形状，在其对应的“绘图工具”→“格式”选项卡下，选择“形状样式”“排列”“大小”面板中的对应项目进行设置。

方法 2. 选中形状，右击鼠标，在快捷菜单里选择“设置形状格式”命令，启动“设置形状格式”对话框，对形状对象的填充、线条颜色、线型、阴影等进行设置，如图 4-32 所示。

4.2.7 项目符号或编号

项目符号或编号是放在文本前的符号或编号，可以起到强调、提示作用。合理使用项目符号和编号，可使文档层次结构更清晰、更有条理。同时，由于项目符号和编号具有默认递增添加功能，也可为有固定格式的文本提供编号服务，简化录入环节，提高录入效率。

插入项目符号或编号的步骤。

（1）选中要应用项目符号或编号的多个段落。

（2）单击“开始”选项卡→“段落”面板→“项目符号”按钮或“编号”按钮。

（3）启动“项目符号库”或“编号库”，如图 4-35 所示。

（4）选择库中除“无”以外的其他“项目符号”或“编号”。

（5）如果列表中没有所需要的“项目符号”或“编号”，则可以选择“定义新项目符号”或“定义新编号格式”

命令，完成“项目符号”或“编号”的进一步选择、添加，如图 4-36 所示。

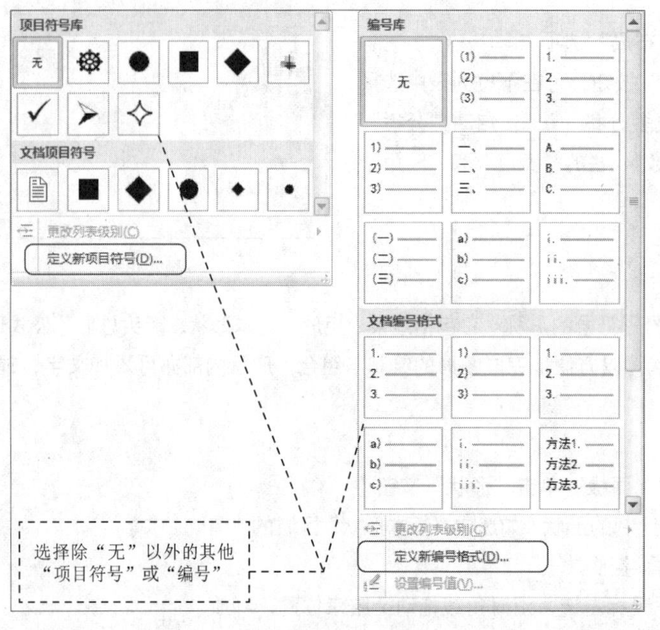

图 4-35

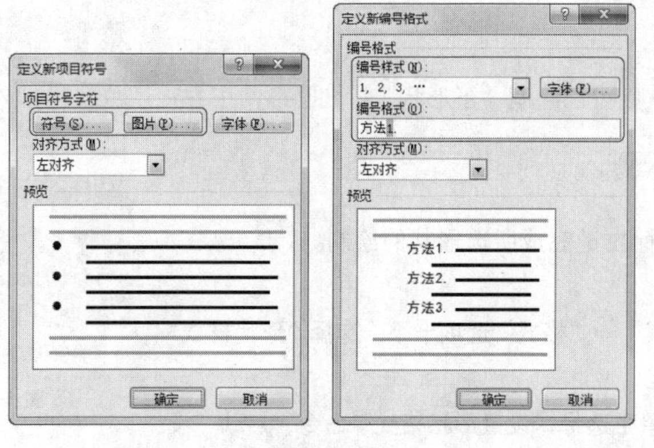

图 4-36

任务实施

在熟悉了相关的技术点后，小叶和学姐一起完成了“求职简历”的制作，小叶从中学到了不少操作技巧和文档版面设计的方法，受益匪浅。回到宿舍，她把整个操作过程回顾了一下，大致可以分为以下 7 个步骤。

1. 文档创建与命名

创建新文档“求职简历.docx”，并将其保存在 E 盘的“Word 应用”文件夹下，操作步骤如下。

（1）使用组合键“Ctrl”+“N”新建 Word 文档“文档 1.docx”。

（2）用鼠标单击“快速访问工具栏”中的“保存”按钮，启动“另存为”对话框，选择文件保存位置为 E 盘的“Word 应用”文件夹（若无此文件夹，可单击该对话框中的“新建文件夹”按钮，完成新建操作），指定文件名为“求职简历.docx”，文件保存类型为“Word 文档”，如图 4-37 所示。

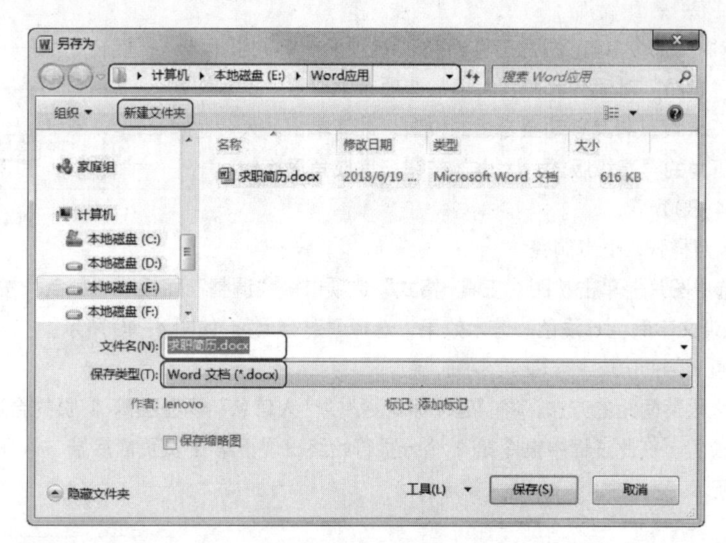

图 4-37

2. 文档页面设置

根据一般文件的通用格式设置纸张大小、页边距等，操作步骤如下。

（1）纸张：纸张大小为 A4（21 厘米×29.7 厘米），纸张方向为纵向。

（2）页边距：上 3 厘米，下 2.5 厘米，左 3 厘米，右 2 厘米。

（3）分页：3 次单击“插入”选项卡→“页”面板→“分页”按钮，将整篇文档分 4 页显示，用以容纳封面、封底各 1 页、内页两页。

（4）查看：按“Ctrl”+“*”组合键，启动“显示/隐藏编辑标记”功能，方便查看文档分页符等编辑标记。

3. 制作文档封面

为了提高文档的美观性，在文档封面里插入图片，并提供必要的个人信息，如图 4-41 所示，操作步骤如下。

（1）标题文字

① 插入标题：插入艺术字“求职简历”；艺术字样式为“渐变填充-橙色，强调文字颜色 6，内部阴影”（第 4 行第 2 列）；艺术字格式为微软雅黑、90 号字。

② 插入个人信息：插入适当大小文本框，无填充颜色，无轮廓；输入姓名等个人信息，内容及位置如图 4-41 所示；文字格式为楷体、三号、加粗，颜色为橙色—强调文字颜色 6-深色 50%；段落格式为居中。

（2）图片修饰

① 插入图片：将光标置于第 1 个分页符之前，插入图片“素材”文件夹中的“图片 1.jpg”。

② 修改图片，具体如下。

- 裁剪图片：选中图片→单击“图片工具-格式”选项卡→“大小”面板→“裁剪”按钮→向上拖动图片底部的“控制柄”至适当位置，按“回车”键，裁去图片底部文字，如图 4-38、图 4-39 所示。

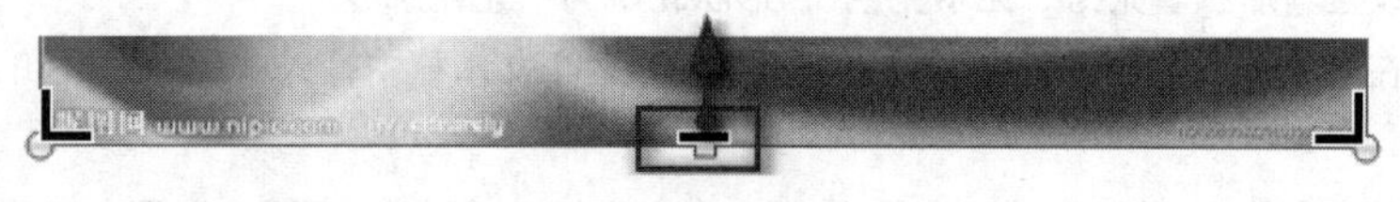

图 4-38

- 图片环绕：选中图片→单击“图片工具-格式”选项卡→“排列”面板→“自动换行”按钮（如图 4-39 所示）→“衬于文字下方”命令。

- 旋转图片：选中图片→单击“图片工具–格式”选项卡→“排列”面板→“旋转”按钮→“其他旋转选项……”命令→打开“布局”对话框，在“大小”选项卡中设置“旋转”角度为–35 度，将其移动至合适的位置，或者单击“大小”面板右下角的“高级版式：大小”按钮，完成角度旋转设置。如图 4–39 所示。

图 4–39

- 图片大小：参照样张，适当调整。
- 图片颜色：选中图片→单击“图片工具–格式”选项卡→“调整”面板→“颜色”按钮→重新着色，右下角的橙色–强调文字颜色 6 浅色→艺术效果，选择“混凝土”，如图 4–40 所示。

（3）对象位置调整

用添加空行或加大段落间距的方法，将“艺术字标题”“个人信息”调整至第 1 页的合适位置上。此外，“封面图片”需移至适当位置。在此过程中需令第 1 个分页符始终出现于第 1 页页面底端，保证页面布局状态正常，封面效果如图 4–41 所示。

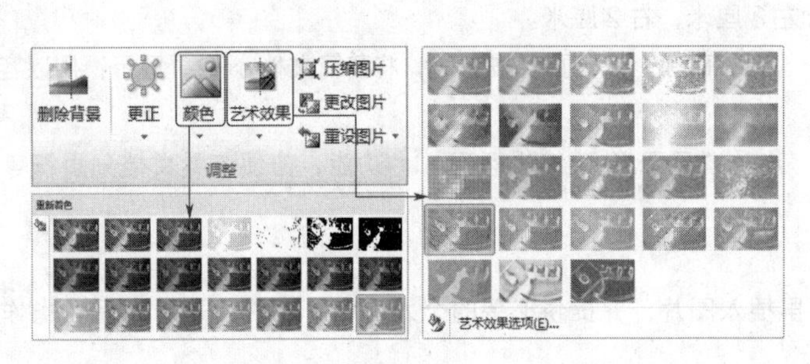

图 4–40

图 4–41

建议：在封面标题制作过程中，还可以选择使用比较特殊的字体来完成，如前面提到的“萝莉体”（标题为萝莉体 第二版），从而实现设计的个性化，如图 4–42 所示。这样可以省去对艺术字的多种格式设置，而使操作变得更加简单。

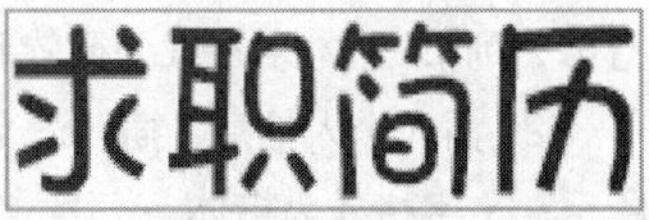

求职简历

图 4–42

4．制作文档内页

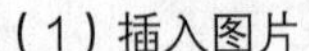

将光标定位于第 2 页，编辑“个人简历”内容，具体步骤如下。

（1）插入图片

插入“图片 2”素材，设置其“自动换行”方式衬于文字下方；修改其尺寸宽度为 21 厘米，并将其置于页面顶端的合适位置。

（2）插入两个文本框，置于页首适当位置

① 形状格式：设置其形状填充为“无填充色”，形状轮廓为“无轮廓”。

② 文字内容：在第 1 个文本框中输入“RESUME”、第 2 个文本框中输入“张一倩”和“求职意向：网站美工”分两行。

③ 文字格式：英文字体为“Calibri”，字号为 48；中文字体为“微软雅黑”，字号为三号。

（3）插入照片

插入“照片”素材，设置自动换行浮于文字上方，适当调整位置和大小。

（4）个人简历

① 内容插入：在页首下方放置光标，插入文字。单击“插入”选项卡→“文本”面板→“对象”按钮→“文件中的文字”命令，如图 4-43 左图所示。选择“个人简历.txt”，单击“插入”按钮→打开“文件转换”对话框，文本编码使用“Windows（默认）”形式，单击“确定”按钮，如图 4-43 右图所示。

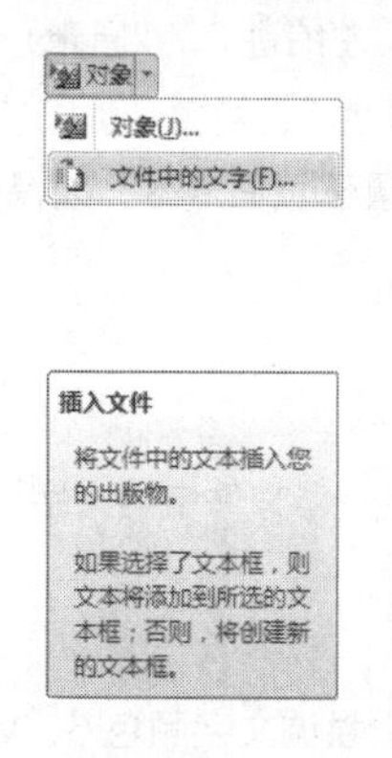

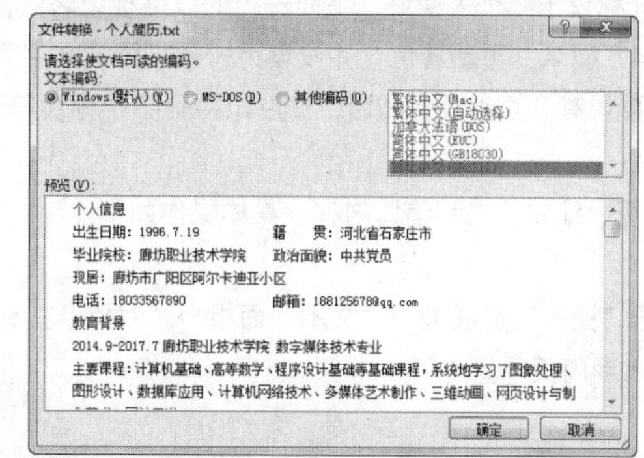

图 4-43

将文件类型改为“所有文件”。

② 格式设置，具体如下。

- 小标题：选中“个人信息、教育背景、实践经历、技能证书、个人爱好、自我评价”，将字体设置为微软雅黑、四号、橙色，强调文字颜色 6，深色 25%。
- 段落设置：单击“项目符号”按钮→“定义新项目符号”命令→打开其对话框，选择“图片”按钮，如图 4-44 所示。打开“图片项目符号”对话框，单击“导入”按钮，如图 4-45 所示。选择素材中的“图片 3.jpg”，单击“添加”按钮，再单击 2 次“确定”按钮返回。

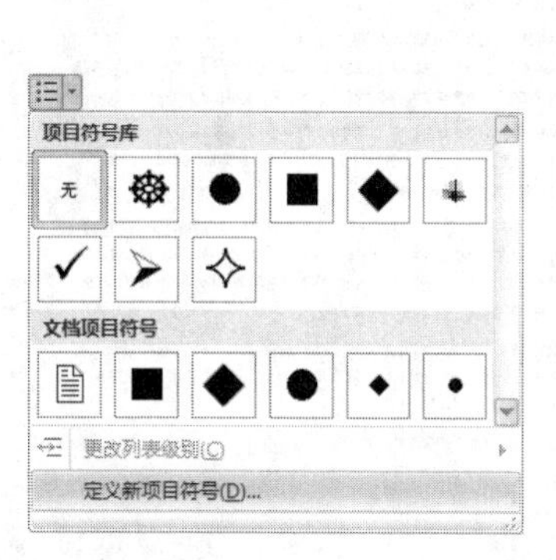

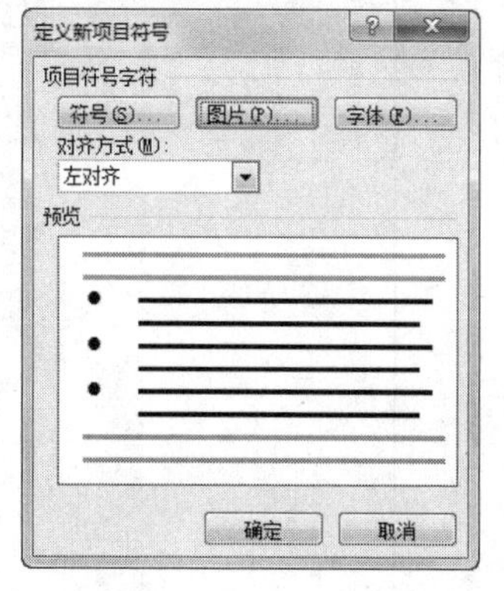

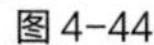

图 4-44

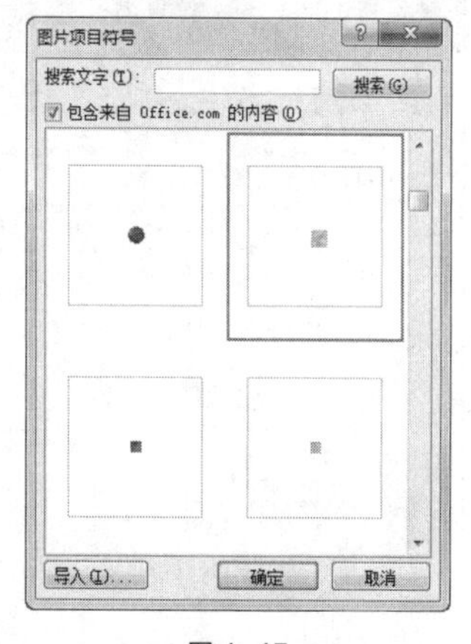

图 4-45

请保持各小标题无任何缩进形式，即顶格书写。

- 其他文字：除小标题外的全部文字设置为楷体、小四、左缩进 0.74 厘米，行间距为固定值 18 磅；除“个人信息、个人爱好”两个项目外的文字，应设置为低一级别的项目符号，并同时设置各行悬挂缩进 0.74 厘米。

建议：选择橙色系列项目符号，保持页面风格统一，可选择“bullets,web,bullets,web 项目符号 15（宽）× 15（高）像素”，如图 4-45 所示。

- 图片插入：将光标置于“个人爱好”下面一行的段落标记之前，左缩进 0.74 厘米，插入素材“图片 5”，图片的宽度为 4.5 厘米，重新着色，并设置为橙色—强调文字颜色 6，浅色。

（5）分页符位置调整：第 2 页编辑完成后，请注意将第 2 个分页符置于页面底端，以保证页面布局状态正常，效果如图 4-46 所示。

将光标定位于第 3 页，编辑“自荐信”内容，具体操作如下。

（1）个人简历。

① 内容插入：执行“插入”选项卡→“文本”面板→“对象”按钮→“文件中的文字”命令，选择素材中的“自荐信.txt”的内容插入到内页中。

② 格式设置如下。

- 第 1 段：微软雅黑、二号、居中；文本效果为渐变填充—橙色，强调文字颜色 6，内部阴影。
- 第 2 段：宋体、四号、段前段后间距均为 0.5 行。
- 第 3–8 段：宋体、小四号、段前段后间距为 0.5 行、首行缩进 2 字符，1.5 倍行距。
- 第 9 段：宋体、小四号、首行缩进 2 字符，段前段后间距为 0.5 行，1.5 倍行距。
- 第 10 段：宋体、小四号、无缩进，段前段后间距为 0.5 行，1.5 倍行距。
- 落款：宋体、小四号、右对齐，段前段后间距为 0.5 行，1.5 倍行距。

（2）插入图片：插入“图片 6.jpg”素材，衬于文字下方，高度为 13.7 厘米，置于页面左下角；复制“图片 6.jpg”，垂直翻转，置于页面右上角。

（3）分页符位置调整：第 3 页编辑完成后，请注意将第 3 个分页符置于页面底端，以保证页面布局状态正常，如图 4-47 所示。

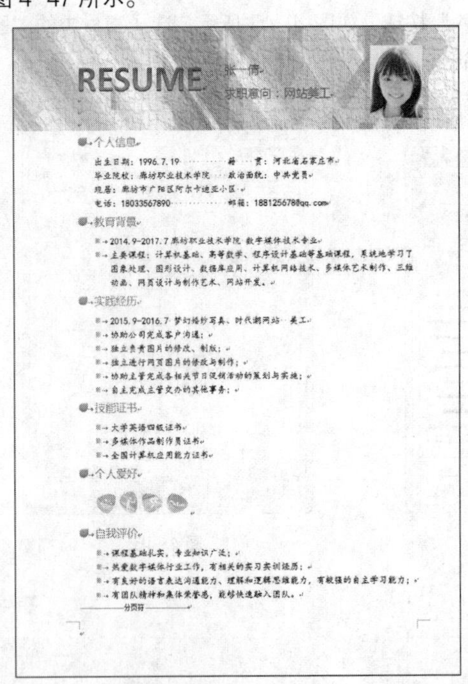

RESUME 张一倩

求职意向：网站美工

个人信息

出生日期：1996.7.19　籍　贯：河北省石家庄市

毕业院校：廊坊职业技术学院　政治面貌：中共党员

现居：廊坊市广阳区阿尔卡迪亚小区

电话：18033567890　邮箱：1881256788qq.com

教育背景

※ 2014.9–2017.7 廊坊职业技术学院 数字媒体技术专业

※ 主要课程：计算机基础、高等数学、程序设计基础等基础课程，系统地学习了图象处理、图形设计、数据库应用、计算机网络技术、多媒体艺术制作、三维动画、网页设计与制作艺术、网站开发。

实践经历

※ 2015.9–2016.7 梦幻婚纱写真、时代潮网站 美工

※ 协助公司完成客户沟通；

※ 独立负责图片的修改、制版；

※ 独立进行网页图片的修改与制作；

※ 协助主管完成各相关节日促销活动的策划与实施；

※ 自主完成主管交办的其他事务；

技能证书

※ 大学英语四级证书

※ 多媒体作品制作员证书

※ 全国计算机应用能力证书

个人爱好

自我评价

※ 课程基础扎实，专业知识广泛；

※ 热爱数字媒体行业工作，有相关的实习实训经历；

※ 有良好的语言表达沟通能力、理解和逻辑思维能力，有较强的自主学习能力；

※ 有团队精神和集体荣誉感，能够快速融入团队。

分页符

图 4-46

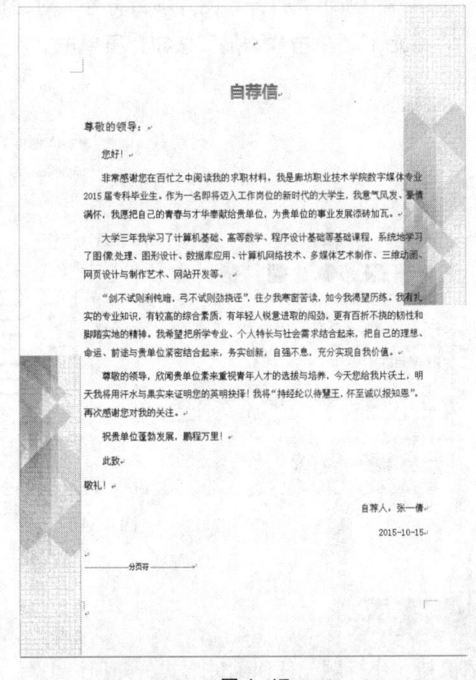

自荐信

尊敬的领导：

您好！

非常感谢您在百忙之中阅读我的求职材料。我是廊坊职业技术学院数字媒体专业 2015 届专科毕业生。作为一名即将迈入工作岗位的新时代的大学生，我意气风发、豪情满怀，我愿把自己的青春与才华奉献给贵单位，为贵单位的事业发展添砖加瓦。

大学三年我学习了计算机基础、高等数学、程序设计基础等基础课程，系统地学习了图像处理、图形设计、数据库应用、计算机网络技术、多媒体艺术制作、三维动画、网页设计与制作艺术、网站开发等。

“剑不试则利钝暗，弓不试则劲挠诬”，往夕我寒窗苦读，如今我渴望历练。我有扎实的专业知识，有较高的综合素质，有年轻人锐意进取的闯劲，更有百折不挠的韧性和脚踏实地的精神。我希望把所学专业、个人特长与社会需求结合起来，把自己的理想、命运、前途与贵单位紧密结合起来，务实创新，自强不息，充分实现自我价值。

尊敬的领导，欣闻贵单位素来重视青年人才的选拔与培养，今天您给我片沃土，明天我将用汗水与果实来证明您的英明抉择！我将“持经纶以待慧王，怀至诚以报知恩”。再次感谢您对我的关注。

祝贵单位蓬勃发展，鹏程万里！

此致

敬礼！

自荐人：张一倩

2015-10-15

分页符

图 4-47

5. 制作文档封底

制作封底，完美收官，如图 4-48 所示。

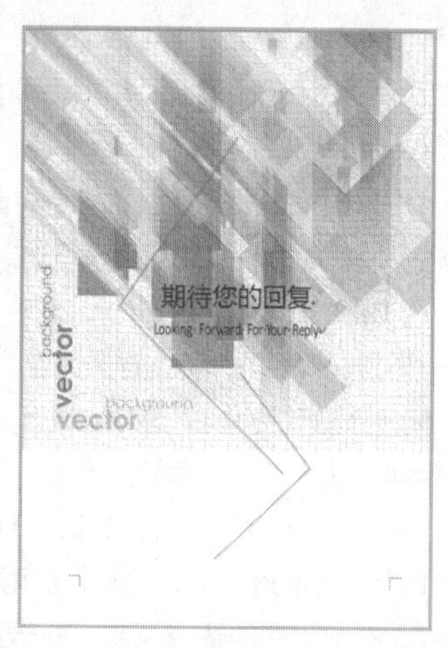

图 4-48

（1）录入文字：在第 4 页插入 1 空行，于第 2 行和第 3 行分两行分别录入“期待您的回复”和“Looking Forward For Your Reply”。

（2）文字格式：中文部分为微软雅黑、小初号、居中，段前 15 行；英文部分为字体，“Calibri”、小一号、居中，执行“段落”面板→“中文版式”按钮 -字符缩放 80%；中英文字体颜色为橙色，强调文字颜色为 6，深色 50%。

（3）插入图片：插入“图片 4.jpg”素材，衬于文字下方，宽度为 21 厘米，置于页面顶端。

（4）插入形状：插入 4 条直线，执行“插入”选项卡→“插图”面板→“形状”按钮→“线条—直线”命令，完成对封底文字的突出显示。

（5）形状格式：选中直线，单击“图形工具-格式”选项卡→“形状样式”面板→选择“形状样式列表”第 2 行最右侧的“中等线-强调颜色 6”。

（6）形状组合：按住“Ctrl”键的同时依次单击 4 条直线，将它们选中，单击“图形工具-格式”选项卡→“排列”面板→“组合”按钮，选中列表中的“组合”命令，将它们组合成一个对象，方便对其统一操作，如移动、缩放等。

6. 文档保存

单击快速访问工具栏中的“保存”按钮，完成对文档的覆盖保存。

7. 文档输出

（1）单击“文件”菜单，选择“另存为”命令，在打开的“另存为”对话框中选择 E 盘的“Word 应用”文件夹为保存位置，文件类型为“PDF”，文件名为“求职简历”。

（2）可以把文件“求职简历.pdf”以电子邮件附件的形式发送给各企业主管，或者打印输出，待面试使用。

任务拓展

产品简介——“新车推介”的制作

小叶被请到其他学院参加了一次社团活动。她利用自己所掌握的计算机应用知识比较成功地帮助汽车学院的同学完成了一份产品简介的制作，同时为计算机学院做了一次宣传。

参照样张“新车推介.jpg”，分析该“产品简介”在制作过程中所应用的相关图文混排操作知识，文档打印效果如图 4-49 所示。

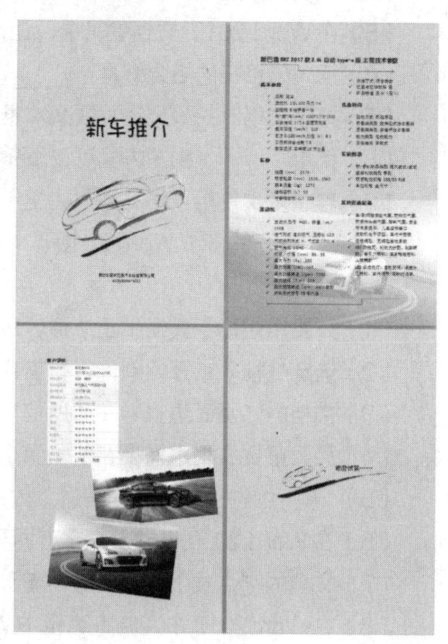

图 4-49

操作提示

（1）新建文档并命名，然后保存文件。

（2）页面背景：页面布局→页面背景→页面颜色→白色，背景 1，深色 15%。

（3）第 1 页标题：应用新字体“萝莉体第二版”，字号 60，居中，段前 10 行。

（4）第 1 页封面图片：插入汽车剪贴画，插入图片“笔刷.jpg”→将其调整到适当大小、位置→设置其格式为调整/颜色/设置透明色→衬于文字下方。

（5）第 1 页企业名称及电话：调整到适当位置，文字为幼圆、五号、居中，并在页面底部插入一个分页符。

（6）第 2 页主要技术参数：插入“新车技术参数.docx”；大标题幼圆、三号、加粗、居中；小标题幼圆、小四号、加粗、无缩进、段前（后）间距 0.5 行；其他文字设置为中文宋体、西文 Calibri，五号，使用项目符号“√”，行间距为固定值 18 磅。

（7）第 2 页分栏设置：选中除“基本参数……花粉过滤等。”的全部文字，依次选择页面布局→页面背景→分栏→两栏（分栏结束后会在所选文字前后分别自动出现“分节符（连续）”各一个），并在下一行插入第 2 个分页符。

（8）第 2 页图片：插入图片“白色汽车.jpg”，适当裁剪图片去掉下边缘的“汽车之家”字样，依次选择格式→调整→颜色→茶色-背景颜色 2-浅色，衬于文字下方。

（9）第 2 页插入形状：在第 2 页大标题之下和结尾处分别插入“肘形箭头连接符”，黑色—文字 1—淡色 35%，粗细为 1.5 磅，注意箭头方向。

（10）第 3 页图片：在第 3 页首部输入“客户评价”，并在其下插入图片“斯巴鲁 BRZ-2.jpg”“黑色汽车.jpg”“白色汽车.jpg”3 张图片，后两张图片需要裁剪图片去掉下边缘“汽车之家”字样，并对其进行大小、位置、角度、叠放次序的适当调整，并于页面底端插入第 3 个分页符。

（11）第 4 页封底制作：在第 4 页的中心位置再次插入相同的“汽车”剪贴画，设置同前，适当缩小；再插入一个文本框，输入“欢迎试驾……”字样，无填充色，无轮廓，字体为“萝莉体第二版”，字号为小二号；另将图片素材“笔刷.jpg”再次插入，将大小、位置及角度进行适当调整。

（12）覆盖保存文件。

任务练习

1. 填空题

（1）要将 Word 2010 文档中的一段文字设置为黑体字，第一步操作是________。

（2）在文本选择区三击鼠标键，可选定________，该操作与按________组合键等效。

（3）在 Word 2010 中修改文档后，若执行“关闭”操作，系统会________。

（4）在编辑文档时，若“剪切”按钮呈灰色，是因为________。

（5）在 Word 2010 文档编辑中，让选定的文字居中的组合键是________。

（6）插入分页符的组合键是________。

（7）打印文档时，如果在页数文本框中输入的页码是“3-5,8,15”，则表示一共打印了________页。

（8）使用________视图方式可以清楚地看到文档打印的效果。

（9）若想多次使用“格式刷”去复制所选文本或段落的格式，可以________。

（10）在打开的多个 Word 2010 文档间切换，可利用组合键________。

2. 判断题

（1）如要用矩形工具画出正方形，应同时按下“Alt”键。

（2）选定从插入点开始到本行行首全部内容的组合键是“Shift”+“Home”。

（3）文档的“页面边框”和“所选文字边框”都能设置漂亮的“艺术型”形式。

（4）如果重要文档中需要在每一页上都印上“机密”二字，则一般使用页面背景中的“水印”来实现。

（5）“首行缩进”和“悬挂缩进”效果是通过“段落”对话框中的“特殊格式”来设置的。

（6）在 Word 2010 中键入文字有两种方式：“插入”和“改写”。

（7）文档的“点式下划线”与“着重号”是一回事。

（8）在 Word2010 中，若将编辑中 Word 文档另存为纯文本文件，则原有的格式会丢失。

（9）在 Word2010 中，默认的图片文字环绕效果为“嵌入型”。

（10）要想了解光标当前所在页的页码，最简单的方法就是查看文档状态栏。

3. 分析题

请简要说明下面文档的主要制作操作方法，如图 4-50 所示。

图 4-50

任务 3　条理清晰——订货单与课程表

任务提出

在学生会工作了一段时间，小叶注意到“表格”的使用频率很高。为什么老师们这么喜欢使用表格去处理日常事务呢？怎样创建、管理表格来完成数据的分类管理呢？

任务分析

为了学习表格操作，小叶在课余时间特地把计算机基础课上老师所讲的内容进行了再次归纳，把表格相关操作分成了 6 部分：新建表格、选择表格、修改表格、调整表格、美化表格和表格应用。

任务要点

- 新建表格
- 选择表格
- 修改表格
- 调整表格
- 美化表格
- 表格排序
- 表格计算

知识链接

表格又称为表，是一种有效组织、管理数据的常用工具。人们经常会在沟通交流、科学研究以及数据分析活动中应用各种形式的表格，来实现文档的上下文连接和意思表达。在种类、结构、标注、表述形式以及使用领域等许多方面，不同表格之间的区别是很大的。下面就来详细介绍表格的相关操作方法。

4.3.1 新建表格

新建表格的方法比较多，归纳一下大致分为 6 种，即用鼠标拖动网格创建表格、指定行列数值创建表格、手工绘制表格、使用快速表格新建表格、文本转换为表格、加减号转换为表格。

1. 用鼠标拖动表格网格创建表格

操作步骤如下。

(1) 将光标置于表格插入位置。

(2) 依次单击“插入”选项卡→“表格”面板→“表格”按钮。

(3) 在下拉列表中显示“插入表格”网格，用鼠标指向网格并使用鼠标左键拖动。

(4)“插入表格”即转化为“$m \times n$ 表格”字样，其中，m 代表列数，n 代表行数。

(5) 当行列数符合要求时即停止拖动，并以单击结束。

使用这种方法创建表格适用范围较小，最大可建立 10×8 即 10 列 8 行的表格，且行高列宽规范，一般用于创建形式比较简单的表格。

创建 4×3 即 4 列 3 行的表格，如图 4-51 所示。

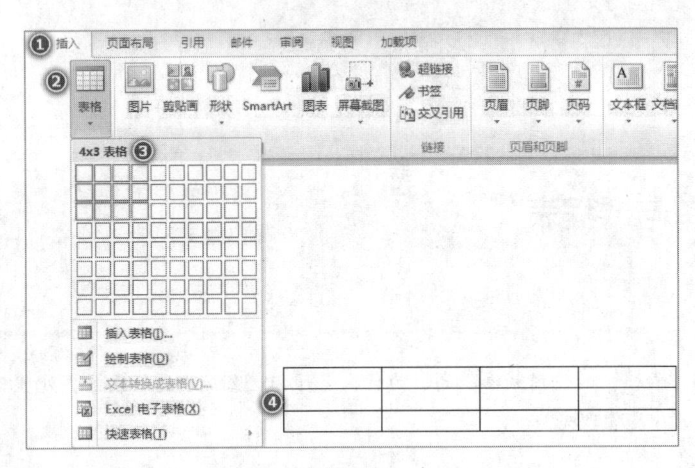

微课：插入自动表格

图 4-51

2. 指定行列数值创建表格

为了避免表格网格对新表行列数的限制，还可用“插入表格”命令，完成新表创建。操作步骤如下。

(1) 在指定表格插入点后，沿用上个创建方法的第 (1)、(2) 步骤。

(2) 单击列表中的“插入表格”命令→启动“插入表格”对话框，并设置相关参数。

(3) 单击“确定”按钮。

完成上述步骤后，用户即可创建较前者形式更为灵活的表格，如图 4-52 所示。

在“插入表格”对话框中，若选中单选项“固定列宽”或单选项“根据窗口调整表格”，则新表格总宽度与页面宽度相同，且各列宽度相等；若选中单选项“根据内容调整表格”，则表格各列宽度会随着后续每一列单元格内容的输入而自动调整。

3. 手工绘制表格

为了更快地创建不规则的表格，我们还可以直接使用绘制表格工具完成表格的创建操作。操作步骤如下。

(1) 选定表格插入点后，沿用前面创建方法的第 (1)、(2) 步骤。

(2) 在列表中单击“绘制表格”命令，鼠标变成小铅笔形式，单击并拖动鼠标，即可出现一个虚线框。该线框在再次单击时变成实线。这样以两次单击点为对角线的表格边框线就画好了，如图 4-53 所示。

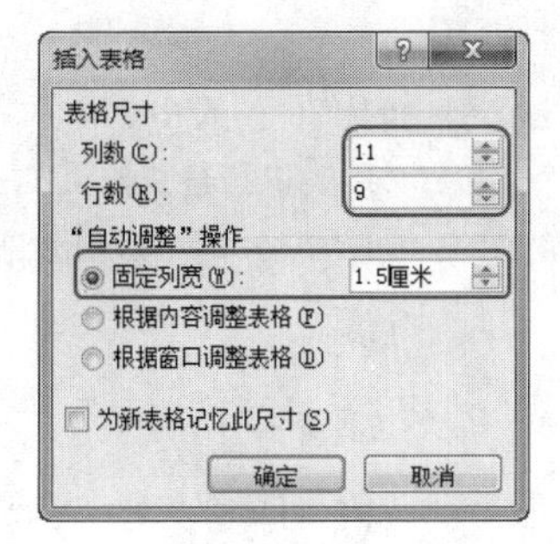

图 4-52

微课：插入指定行列表格

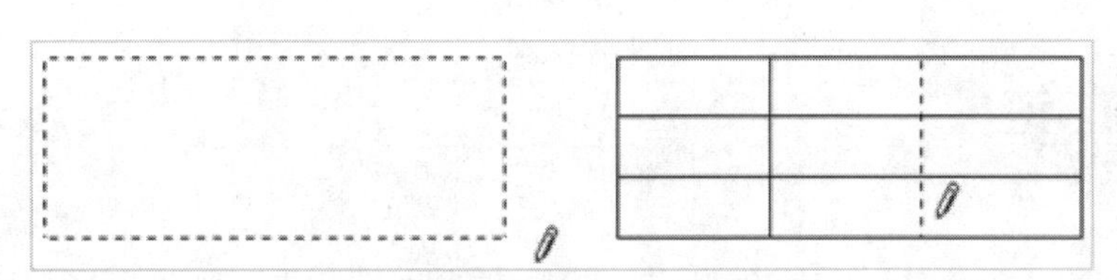

图 4-53

微课：手工绘制表格

（3）同理可绘制其他表格线条，只是表格内部框线的绘制轨迹由矩形框变为水平和垂直线条，线条位置、线条长短可以根据实际需要确定。

（4）若想去掉某段线条，可以单击图 4-54 中表❶左上角的“全部选中”按钮，激活“表格工具—设计”选项卡。再选择“绘图边框”面板→单击“擦除”按钮→在想去掉的线条上拖动即可，如图 4-54 中的表❷、❸所示。

图 4-54

（5）完成表格绘制，可以按“Esc”键，取消对“绘制表格”或“擦除”工具的选择状态，鼠标恢复为“I”型文字输入状态。

小知识

在“绘制表格”过程中，用户可以在画线条之前先对表格边框的线型、线宽和线条颜色进行设置，如图 4-55 所示，再完成线条绘制，就可以画出非默认状态的边框线了。

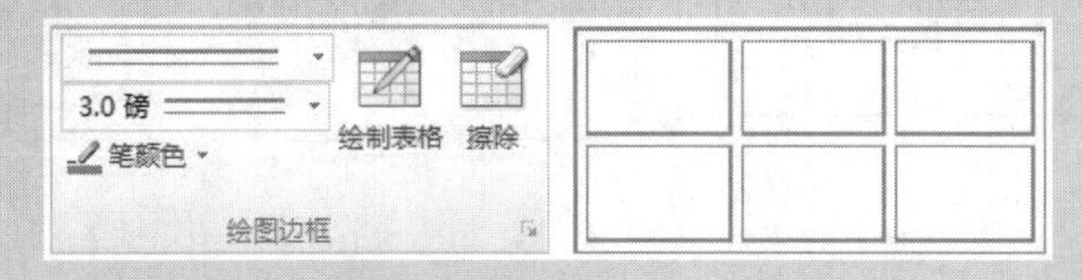

图 4-55

4．使用快速表格新建表格

除了使用上面的方法以外，我们还可以利用“快速表格”命令创建带有一定格式的表格，方便表格应用。操作步骤如下。

（1）选定表格插入点后，沿用前面创建方法的第❶、❷步骤。

（2）在下拉列表中指向“快速表格”命令→单击选择其子菜单中某种表格形式，如“表格式列表”，如图 4-56 所示。

项目	所需数目
书籍	1
杂志	3
笔记本	1
便笺簿	1
钢笔	3
铅笔	2
荧光笔	2
剪刀	1

图 4-56

小知识

与上面创建表格同理，我们可以将经常使用的表格保存到快速表格“内置”列表中，以后就可以像使用系统内置快速表格一样来应用它们了。具体操作是：先创建一个表格（必要时进行格式修饰），然后选择快速表格“内置”列表的最后一条命令——“将所选内容保存到快速列表库”，弹出“新建构建基块”对话框，如图 4-57 所示。

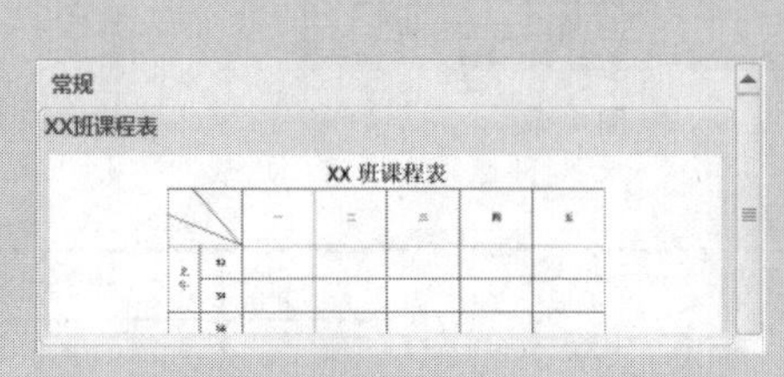

5. 文本转换为表格

在 Word 2010 中，除了前面常规的创建表格的方法之外，我们还可以将普通文本直接转换为表格，但这时需要把未来放置在不同单元格中的文字进行必要的分隔，即这些可以转换为表格的文本是要有一定“格式”的，操作步骤如下。

（1）录入文本。根据事先安排，将每个未来单元格中的文本信息都要用包括段落标记、逗号、空格或制表符等在内的英文字符进行分隔。

（2）选中需要进行转换的全部文本，依次单击“插入”选项卡→“表格”面板→“表格”按钮。

（3）在列表中选择“将文本转换成表格”命令，启动对话框，如图 4-58 所示。

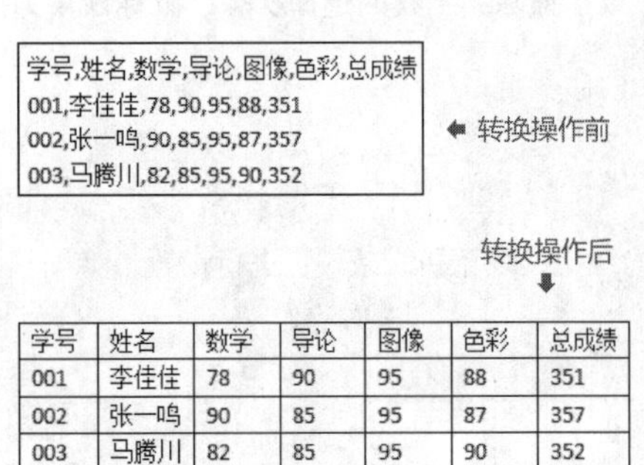

学号,姓名,数学,导论,图像,色彩,总成绩
001,李佳佳,78,90,95,88,351
002,张一鸣,90,85,95,87,357
003,马腾川,82,85,95,90,352

◆ 转换操作前

转换操作后

学号	姓名	数学	导论	图像	色彩	总成绩
001	李佳佳	78	90	95	88	351
002	张一鸣	90	85	95	87	357
003	马腾川	82	85	95	90	352

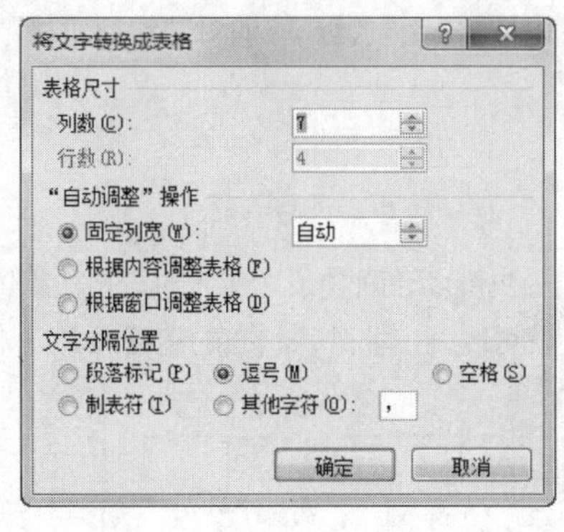

微课：文本转换为表格

图 4-58

6. 加减号转换为表格

（1）将光标置于插入点，单击“+”或“-”键，组成字符串。

注意

每个“+”代表横竖表格线的一个交叉点、每个“-”代表一个字符宽度的表格横线。

（2）由“+”和“-”组成字符串录入结束后按“回车”键，即可生成一个单行的表格。

（3）如需要，可在表格外框线右侧、段落标记之前按回车键（“Enter”键），即可追加一个空表行。

（4）重复操作，直到表格行数符合要求。如图 4-59 所示就是由 4 个“+”和 18 个“-”组成字符串，另加两次回车键创建的 3 行表格。

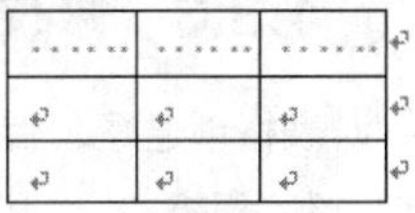

图 4-59

4.3.2 选择表格

任何操作都是以选择对象为前提的，表格也不例外。要想对表格进行操作，选择表格是必不可少的步骤。在 Word 2010 中选择表格可以分为 4 种情况。

1. 选择整个表格

方法 1. 将光标置于表格任意位置，依次单击“表格工具-布局”选项卡→“表”面板→“选择”按钮，选择列表中的“选择表格”命令即可。

方法 2. 使用鼠标拖动的方法选中整个表格。

方法 3. 鼠标指针在表格边框上移动，可激活表格左上角的“全部选中”按钮并单击。

2. 选择整行表格

方法 1. 将光标置于需要选择的表格行的任意位置，依次单击“表格工具-布局”选项卡→“表”面板→“选择”按钮，选择列表中的“选择行”命令。

方法 2. 使用鼠标拖动的方法选中整行表格。

方法 3. 将鼠标移动至表行左侧，且其指针变为时，单击可选中一行。

小知识

选中一行后，如果按住鼠标不放向上或向下拖动可以选择连续的多行；此外，使用“方法 3”选中起始行后，按住“Shift”键再单击选中终止行，也可以选中连续的多行；另外，使用“方法 3”选中某行后，还可以按住“Ctrl”键选中一个或多个非连续的行。这样的连续行或间断行范围被选中后，可以更方便完成进一步的表格设置操作。

3. 选择整列表格

方法 1. 将光标置于需要选择的表格行的任意位置，依次单击“表格工具-布局”选项卡→“表”面板→“选择”按钮，选择列表中的“选择列”命令。

方法 2. 使用鼠标拖动的方法选中整列表格。

方法 3. 将鼠标移动至表列顶端，且其指针变为时，单击可选中一列。

小知识

与选中整行的情况类似，同样也可以利用“鼠标拖动”“Shift 键+单击”起始和终止列、“Ctrl 键+单击”每一列的方法，选中连续或间断的多列。

4. 选择单元格

方法 1. 将光标置于需要选择的单元格中，依次单击“表格工具-布局”选项卡→“表”面板→“选择”按钮，选择列表中的“选择单元格”命令。

方法 2. 用鼠标拖动的方法选中两个以上的连续单元格；也可以使用“Shift”和“Ctrl”键辅助选择连续或间断的单元格区域。

方法 3. 移动鼠标指向要选择的单元格左边框，当鼠标形状变为时单击。

4.3.3 修改表格

表格创建好之后，经常需要对其进行修改。修改操作的对象也是表格、行列或者单元格。

1. 表格

（1）删除表格。

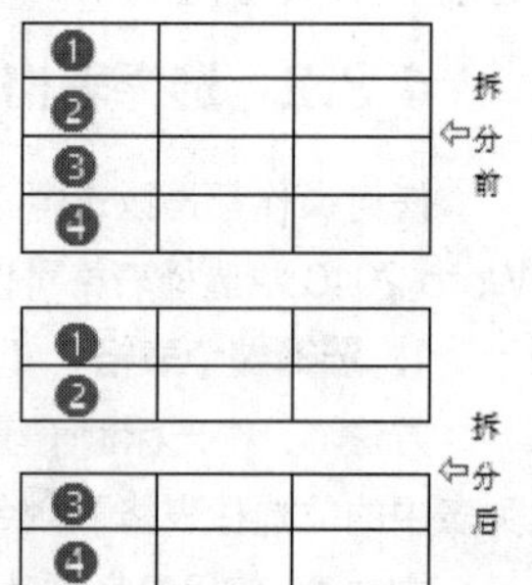

图 4-60

方法 1. 选中表格→单击“表格工具-布局”选项卡→“行和列”面板→单击“删除”按钮→选择并单击列表中的“删除表格”命令。

方法 2. 选中表格→按“Backspace”键。

（2）拆分表格。

将光标置于要拆分出去的表格首行的任意一个单元格中→单击“表格工具-布局”选项卡→“合并”面板→“拆分表格”按钮。如图 4-60 所示就是先将光标置于第 3 行的任意单元格中，然后进行“拆分”，结果为原表格的第 1、2 行与 3、4 行被完全分开，形成了两个独立的表格，两个新表中间被插入一个空行。

（3）合并表格。

与拆分表格相反，只要把上下相邻的两个表格间的空行删除，即删除该行的“段落标记”↵→就可以实现表格的合并了。

2. 行

（1）插入行。

方法 1. 将光标置于某行→单击“表格工具-布局”选项卡→“行和列”面板→单击“在上方插入”按钮或“在下方插入”按钮。

方法 2. 将光标置于某行→右击鼠标→在快捷菜单中指向“插入”命令→单击子命令“在上方插入行”或“在下方插入行”。

（2）删除行。

方法 1. 将光标置于某行→单击“表格工具-布局”选项卡→“行和列”面板→单击“删除”按钮，选择列表中的“删除行”命令。

方法 2. 选中某行→右击鼠标→在弹出的快捷菜单中选择“删除行”命令。

3. 列

（1）插入列。

方法 1. 将光标置于某列，然后依次单击“表格工具-布局”选项卡→“行和列”面板→单击“在左方插入”按钮或“在右方插入”按钮。

方法 2. 将光标置于某列，用鼠标右键单击，在快捷菜单中指向“插入”命令→单击子命令“在左侧插入列”或“在右侧插入列”。

（2）删除列。

方法 1. 将光标置于某列，单击“表格工具-布局”选项卡→“行和列”面板→单击“删除”按钮，选择列表中的“删除列”命令。

方法 2. 将光标置于某列，单击鼠标右键，在弹出的快捷菜单中选择“删除列”命令。

4. 单元格

（1）插入单元格。

方法 1. 将光标置于某单元格（活动单元格），单击“表格工具-布局”选项卡→“行和列”面板，单击右下角的“表格插入单元格”按钮，打开“插入单元格”对话框，如图 4-61 所示。选择插入单元格类型，单击“确定”按钮。

方法 2. 将光标置于某单元格，用鼠标右键单击，选择快捷菜单中的“插入单元格”命令。

（2）删除单元格。

方法 1. 将光标置于某单元格，单击“表格工具–布局”选项卡→“行和列”面板，单击“删除”按钮，选择列表中的“删除单元格”命令。

方法 2. 将光标置于某单元格，用鼠标右键单击，在快捷菜单中选择“删除单元格”命令。

（3）合并单元格。

方法 1. 选中连续的单元格区域，依次单击“表格工具–布局”选项卡→“合并”面板→“合并单元格”按钮。

方法 2. 选中连续的单元格区域，用鼠标右键单击，在快捷菜单中选择“合并单元格”命令。

（4）拆分单元格。

方法 1. 选中连续的单元格区域或一个单元格，依次单击“表格工具–布局”选项卡→“合并”面板→“拆分单元格”按钮，打开“拆分单元格”对话框，如图 4–62 所示，输入目标行列数，单击“确定”按钮。

方法 2. 选中一个单元格，用鼠标右键单击，在快捷菜单中选择“拆分单元格”命令。

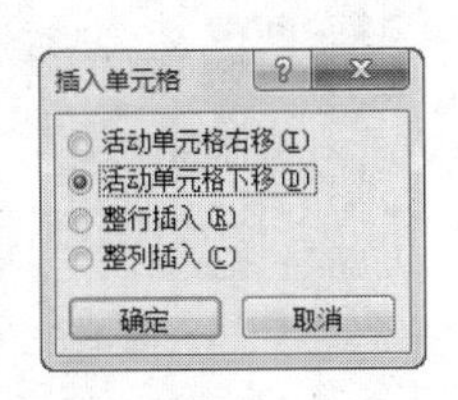

图 4–61

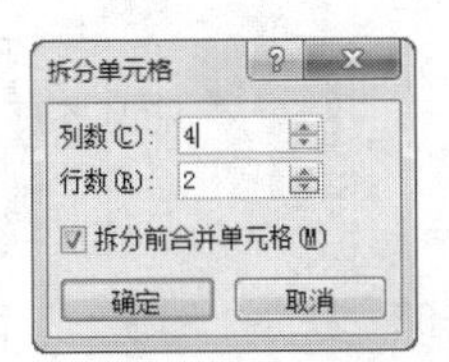

图 4–62

4.3.4 调整表格

在使用表格过程中，我们经常会遇到行高、列宽的调整或者单元格中文字对齐方式的调整等问题。下面我们就要针对此类问题进行说明。

1. 表格大小调整

方法 1. 选中表格，依次单击“表格工具–布局”选项卡→“单元格大小”面板右下角的“表格属性”按钮，打开“表格属性”对话框，在“表格”选项卡中可以设置表格的宽度及单位。

方法 2. 选中表格，用鼠标右键单击，在快捷菜单中选择“表格属性”命令，设置方法同上。

方法 3. 鼠标移动经过表格边框，表格右下角出现小正方形调整按钮，且鼠标变为形，拖动鼠标，调整表格大小。

2. 行高与列宽的调整

方法 1. “单元格大小”面板：选中表格行或列对象，依次单击“表格工具–布局”选项卡→“单元格大小”面板，直接修改所选对象的“高度”或“宽度”值。

方法 2. “表格属性”对话框：在选中的表格行或列对象上用鼠标右键单击，在打开的“表格属性”对话框中单击“行”“列”选项卡，输入数值进行设置。

方法 3. 鼠标拖动：将光标置于表格行或列的表格边框分界线处，等鼠标变为上下（或左右）双向箭头后，按下鼠标左键拖动，直到行高或列宽符合要求。

微课：修改与调整 1

微课：修改与调整 2

小知识

选中多行或多列后，可以使用“单元格大小”面板中的“分布行”或“分布列”按钮使被选中的对象实现行高或列宽的“平均”分布。这样可使表格的行或列变得更“整齐”。

3. 单元格中文字的对齐方式

默认情况下，单元格中文字的对齐方式为两端对齐。但由于表格的行高、列宽的调整可能会造成单元格中的文字的对齐方式不再符合要求。例如，在会计工作中，表格中的数字的对齐方式一般采用右对齐等。所以对选中的单元格中的文字进行对齐方式的调整是十分必要的。

选中要设置文字对齐方式的单元格或单元格区域，依次单击“表格工具-布局”选项卡→“对齐方式”面板，直接选择左侧的 9 种对齐方式按钮之一，如图 4-63 所示。

此外，还可以在图 4-63 所示位置选择“文字方向”，调整文字在单元格中的方向，设置效果如图 4-64 所示；利用“单元格边距”进行文字在单元格中距单元格边框线最小距离的设置，如图 4-65 所示。

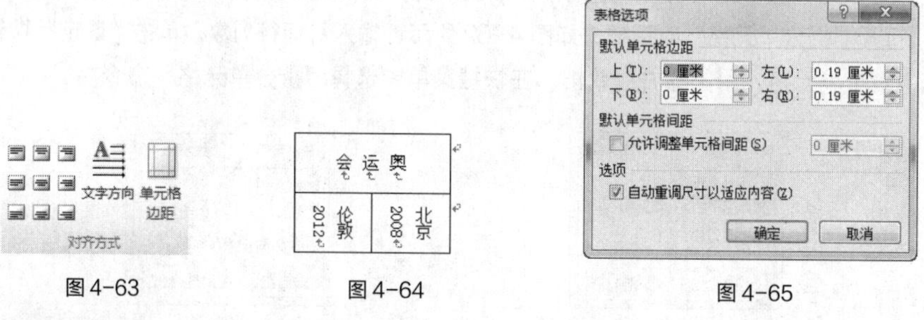

图 4-63　　图 4-64　　图 4-65

4.3.5 美化表格

一般，美化表格可以从表格的边框与底纹两个方面着手。用户可以使用系统内置表格样式完成表格的美化，具体操作方法为：选中表格或表格区域，依次单击“表格工具-设计”选项卡→“表格样式”面板，在“内置”列表中选择某种表的外观样式，如图 4-66 所示。

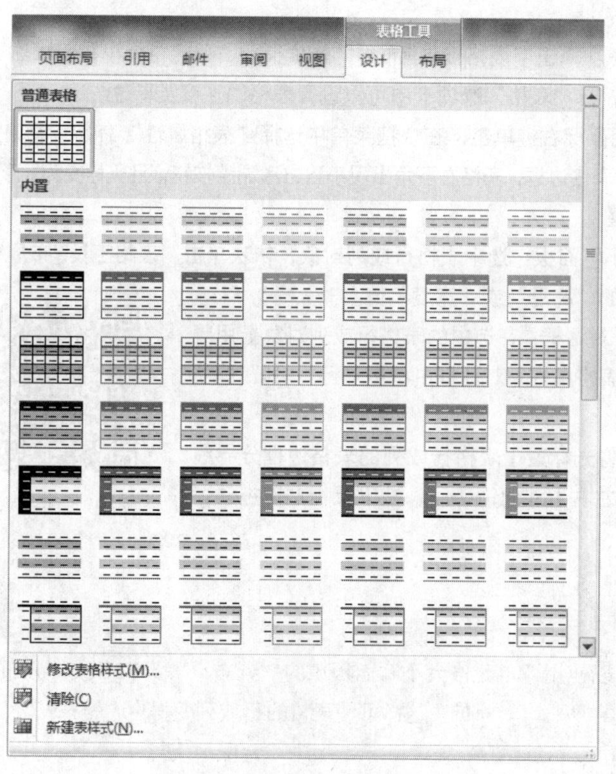

图 4-66

如果对已经应用了内置样式的表格不满意，仍需要修改其格式，可在图 4-66 中选择“修改表格样式”命令，打开“修改样式”对话框完成修改操作，如图 4-67 所示；若想清除表格样式，单击图 4-66 中的“清除”命令即可；此外，用户还可以选择“新建表样式”命令，打开“根据格式设置创建新样式”对话框进行“新样式”的创建与保存。

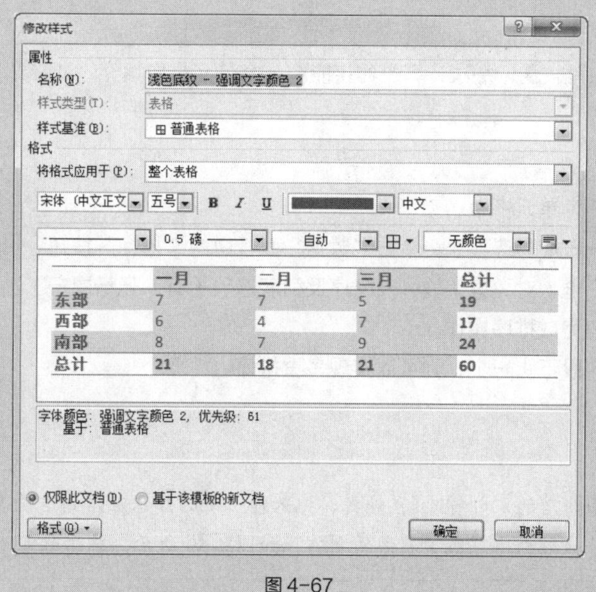

图 4-67

除了使用样式美化表格外，用自定义设置边框和底纹的方法也可以实现表格的美化工作。

1. 表格边框

（1）选中表格或表格区域。

（2）单击“表格工具-设计”选项卡。

（3）在“绘图边框”面板中确定“笔样式”“笔划粗细”“笔颜色”。

（4）在“表格样式”面板中，按 边框 按钮右侧的下拉按钮，以确定“边框”类型，即可设置所选范围的边框形式，如图 4-68 所示。

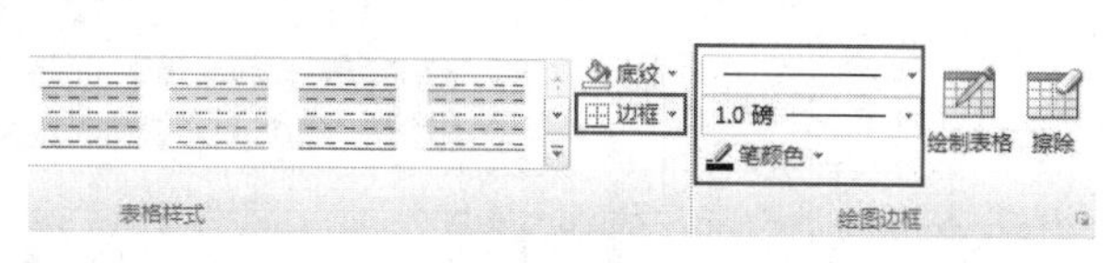

图 4-68

2. 表格底纹

（1）选中表格或表格区域。

（2）单击“表格工具—设计”选项卡。

（3）在“表格样式”面板中，单击 底纹 按钮右侧的下拉按钮，选定“底纹”颜色，即可设置所选范围的底纹形式。

微课：简单美化表格

4.3.6　表格计算

（1）将光标置于要存放结果的单元格中。

微课：表格简单计算

（2）单击“表格工具-布局”选项卡，单击“数据”面板中的“公式 fx”按钮。

（3）打开“公式”对话框，编辑以“=”开头的公式，即包括“=”的表达式，其中包括数字、函数、运算符和单元格区域引用。在公式编辑过程中，用户可以使用“编号格式”下拉列表来选择计算结果的显示形式。另外，为提高公式编辑效率和准确度，用户还可以使用“粘贴函数”列表选择公式中需使用的函数。

（4）公式编辑完毕，单击“确定”按钮完成计算操作。

注意

Word 2010 的计算功能相对较弱，每次计算操作仅能在一个单元格中填充“计算结果”。

4.3.7 表格排序

（1）将光标置于表格任意单元格中。

（2）选择“表格工具—布局”选项卡→单击“数据”面板中的“排序”按钮。

（3）打开“排序”对话框，对关键字段、升降序及列表选项（有、无标题行）进行设置。

（4）单击“确定”按钮完成排序操作。

（5）如果设置的关键字段不止一个，则可以实现多重排序。

任务实施

小叶手边正好有一份西饼店的“订货单”，她打算把老师所讲的知识应用到这份表格文档的制作中。有了前面对表格操作技术的总结，她很顺利地完成了表格的制作，如图 4-69 所示，总体感觉效果还不错。

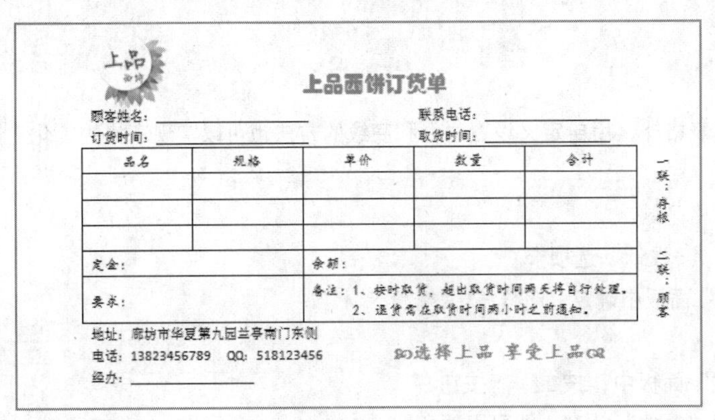
上品西饼订货单

顾客姓名：＿＿＿＿＿＿ 联系电话：＿＿＿＿＿＿

订货时间：＿＿＿＿＿＿ 取货时间：＿＿＿＿＿＿

品名	规格	单价	数量	合计
定金：		余额：		
要求：		备注：1、按时取货，超出取货时间两天将自行处理。 2、退货需在取货时间两小时之前通知。		

一联：存根 二联：顾客

地址：廊坊市华夏第九园兰亭南门东侧

电话：13823456789 QQ：518123456

经办：＿＿＿＿＿＿

选择上品 享受上品

图 4-69

整个操作过程经过整理，步骤如下。

（1）新建 Word 文档“上品西饼订货单.docx”。

（2）纸张大小：18.5 厘米 × 10 厘米。

（3）页边距：上、右均 1 厘米；左 2 厘米；下 0.5 厘米。

（4）标题格式：“上品西饼订货单”华文琥珀、三号、居中、橙色—强调文字颜色 6—深色 25%。

（5）顾客及时间信息：“顾客姓名、联系电话、订（取）货时间”宋体、五号，后加下划线，位置适当调整。

（6）表格及表格文字：1～5 行的行高为 0.65 厘米、第 6 行的行高为 1.2 厘米、列宽为 3 厘米。

（7）地址、电话、QQ、经办：中文宋体、字母和数字为 Calibri 字体、五号，“经办：”后适当加下划线。

（8）店标：插入素材图片“上品西饼.jpg”，图片宽度为 1.9 厘米，设置自动换行（文字环绕）方式为衬于文字下方，置于页面左上角适当位置。

（9）经营口号：在页面右下角适当位置插入一个横排文本框，输入文字，无填充颜色，无轮廓；“℘选择上品享受上品☙”为楷体、四号、加粗、橙色—强调文字颜色 6—深色 25%。

（10）单据留存信息：在页面右侧适当位置插入一个竖排文本框，无填充颜色，无轮廓；输入“一联：存根 二联：顾客”，设置为楷体、五号、居中。

（11）保存文档。

任务拓展 1

表格功能强大，除了可以用表格完成信息的分类存储外，还可以利用它进行数据排序、计算等的简单数据管理工作。

小叶在学院图书馆兼职做了一份图书管理员工作，下面就是她计划用表格工具做的一份图书订购单的原始数据，如图 4-70 所示。你能帮助她完善一下吗？

201609 廊坊职业技术学院图书订购单

2016-09

编号	图书名称	ISBN	出版社	原始定价	折后单价	数量	金额	小计
T001	Excel 函数很简单	9787115384553	人民邮电出版社	49.0		10		
T002	电气制图实例教程	9787115294234	人民邮电出版社	46.0		5		
T003	PHP 从入门到精通	9787302288534	清华大学出版社	69.8		5		
T004	任你行	9787541144318	四川文艺出版社	39.5		5		
T005	电子商务概论	9787115359421	人民邮电出版社	35.0		5		
T006	电商运营	9787121178535	电子工业出版社	45.0		10		
T007	我们仨	9787108042453	北京大学出版社	23.0		10		
T008	汽车底盘电控技术	9787115392947	人民邮电出版社	39.8		5		
T009	Java 从入门到精通	9787302287568	清华大学出版社	59.8		5		
T010	理想之书	9787541143076	四川文艺出版社	36.0		5		
T011	空谷幽兰	9787541138447	四川文艺出版社	36.0		10		
T012	园林花卉	9787508497150	水利水电出版社	39.0		10		
T013	建设工程计价	9787111535515	电子工业出版社	49.0		10		
T014	浮生六记	9787201094014	北京大学出版社	32.0		5		
T015	摆渡人	9787550013247	北京大学出版社	36.0		10		
总　计				/	/			

图 4-70

以下是馆长老师的数据处理要求。

（1）创建一个“新书通告.docx”文档，只保留素材“图书订购单.docx”表格的 1～4 列，不包括“总计”行，并且以文本形式保存，以备打印公告。

（2）折后单价计算：折后单价为原始定价的 88 折。

（3）金额计算：金额=折后单价×数量，计算出每种图书的购入金额。

（4）合并小计计算：将同一出版社的图书购入金额累计，计入“小计”一栏，可合并单元格。

（5）总计金额计算：将“金额”和“小计”进行累计计算。

（6）边框底纹设置：对表格进行边框、底纹修饰，达到方便行与行之间数据查看的目的。

知识点及操作提示

1. 新书通告创建

（1）新建“新书通告.docx”文档，纸张为横向，输入标题文字“新书通告”并保存。

（2）将素材“图书订购单.docx”表格的 1～16 行的前 4 列表格选中，复制至新文档。

（3）选中整个表格，适当调整大小与位置，置于页面偏左的位置。

（4）选择“表格工具-布局”选项卡→“数据”面板，单击“转换为文本”按钮。

（5）打开“表格转换成文本”对话框，如图 4-71 所示，单击“确定”按钮。

（6）适当进行文档字体、段落格式设置（标题样式：华文琥珀，初号，字体颜色为红色 0、绿色 128、蓝色 0，居中，其他段落格式默认），并适当美化文档（可插入背景图片“新书通告.jpg”，衬于文字下方），留作将来打印宣传之用，页面布局如图 4-72 所示，保存文档。

图 4-71

新书通告

编号	图书名称	ISBN	出版社
T001	Excel 函数很简单	9787115384553	人民邮电出版社
T002	电气制图实例教程	9787115294234	人民邮电出版社
T003	PHP 从入门到精通	9787302288534	清华大学出版社
T004	任你行	9787541144318	四川文艺出版社
T005	电子商务概论	9787115359421	人民邮电出版社
T006	电商运营	9787121178535	电子工业出版社
T007	我们三	9787108042453	北京大学出版社
T008	汽车底盘电控技术	9787115392947	人民邮电出版社
T009	Java 从入门到精通	9787302287568	清华大学出版社
T010	理想之书	9787541143076	四川文艺出版社
T011	空谷幽兰	9787541138447	四川文艺出版社
T012	园林花卉	9787508497150	水利水电出版社
T013	建设工程计价	9787111535515	电子工业出版社
T014	浮生六记	9787201094014	北京大学出版社
T015	摆渡人	9787550013247	北京大学出版社

图 4-72

微课：表格转换为文本

2. 折后单价计算

将光标置于“图书订购单”的 F2 单元格，选择“表格工具-布局”选项卡→“数据”面板→单击“公式”按钮，打开“公式”对话框，编辑以“=”开头的公式“=E2*0.88”，并选择编号格式，保留两位小数→单击“确定”按钮，如图 4-73 所示。依次类推，完成其他图书的“折后单价”计算。

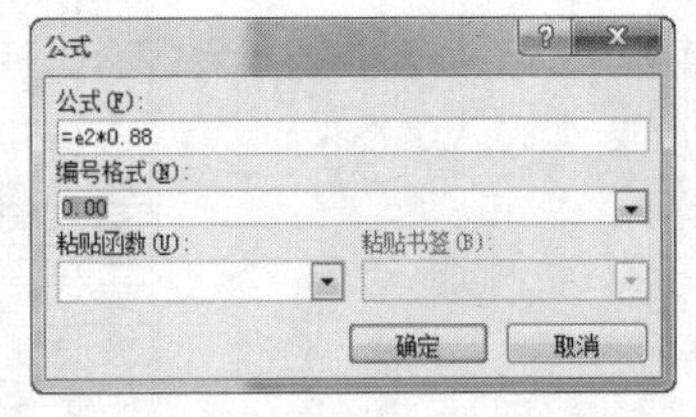

图 4-73

公式编辑规则

① 公式组成：必须以“=”开头，公式中所用运算符均为英文符号；公式由操作数、运算符（函数）、括号组成；其中操作数可以是数字或单元格（或单元格引用）。

② 运算符：包括加、减、乘、除、乘方等，乘方、乘除、加减的优先级依次降低，若想改变运算顺序，可以使用括号，与一般的四则运算规则相同。

③ 单元格表示：可以使用“列号+行号”的方法，“列号”用 A、B、C 等表示（大小写均可），“行号”用 1、2、3 等表示。例如，B5 代表第 2 列第 5 行的单元格。

④ 单元格范围引用：连续单元格范围用“单元格:单元格”表示，非连续单元格范围用“单元格,单元格”表示。比如，“B3:D5”表示以 B3 单元格为左上角、D5 单元格为右下角的 9 个单元格组成的连续单元格区域，而“B3,D5”则表示 B3 和 D5 两个单元格组成的非连续范围。

⑤ 公式形式：公式有以下 3 种基本形式。

- =函数(表示运算范围的单词)，如“=SUM(LEFT)”表示对结果单元格左侧的数值型单元格求和，“=AVERAGE(ABOVE)”表示对结果单元格上方的数值型单元格求平均值。
- =函数(单元格或单元格范围)，如“=SUM(A2,B3:C5)”表示 7 个单元格之和。
- =四则运算式子，如“=(A2+B3)*C5”表示 A2 和 B3 两个单元格之和再与 C5 单元格内数值相乘。

3. 金额计算

金额=折后单价×数量，如“=F2*G2”；依次类推，完成其他图书的购入金额计算，计算结果如图 4-74 所示。

201609 廊坊职业技术学院图书订购单

2016-09

编号	图书名称	ISBN	出版社	原始定价	折后单价	数量	金额	小计
T001	Excel 函数很简单	9787115384553	人民邮电出版社	49.0	43.12	10	431.20	
T002	电气制图实例教程	9787115294234	人民邮电出版社	46.0	40.48	5	202.40	
T003	PHP 从入门到精通	9787302288534	清华大学出版社	69.8	61.42	5	307.10	
T004	任你行	9787541144318	四川文艺出版社	39.5	34.76	5	173.80	
T005	电子商务概论	9787115359421	人民邮电出版社	35.0	30.80	5	154.00	
T006	电商运营	9787121178535	电子工业出版社	45.0	39.60	10	396.00	
T007	我们仨	9787108042453	北京大学出版社	23.0	20.24	10	202.40	
T008	汽车底盘电控技术	9787115392947	人民邮电出版社	39.8	35.02	5	175.10	
T009	Java 从入门到精通	9787302287568	清华大学出版社	59.8	52.62	5	263.10	
T010	理想之书	9787541143076	四川文艺出版社	36.0	31.68	5	158.40	
T011	空谷幽兰	9787541138447	四川文艺出版社	36.0	31.68	10	316.80	
T012	园林花卉	9787508497150	水利水电出版社	39.0	34.32	10	343.20	
T013	建设工程计价	9787111535515	电子工业出版社	49.0	43.12	10	431.20	
T014	浮生六记	9787201094014	北京大学出版社	32.0	28.16	5	140.80	
T015	摆渡人	9787550013247	北京大学出版社	36.0	31.68	10	316.80	
总 计				/	/			

图 4-74

4. 排序

以“出版社”为关键字进行图书目录的排序。选中“图书订购单”表格的 1～16 行，单击“表格工具-布局”选项卡→“数据”面板，单击“排序”按钮，打开“排序”对话框，如图 4-75 所示，设置“出版社”为主要关键字，选择“升序”单选按钮，单击“确定”按钮。

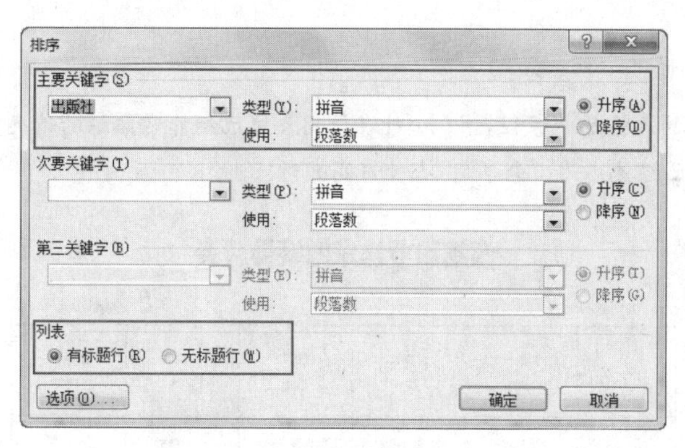

图 4-75

（1）除上面的排序操作外，也可以使用“开始”选项卡→“段落”面板→“排序”按钮完成排序任务。

（2）在排序时还可以根据实际要求在主要关键字取值相同的情况下，再设置次要关键字，甚至第三关键字，完成数据的多重排序，对数据分类进行更加深入的分析。

（3）如果表格中无合并单元格现象，可以不必选中排序范围即可对表格中的数据直接进行排序操作。

5. 合并小计计算

将同一出版社的图书购入金额累计，计入“小计”一栏，“小计”单元格按出版社做合并处理，如图 4-76 所示；“总计-金额”和“总计-小计”单元格公式的“编号格式”加入“￥”符号，设置如图 4-77 所示。

201609 廊坊职业技术学院图书订购单

2016-09

编号	图书名称	ISBN	出版社	原始定价	折后单价	数量	金额	小计
T007	我们仨	9787108042453	北京大学出版社	23.0	20.24	10	202.40	660.00
T014	浮生六记	9787201094014	北京大学出版社	32.0	28.16	5	140.80	
T015	摆渡人	9787550013247	北京大学出版社	36.0	31.68	10	316.80	
T006	电商运营	9787121178535	电子工业出版社	45.0	39.60	10	396.00	827.20
T013	建设工程计价	9787111535515	电子工业出版社	49.0	43.12	10	431.20	
T003	PHP 从入门到精通	9787302288534	清华大学出版社	69.8	61.42	5	307.10	570.20
T009	Java 从入门到精通	9787302287568	清华大学出版社	59.8	52.62	5	263.10	
T001	Excel 函数很简单	9787115384553	人民邮电出版社	49.0	43.12	10	431.20	962.70
T002	电气制图实例教程	9787115294234	人民邮电出版社	46.0	40.48	5	202.40	
T005	电子商务概论	9787115359421	人民邮电出版社	35.0	30.80	5	154.00	
T008	汽车底盘电控技术	9787115392947	人民邮电出版社	39.8	35.02	5	175.10	
T012	园林花卉	9787508497150	水利水电出版社	39.0	34.32	10	343.20	343.20
T004	任你行	9787541144318	四川文艺出版社	39.5	34.76	5	173.80	649.00
T010	理想之书	9787541143076	四川文艺出版社	36.0	31.68	5	158.40	
T011	空谷幽兰	9787541138447	四川文艺出版社	36.0	31.68	10	316.80	
总 计				/	/	110	¥4,012.30	¥4,012.30

图 4-76

6. 边框底纹设置

对表格进行边框线粗细修改，粗线为 2.25 磅，细线为默认宽度，位置如图 4-76 所示；表头和总计行底纹设置为水绿色-强调文字颜色 5-淡色 60%，中间书目“电子工业出版社”等书目设置底纹为水绿色-强调文字颜色 5-淡色 80%，通过边框与底纹设置可以方便地对表头、总计行及各出版社书目列表进行 区分。

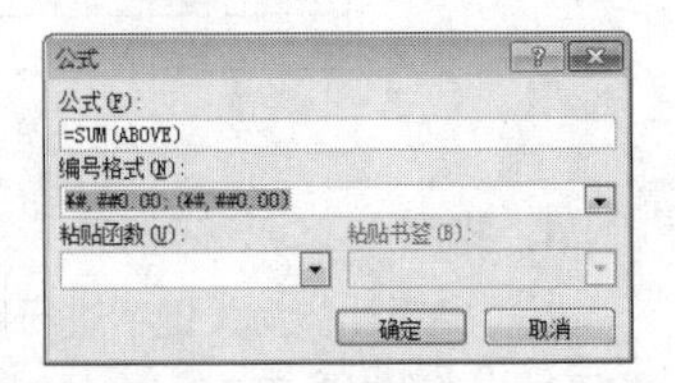

图 4-77

任务拓展 2

对于学生来说，最常见的表格是“课程表”。小叶在使用表格已经非常熟练的情况下为同学们做了一份“课程表”，如图 4-78 所示，并且已经被广为“分享”，小叶好高兴呀！

廊坊职业技术学院课程表

班级：数字媒体 G1601 班　　学期：2016-2017-1

课程 / 星期 / 节次		星期一 Mon	星期二 Tue	星期三 Wed	星期四 Thu	星期五 Fri
上午	12 节	计算机导论	计算机英语	摄影与摄像技术	设计素描	设计素描
	34 节	体育	思修与法基	计算机导论	图像处理	设计素描
下午	56 节	职业生涯规划	图像处理	素描	中国传统文化	计算机导论
	78 节	多媒体作品赏析	班会	演讲与口才	自习	图像处理

图 4-78

在制作和分享“课程表”的过程中，小叶又使用了两项操作：斜线表头制作和模板制作与应用。操作方法简述如下。

1. 斜线表头制作

（1）选择“插入”选项卡→“插图”面板，单击“形状”按钮。

（2）在其下拉列表中选择“线条”分类中的“直线”，当鼠标指针变为“十”字形状时，在需要绘制斜线的单元格边框线的合适位置上单击，确定斜线起点，拖动鼠标到合适位置单击确定斜线终点；本例中一共绘制两条表头斜线。

（3）插入一个文本框，无填充颜色，无轮廓，输入一个斜线表头中的文字，并设置格式。

（4）将上一步骤中的文本框复制 n 个，分别修改其中文字内容，并将所有文本框（含文字）移动至合适位置。

（5）按住“Shift”键的同时依次单击所有与表头斜线相关的直线和文本框，将它们一起选中，依次单击“绘图工具-格式”选项卡→“排列”面板→“组合”按钮，选择“组合”命令。

2. 模板制作与应用

（1）模板制作：将编辑完毕的“XXX.docx”另存为模板文件“XXX.dotx”。

（2）模板应用：依次单击“文件”菜单→“新建”命令→“可用模板”→“根据现有内容新建”按钮→打开“根据现有文档新建”对话框，如图 4-79 所示，在列表中选中所需的“模板”文件即可新建一个名为“文档 *n*.docx”（*n* 为系统自动文档编号）的、以所选的“模板”为基础的新文档。

（3）替换“文档 *n*.docx”中与实际需要不相适应的部分，并保存即可。

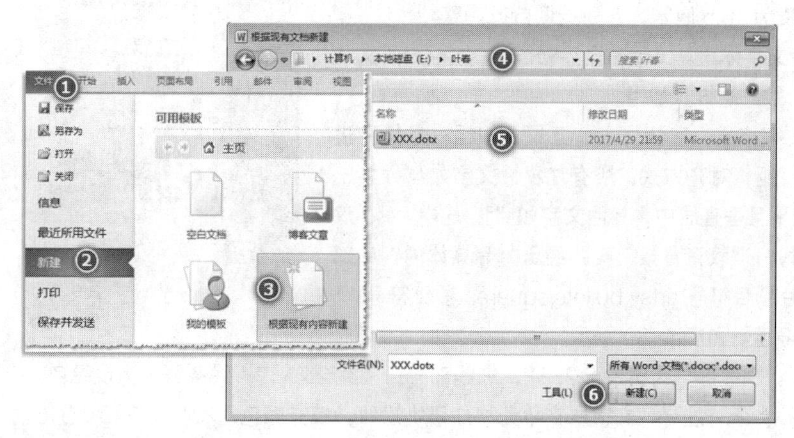

图 4-79

“课程表”操作要求

（1）页面设置：纸张大小为 A4，方向为横向，页边距为上 3 厘米、下 2 厘米、左右均为 2.5 厘米。

（2）标题格式：华文琥珀，小初，字符缩放 80%，居中，标准色蓝色，段后间距 1 行。

（3）班级、学期信息：幼圆、小四，标准色蓝色，分别置于行首、行尾。

（4）表格：5 行 7 列，适当调整行高、列宽，单元格合并参见图 4-78。

（5）斜线表头：参见图 4-78。

（6）表格内文字：文字内容参见图 4-78。顶端及左端标题行为幼圆，小四，标准色蓝色；课程名称为微软雅黑，四号，黑色-文字 1-淡色 35%；对齐方式为居中（中部居中）。

（7）边框：粗线 3 磅，细线 1 磅，线条颜色为蓝色。

（8）底纹：顶端及左端标题行底纹颜色为水绿色，强调文字颜色 5，淡色 80%。

任务练习

1. 操作题

既然表格功能如此强大，可以方便有效地解决文档信息的归纳问题，那么很多文档不防用表格的形式精简结构，例如前面我们已经做过的“求职简历”中的“个人简历”还可以使用表格的形式来完成。那么，下面就让我们试着用表格做一份漂亮的“个人简历表”吧！如图 4-80 所示。

📖操作提示

（1）新建文档并命名，保存文件。

（2）页面设置：页边距上、下、右均为 2 厘米，左 2.5 厘米。

（3）标题输入：如图 4-80 所示。

（4）表格制作：插入 7 列、10 行表格，并进行单元格合并，如图 4-80 所示。

（5）表格内文字输入：部分内容可以从素材“个人简历.txt”中进行复制。

（6）表格属性设置：第 1～5 行为固定值 1.2 厘米，第 6～10 行分别为固定值 3.5 厘米、4.8 厘米、2.8 厘米、2.5 厘米、3.6 厘米；表格宽度为 16.5 厘米，各列宽度自行调整。

（7）标题：中文字体为华文琥珀，字号 28，加粗；西文字体为 Calibri，小二号，倾斜，加粗。

（8）表格内文字格式：字体仿宋，五号，加粗；悬挂缩进 0.74 厘米，单倍行距；对齐方式，所有注释性文字如“姓名、自我评价”等，水平且垂直居中，其他文字如“张一倩、女、汉族”等中部两端对齐，“教育背景、实践经历”等具体内容中部两端对齐，应用图片项目符号 artsy,bullets,squares 项目符号 15（宽）×15（高）像素，如图 4-80 所示。

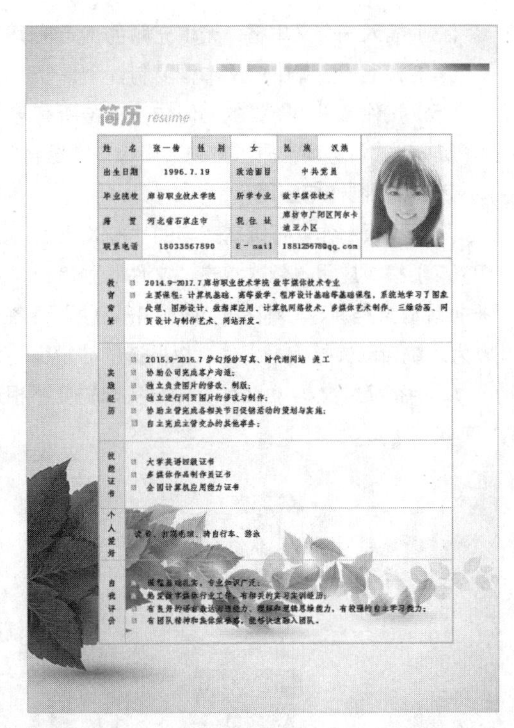
简历 resume

姓　名	张一倩	性　别	女	民　族	汉族	
出生日期	1996.7.19	政治面目	中共党员			
毕业院校	廊坊职业技术学院	所学专业	数字媒体技术			
籍　贯	河北省石家庄市	现住址	廊坊市广阳区阿尔卡迪亚小区			
联系电话	18033567890	E-mail	188125678@qq.com			

教育背景
- 2014.9-2017.7 廊坊职业技术学院 数字媒体技术专业
- 主要课程：计算机基础、高等数学、程序设计基础等基础课程，系统地学习了图象处理、图形设计、数据库应用、计算机网络技术、多媒体艺术制作、三维动画、网页设计与制作艺术、网站开发。

实践经历
- 2015.9-2016.7 梦幻婚纱写真、时代潮网站 美工
- 协助公司完成客户沟通；
- 独立负责图片的修改、制版；
- 独立进行网页图片的修改与制作；
- 协助主管完成各相关节日促销活动的策划与实施；
- 自主完成主管交办的其他事务；

技能证书
- 大学英语四级证书
- 多媒体作品制作员证书
- 全国计算机应用能力证书

个人爱好
读书、打羽毛球、骑自行车、游泳

自我评价
- [illegible]基础扎实，专业知识广泛；
- 热爱数字媒体行业工作，有相关的实习实训经历；
- 有良好的语言表达沟通能力、理解和逻辑思维能力，有较强的自主学习能力；
- 有团队精神和集体荣誉感，能够快速融入团队。

图 4-80

（9）表格框线：粗线部分为实线 2.25 磅，细线部分为实线 2.25 磅；线条颜色为浅绿色。

（10）表格底纹：所有注释性文字所在单元格加修饰底纹，填充颜色 R204、G249、B159。

（11）图片插入：在右上角单元格内插入图片“照片.jpg”；在表格外插入背景图片“简历背景.jpg”，衬于文字下方，适当调整大小和位置，使其充满整个页面，两个图片位置如图 4-80 所示。

（12）保存文件。

2. 填空题

（1）Word 2010 中，要调整每页行数，可以在页面设置对话框的________选项卡中进行设置。

（2）在 Word 2010 中，若要用矩形工具画出正多边形，应在拖动鼠标的同时按下________键。

（3）在 Word 文档编辑中，从插入点开始选定到行尾可以使用组合键________。

（4）若要删除表格中的某行，可以使用键盘上的________键。

（5）在 Word 2010 中，文档中两行之间的间隔叫________。

（6）插入图片的默认文字环绕方式是________。

（7）在 Word 2010 文档中，给选定的文本添加阴影、发光等外观效果的命令称为________。

（8）如果将正在编辑的 Word 文档另存为纯文本文件，文档中原有的图形、表格格式会________。

（9）要想将表格一分为二，可以使用________操作。

（10）手工插入分页符后，若想既看到分页效果，又能看到分页符，则可以按下________按钮。

3. 简答题

在录入诗歌时，如何使诗句上下行的起始录入位置保持统一？以辛弃疾的《西江月》为例。

明月别枝惊鹊，清风半夜鸣蝉，
稻花香里说丰年，听取蛙声一片。
七八个星天外，两三点雨山前，
旧时茅店社林边，路转溪桥忽见。

任务 4 专业排版——市场调查报告

任务提出

前些日子，商务管理专业的李言初和她的同学们承担了专业老师给出的论文“××市场调查报告”的撰写任务。目前论文已经完成，但是内容多、篇幅长，排版问题让她犯了难。怎么才能将论文排版做得既专业、又查阅方便呢？她找到了叶春，希望小叶给自己提一些建设性的意见。

在日常工作中，像“论文”这样的长文档是很常见的。多数操作者的苦恼来自以下两个方面。

（1）文档的格式设置。由于文档篇幅较长，少则十几页，多则几十页、上百页，对其进行字符与段落的格式设置非常烦琐，而且经常会出现前后格式不一致的情况，影响文档总体视觉效果。

（2）查阅文档非常不方便。想快速定位某具体内容，简直是无法想象的事，感觉不如纸质文档使用方便。

真的是这样吗？

任务分析

长文档排版其实是一个操作简单、过程烦琐的操作，一般情况下可分为以下几个步骤。

1. 设置页面及文档属性
2. 为文档设置节
3. 设置页眉和页脚
4. 样式设置与应用
5. 设置文本及段落格式
6. 设置图片环绕、题注及交叉引用
7. 创建目录并设置格式

完成以上步骤基本上就能够让一篇长文档来一个“华丽转身”，成为既漂亮又实用的电子文档。

任务要点

- 文档属性设置
- 节
- 样式
- 页眉、页脚和页码
- 题注及交叉引用
- 目录创建

知识链接

4.4.1 文档属性设置

文档属性是与文档相关的一些描述性信息。文档属性不包含文档的实际内容，而是包括文档作者、创建日期、修改日期等信息。此外，操作者可在文档属性设置对话框中完成对文档属性类型的指定操作，包括系统、隐藏、只读和存档 4 种选择，如图 4-81 左图所示。用户可以借助文档属性实现对文档的查找及整理操作。

设置文档属性的操作步骤如下。

（1）打开需要设置文档属性的文件。

（2）选择“文件”菜单→“信息”命令，单击界面右侧的“属性”按钮，如图 4-82 所示。

（3）在其下拉列表中选择“高级属性”命令，启动“XX 属性”对话框（XX 为文件名），可以对“标题”“作者”“单位”等信息进行设置，如图 4-81 右图所示。

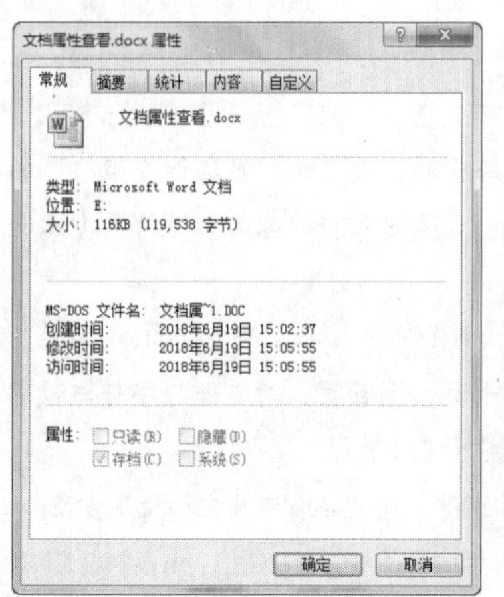

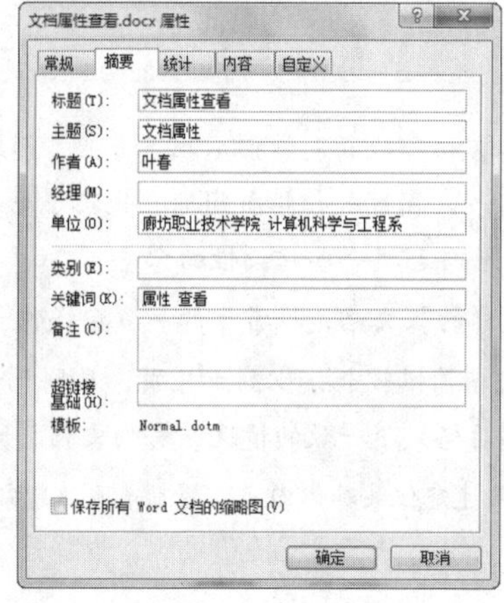

图 4-81

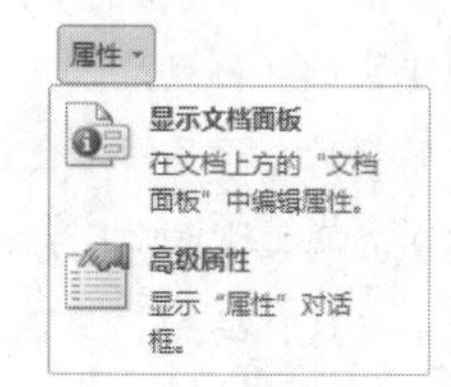

图 4-82

4.4.2 节

“节”其实就是格式排版的范围，即文档格式设置操作，如纸张大小、方向、页边距、页眉与页脚等所能影响的最大单位。用户可以在“页面视图”下查看“分节符”标志的设置情况，但是需要启动“显示编辑标记”状态（可使用组合键“Ctrl”+“*”）。

插入分节符操作：将光标置于要插入分节符的位置上，单击“页面布局”选项卡/“页面设置”面板中的“分隔符”按钮，在下拉列表中选择 4 种“分节符”之一，单击即可，如图 4-83 所示。

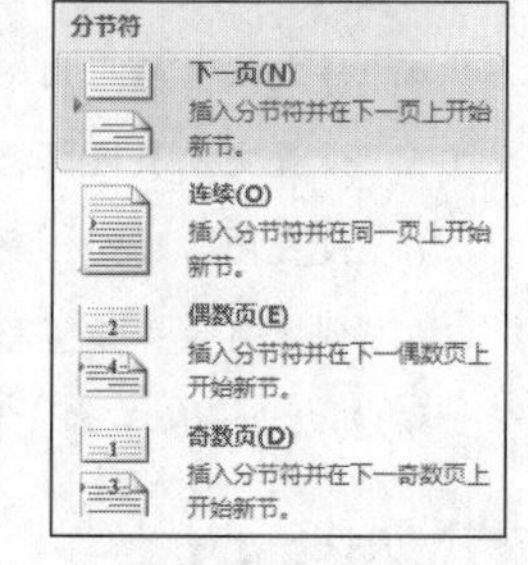

图 4-83

4.4.3 样式

“样式”是指用指定名称保存的字符、段落等一系列格式设置的集合。在进行重复性格式设置时，若已经创建了一个包含某些格式的样式，就可以通过样式套用，多次对所选文本进行重复的格式化操作了。样式包括系统内置样式和用户自定义样式两类。

（1）系统内置样式：内置样式可以在“开始”选项卡中的“样式”面板中看到，如图 4-84 所示。使用内置样式的方法十分简单，只要先选中目标对象，再单击样式列表的某个内置样式名称按钮即可对目标对象应用该样式。

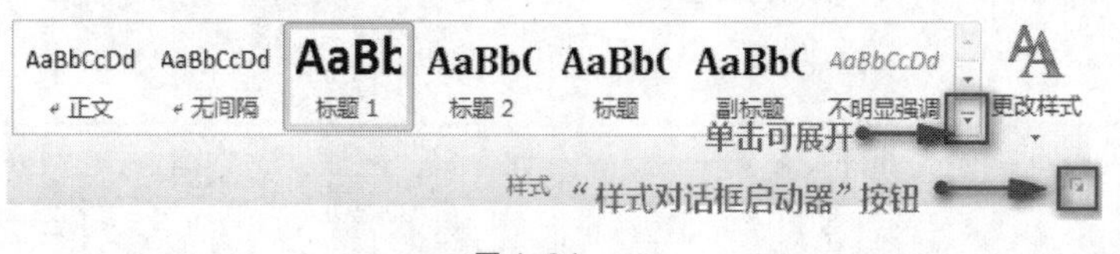

图 4-84

微课：套用内置样式

（2）用户自定义样式：与系统内置样式相近，用户自定义样式的应用只不过增加了一个新样式创建的环节。D在通常情况下，创建用户自定义样式的方法有以下两种。

① 直接创建法：单击图 4-84 中的“样式对话框启动器”按钮，打开“样式”对话框。单击左下角“新建样式”按钮，打开“根据格式设置创建新样式”对话框。按如图 4-85 所示的“方法一”设置样式格式，完成创建过程。

② 间接创建法：以选定文本格式为基础，命名创建新样式。先为选定的任意文本设置格式，再单击“样式”列表右下角的“其他”按钮，启动样式的下拉列表，单击“将所选内容保存为新快速样式”命令，打开“根据格式设置创建新样式”对话框。按如图 4-85 所示的“方法二”修改样式名，单击“确定”按钮，完成创建过程。

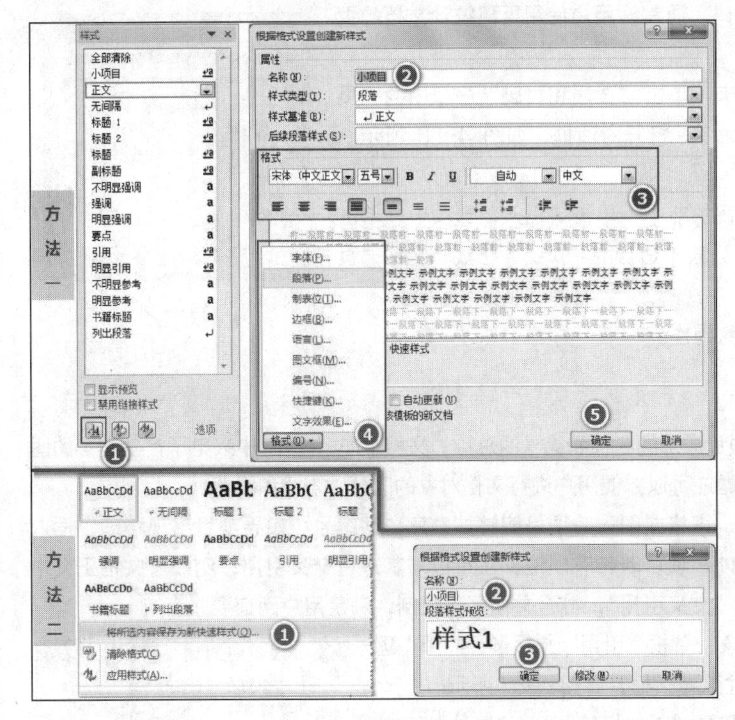

图 4-85

微课：用户自定义样式创建

新样式创建过程结束后，即可出现在系统的样式列表中。这样，用户就可以像使用系统内置样式一样使用自定义的样式了。

系统内置样式和用户自定义样式的格式不是一成不变的，当一个样式的某些格式设置不符合操作要求时，用户可以对其进行“修改”。这时只要在样式列表中右击样式名，就可以在弹出的快捷菜单中选择“修改”命令项，启动“修改样式”对话框，实现样式修改。

4.4.4 页眉、页脚和页码

1. 页眉和页脚

页眉和页脚一般指每个页面的顶部和底部的区域。这里泛指放置在页眉和页脚处的用于辅助文档信息查看的附加信息，如时间、公司 Logo、文档标题、文件名称或作者姓名、页码等。通常，文档打印时，页眉和页脚会与文档正文一同被打印出来，方便查阅。

小知识

页眉和页脚的位置也不是一成不变的。利用文本框，就可以把页眉和页脚的内容“放置”在文档的任意位置上，使页面的形式更加灵活、美观。

（1）插入页眉或页脚：将光标置于需要插入页眉或页脚的节中→单击“插入”选项卡→单击“页眉和页脚”面板中的“页眉”或“页脚”按钮→选择列表中合适的“页眉”或“页脚”格式→完成“页眉”或“页脚”的插入。

（2）编辑页眉或页脚：如需编辑已有的“页眉”或“页脚”，可单击列表中的“编辑页眉”或“编辑页脚”命令。

（3）删除页眉或页脚：如需删除“页眉”或“页脚”，可单击列表中的“删除页眉”或“删除页脚”命令。

2. 页码

页码是文档页面上标明次序的数字或编码。通常，用户使用页码统计文档的页（面）数，以方便对文档进行检索。

（1）设置页码格式：单击“插入”选项卡→单击“页眉和页脚”面板中的“页码”按钮→选择列表中的“设置页码格式”命令，打开对话框，如图 4-86 所示。设置完毕后，单击“确定”按钮。

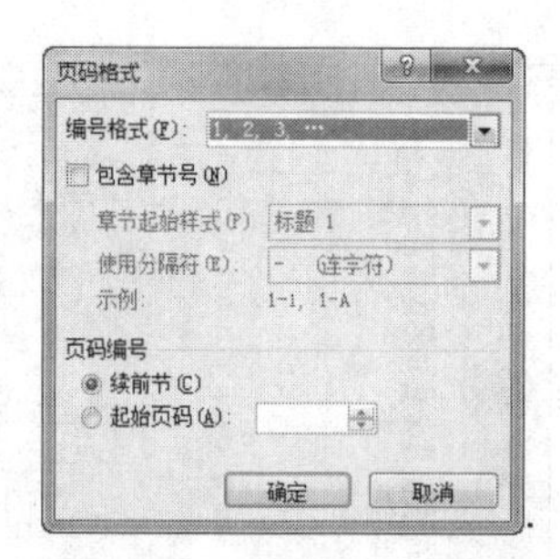

图 4-86

（2）插入页码：将光标置于需要插入页码的节中→单击“插入”选项卡→单击“页眉和页脚”面板中的“页码”按钮→选择列表中适合的“页码”格式→完成“页码”的插入。

（3）删除页码：同“页眉、页脚”的删除操作。

4.4.5 题注和交叉引用

题注就是给图片、表格、图表、公式等项目添加的名称和编号的总称。文档中如“图 3 中兴电子产业链”的图片“注释”就属于“题注”。文档中合理使用题注可以方便用户进行文档对象的区分、查找和阅读。

此外，使用题注可以保证长文档中图片、表格或图表等项目能够按顺序自动编号。如果项目出现移动、插入或删除，系统可以自动更新题注的编号。另外，项目若带有题注，还可以对其进行交叉引用，例如“文档正文中经常会出现‘如图 XX 所示’”即为对题注的“交叉引用”，符合文档写作惯例，满足用户阅读要求。

（1）插入题注：选中需要插入题注的对象→单击“引用”选项卡，选择“题注”面板下的“插入题注”按钮，打开“题注”对话框，如图 4-87 所示。选择适合的“标签”（如果没有适合的“标签”，需要“新建标签”）→“题注”下方的文本框中就会自动出现所需要的“题注”编号，还可进一步编辑“图题”内容（可省略）→单击“确定”按钮。

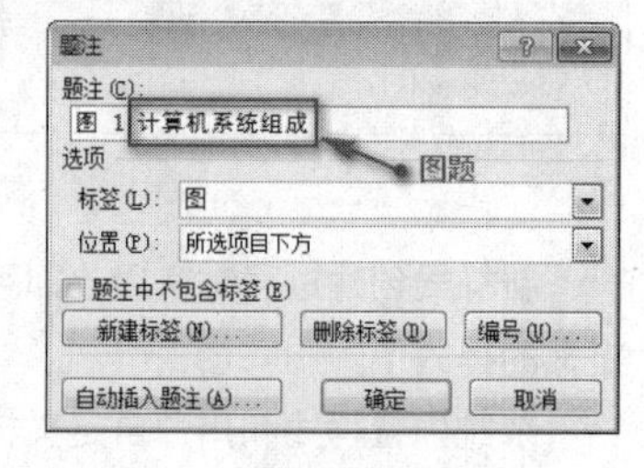

图 4-87

（2）插入交叉引用：将光标置于适合的位置，单击“引用”选项卡→选择“题注”面板下的“交叉引用”按钮，打开对应的对话框，如图 4-88 所示。指定“引用类型”→在“引用哪一个题注”列表中选中具体“题注”→单击“插入”按钮。

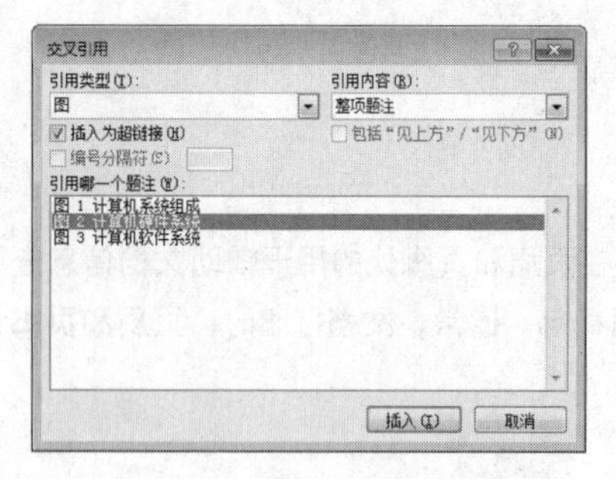

图 4-88

微课：添加表格题注

微课：表格题注交叉引用

每一个交叉引用上都附带着一个超链接，当鼠标指向交叉引用即会弹出“按住‘Ctrl’并单击可访问链接”的提示信息，可方便地引导读者进行题注所指内容的查看。

4.4.6 目录创建

在阅读长文档时，Word 自动目录可以方便地解决文档定位的问题。因为每一条目录项都带有超链接，所以可以方便地实现对文档具体内容的追踪。当然这些都是有前提的，即文档各级标题格式规范。简而言之，就是要先设置文档标题的统一样式，然后才能创建"自动目录"。

创建目录操作：将光标置于适合的位置→单击"引用"选项卡→选择"目录"面板下的"目录"按钮→在列表中选择内置的目录样式，进行目录的编辑（或者单击"插入目录"命令→打开"目录"对话框，进行设置，生成自动目录），如图 4-89 和图 4-90 所示。

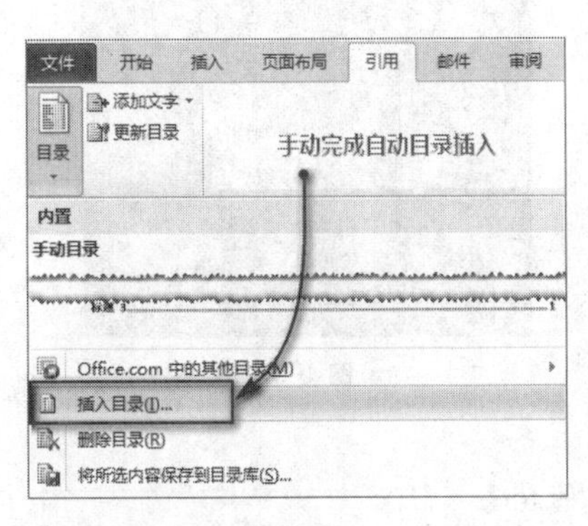

图 4-89

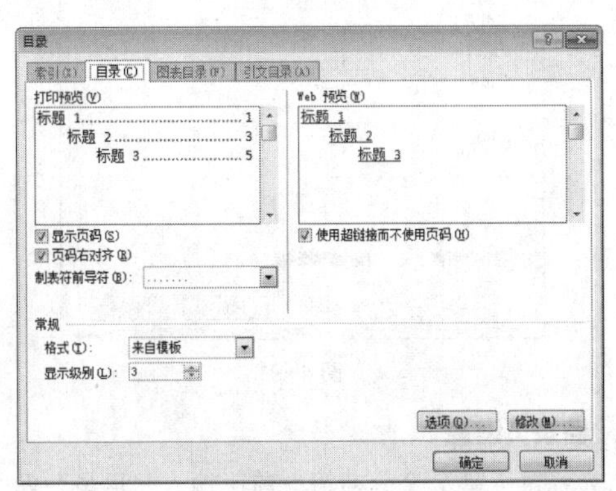

图 4-90

任务实施

在了解了一些长文档排版的知识后，李言初就在小叶的指导下开始着手完成论文"家居饰品网络销售市场分析与研究.docx"的排版工作。打开素材文档，具体操作步骤如下。

1. 页面及文档属性设置

（1）页面设置

纸张大小为 A4，方向为纵向，页边距上为 3 厘米、下/左/右均为 2.5 厘米，装订线为 1 厘米，页眉和页脚设置为奇偶页不同、且距页边界均为 1.5 厘米。

（2）文档属性设置

依次选择"文件"菜单→"信息"命令，单击"属性"按钮，选择"高级属性"命令，设置如图 4-91 所示。

2. 为文档设置节

（1）整个文档分 4 节

在第 2 行后连续插入两个"下一页"类型的分节符，在"关键词"之后再插入一个"下一页"类型的分节符。

（2）显示编辑标记

按下"显示/隐藏编辑标记"按钮。复制文档第 1～2 行内容至第 3 页顶端，将其作为正文标题和作者信息使用。

3. 封面制作

（1）背景

将光标置于文首，插入"封面.jpg"图片，衬于文字下方，适当调整图片大小和位置，使之充满整个页面。

（2）文本格式

首页文字均加粗，居中，颜色为白色—背景 1；第 1 行为黑体、二号、段前间距 10 行；第 2 行为楷体、四号；自"XX 系"字之后按"Enter"键，分为两行显示；删除作者姓名前的空格；第 2 行段前间距 6 行，第 3 行段前间距 3 行。

(3) 设置分节符

查看分节符位置，使之出现在首页全部文字下方，如图 4-92 所示。

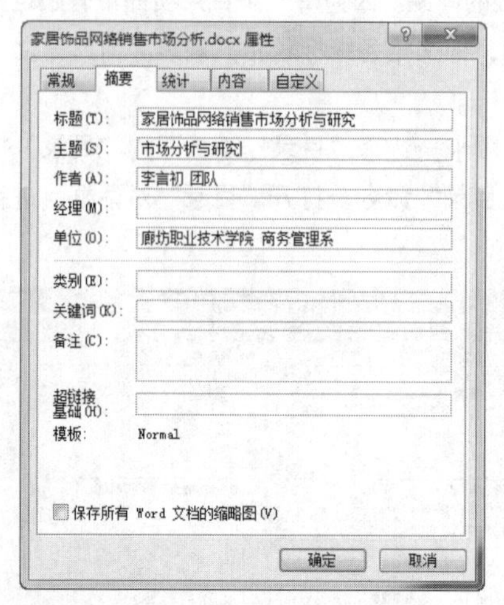

图 4-91

图 4-92

4. 目录页设置

将光标置于第 2 个分节符之前，输入“目录”两个字，并按“Enter”键，插入两空行。“目录”标题格式为黑体，二号，加粗，居中。同样，查看分节符位置，使之出现在第 2 页空行下方，如图 4-93 所示。

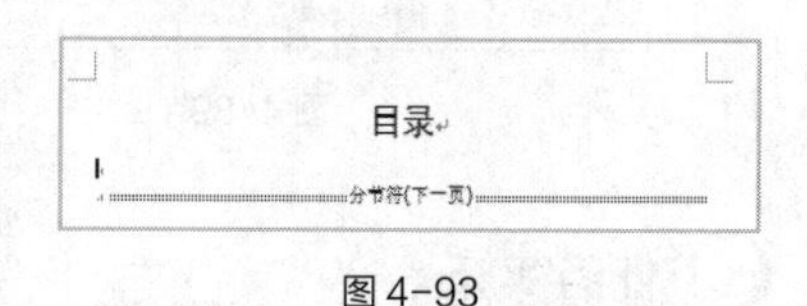

图 4-93

5. 摘要页格式设置

设置标题“家居……研究”格式为黑体，二号，加粗，居中，段前、段后各 0.5 行间距；“廊坊……团队”为楷体，四号，居中，段前、段后各 0.5 行间距；“摘要和关键字”为仿宋，小四，段前、段后各 0.5 行间距，1.5 倍行距。

6. 正文部分设置

(1) 查找与替换

在第 3 页起的正文内完成替换操作。将“家具饰品”替换为“家居饰品”；删除全部空行与空格。

📖操作提示

- 选中第 3 页起直到文末的全部内容→单击“开始”选项卡→选择“编辑”面板中的“替换”按钮→在打开的“查找和替换”对话框中进行操作，如图 4-94 所示，①为替换“家具饰品”,②为删除空行,③为删除空格。
- “^p”表示段落标记。也可以选中图中的“更多”按钮，再单击选择“特殊格式”按钮，在弹出的列表中进行选取；文档选定区域首尾空行需要手动删除。
- “空格”等特殊编辑标记的录入可以在打开“显示编辑标记”的情况下，用“复制/粘贴”的方法来完成。

(2) 标题样式应用

① 一级标题格式：选中标题“1.家居饰品零售业态整合”，设置格式为宋体，四号，加粗，段前 0.5 行间距，取消首行缩进。保持该标题呈选中状态。

② 一级标题样式：将该标题的格式保存为“新快速样式”，样式名为“1 级标题”。

③ 一级标题样式应用：依次选中各个一级标题，单击“样式”列表中的“1 级标题”样式名按钮，使它们的格式均发生改变，且所用样式名保持一致；也可使用“格式刷”完成上述操作。

④ 二级标题格式：设置“(1) 家居饰品的扩展化”格式为加粗，段前 0.5 行间距；样式创建方法同上，将其格式保存为新快速样式“2 级标题”，并应用于各二级标题。

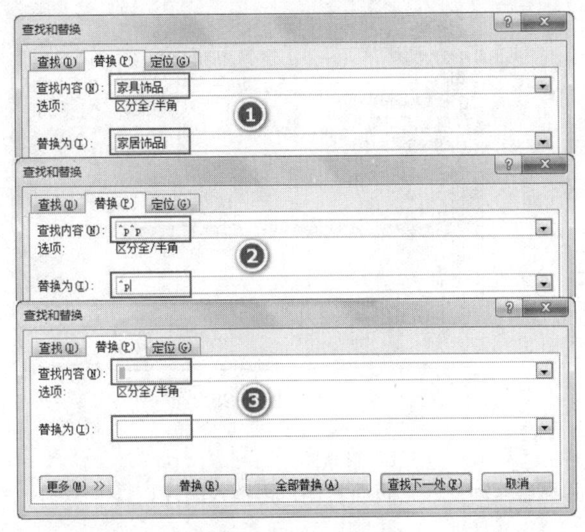

图 4-94

微课：查找和替换文本

⑤ 三标题格式：设置“1）严把商品质量关”格式为加粗；样式创建方法同上，将其格式保存为新快速样式“3 级标题”，并应用于各三级标题。

⑥ 将各级标题规范化，且“样式”列表如图 4-95 所示。

图 4-95

（3）正文部分非标题段落

① 除参考文献内容以外，设置为宋体，小四，行距固定值为 20 磅，段后 0.5 行间距。

② 正文第 6 页，五类“必需品”（带有项目符号）相关段落，设置段后间距为 0 行。

7. 注释设置

（1）脚注

选中第 3 页中作者信息中的“团队”二字，单击“引用”选项卡，单击“脚注”面板中的“插入脚注”按钮，本页底部出现“脚注”编辑区，输入内容，如图 4-96 所示。单击文档编辑区任意位置结束脚注编辑。

李言初：廊坊职业技术学院商务管理系电子商务专业学生，学生会主席，长期协助专业教研室进行系电商平台建设与研究。团队成员包括张方宇、赵佳一、孙应勇、胡晓楠、李天、张浩东。

图 4-96

小知识

与脚注功能相似的还有尾注，只是尾注内容会出现在文档末尾。

（2）题注

选中文档的第一幅图片，单击“引用”选项卡，单击“题注”面板中的“插入题注”按钮，打开“题注”对话框，如图 4-97 所示。选择“图”标签项，“题注”项目的文本框中即会出现“图 1”字样，单击“确定”按钮即可将所有图片均添加题注。

（3）交叉引用

将光标置于“如……所示”中的“如”字之后，单击“交叉引用”按钮。在如图 4-98 所示的对话框中指定“引用类型”为“图”（与题注中的“标签”保持一致），在引用题注列表中选择题注名称，单击“插入”按钮为所有图片在正文适当位置上插入“交叉引用”，且格式与段落文字保持一致。

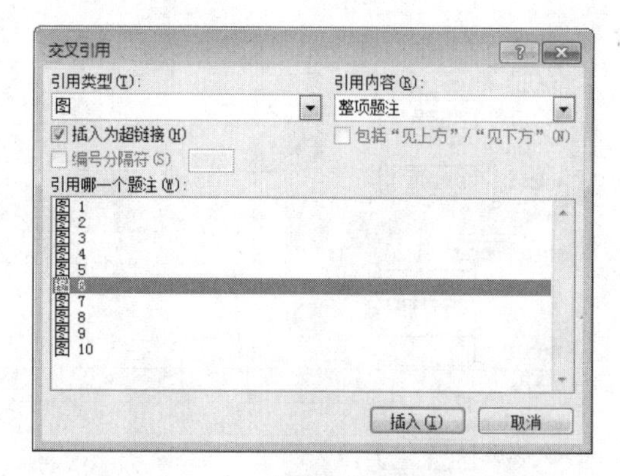

图 4-97　　　　图 4-98

8. 设置图片环绕

图 9 与图 10 先设置为“四周型环绕”，图片调整至对应段落页面右侧，再插入题注。

9. 设置页眉和页脚

在“显示编辑标记”的情况下完成操作。

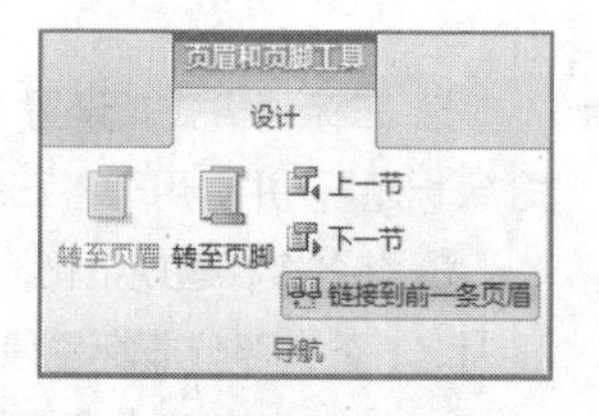

图 4-99

（1）断开链接

启动页眉和页脚编辑状态，断开全部节之间页眉和页脚的链接关系，使每节的页眉和页脚相互独立，不受前节影响，如图 4-99 所示。

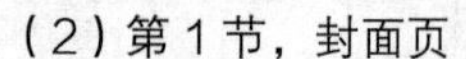

（2）第 1 节，封面页

第 1 节无页眉、页脚。

（3）第 2 节，目录页

此页仅编辑图片页眉、页脚，无页码。光标置于该页页眉处，插入图片素材“目录.jpg”，设置图片衬于文字下方，图片高度为 1.9 厘米，移动至页面左上角位置；单击“转至页脚”按钮，于页面右下角放置与页眉相同的图片，作为页脚，效果可参见样张。

小知识

若页眉底部有横线，则可以通过拖动选中页眉处的段落标记，打开如图 4-100 所示的“边框和底纹”对话框，在预览中单击下框线，即可删除横线；再次单击此处可添加横线。

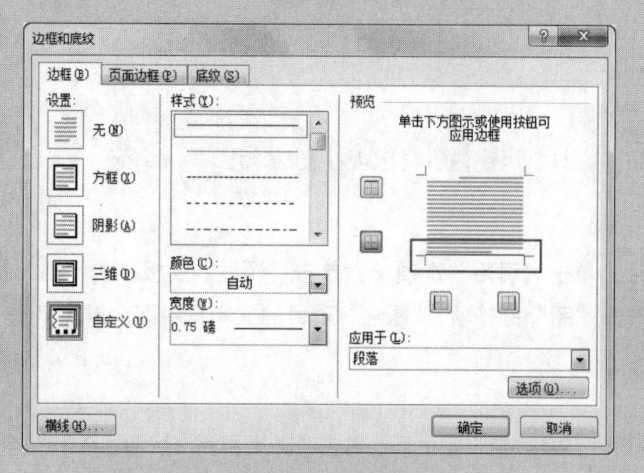

图 4-100

（4）第3节，摘要页

该页无页眉，页脚中仅插入页码。

图 4-101

① 单击“页眉和页脚”面板中的“页码”按钮，按如图 4-101 所示的方法设置页码格式。

② 单击“页码”按钮，选择“页面底端-简单-普通数字 2”样式，完成页码插入。

（5）第4节，正文页

该页为偶数页，页眉为文档标题。奇数页页眉为文档单位及作者姓名属性；页脚为页码。

① 光标定位于第 4 节偶数页，选择“插入”面板中的“文档部件”按钮，单击“文档属性”命令，选择“标题”子命令，左对齐。

② 光标定位于第 4 节奇数页，选择“插入”面板中的“文档部件”按钮，单击“文档属性”命令，选择“单位”子命令，并在控件窗口外双击鼠标左键，再选择“作者”子命令。

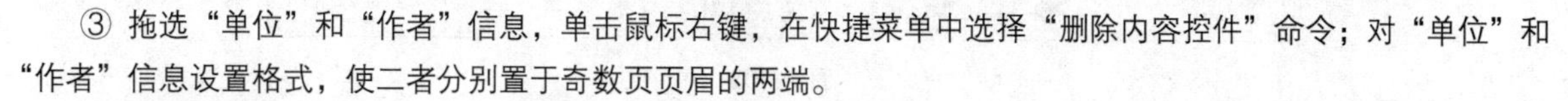

③ 拖选“单位”和“作者”信息，单击鼠标右键，在快捷菜单中选择“删除内容控件”命令；对“单位”和“作者”信息设置格式，使二者分别置于奇数页页眉的两端。

④ 分别设置奇偶页页码，编号格式为“1，2，3……”，起始页码为 1。

10. 设置分页

为第 4 节设置分页符，将正文的不同部分置于新的页面上。要求“致谢”和“参考文献”单独成页。适当调节文档图片大小，使版面布局更为合理。

📖**参考：**各图片的高度分别为 4.5 厘米、5 厘米、2.5 厘米、3.5 厘米、4.5 厘米、5 厘米、6 厘米、6 厘米、4.5 厘米、4.5 厘米。

11. 创建封底页

在文档末尾插入一个分页符，在出现的新页上插入图片“封底.jpg”，进行“封底”设计。图片衬于文字下方，适当调整大小和位置，效果可参见样张。

12. 设置目录样式并应用

（1）光标定位

返回目录页，光标置于该页分页符的上一行。

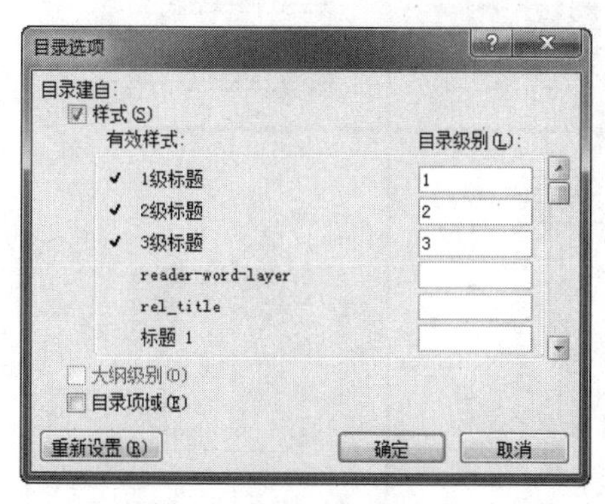

图 4-102

（2）插入目录

启动“插入目录”操作过程，打开“目录”对话框（如图 4-90 所示），单击“选项”按钮，打开“目录选项”对话框，如图 4-102 所示。在该对话框中，对“1 级标题”样式标记目录级别“1”，对“2 级标题”标记“2”，对“3 级标题”标记“3”；清除原有样式级别标识；单击“确定”按钮返回“目录”对话框。

（3）目录格式修改

单击“目录”对话框中的“修改”按钮，打开“样式”对话框，进行目录格式修改。本例中选择列表中的“目录 1”，单击“修改”按钮，打开“修改样式”对话框，设置“目录 1”加粗、段前和段后 0.5 行间距，如图 4-103 所示。

（4）返回

单击 4 次“确定”按钮，逐级返回，得到目录。

13. 文档查看与保存

文档编辑完成并保存，操作结果如图 4-104 所示。

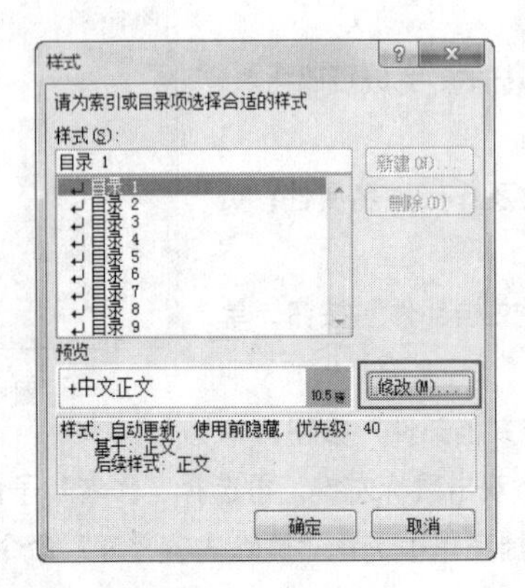

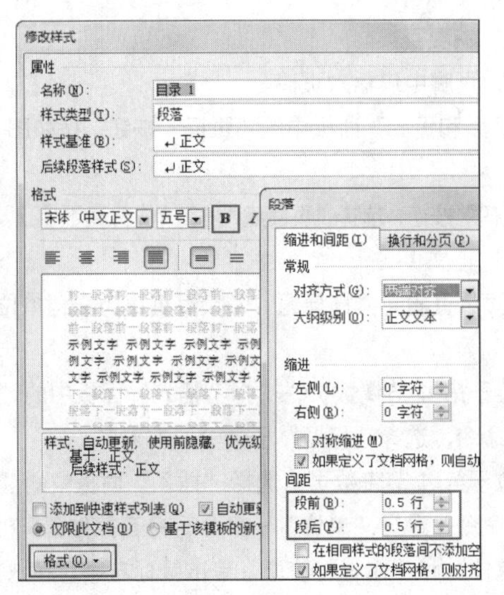

图 4-103

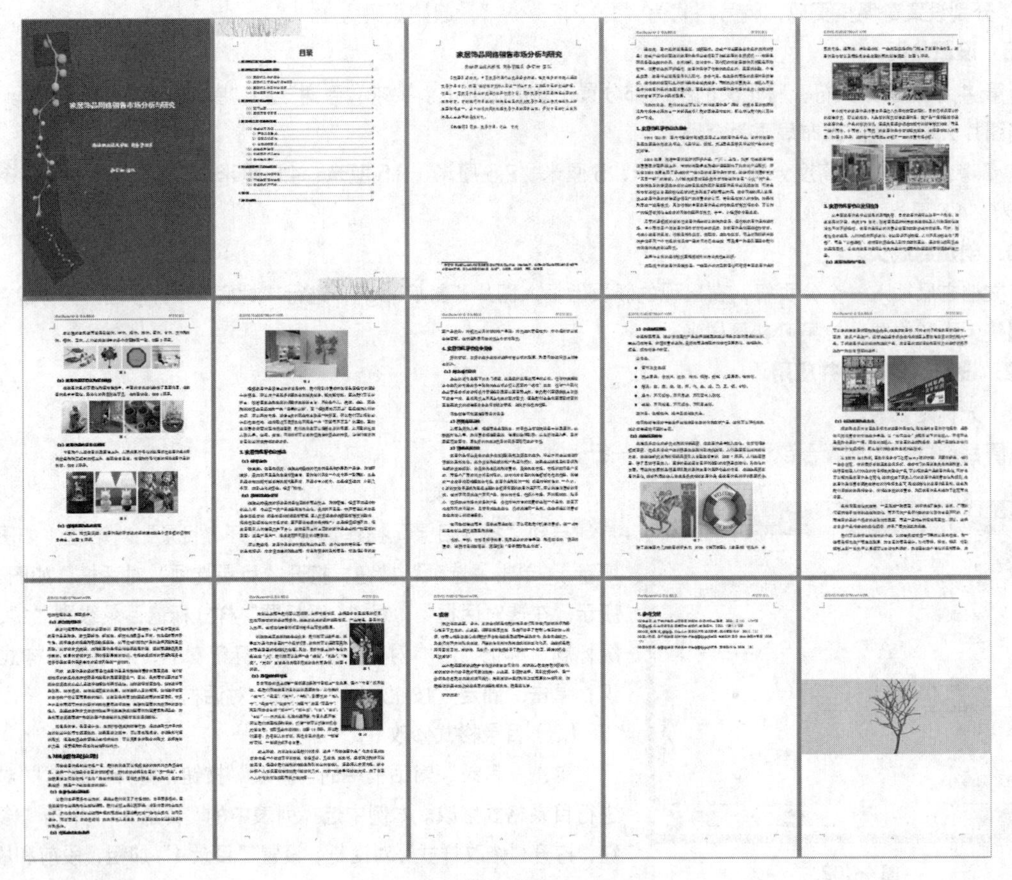

图 4-104

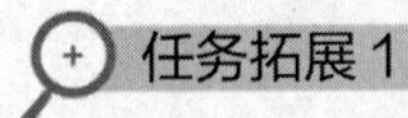

任务拓展 1

Word 作为文字排版方面的主流软件，一直都以技术全面、功能强大、效果完美著称。创建内容完善、版面美观、富有变化的文档是我们的追求。本拓展案例通过对页眉、页码的灵活设计，突破了文档版面设计的“固有思路”，可以让读者看到个性化文档风格的总体实现过程。

本例效果如图 4-105 所示。

色彩、材料与建筑之美

色彩、材料与建筑之美

城建工程系

【摘要】建筑具有地域性、习惯性甚至情感性。建筑所具有的情感色彩，可以传达出人群的生活体验。一般人类对色彩的感觉最强烈、最直接，印象也最深刻。产品的色彩来自于色彩对人的视觉感受和生理刺激，以及由此而产生的丰富的经验联想和生理联想，从而产生复杂的心理反映。因此，建筑设计中对材料的质感、肌理是通过表面特征给人以视觉和触觉感受以及心理联想及象征意义。

【关键词】材料、建筑、工业设计

1

色彩、材料与建筑之美

1 建筑中的设计美学

当今世界高科技飞速发展，社会变化日新月异，随着中国加入世贸，各行各业不断改革、创新的同时，其中作为社会支柱产业之一的建筑业也面临新的挑战。 建筑是凝结着人类文明历史与科学技术的智慧结晶。其本身也是个复杂综合体。一个城市建筑业的发展同时标志着它的综合实力和社会精神面貌

迪拜王储阿勒马克图姆梦想着给迪拜一个悉尼歌剧院、艾菲尔铁塔式的地标。经过全世界上百名设计师的奇思妙想，终于缔造出一个梦幻般的建筑。将浓烈的伊斯兰风格和极尽奢华的装饰与高科技手段、建材完美结合，建造了阿拉伯塔酒店。该酒店由英国设计师 Tom Wright 设计，外观如同一张鼓满了风的帆，一共有 56 层、321 米高，是全球最高的饭店，比法国艾菲尔铁塔还高上一截。 在金碧辉煌的酒店套房，则让你感受到阿拉伯石油大亨般的奢华。酒店全部是落地玻璃窗，随时都可以面对着一望无际的阿拉伯海。

2 建筑中的材料美

材料本身的美：“审曲面势”——即审视材料的曲直、方面、形态、阴阳等特征。材料还具有情感性、地域性与习惯性。造物材料具有某种情感色彩，传达出与人的生活体验相似的感觉。

2.1 颜色

建筑材料的颜色，不仅具备审美性和装饰性，而且还具备符号意义和象征意义。作为视觉审美的核心，色彩深刻地影响着人们的视觉感受和情绪状态。人类对色彩的感觉最强烈、最直接，印象也最深刻，产品的色彩来自于色彩对人的视觉感受和生理刺激，以及由此而产生的丰富的经验联想和生理联想，从而产生复杂的心理反应。产品设计中的色彩，包括色相明度、纯度，以及色彩对人的生理、心理的影响。色彩对室内空间意境的形成方面有很重要的作用，它服从于产品的主题，使产品更具生命力。色彩给人的感受是强烈的，不同的色彩及组合会给人带来不同的感受：红色热烈、蓝色宁静、紫色神秘、白色单纯、黑色凝重、灰色质朴，表达出不同的情绪，成为不同的象征。产品设计中的色彩暗示人们的使用方式和提醒人们的注意。色彩设计应依据产品表达的主题，体现其诉求。而对色彩的感受还受到所处时代、社会、文化、地区及生活方式、习俗的影响，反映着追求时代潮流的倾向。

2

色彩、材料与建筑之美

2.2 材质

人对材质的知觉心理过程是不可否认的，而质感本身又是一种艺术形式。如果产品的空间形态是感人的，那么利用良好的材质与色彩可以使产品设计以最简约的方式充满艺术性。材料的质感肌理是通过表面特征给人以视觉和触觉感受以及心理联想和象征意义。产品形态中的肌理因素能够暗示使用方式或起警示作用。人们早就发现手指尖上的指纹使把手的接触面变成了细线状的突起物，从而提高了手的敏感度并增加了把持物体的摩擦力，这使产品尤其是手工工具的把手获得有效的利用，并作为手指用力和把持处的暗示。通过选择合适的造型材料来增加感性、浪漫成分，使产品与人的互动性更强。在选择材料时不仅要用材料的强度、耐磨性等物理量来做评定， 而且要将料与人的情感关系远近作为重要评价尺度。不同的质感肌理能给人不同的心理感受，如玻璃、钢材可以表达产品的科技气息，木材、竹材可以表达自然、古朴、人情意味等。材料质感和肌理的性能特征将直接影响到材料用于所制产品后最终的视觉效果。

3 现代材料的特性与设计的关系

材料的性能不仅决定了成形工艺与加工技术，也决定着设计的形式以及装饰手法和艺术表现。

目前越来越多的建筑外墙使用大小不一的玻璃和金属墙幕来进行外墙装修，有机硅作为常用材料已经应用得比较多了。同样，硅酮中空玻璃密封胶有助于降低中空玻璃中压力积聚的危险。硅酮结构密封胶将强化中空玻璃面板与幕墙框架之间的机械附着。之所以选择有机硅来完成这一任务，是因为它们能够承受高温、紫外线、地震、恶劣气候条件，包括沙暴和大风。

3

色彩、材料与建筑之美

设计人员考虑到了自然灾难、人为的破坏和其他情况，因此他们采用了混凝土结构，而不是纽约世贸大楼那样的钢结构。 目的是能够承受飞机的撞击。 2001 年恐怖分子劫持飞机撞击纽约世贸大楼后，引起大火，大楼钢结构被高温融化，整座建筑倒塌。

上海世博会的各国展馆就是一个个设计新颖的建筑典范，它们采用各种大型预混凝土构件、钢材构件、钢化玻璃甚至很多新型建材。每一个构建都有可取的结构特点，它们的墙体、屋顶、骨架都能成为建筑理论教学的典型案例。

参考文献：

[1] 王璐，王宏飞．产品形态与工业设计形态观的塑造[J]．北京：北京印刷学院工业设计教研室．北京：北京理工大学艺术设计学院．2003．
[2] 高丰．新设计概论[M]．南宁：广西美术出版社．2007．

4

图 4-105

要制作这样一篇文档，就要熟悉“页眉和页脚”的特性。

页眉和页脚默认的位置在页面的顶端和底端，内容多数表现为文本或数字。其实，如果能结合前面学习过的文本框、图片、艺术字等图形对象，完全可以将页眉和页脚的内容及位置进行“灵活调整”。当然，页码作为“页眉或页脚的内容物”也在调整范畴之内，即页眉和页脚的形式可以根据用户需要“自由”确定，来一个“私人定制”。

案例素材：页面设置对称页边距，页眉和页脚奇偶页不同。

🕮操作提示

（1）启动奇数页页眉编辑状态。

（2）页眉图片：插入图片“建筑.jpg”和“铅笔.jpg”，环绕方式为衬于文字下方，调整大小，其中，前者置

于页面左上，后者置于页面外侧中部的适当位置上，如图 4-106 所示。

（3）页眉文字：艺术字“色彩、材料与建筑之美”的艺术字样式为第四行第二列“渐变填充-橙色，强调文字颜色 6，内部阴影”，华文行楷，四号，红色，不加粗，艺术字文本效果-阴影-透视-右上对角透视，适当调整位置，如图 4-106 所示。

（4）页眉页码：插入文本框，无填充颜色，无轮廓，高度为 1 厘米、宽度为 1.6 厘米；在当前位置插入页码，普通数字为 Calibri（西文正文）三号，其艺术字样式为“渐变填充-橙色-强调文字颜色 6-内部阴影”，移至合适位置，如图 4-106 所示。

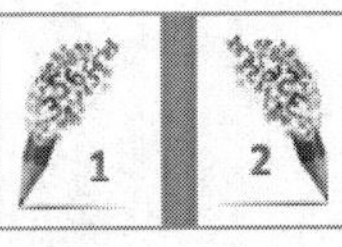

图 4-106

（5）偶数页页眉，操作与奇数页相似，要求图片对齐方式为水平翻转，位置与奇数页对称。艺术字仅做位置调整即可，如图 4-105 所示。

任务拓展 2

“插入书签”是人们在阅读长文档时经常会使用的十分有效的检索手段。对于实物书签，我们随手就能找到，并熟练使用，那么电子书签怎样使用呢？

（1）插入

① 打开素材文档“室内效果图的设计与制作.docx”，将光标置于“第 3 章效果图设计与制作”之前。

② 选择“插入”选项卡→单击“链接”面板中的“书签”按钮→打开“书签”对话框，如图 4-107 所示。

③ 在对话框中编辑新“书签名”→单击“添加”按钮。

（2）删除：打开“书签”对话框→在书签名列表中选中某个书签→单击“删除”按钮。

（3）使用：打开“书签”对话框→在书签名列表中选中某个书签→单击“定位”按钮，即可使光标直接跳转到书签定位位置。

（4）显示：在系统默认情况下，书签是隐藏的。要使设置的书签正常显示出来，可以选择“文件”菜单中的“选项”命令，打开“Word 选项”对话框，在“高级”选项卡中勾选“显示文档内容”分类中的“显示书签”复选项，如图 4-108 所示，即可在文档中显示出灰色的“I”型书签标记。

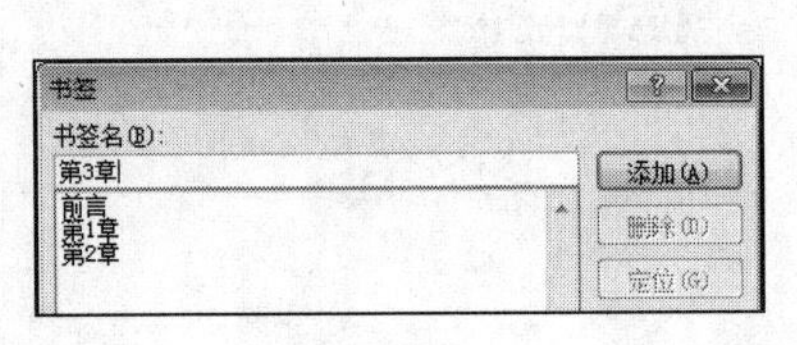

图 4-107

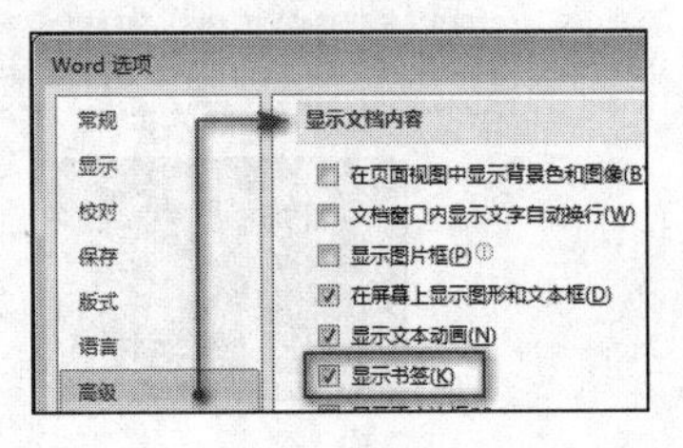

图 4-108

任务练习

1. 操作题

（1）新建一个空白文档，将素材文件“禽类孵化箱.txt”中的内容插入其中。

（2）页边距上下左右均为 2 厘米。

（3）将文章中全部的“浮化”一词替换为“孵化”。

（4）将文件中的倒数第 1 自然段和第 3 自然段交换位置。

（5）设置标题文字格式为：黑体、二号、深蓝色、居中、字符间距加宽 3 磅。

（6）设置小标题“孵化箱”的样式为：四号、蓝色，其中中文字体为楷体、加粗，段前、段后间距均为 0.5 行。

（7）设置其他文字格式：中文字体为宋体、西文字体为 Arial、小四，首行缩进 2 字符，段前、段后间距均为 0 行，行距为单倍行距。

（8）将文章正文中的“珍禽蛋”一词加着重号，颜色为蓝色。

（9）设置允许行首标点压缩。

（10）将文章保存为“禽类孵化箱.docx”。

操作提示：“允许行首标点压缩”可以在“段落”对话框中进行设置，如图 4-109 所示。

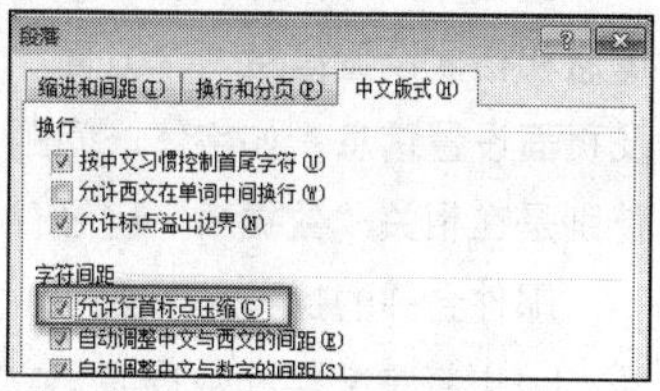

图 4-109

2. 填空题

（1）Word2010 编辑文档时，替换段落标记时在“查找内容”文本框中出现的符号为________。

（2）在 Word2010 文档中，要查看“页眉和页脚”需要在________视图方式下。

（3）编辑 Word 文档时，复制和粘贴格式的组合键分别是________和________。

（4）段落“首行缩进 2 字符”是公认的排版规则，这种效果可以在________对话框中设置。

（5）文档中插入“分页符”可以在________选项卡和________选项卡中完成。

（6）要把外部图像文件定义为新项目符号，可以在“定义新项目符号”对话框中按________按钮。

3. 简答题

（1）显示/隐藏 Word2010 功能区有几种方法？分别是什么？

（2）如何定义新快速样式？

（3）对 Word 单元格中的文字已经设置了“中部右对齐”，若还想让该内容距离表格右边框更近些，应如何操作？简述步骤。

任务 5　如此高效——图书登记卡

任务提出

学院图书馆要为所有图书制作图书卡。卡片基本内容及格式相同，只是编号、书名等具体内容有所区别。馆藏图书种类繁多，要求卡片制作时间短、有特色、形式美观。

任务分析

日常生活中有很多像“图书卡”这样的票证、清单文档。如果一份份地编辑打印，即便每份只修改个别数据，也会很麻烦。基于快速、准确、美观的制作要求，小叶选用了 Word 2010 中提供的“邮件合并”工具来完成此项工作。

任务要点

- 主文档准备
- 数据源文档准备
- 邮件合并
- 组合输出
- 条件输出

知识链接

4.5.1　邮件合并

1. 概念

邮件合并是 Word 文字编辑软件中将文件进行拼合的一种操作形式。在应用过程中，操作者预先准备“主文档”和“数据源”两个文档并进行连接，再合并生成部分数据可变的新文档，最后实现新文档的输出。

通俗地讲，主文档在操作过程中担任了新文档中固定数据提供者的身份。它所包含的内容一般可以分为文本信息和格式设置信息两个方面。例如，“邀请函”中的事由、时间、地点等文本信息和相关的字体、段落格式设置及页面设置信息，如字体、间距、纸张、边框、水印设置等；数据源则在操作过程中起到了可变数据供体的作用。特别是在相关“数据表”已经存在的情况下，能做到一物多用，很大程度上提高数据的利用率和一致性。

邮件合并的操作环节如下。

（1）将主文档和数据源建立“联系”。

（2）将数据源中的数据分不同情况“输送”到文档中。

（3）区分不同情况生成批量新文档。

利用计算机的速度优势，邮件合并操作可以极大地提高生成批量新文档的速度，同时又可以规避大量可变数据因多次重复录入所带来的“前后数据不一致”的风险。例如，在“手机号码”“身份证号”等易错信息的处理中，它的操作优势就尤为突出。总之，可变数据规模越大，生成的批量文档数目越多，邮件合并的优势就越明显。

2. 邮件合并应用举例

（1）批量打印信封：按统一格式，将数据表中的邮编、收件人及地址区分情况分别输出。

（2）批量打印请柬：信件内容不变，更换被邀请人的称呼、职务，实现输出。

（3）批量打印工资条：从数据表中调用不同人员的不同项目工资数据，单独编制，完成输出。

（4）批量打印个人简历：从数据表中调用不同人员的登记信息，单人单页，完成输出。

（5）批量打印学生成绩单：为数据表增设评语字段，并一人一评。从数据表中取出个人不同科目的分数信息对应的评语信息，合成个人成绩单，输出或发送。

（6）批量打印各类获奖证书：利用数据表中设置的姓名、获奖名称等字段信息，在 Word 中编辑证书内容及格式，两者合并，批量打印证书。同理，各类票证、卡片、单据制作都可以套用这种操作形式。

通常，数据源（即数据表）中的“行”被称为“记录”；“列”被称为“字段”；每个字段名称为“字段名”。在对数据表中的数据进行引用时经常会用到这些概念。

3. 邮件合并方法

见“任务实施”部分，不再赘述。

4.5.2 域

Word 域，即范围，类似数据库中的字段。实际上，它就是 Word 文档中的一些字段。每个 Word 域都有一个唯一的名字，但有不同的取值。用 Word 排版时，使用 Word 域，可增强排版的灵活性，减少重复操作，提高工作效率。前面提到的利用邮件合并实现批量文档生成，即是“域”的典型应用。通过将取值可变的域引入主文档，生成因记录不同而发生数据变化的新文档，就是邮件合并的实质。

1. 概念

域是文档中的变量。域分为“域代码”和“域结果”。域代码是由域特征字符、域类型、域指令和开关组成的字符串；域结果是域代码所代表的信息。域结果根据文档的变动或相应因素的变化而自动更新。域特征字符是指包围域代码的大括号“{}”，它不是从键盘上直接输入的，按“Ctrl”+“F9”组合键可插入这对域特征字符。

例如，文档中每个出现域代码{ DATE }的地方都会插入当前日期，其中“DATE”是域类型。

2. 更新域操作

当 Word 文档中的域没有显示出最新信息时，用户应采取以下措施进行更新。

（1）更新单个域：首先单击需要更新的域或域结果，然后按下“F9”键。

（2）更新一篇文档中的所有域：选定整篇文档，然后按下“F9”键。

（3）执行“文件”菜单中的“选项”命令，打开“Word 选项”对话框，在其“显示”选项卡下的“打印选项”类中设置“打印前更新域”复选项，以实现 Word 在每次打印前都自动更新文档中所有域的目的。

3. 显示或隐藏域代码

（1）显示或者隐藏某个域代码：单击要显示或隐藏域代码的域或其结果，按“Shift”+“F9”组合键。

（2）显示或者隐藏文档中的所有域代码：按下“Alt”+“F9”组合键。

4. 解除域的链接

选中域内容，按“Ctrl”+“Shift”+“F9”组合键即可解除域的链接。此时，当前的域值就会变为常规文本，不能再更新了。用户若需要重新更新信息，则必须再次插入同样的域。

4.5.3　水印

1. 概念

水印是给文档添加图片或文字背景的一种有效方法。使用水印除了影响文档的设计风格外，还可以为文档增加一定的防伪功能。例如，我们可以使用水印功能为文档添加带有单位名称或标志的文字或图片信息背景，为文档的专属性及个性化创造条件。如图 4-110 所示，就是我们在“图书登记卡”设计过程中加入相关图片水印给文档带来的变化。

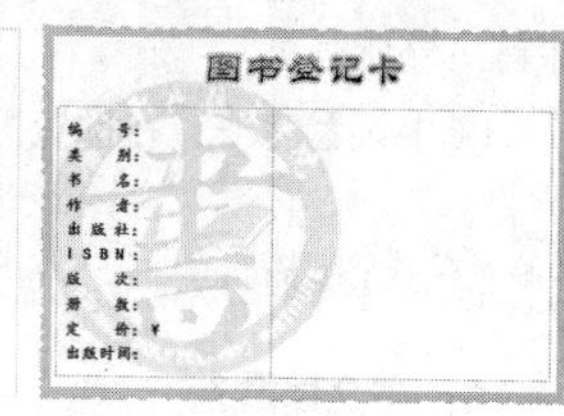

图 4-110

2. 创建水印

（1）打开需要创建水印的文档。

（2）单击“页面布局”选项卡中“页面背景”面板中的“水印”按钮。

（3）启动“水印”下拉列表，如图 4-111 所示，选择“自定义水印”命令。

（4）打开“水印”对话框，如图 4-112 所示，选择“图片水印”或“文字水印”单选项并进行相关设置。

（5）完成水印图片选择、水印文字录入及格式设置。

（6）单击“确定”按钮。

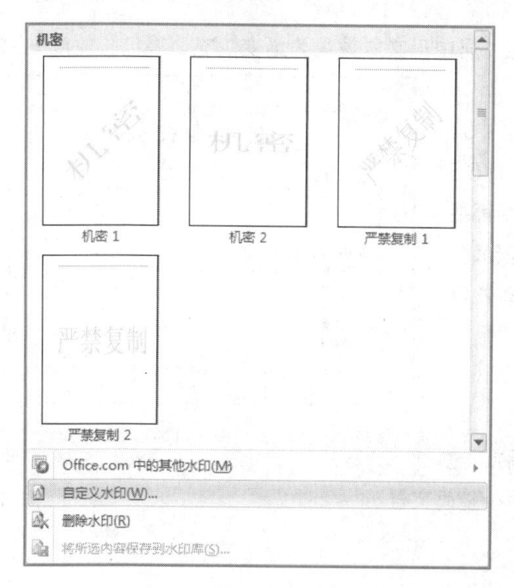

图 4-111

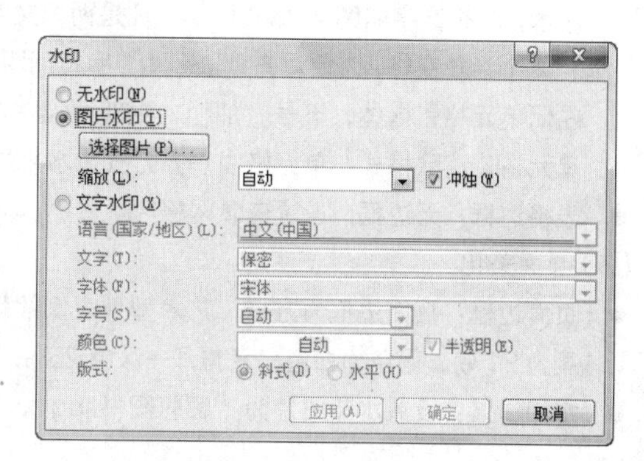

图 4-112

4.5.4 页面边框

页面边框主要用于在 Word 文档中设置页面周围的边框，可以设置普通的线型页面边框和各种图标样式的艺术型页面边框，从而使 Word 文档更富有表现力。

设置页面边框的方法如下。

（1）打开文档，切换到“页面布局”选项卡，在“页面背景”面板中单击“页面边框”按钮。

（2）直接打开“边框和底纹”对话框的“页面边框”选项卡，如图 4-113 所示。

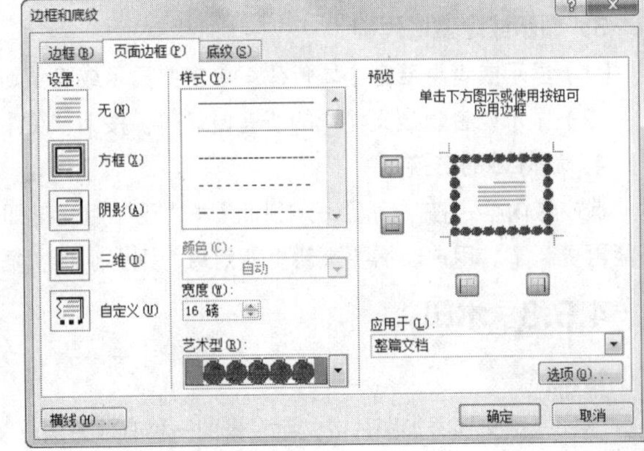

图 4-113

（3）在“设置”栏中选择页面边框的类型，包括无、方框、阴影、三维或自定义。

（4）在“样式”列表或“艺术型”列表中选择边框样式，并设置边框颜色、宽度。

（5）在“应用于”列表中选择该页面边框应用的范围，包括“整篇文档”“本节”“本节-仅首页”“本节-除首页外所有页”。

（6）设置完毕，在预览区域查看设置效果，单击“确定”按钮。

任务实施

1. 主文档准备

主文档的准备可以有创建和打开两种方式。创建邮件合并主文档的过程与创建普通文档相同。本例主文档“图书登记卡.docx”的创建过程如下。

（1）页面设置

设置纸张大小为 14 厘米 × 10 厘米，方向横向，页边距上为 1 厘米、其他均为 0.5 厘米，页眉和页脚距边界均为 0 厘米。

（2）文档注释性信息编辑及格式设置

- 标题：内容“图书登记卡”；华文隶书，一号，加粗，居中；文本效果为渐变填充，黑色，轮廓-白色，外部阴影。
- 表格及文字：插入一个一行两列的表格，页面水平居中，行高为固定值 6 厘米，列宽第 1 列为 5 厘米，第 2 列为 6.5 厘米；表格文字如图 4-114 所示，凡是两个文字中间都要补 4 个半角空格，方便对齐；“ISBN：”字符间距加宽 5 磅；左侧单元格，楷体，五号，加粗，中部两端左对齐；右侧单元格，清除格式，单元格内对齐方式为水平居中。
- 表格边框：无边框，设置查看网格线。

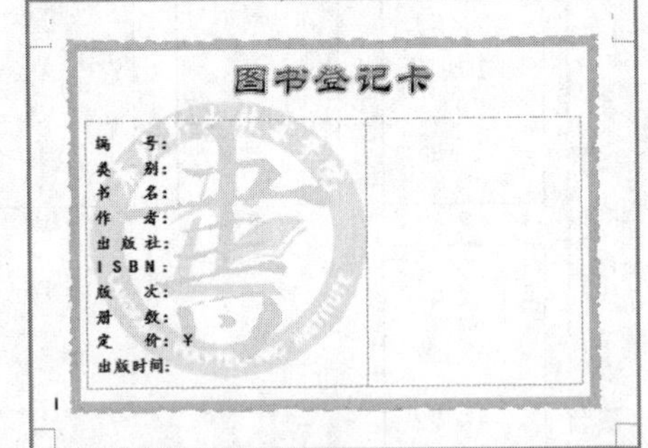

图 4-114

（3）页面美化

- 页面边框：页面边框为方框，艺术型列表倒数第 3 种，宽度为 31 磅，颜色为白色—背景 1—深色 25%，应用于整篇文档。
- 水印设置：设置水印图片为“廊职图书.jpg”。

本例中，操作者可选择主文档素材文件直接使用。

2. 数据源准备

数据源的准备也有创建和直接使用两种方式。本例提供数据源素材“书目.xlsx”（部分数据如图 4-115 所示），在此我们可以选择直接“使用”。

	A	B	C	D	E	F	G	H	I	J	K	L
1	编号	类别	书名	作者	出版社	ISBN	版次	出版日期	定价	进价	册数	图片
2	001	心理	幸福的流失	[美] 罗伯特·莱恩	世界图书出版	9787519206	1	2017/1/1	¥59.80	¥44.90	2	E:\\图片\\001.jpg
3	002	小说	解忧杂货店	[日]东野圭吾	南海出版公司	9787544270	1	2014/8/1	¥39.50	¥27.30	1	E:\\图片\\002.jpg
4	003	小说	追风筝的人	[美]卡勒德·胡赛	上海人民出版	9787208061	1	2006/5/1	¥29.00	¥17.70	1	E:\\图片\\003.jpg
5	004	心理	别让情绪失控害了你	陈玮	中华工商联出	9787515809	1	2014/6/1	¥29.80	¥18.60	3	E:\\图片\\004.jpg
6	005	心理	拖延心理学	[美]简·博克	中国人民大学	9787300113	1	2009/12/1	¥39.80	¥29.90	5	E:\\图片\\005.jpg
7	006	心理	自卑与超越	[奥]阿弗雷德·阿	沈阳出版社	9787544149	1	2012/12/1	¥22.00	¥13.80	5	E:\\图片\\006.jpg
8	007	心理	做内心强大的自己	[美]卡耐基	新世界出版社	9787510428	1	2012/6/1	¥29.80	¥18.60	5	E:\\图片\\007.jpg
9	008	心理	焦虑心理学	陈东城	中央编译	9787511732	1	2017/1/1	¥32.80	¥18.50	5	E:\\图片\\008.jpg
10	009	心理	竟然想通了	[台]vera/jay	长江文艺出版	9787535484	1	2016/6/1	¥38.00	¥26.10	5	E:\\图片\\009.jpg
11	010	职场	把话说到客户心里去	吴凡	古吴轩出版社	9787554606	1	2016/4/1	¥35.00	¥21.90	5	E:\\图片\\010.jpg

图 4-115

基于本案的特殊性，即需要引入图片字段，所以在数据源文档的准备方面有以下几点需要特别说明。

① 必须将素材中的“图片”文件夹复制到 E 盘中，因为图 4-115 中的最后一列“图片”字段中的数据引用自“E:\\图片”文件夹。

②“图片”字段中的数据的书写格式，必须是“E:\\图片\\001.jpg”的形式，路径中的分隔符必须用双反斜杠“\\”，代表物理路径。

③“图片”字段中的数据可以使用 Excel 中的填充功能实现，操作详见项目 5。

因此，如果我们已经有一个保存比较完整的数据源文档，也需要在使用它进行邮件合并操作前对其结构、内容和附带文件进行检查，看它是否符合邮件合并操作的基本要求：准备需要插入的图片文件，且将其放置于合适的位置上；数据源文档的图片字段书写要符合规范；数据记录比较多时，应该使用 Excel 填充功能完成“图片”字段录入。这就要求，图片文件名的规律性较强，方便操作。做到以上几点，相关操作才能顺利进行。

3. 邮件合并

（1）打开文档

保持主文档的打开状态，关闭数据源文档。

（2）启动邮件合并过程

单击“邮件”选项卡→单击“开始邮件合并”面板中的“选择收件人”按钮→选择“使用现有列表”命令，如图 4-116 所示。

图 4-116

（3）连接数据源文档

选取数据源“书目.xlsx”，启动“选择表格”对话框，如图 4-117 左图所示；选中“书目 1$”工作表（全部数据都在该工作表中）→单击“确定”按钮，完成主文档与数据源的连接。

（4）插入文字域

将光标置于主文档“编号:”之后→单击“编写和插入域”面板中的“插入合并域”按钮→单击列表中的“编号”，如图 4-117 右图所示，即可将“《编号》”域插入到光标位置。

同理，完成其他文字域的插入。

插入
合并域

编号
类别
书名
作者
出版社
ISBN
版次
出版日期
定价
进价
册数
图片

选择表格

名称	说明	修改时间	创建时间	类型
Sheet1$		4/18/2018 11:06:17 AM	4/18/2018 11:06:17 AM	TABLE
Sheet2$		4/18/2018 11:06:17 AM	4/18/2018 11:06:17 AM	TABLE
Sheet3$		4/18/2018 11:06:17 AM	4/18/2018 11:06:17 AM	TABLE

数据首行包含列标题(R)　确定　取消

图 4-117

（5）格式调整

将"《ISBN》"域改为"标准"字符间距。防止书号数字过于分散，影响美观。

（6）插入图片域：将光标置于主文档表格的右侧单元格正中，单击"插入"选项卡→"文本"面板→"文档部件"按钮；单击列表中"域"命令→打开"域"对话框，进行如图 4-118 左图所示的设置。

① 去掉该对话框中的"更新时保留原格式"复选项。

② 按"Shift"+"F9"组合键，显示图片域的域代码为{ INCLUDEPICTURE | }。

注 意

最好在显示编辑标记的状态下操作，以确保光标置于域名"includepicture"之后的两个空格之间，方便把后续的域插入在正确的位置上。

③ 重复前面的步骤，再次插入"域"类型的"文档部件"，按如图 4-118 右图所示的方法进行设置，同样去掉该对话框中的"更新时保留原格式"复选项。

注 意

请注意阅读图 4-118 中两个域的"说明"信息；另外，右图中的域名为"图片"，它与图 4-115 中的"图片"字段的名称是一致的。

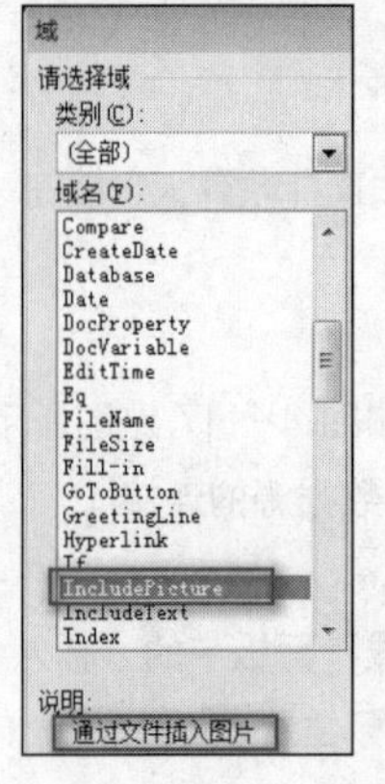

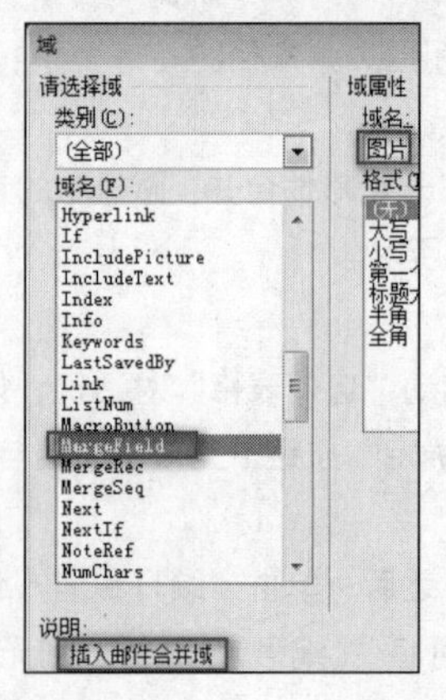

图 4-118

④ 按“Shift”+“F9”组合键，显示插入嵌套域后的域代码为{ INCLUDEPICTURE { MERGEFIELD 图片 } }。

当然我们也可以采用手工录入的方式，完成图片域的书写操作。只是域的标志符“{ }”是通过按“Ctrl”+“F9”组合键完成录制的；此外，录入时还要注意域名之间的空格分隔问题，大小写均可，如图 4-119 所示。

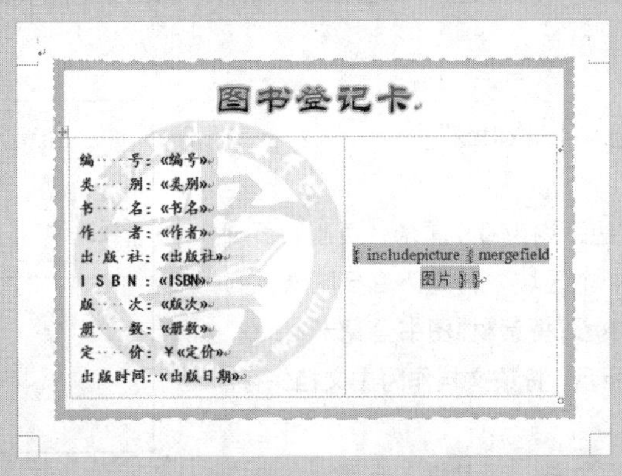

图 4-119

（7）返回“邮件”选项卡，生成新文档

单击“完成并合并”按钮，选中列表中的“编辑单个文档”命令，打开“合并到新文档”对话框，如图 4-120 所示，合并全部记录，单击“确定”按钮。

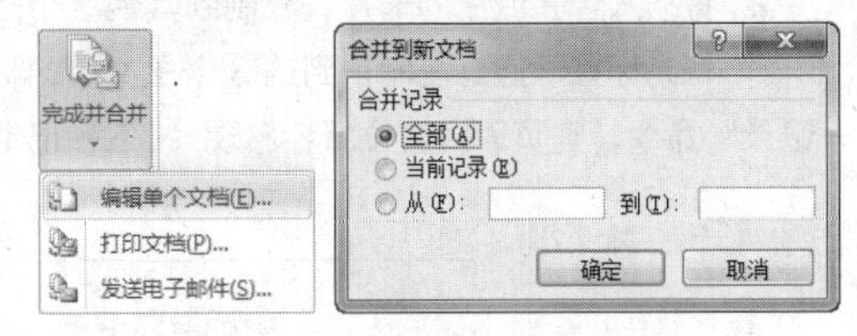

图 4-120

（8）合并结果显示

经过 40 条记录信息的合并，生成了 40 页“图书登记卡”，且它们都存在于一个名为“信函 1”的文档中。如果图片显示不正常，可以按“Ctrl”+“A”组合键，全选文档内容，再按“F9”键，更新域即可，如图 4-121 所示。

图 4-121

（9）结果输出

若打印，可直接操作；若保存，则需保存该新文档，效果图参见样张。

至此，完成“图书登记卡”文档的批量制作过程。步骤（1）~（5）实现了文档中文字域的插入；步骤（6）~（8）实现了图片域的插入。

✍提出问题：前面编辑的“图书登记卡.docx”文档的纸张大小为 14 厘米×10 厘米，为非标准纸张。日常工作中如果使用常用的标准 A4 纸去完成这样的卡片打印，会造成极大的浪费。那么，我们能不能在一页 A4 纸上打印多张卡片呢？

4．组合输出

（1）新建主文档

创建新的主文档“图书登记卡 4-1.docx”。

（2）设置主文档

将一张 A4 纸横向放置，页边距均为 0.5 厘米，页眉和页脚均为 0.5 厘米；用表格划分为 4 个区域，行高为 9.5 厘米，列宽为 14 厘米；表格置于页面正中心；将素材“图书登记卡.docx”的内容复制到此，如图 4-122 所示。将该文档作为主文档保存。

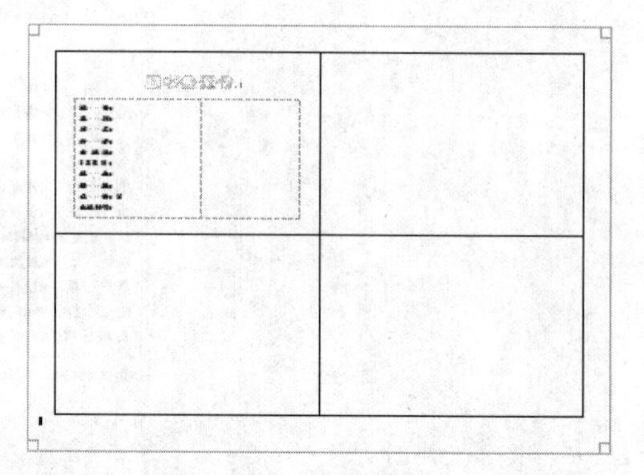

图 4-122

（3）域的操作

① 连接数据源“书目.xlsx”文档，对其插入合并域，包括文字域和图片域。

② 将插入合并域后的卡片，复制到其他 3 个空格中。

③ 将光标置于通过复制得到的 3 个主文档的标题之前，单击“编写和插入域”面板的“规则”按钮；选择“下一记录”命令，则页面对应位置会出现“《下一记录》”或“《NEXT》”字样，如图 4-123 所示。

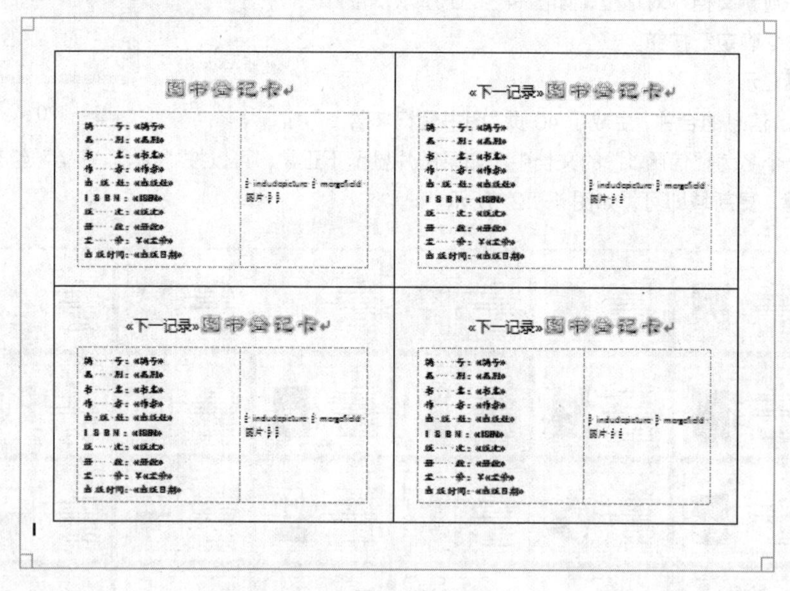

图 4-123

（4）页面美化

设置新颖的表格边框；以页眉形式插入“廊职图书.jpg”图片，衬于第 1 张登记卡下方，适当修改大小和位置，颜色为重新着色-冲蚀，再将图片复制 3 幅，调整到适当位置。

（5）合并新文档：单击“完成并合并”按钮，实现一页四份不同图书登记卡的合并效果，如图 4-124 所示。

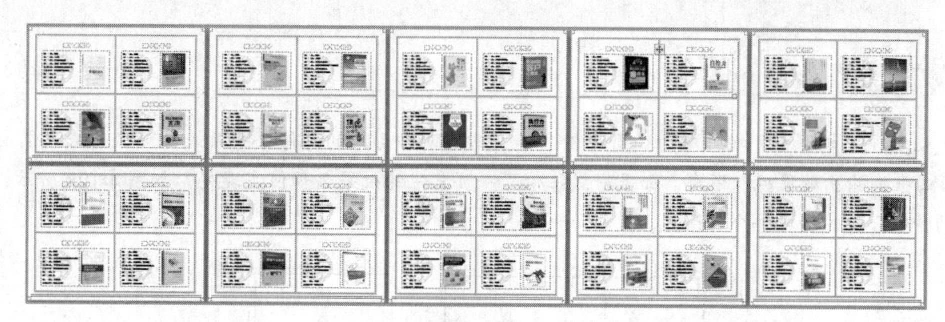

图 4-124

由此可见，邮件合并在批量有固定格式的文档的制作方面，方便快捷，优势明显。

5. 条件输出

在邮件合并过程中，不是每次操作都必须把数据源中的内容全部使用一遍。字段如此，记录也是一样。

前面的实例中我们始终没有使用过“进价”字段的值。所以，数据源文档中只需包含操作所需的相关字段即可。同理，邮件合并生成新文档时当然也可以只针对有必要输出的记录进行。

（1）若只对“人民邮电出版社”的图书进行登记卡片的制作或输出，操作步骤如下。

① 如前面案例操作，在“图书登记卡.docx”文档中完成邮件合并中域（文字域和图片域）的插入操作。

② 将光标置于文档标题之后。

③ 单击“邮件”选项卡→单击“编写和插入域”面板中的“规则”按钮。

④ 在下拉列表中选择“跳过记录条件”命令，按如图 4-125 所示的方法进行设置。

⑤ 再进行新文档的合并编辑即可。

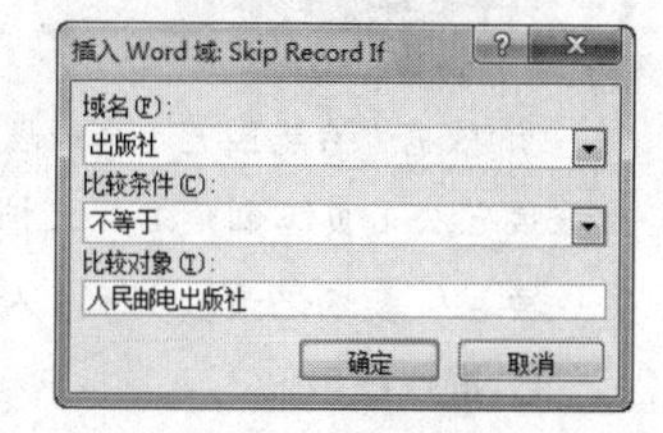

图 4-125

这样，如果某张卡片丢失，就可以针对特定的记录进行邮件合并，轻松实现补充打印了。当然，这时操作的“域名”应该是像“编号”这样的唯一能代表一条记录的“关键字段”。

（2）若按照出版社的不同分别制作图书的登记卡片，操作步骤如下。

① 在上例跳过“非人民邮电出版社”记录操作的基础之上，删除原“图书登记卡.docx”文档中关于“出版社”的一行信息。

② 于标题下新增加一行内容，以放置“出版社”信息，字体、字号可做适当调整。

③ 新增的“出版社”信息应用，单击“规则”列表中的“如果……那么……否则”命令，在如图 4-126 所示的对话框中进行设置。

④ 完成规则设置后，合并生成新文档，如图 4-127 所示，建立了“人民邮电出版社”的专属图书登记卡。

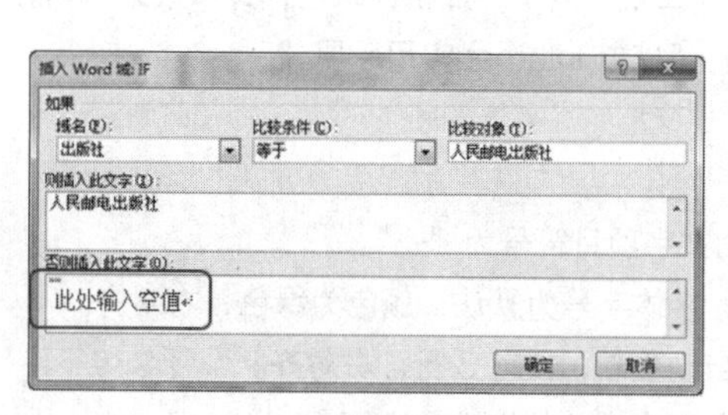

图 4-126

图 4-127

任务拓展 1

前面我们实现了邮件合并操作中的一页一份、一页四份两种形式的邮件合并效果，那么如果我们要实现一式两份、一页四张的输出效果呢？还有，如果一式三份、一页三张的效果又如何实现呢？如图 4-128 所示，请读者动手完成这两种组合输出的邮件合并形式。

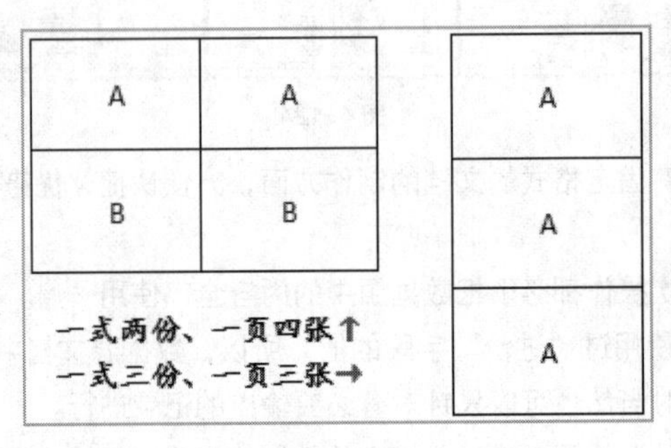

图 4-128

任务拓展 2

请根据“怡然园艺”总经理的名片格式，从创建主文档和数据源开始，参照图 4-129，为该园艺公司员工创建名片文档。

要求：数据记录不少于 5 人。

📖操作提示

（1）页面：9 厘米×5.5 厘米，页边距均为 0.7 厘米。

（2）主文档：包括公司名称、地址和邮编、手机、传真、邮箱等提示信息，以及格式和背景图片。

（3）版面：可以使用文本框，控制文本的位置。

（4）数据源：至少包括姓名、职务、手机、传真、邮箱 5 个字段的分类信息。

图 4-129

任务练习

1. 操作题

（1）打开素材文档“网络信息检索.docx”。

（2）设置纸张大小为 A4（21 厘米×29.7 厘米）。

（3）设置页面水印文字为“互联网应用知识”，颜色为浅绿，字号为 48，字体为微软雅黑。

（4）设置标题文字“网络信息检索”为微软雅黑，二号，居中，加粗，绿色；文本效果为阴影—内部右上角。

（5）在第 1 行文字“网络信息检索”后插入尾注：“摘自 Internet 实用手册。”。

（6）正文第一段首字下沉 2 行。

（7）设置页面主题为：凸显。

（8）参照样张“网络信息检索.jpg”，设置相应的文字项目符号为“🖱”。

（9）参照样张，设置页眉为“互联网应用知识”，字体字号为默认，颜色为绿色，右对齐。

（10）参照样张，在正文底部插入日期和时间，自动更新，段前 3 行，右对齐。

（11）参照样张，设置正文除第一段和日期外的所有内容首行缩进 2 字符。

（12）参照样张，设置正文第 2 段底纹颜色为浅黄一背景 2；正文第 3 段为橙色阴影边框，宽度为 3 磅。

（13）保存文件。

📖操作提示

① 尾注：单击“引用”选项卡→“脚注”面板中的“插入尾注”按钮。

② 首字下沉：单击“插入”选项卡→“文本”面板中的“首字下沉”按钮。

③ 主题：单击“页面布局”选项卡→“主题”面板中的“主题”按钮。

④ 当前日期：单击“插入”选项卡→“文本”面板中的“日期和时间”按钮。

⑤ 底纹边框：单击“开始”选项卡→“段落”面板中右下角的“边框底纹”按钮。

注意

在操作过程中，用户需要区别“字符”和“段落”与边框/底纹的设置效果，并根据操作要求完成指定操作。

2. 填空题

（1）在 Word 2010 中编辑文档时，手工插入分页符的组合键是________。

（2）若未选中任何段落，则操作者所进行的段落格式设置将自动应用于________。

（3）打印 Word 2010 文档时，页码范围若是 7~9、17、20，表示将打印的页数为________页。

（4）双击 Word 2010 格式刷，复制所选文本格式后，可以通过在页面左侧选定栏________的方法实现对某整行文本格式的设置。

（5）在 Word 2010 的编辑状态下，按钮表示的含义是________。

（6）纸张大小已定，若调整每页行数和每行字数，可在________完成设置。

（7）Word 2010 提供的“屏幕截图”功能，在________选项卡中。

（8）若将 Word 文档保存为文本文件，则文件中的________、________和________会全部丢失。

（9）________是 Word 2010 新增的图片处理功能，它能够将图片主体部分周围的背景删除。

（10）要对文档进行字数统计，可以在________和________中进行操作。

任务 6 给文档添彩——形状、SmartArt、图表与公式

任务提出

Word 2010 可用于完成各种技术文档的制作。一般在技术文档中除了常见的文本、符号外，还经常会出现一些图形、图示、图表、公式等，而对这些对象的编辑修改与常规文档内容区别很大。那么，怎样才能完美地实现这类对象的编辑与修改呢？

任务分析

为了顺利实现上述特殊对象的编辑与修改操作，读者在任务中需要专门学习 Word 2010 中的形状、SmartArt 图形、图表和公式的插入和编辑操作，以丰富专业技术文档的编辑手段，既为文档增光添彩，又方便用户理解和使用。

任务要点

- 形状
- SmartArt 图形
- 图表
- 公式

知识链接

4.6.1 形状

形状作为 Word 内置的图形符号集合，可以完成对文档中很多种类的图形对象的绘制、编辑、合成、排列操作。

1. 选择

（1）单个形状。

方法 1. 用鼠标单击要选择的形状。

方法 2. 选择“开始”选项卡→打开“编辑”面板中的“选择”列表→选择“选择窗格”命令→在当前页的“选择和可见性”形状列表中单击。

（2）多个形状。

方法 1. 按住“Shift”键逐个单击要选择的形状。

方法 2. 在当前页的“选择和可见性”形状列表中，按住“Ctrl”键逐个单击要选择的形状。

方法 3. 使用“选择”按钮之下的“选择对象”命令后，可以通过拖动并绘制“虚线矩形框”的方法一次性选中“绘图画布[①]”中的多个形状对象。

2. 修改

选中要进行修改的形状后，功能区中即出现对应的“格式”选项卡。这时，用户可以选择相应的格式完成对形状属性的设置与调整。

如果所选内容为单一形状，则用户可以设置它的位置、环绕、旋转、大小、填充、轮廓及效果，甚至进行旋转形状的更改及顶点编辑。

如果选中多个对象还可以完成对象的排列操作，包括对齐、组合、层次调整等。

特别地，某个形状对象在被选中时可能还会出一个或多个“黄色菱形”控制点，拖动它们可以快速完成对象外形的修改。如图 4-130 所示的基本形状中的“笑脸”中就有一个这样的控制点，垂直向上拖动它就会变成“哭脸”。有的“标注”形状甚至有 4 个黄色控制点，其调整范围很广。另外，图中的“绿色圆形”控制点为旋转控制点，拖动它也可完成形状的旋转。

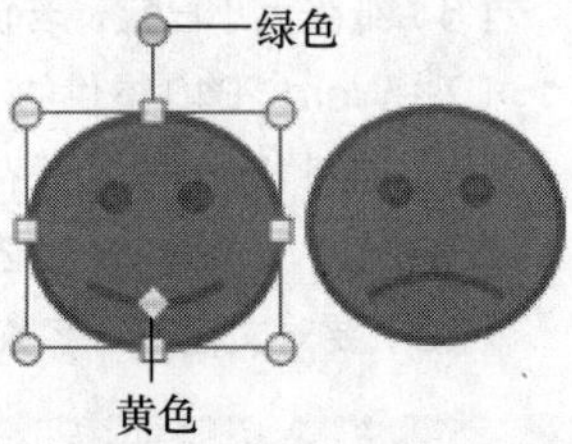

绿色

黄色

图 4-130

3. 添加文字

选中要进行文字添加的形状，右击鼠标，在快捷菜单中选择“添加文字”命令，则在形状中心就会出现一个闪烁的光标。这就意味着可以在光标当前位置进行文字的编辑操作了。如果形状本身为标注类型，则形状插入后光标会自动出现，可以直接录入信息。

4.6.2 SmartArt 图形

SmartArt 是自 Office 2007 版本起新增的一种图形应用。它是一种进行信息和观点表达的新颖的视觉表现形式。人们在 Word 等 Office 组件中都能找到它的身影。用户可通过选择不同布局，来创建有特定功能指向的图形组合，从而快速、轻松、有效地传达信息。它包括列表、流程、循环、层次结构、关系矩阵、棱锥图、图片和 Office.com 共 9 类、200 多种具体布局组合。

1. 插入

① 将光标置于适当位置。

---

① 简单地讲，绘图画布是一种对象容器。单击“形状”按钮，在下拉列表中选择“新建绘图画布”命令，即可完成其在光标当前位置的插入。在一个绘图画布中可以插入多个对象，如形状、图片等。

② 选择“插入”选项卡，单击“插图”面板中的“SmartArt”按钮。

③ 在打开的“SmartArt 图形”对话框中选择所需的类型和布局，如插入“层次结构”类中的“组织结构图”中的“圆形图片层次结构”，如图 4-131 所示。

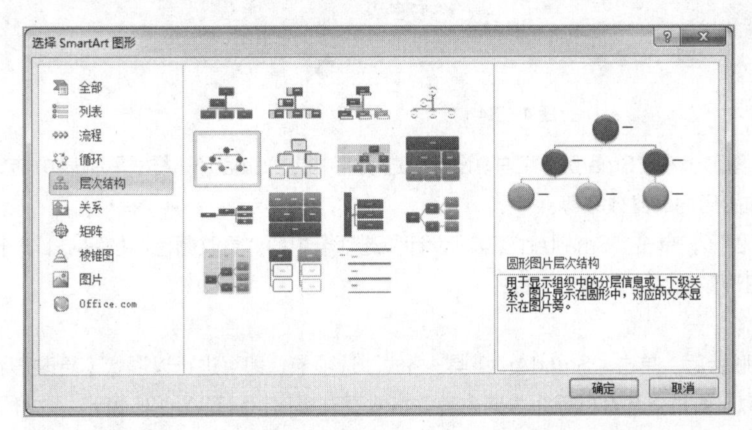

微课：插入 SmartArt 图形

图 4-131

④ 单击“确定”按钮，即可在光标所在位置插入所选的布局框架，如图 4-132 所示。

⑤ 依次单击各“[文本]”或“”，即可进行文字和图片的插入，如图 4-133 所示。

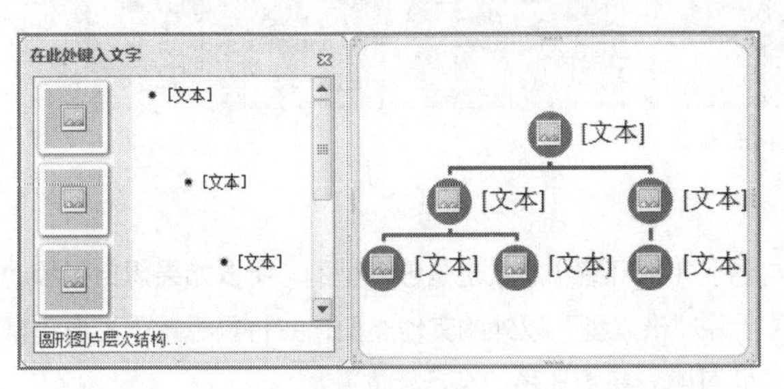

图 4-132

图 4-133

2. 编辑

在 SmartArt 图形处于选中状态时，功能区会自动出现包括“设计”与“格式”两个选项卡在内的“SmartArt 工具”。利用它们，用户可以实现对 SmartArt 图形的各类编辑操作。

（1）删除和添加形状

① 删除形状：单击选中已经插入的 SmartArt 图形中的某个形状，按“Delete”键即可完成对形状的删除。形状删除后，其他形状自动重排位置，以保持图形整体美观。

② 添加形状，具体操作如下。

方法 1. 选中已经插入的 SmartArt 图形中的某个形状，单击“SmartArt 工具—设计”选项卡中的“创建图形”面板下的“添加形状”按钮右侧的下拉按钮，在列表中选择插入模式，即可按指定规则完成新形状的插入，如图 4-134①和②所示。

方法 2. 单击选中已经插入的 SmartArt 图形中的某个形状，用鼠标右键单击，在快捷菜单中指向“添加形状”命令，单击级联菜单中的新形状插入模式即可，如图 4-134①和③所示。

（2）更改图形布局、样式和颜色

① 更改布局：选中 SmartArt 图形，在“SmartArt 工具—设计”选项卡中的“布局”列表中选择“其他布局”命令，再次进行布局选取即可。

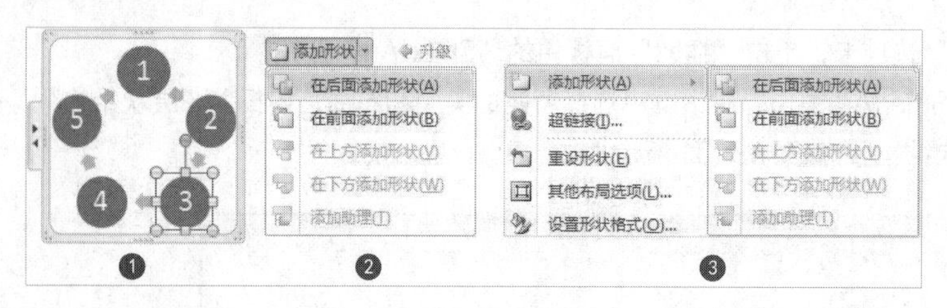

图 4-134

② 更改样式：选中 SmartArt 图形，在“SmartArt 工具-设计”选项卡中的“SmartArt 样式”列表中选择其他样式。例如通过更改样式可以增加图形的三维效果等。

③ 更改颜色：选中 SmartArt 图形，单击“SmartArt 工具-设计”选项卡中的“更改颜色”按钮，选择包括彩色和不同强调文字颜色的系列图形颜色，达到美化的目的。

（3）更改形状格式

选中 SmartArt 图形中的某个形状后，单击“SmartArt 工具-格式”选项卡，即可进行以形状（更改形状、增大、减小）、形状样式（填充、轮廓、效果）及大小等为主要内容的格式更改操作，如图 4-135 所示。这样不但可以美化形状，还能满足用户在形状设计方面的个性化需求。

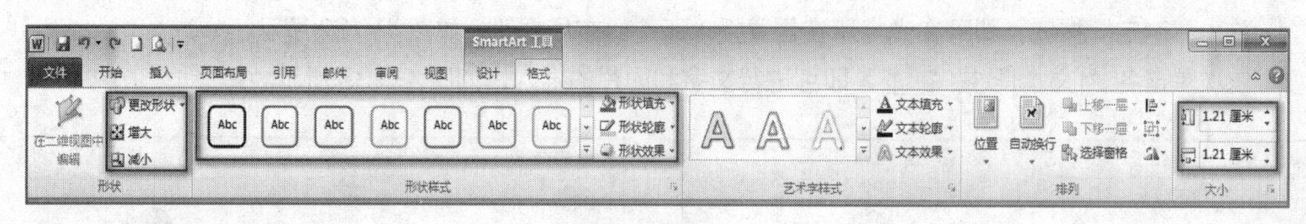

图 4-135

（4）移动与缩放图形

① 移动图形：与图片一样，SmartArt 图形默认的“自动换行”（即环绕）方式也是嵌入型的。所以如果想自由移动其位置，可以把所选 SmartArt 图形的“自动换行”方式设置为除“嵌入型”以外的其他类型，并将鼠标置于图形边框上，当鼠标形状变为“十字箭头”时按住鼠标左键进行拖动，即可顺利将图形移动至目标位置。

② 缩放图形：选中 SmartArt 图形，将鼠标移动至图形边框的边中点或拐角处，当鼠标形状变为“双向箭头”时按住鼠标左键进行拖动，即可定向修改图形大小。当然也可以通过“格式”→“大小”对其进行大小的定量调整。

4.6.3 图表

在实际工作中，Word 文档有时需要将数据表达为图表的形式，使数据的外部表现更加直观，方便用户的理解与分析。

1. 插入

（1）将光标置于目标位置，单击“插入”选项卡“插图”面板中的“图表”按钮。

（2）打开“插入图表”对话框，如图 4-136 所示，并在选择图表类型后再确定子图表类型，单击“确定”按钮。

（3）系统自动调取 Excel 2010 预设工作表中的数据，自动完成图表生成，如图 4-137 所示。

（4）用户根据工作需要，将工作表中的数据进行修改、更新；如果更新前后的数据区域发生改变，则需要拖曳其

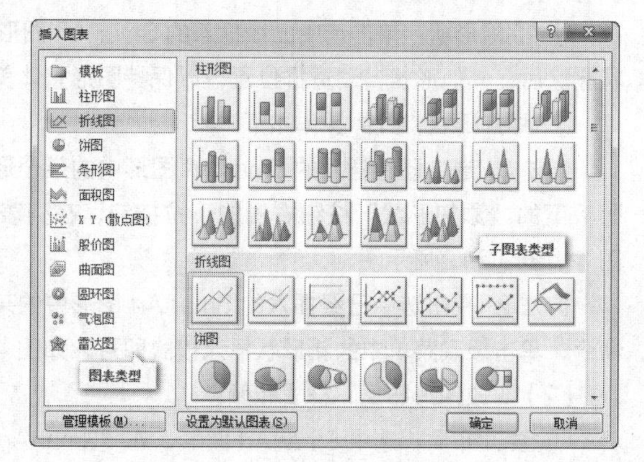

图 4-136

右下角，修改数据区域范围，保证数据引用范围的准确性；在数据变动过程中，会自动完成图表更新，如图 4-138 所示。

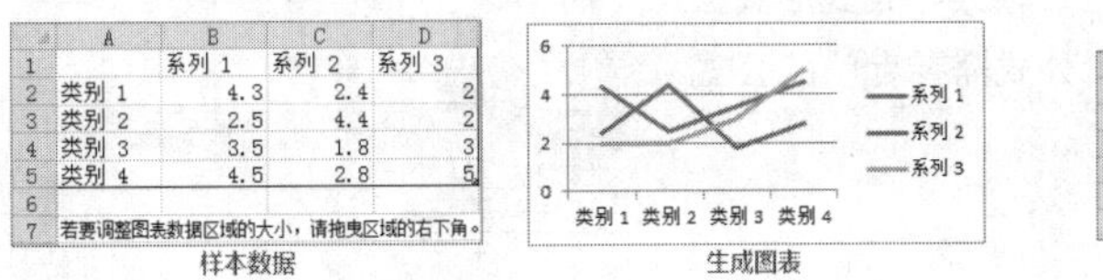

	A	B	C	D
1		系列 1	系列 2	系列 3
2	类别 1	4.3	2.4	2
3	类别 2	2.5	4.4	2
4	类别 3	3.5	1.8	3
5	类别 4	4.5	2.8	5
6				
7	若要调整图表数据区域的大小，请拖曳区域的右下角。			

图 4-137

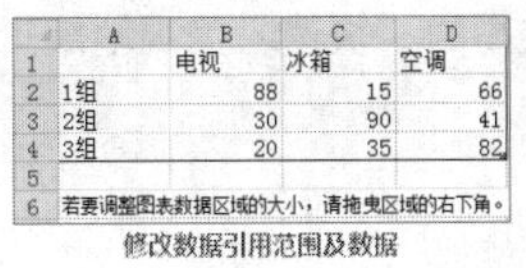

	A	B	C	D
1		电视	冰箱	空调
2	1组	88	15	66
3	2组	30	90	41
4	3组	20	35	82
5				
6	若要调整图表数据区域的大小，请拖曳区域的右下角。			

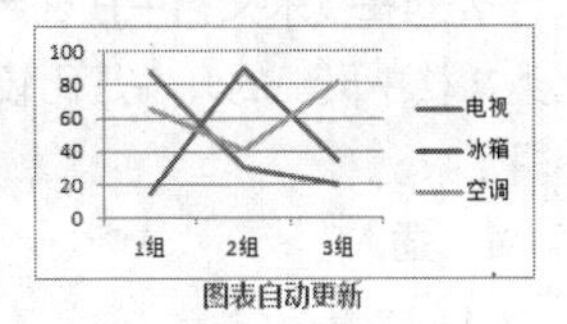

图 4-138

（5）生成新图表，关闭 Excel 2010 工作表，保存图表。

2. 编辑

当图表处于选中状态时，功能区会自动出现“图表工具-设计、布局、格式”选项卡。用户可以利用这 3 个选项卡中的对应功能完成对图表的编辑和修改操作，如图 4-139 所示。

（1）在“设计”选项卡中完成：图表数据、布局、样式的编辑与修改操作，如图 4-139 所示。

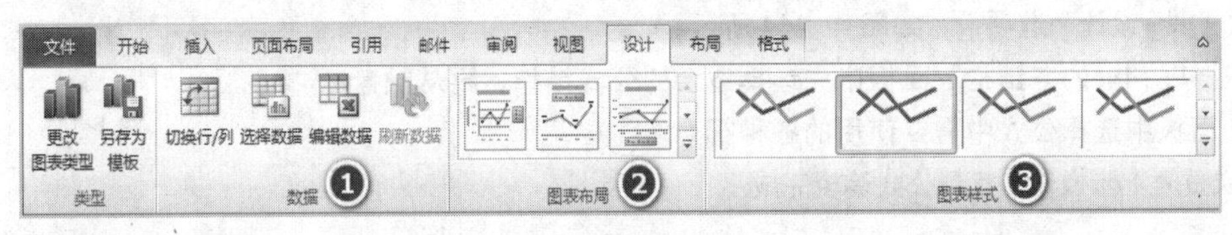

图 4-139

（2）在“布局”选项卡中完成：图表标题、图例、坐标轴等项目的编辑修改，如图 4-140 所示。

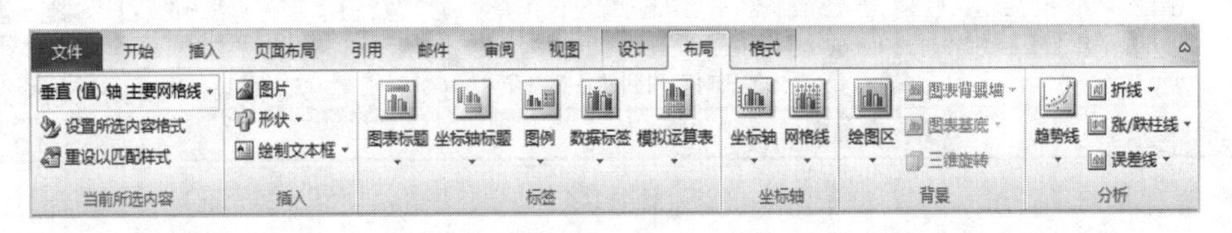

图 4-140

（3）在“格式”选项卡中完成：对图表所选区域进行形状样式编辑、图表文本应用艺术效果、图表文字环绕设置、图表区域大小等项目的编辑修改，如图 4-141 所示。

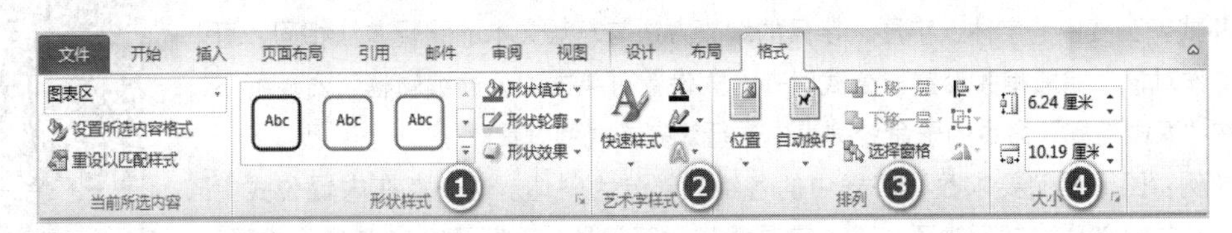

图 4-141

此外，还可以在图表或图表组成元素上直接用鼠标右键单击，在快捷菜单中选择所需的编辑修改项目，进行具体操作。其实，这也是一种比较常用的简便操作方法。例如，在“图例”上直接用鼠标右键单击，快捷菜单中就会出现“设置图例格式”命令选项，如图 4-142 所示。单击该命令，就能打开相应的对话框，之后，用户就能有针对性地完成对图例的各种编辑操作了。

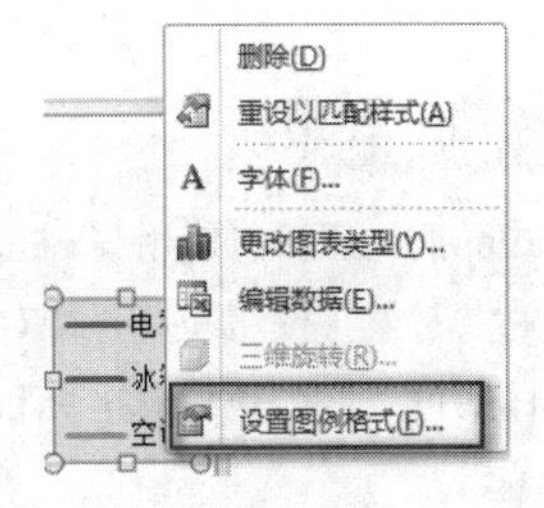

图 4-142

4.6.4 公式

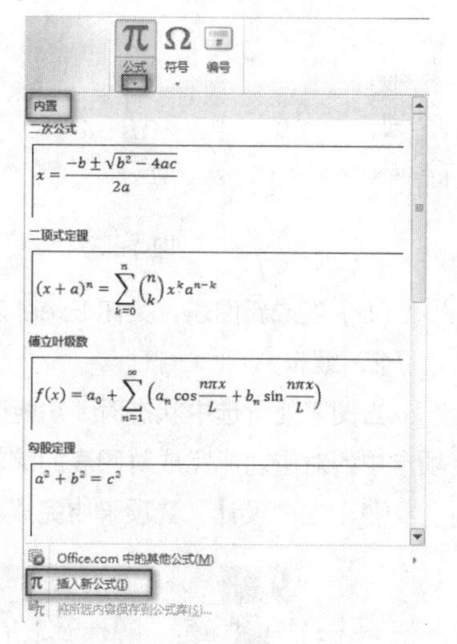

图 4-143

公式在技术文档中往往起着非常重要的作用。分式、根式等公式形式在此类文档中出现的几率是比较高的。快速、美观地编辑公式需要专门的公式编辑工具。

1. 插入

（1）内置公式

① 单击“插入”选项卡→“符号”面板中的“公式”按钮下方的三角按钮，如图 4-143 所示。

② 在打开下拉列表中选择系统“内置”公式，单击想要插入公式的位置，即可完成公式插入。

（2）自定义公式

① 若需要编辑自定义公式，可单击图 4-143 中的“插入公式”命令，启动“公式工具-设计”选项卡，如图 4-144 所示。

② 在图 4-144 的“结构”面板中先选择适合的公式结构，再从键盘或“符号”面板中选择公式中需要使用的各种符号。

③ 多次重复上步操作，直到公式编辑完成。

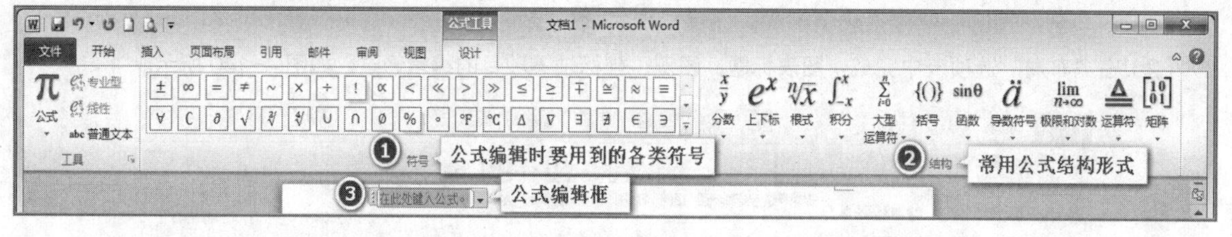

图 4-144

2. 编辑

（1）选择：单击“公式编辑框”左上角的选择标志。

微课：插入并编辑公式

（2）内容：选择公式中的字母进行替换，置入光标可进行新字母的插入。

（3）格式：公式中的字体、字形、字号的编辑方法与一般文本的编辑方法相同，可直接选中操作对象，完成相关设置；公式对齐方式设置可单击“公式编辑框”右侧的下拉按钮，在“两端对齐”命令的子命令列表中进行对齐方式的设置。

（4）惯例：国际惯例要求数学公式中的各组成部分为斜体。这一点在内置公式中已经体现，但自定义公式却反映不出来，需要我们手工设置。我们可以在选中公式后，单击两次图 4-144 左下角的“普通文本”按钮 abc 普通文本，完成格式更改。

公式的插入还可以使用与 Office 早期版本兼容的公式编辑功能来完成，即单击“插入”选项卡→“文本”面板中的“对象”按钮，打开“对象”对话框。选择“新建”列表中的“Microsoft 公式 3.0”，如图 4-145 所示。这样即可启动公式编辑工具和公式编辑框，如图 4-146 所示，操作方法同上，也可以完美地完成公式的插入与编辑。

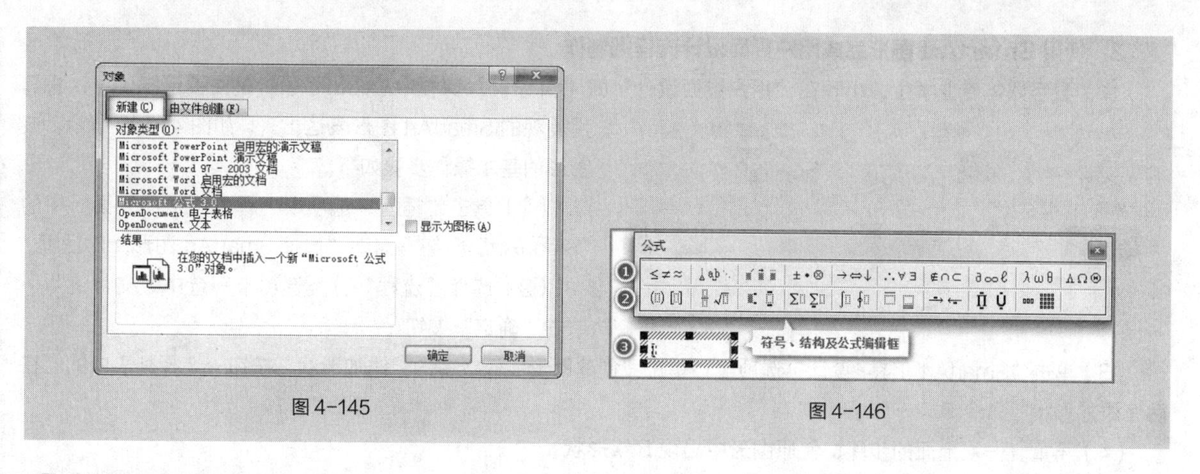

图 4-145　　图 4-146

任务实施

1. 使用形状完成操作流程图的制作

作为保险公司实习生，小张同学主要从事汽车保险业务。他在相关文档中看到了车辆事故理赔流程图，如图 4-147 所示。于是他用形状工具完成了该流程图的制作，基本操作步骤如下。

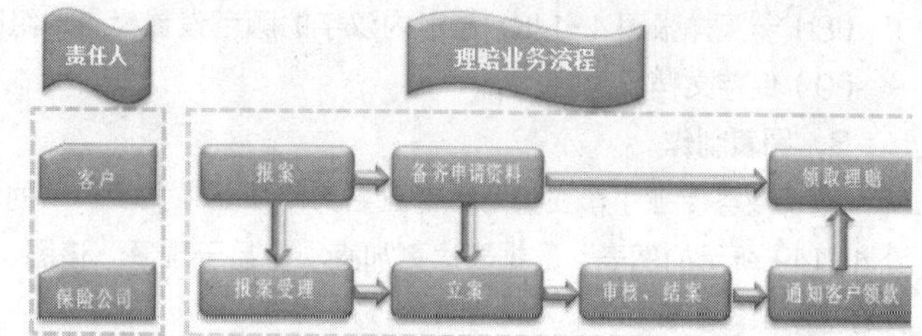

图 4-147

（1）依次单击“插入”选项卡→“插图”面板→“形状”按钮→“星与旗帜”分类中的“波形”，在适当位置拖动插入一个形状。

（2）形状大小设置为 1.53 厘米 × 1.75 厘米，形状样式为“强烈效果—橙色，强调颜色 6”。

（3）用鼠标右键单击形状边框，在快捷菜单中选择“添加文字”，然后输入“责任人”，字体样式为宋体、小五、加粗，颜色为白色-背景 1。

（4）同理，完成“理赔业务流程”形状的设置，大小设置为 1.53 厘米 × 3.97 厘米，形状样式为“强烈效果-橄榄色，强调颜色 3”。

（5）在“责任人”形状下插入一个矩形形状，无填充颜色，大小为 3.6 厘米 × 2.17 厘米，轮廓颜色为橙色-强调文字颜色 6-淡色 40%，虚线线型为方点，粗细为 2.25 磅；同理，在右侧插入一个大小为 3.6 厘米 × 12.4 厘米的橄榄色-强调文字颜色 3-淡色 60%、无填充颜色的形状。

（6）在上面绘制的两个矩形框中分别插入其他形状。

（7）参照样张图 4-147，“客户”和“保险公司”两个形状为“剪去单角的矩形”，形状样式和字体字号等同“责任人”，字符缩放 80%。

（8）参照样张图 4-147，“报案”等形状为“圆角矩形”，形状样式和字体字号等同“理赔业务流程”，字符缩放 80%（提示：选中形状→按住“Ctrl”键的同时，单击鼠标左键并拖动→复制形状→修改文字），形状的水平和垂直方向对齐分布。

（9）参照样张图 4-147，将“报案”等形状用箭头连接，粗细为 0.45 厘米，长度适当，且箭头与形状上下居中或左右居中。

（10）参照样张图 4-147，将全部形状的对应部分对齐，先分颜色组合，再全部组合（提示：按住“Ctrl”键的同时依次单击多个形状，可以选中多个形状，完成形状的对齐和组合操作）。

（11）保存文档。

2. 使用 SmartArt 图形完成用户界面设计流程图制作

作为数字媒体专业学生，小叶在“用户界面设计”即“UI 设计”课程中总结出了设计的主要流程，可以将其用美观的 SmartArt 图形表达出来，如图 4-148 所示。该图形的基本操作步骤如下。

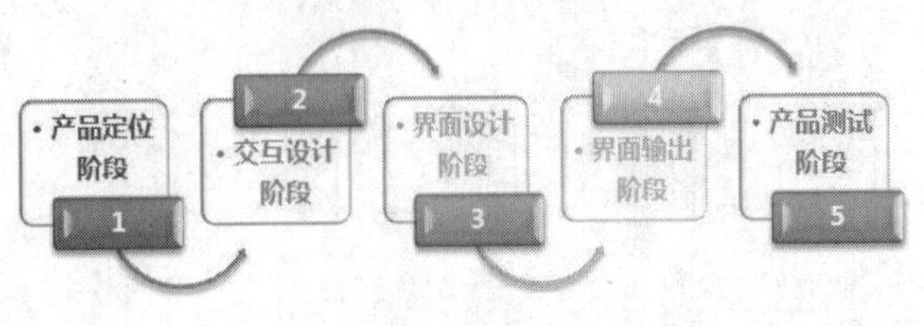

图 4-148

（1）单击“插入”选项卡→单击“插图”面板中的“SmartArt”按钮→启动“选择 SmartArt 图形”对话框。

（2）选择“流程”分类选项卡→选中“交替流”→单击“确定”按钮。

（3）单击“SmartArt 工具-设计”选项卡→单击“创建图形”面板中的“添加形状”按钮→选择列表中的“在后面添加形状”命令。

（4）再重复一次上面的步骤，使原图形中出现 5 组形状。

（5）在“设计”选项卡中更改“SmartArt 样式”为“三维”“嵌入”，“更改颜色”为“彩色范围—强调文字颜色 5 至 6”。

（6）参照样张图 4-148，输入相应文字。

（7）参照样张图 4-148，图形内文本部分字体样式设置为微软雅黑、加粗、12 号，段落样式设置为居中。

（8）参照样张图 4-148，图形内汉字的颜色设置为与本组图形相近的颜色。

（9）保存文档。

3. 图表制作

电子商务专业小李在撰写本专业名为“从业人员规模”的调研报告时使用了 Word 中的图表功能，创建了如图 4-149 所示的图表，数据表达更加直观、易于理解。该图表的基本操作步骤如下。

图 4-149

（1）单击“插入”选项卡，单击“插图”面板中的“图表”按钮，启动“插入图表”对话框。

（2）选择“柱形图”分类下的“三维簇状柱形图”子图表类型，单击“确定”按钮。

（3）在随之打开的“Microsoft Word 中的图表-Microsoft Excel”中进行数据修改（提示：也可以在选中图表对象后，使用“设计”选项卡的“数据”面板中的“编辑数据”按钮来启动数据编辑界面）。将“类别 1”～“类别 6”依次改为“2011”～“2016”，“系列 1”和“系列 2”改为“直接就业”和“带动就业”，修改数据区域大小（数据区域减少一列，增加两行），如图 4-150 所示。

（4）参照样张图 4-149，双击纵坐标打开“设置坐标轴格式”对话框，设置纵坐标选项，如图 4-151 所示，单击“确定”按钮。

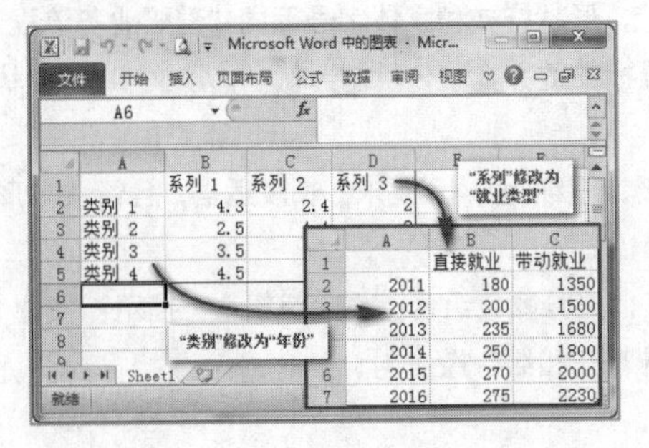

	A	B	C
1		直接就业	带动就业
2	2011	180	1350
3	2012	200	1500
4	2013	235	1680
5	2014	250	1800
6	2015	270	2000
7	2016	275	2230

图 4-150

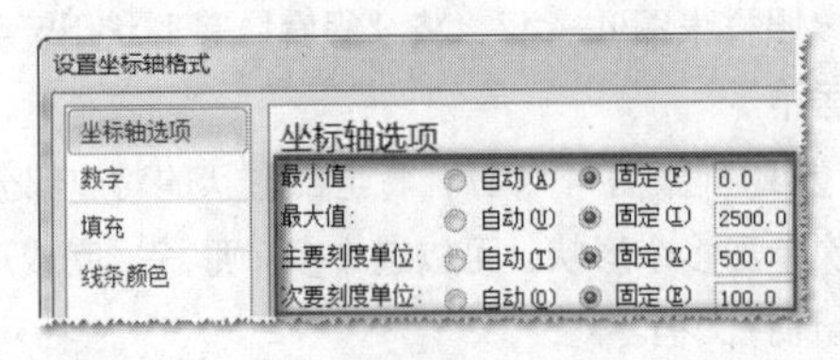

图 4-151

（5）参照样张图 4-149，选中图表“图表工具-布局”选项卡→单击“标签”面板中的“坐标轴标题”按钮，分别设置“主要横坐标轴标题”为“类别（年份）”，“主要纵坐标轴标题”为“数量（万人）”。

（6）参照样张图 4-149，选中图表“图表工具-布局”选项卡→单击“标签”面板中的“图表标题”按钮，输入“2011～2016 中国电子商务服务企业从业人员规模”，将其设置为微软雅黑，12 号，深红。

（7）参照样张图 4-149，单击“直接就业”任意柱形→选中图表“图表工具-格式”选项卡→在“形状样式”面板中选择“强烈效果-橄榄色，强调颜色 3”形状样式；同理设置“带动就业”柱形形状的样式为“强烈效果-水绿色，强调颜色 5”。

（8）参照样张图 4-149，单击图表“图表工具-布局”选项卡，单击“标签”面板中的“数据标签”按钮，选择“显示”数据标签。

（9）保存文档。

4. 文档中的公式

在帮助数学老师编辑小测试题时，小叶用到了公式编辑技术，如图 4-152 所示。

第1题：$f(x)=2+\frac{3x}{(x+1)^2}$

第2题：$\int_0^3 \frac{1}{1+\sqrt{1+x}}dx$

第3题：$\lim_{x\to 0}\frac{e^x-\cos x}{\tan 2x}$

图 4-152

第 1 题：相关操作步骤如下。

（1）将光标置于合适位置上，选择“插入”选项卡→单击“符号”面板中的“公式”按钮→选择“插入新公式”命令。

（2）光标处出现公式编辑框，并在功能区动态显示“公式工具-设计”选项卡。

（3）在公式编辑框中输入“f（x）=2+”，再单击“结构”面板中的“分数”按钮，并选择“分数（竖式）”类型。将光标置于分子位置的虚线框中输入“3x”；将光标置于分母虚线框中，单击“结构”面板中的“上下标”按钮，选择“上标”类型，在底数虚线框中输入“（x+1）”，在指数虚线框中输入“2”。

（4）完成公式输入，可以单击公式编辑框左上角的选择按钮，选中整个公式，单击“工具”面板中的“普通文本”按钮 abc 普通文本 两次，使公式中的字母以标准的斜体形式显示。

（5）另外，还可以在公式整体选中的情况下，设置其字体、字号、颜色等属性。

（6）保存。

第 2 题：依次使用“积分”“分数”和“根式”结构完成公式编辑，不再赘述。

第 3 题：依次使用“极限”“分数”和“上标”结构完成公式编辑，不再赘述。

小知识

公式有两种显示形式：显示和内嵌。例如，上面第 3 题在“显示”和“内嵌”两种形式下的公式的形式就有所不同，如图 4-153 所示。一般情况下，一个公式独占一行时会自动以“显示”形式出现，方便加入公式编号等，方便引用；而当公式与其他文本在同一行时会自动以“内嵌”形式出现。

公式的显示形式可以在“公式编辑框”右下角的下拉列表中选择、更改。

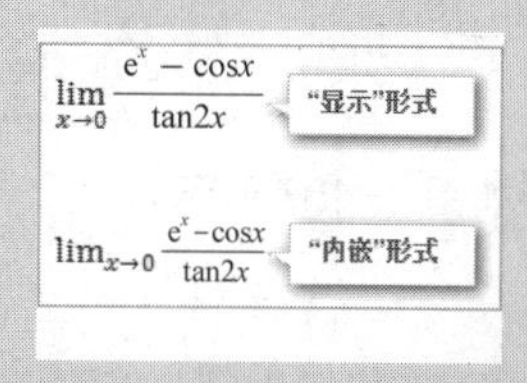

图 4-153

任务拓展

参照样张，完成下列形状、SmartArt 图形、公式及图表的制作。

📖提示 1

使用形状中的“线性标注 2（无边框）”完成图 4-154 中的注释。注意根据需要调节填充、轮廓、文字的相关属性及形状控制点的位置。

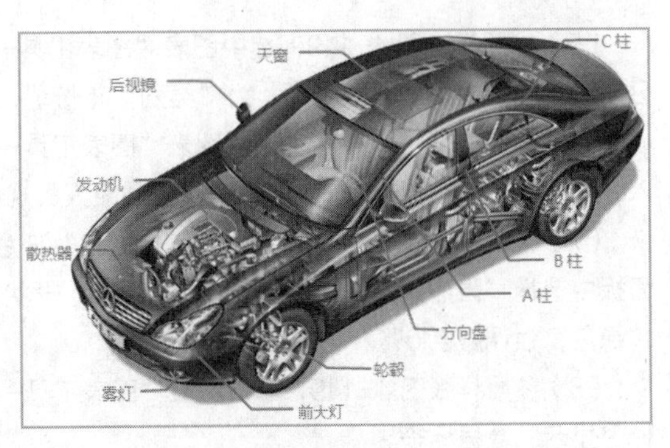

图 4-154

📖提示 2

（1）使用 SmartArt 图形中的“循环-射线群集”完成图 4-155。

（2）先使用“添加形状”使繁殖类型形状由默认的 3 种改为 4 种；然后选中“扦插”类型所在形状，选择“添加项目符号”，创建其子类型形状；再选中“扦插”类型所在形状，选择“添加形状”按钮下拉列表中的“在下方添加形状”，再重复一次。完成全部形状的添加。

（3）适当更改形状大小、样式，输入文字，设置文字属性。

📖提示 3

（1）使用“圆环图”型图表创建图 4-156。

（2）修改数据及图表标题，显示图例。

（3）调整图表标题和图例位置。

（4）显示数据标签。

（5）图表样式为样式 26。

（6）单击圆环空白处，用鼠标右键单击，在快捷菜单中选择“设置数据点格式”命令；设置“系列选项”中的“第一扇区起始角度”为 188、圆环图内径大小为 40%；阴影为“预设”“透视”“左上对角透视”类型。

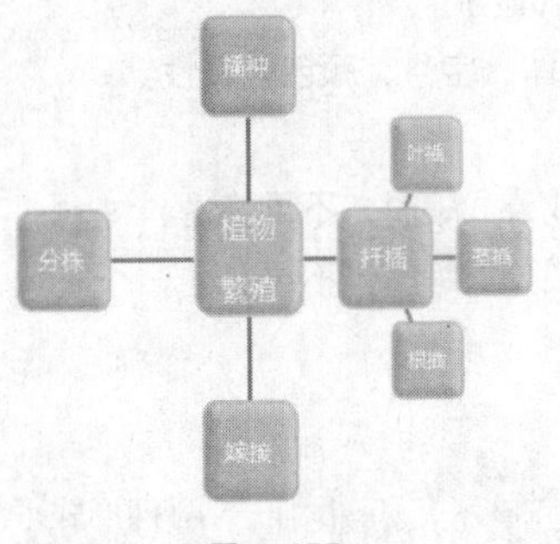

图 4-155

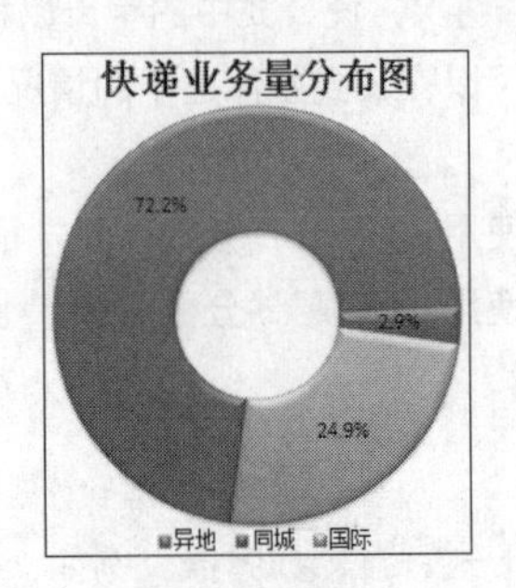

图 4-156

📖提示 4

（1）执行“插入”→“公式”→“插入新公式”→“结构”命令。

（2）执行“公式工具-设计”→“结构”→“括号”→“事例和堆栈”→“事例（两条件）”命令。

（3）注意全部字母使用标准斜体。效果如图 4-157 所示。

关于 x、y 的方程组 $\begin{cases} 4x+y=3 \\ mx-3y=-1 \end{cases}$ 与 $\begin{cases} 2x-3y=5 \\ 2x+ny=-1 \end{cases}$ 有相同的解，求 m、n 的值。

图 4-157

任务练习

填空题

（1）按住“Shift”键来拖动鼠标，________在 Word 2010 文档中绘制 30° 或 60° 的直线对象。

（2）当文档形状处于编辑状态时会出现黄色菱形标记，它是用于控制对象________的。

（3）在 Word 2010 文档中，要截取计算机屏幕信息，可以利用软件提供的________功能。

（4）用户可以利用 Word 2010 中的________制作出表示演示流程、层次结构、循环或关系等的图形。

（5）要在图表中显示不同系列的具体数值，需要设置________功能。

（6）在 Word 2010 文档中插入公式对象时，最重要的是要在“公式工具-设计”选项卡下，确定公式所用的________类型。

任务 7　让阅读更顺畅——文档审阅

任务提出

在阅读文档时，标记、修改操作经常发生。纸质文档勾划方便，但如果是电子文档呢？我们如何实现这类操作？能不能让电子文档的使用变得像使用纸质文档一样方便快捷呢？

任务分析

为了使我们的阅读行为更加顺畅、文档表述更加精准，学习审阅功能常规应用，熟悉批注、拼写与语法检查、修订及比较等审阅操作十分必要。

任务要点

- 批注
- 修订
- 拼写与语法检查

知识链接

4.7.1　批注

批注是指在文档空白处对其内容添加评语、注解的一种审阅功能。在 Word 2010 中，用户可以插入批注，并对批注进行格式设置，使之更加醒目，方便查看。

1. 插入

选中需要添加批注的对象（文本或图片），单击“审阅”选项卡并在“批注”面板（如图 4-158 所示）中单击“新建批注”按钮，就会出现批注编辑框，如图 4-159 所示，在光标当前位置输入批注内容即可。

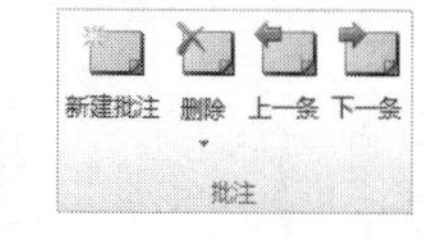

图 4-158

2. 删除

将光标置于需要删除的文档批注信息框中，单击图 4-158 中的“删除”按钮即可；还可单击下拉按钮，在列表中选择“删除”命令；除此之外，列表中的“删除文档中的所有批注”命令可以将全部批注清理干净。

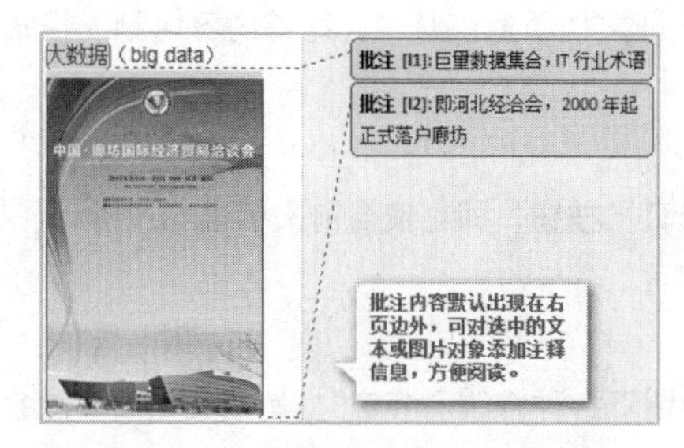

图 4-159

微课：插入批注

3. 查看

将光标置于文档任意位置，只要单击图 4-158 中的“上一条”和“下一条”按钮，就可以使光标自动跳转至文档批注中，反复按这两个按钮，可以实现对文档全部批注的查看，方便用户阅读。

4. 设置

（1）将光标置于文档任意位置，单击“审阅”选项卡下的“修订”面板中的“修订”下拉按钮，在列表中选择“修订选项”命令。

（2）打开“修订”对话框，对批注属性进行设置，如修改批注颜色等，操作过程和结果如图 4-160 所示。

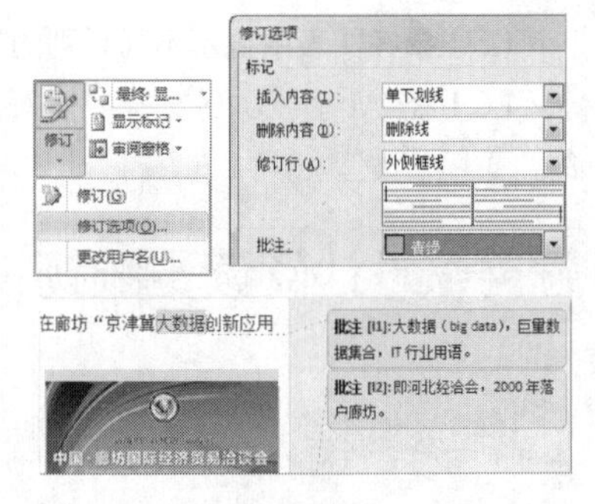

图 4-160

4.7.2 拼写与语法检查

在输入文本时，难免会出现拼写和语法错误。Word 2010 的“拼写与语法”功能就可以很好地解决这个问题：它不但会准确地用不同形式的下划线标出拼写问题点和语法问题点，还会自动提供修改建议。

- 红色波浪下划线标出拼写错误或不可识别的词语。
- 绿色波浪下划线标出语法问题。

一般，进行拼写和语法检查的方法很简单：文本录入时，如果有拼写和语法问题，在问题文本的位置上就会自动出现红色或绿色波浪下划线，只需要在其上右击鼠标，在快捷菜单里就会有修改建议，只需选中适合的项目即可完成修改操作，如图 4-161 所示。当然，我们也可以选择其他选项完成文本检查，消除下划线标识。

- 忽略：忽略当前位置的拼写和语法出错的单词，并继续检查文档其他位置。
- 全部忽略：忽略该文档中的所有该单词的拼写错误。
- 添加到词典：把该单词添加到 Word 的词典中，系统以后会视该单词为正确项，不再出现错误提示。

当然，我们也可以使用快捷菜单中的“拼写检查”命令，打开“拼写”对话框，如图 4-162 所示，完成检查、修改操作。

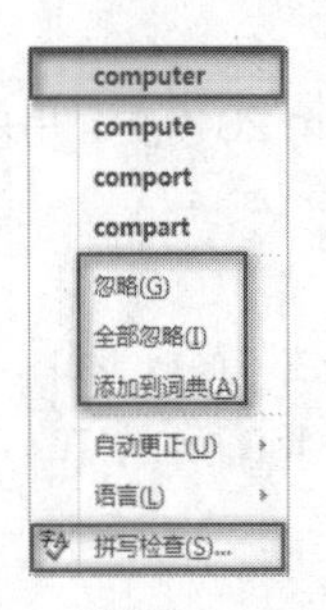

图 4-161

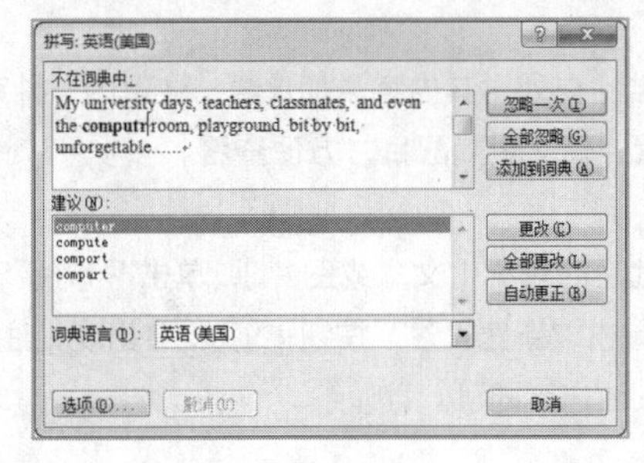

图 4-162

4.7.3 修订

文档编辑结束后，用户经常要对其进行反复查阅，以保证文档质量。其中，跟踪内容增删、格式更改是最主要的操作。这时就需要用到 Word 的修订功能了。

1. 修订的启动与解除

（1）单击“审阅”选项卡，单击“修订”面板中的“修订”按钮，即可使当前文档进入“修订”状态。

（2）解除“修订”状态时只需再次单击“修订”按钮即可。

2. 修订的接受与拒绝

当在“修订”状态中对文档进行了修改之后，文档中会留下各种修改“痕迹”，例如文档中可能会出现“红色带删除线的为删除操作标记”“蓝色带下划线的为插入操作标记”等，如图 4-163 示。而用户需要做的就是对这些

“痕迹”进行查阅，确定是否同意这些修改意见。操作步骤如下。

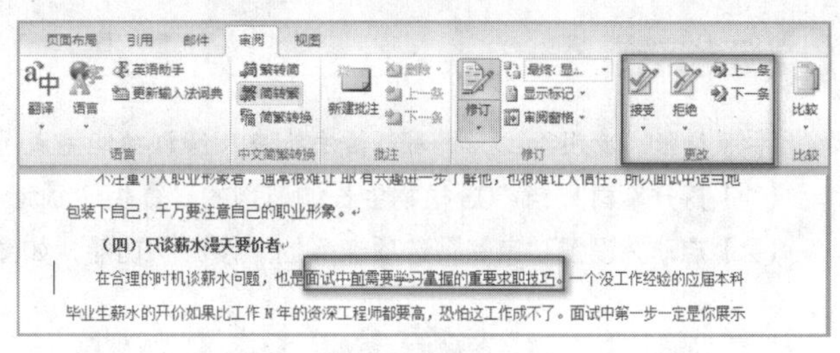

图 4-163

（1）打开已经修订好的文档，单击“审阅”选项卡。

（2）在“更改”面板中使用“上一条”“下一条”按钮完成对全部修订内容的查看。

（3）凡同意修改的，按“接受”按钮；否则，按“拒绝”按钮。

（4）如果决定接受全部修订，可单击“接受”按钮上的黑色三角按钮，在下拉列表中选择“接受对文档的所有修订”命令；否则，按“拒绝”按钮下拉列表中的“拒绝对文档的所有修订”命令，如图 4-164 所示。

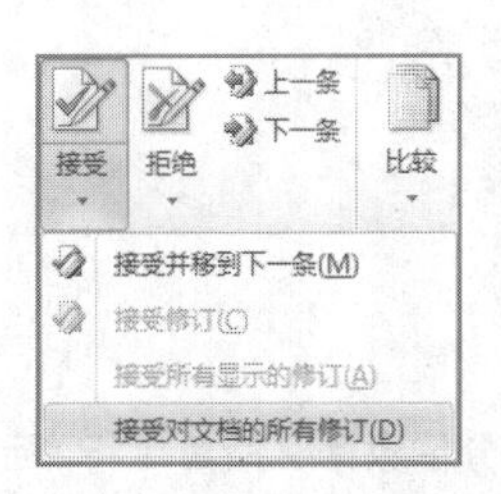

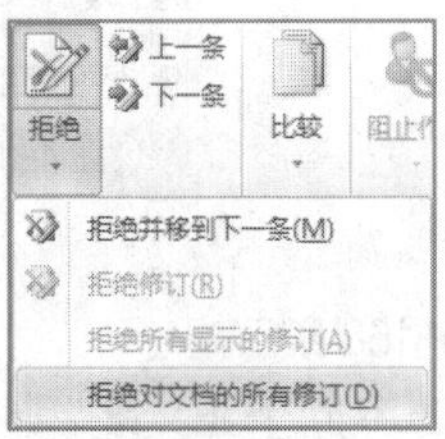

图 4-164

3. 设置修订选项

利用软件的修订功能实现对电子文档的修改固然方便，但如果不同种类的修改标记形式没有任何区别，那同样也会给操作者的识别带来不便。所以，系统特地为用户提供了修订选项设置功能，常用选项设置如下。

（1）单击“修订”按钮下方的黑色三角按钮，在下拉列表中选择“修订选项”命令，如图 4-165 所示。

（2）在打开的“修订选项”对话框中进行如“插入/删除内容”的标记种类及颜色的设置等项目的设置，如图 4-166 示。

图 4-165

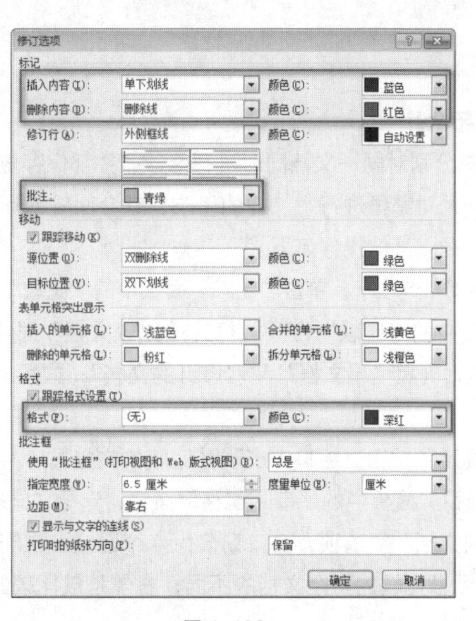

图 4-166

（3）在“修订选项”对话框中还可以设置“批注”的颜色等。

其他修订选项设置不再赘述。

任务实施

参照样张，应用批注、拼写与语法检查及修订功能完成对“03 植物生长调节剂的‘真相’.docx”的修改。

（1）打开素材文档“03 植物生长调节剂的‘真相’.docx”。

（2）启动并设置“审阅”选项卡下的“修订”功能，如图 4-167 所示。

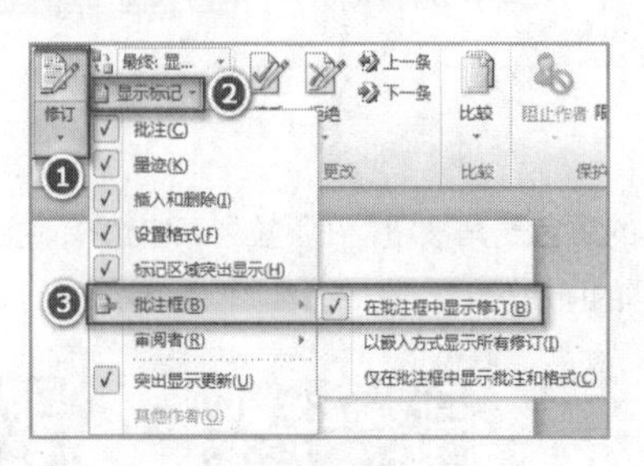

图 4-167

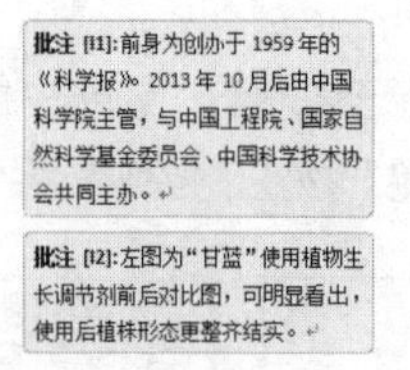

图 4-168

（3）按如图 4-167 所示的方法设置“修订选项”。

（4）对文章作者《中国科学报》和图片插入批注，如图 4-168 所示。

（5）参照样张，改正文第 1 段第 2 行中部“很多”为“层出不穷”，正文第 2 部分倒数第 2 段第 1 行“而如果按照……”改为“如果按照……”，同段第 2 行“这样使用……”改为“规范使用……”。

（6）参照样张，对全文进行拼写与语法检查。除单词“hormomes”改为“hormones”外，其他标识波浪下划线的内容都作“忽略”处理。

（7）参照样张，对文档的 3 个小标题设置字号小四、加粗，段前段后均为 0.5 行间距。

（8）使用“更改”面板的“上一条”或“下一条”按钮查看各个修改点情况；逐个“接受”修订或“接受对文档的所有修订”。

（9）取消“修订”状态，保存文档。

任务拓展

1. 文档比较与合并

如果两个用户分别对同一文档同时进行修改，并都保存更改，那么该文档就会出现有两个不一致版本的情况。如果想弄清他们分别对哪里进行了怎样的修改，就会比较麻烦。“审阅”中提供的“比较”和“合并”功能就可以较好地解决这一问题。具体操作如下。

（1）单击“审阅”选项卡，单击“比较”面板中的“比较”按钮。

（2）选择列表中的“比较”命令，打开“比较文档”对话框，分别单击 按钮，确定“原文档”和“修订的文档”，如图 4-169 所示。

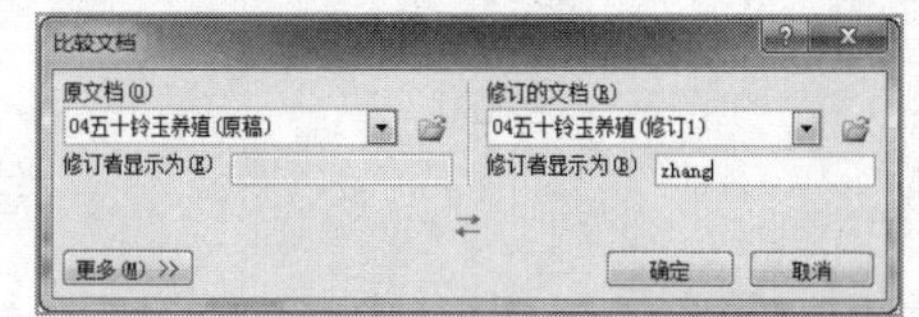

图 4-169

（3）单击“确定”按钮，窗口中出现“比较的文档”。

（4）按下“修订”面板中的“审阅窗格”按钮，选择“比较”按钮下拉列表中的“显示原文档”命令中的“显示原始及修订后的文档”复选项，窗口划分为 4 个区域。左侧是“审阅窗格”，列出了文档的变化；中间是“比较的文档”，能够显示被比较的两个文档的不同；右侧是被比较的两个文档的原文，如图 4-170 所示。

（5）保存“比较的文档”。

（6）若要合并来自多个修订者的文档，可以在“比较”列表中选择“合并”命令项；在打开的“合并文档”对话框中选择源文件，如图 4-171 所示。最后，单击“确定”按钮即可实现修订的合并。注意，文档中的图片有重复现象，删除即可。同前操作，也可以通过多窗口的形式实现文档之间的对比，使操作者对文档的把控能力得到进一步提升。

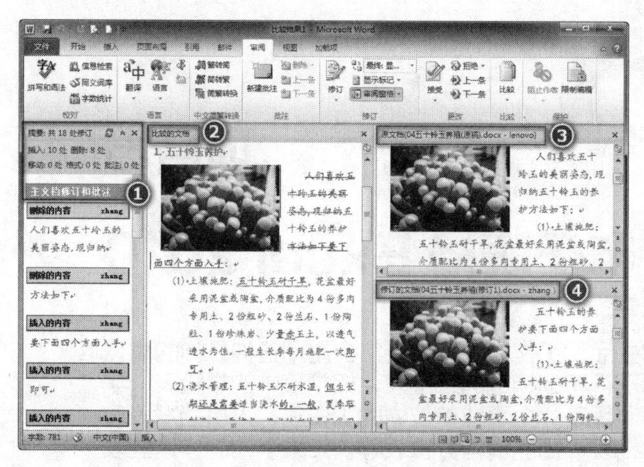

图 4-170

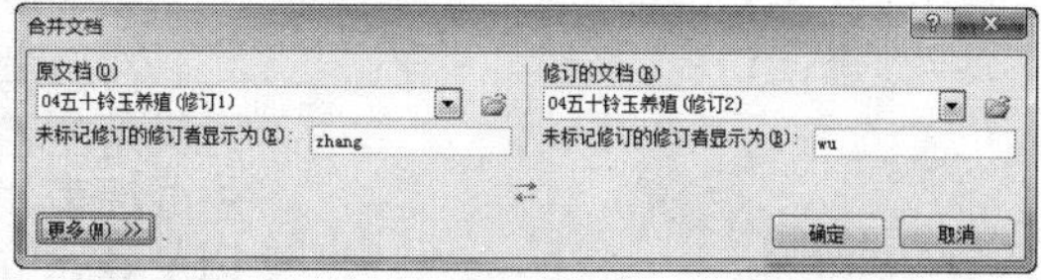

图 4-171

2. 文档加密

文档加密对控制文档查阅范围极为有效。具体操作步骤如下。

（1）打开需要加密的文档，单击“文件”菜单，在“信息”项中单击“保护文档”按钮，并选择其下拉列表中的“用密码进行加密”命令项，如图 4-172 所示。

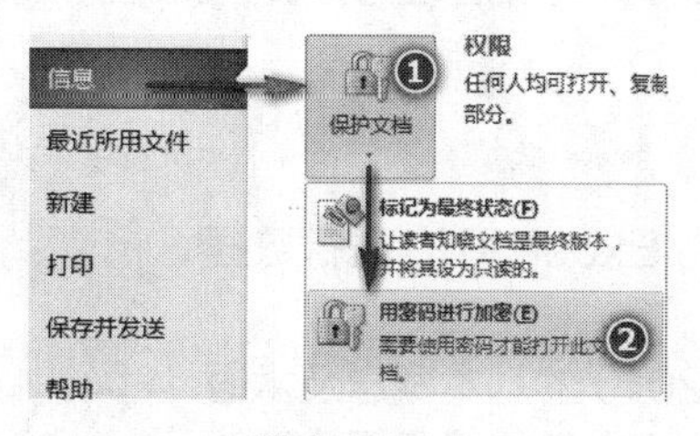

图 4-172

（2）在输入密码并确定后，保存文档。

（3）再次打开曾经加密过的文档时，需要正确输入密码。密码一旦忘记，打开操作便无法继续。

任务练习

填空题

（1）在 Word 2010 中，要统计文档或者所选文本字数，可使用“审阅”选项卡的________按钮。也可以在________中进行查看。

（2）在 Word 2010 中，若要退出“阅读版式”视图，则应当按键盘上的________键。

（3）按________组合键可将 Word 窗口中功能区最小化，以便扩大文本编辑区范围。

（4）单词录入出错时，系统默认情况下出错位置会出现________。

（5）要新建一个批注，首先应该________。

（6）“修订”的组合键是________。

项目 5

电子表格 Excel 2010

项目导学

在日常生活和工作中，我们经常会用到各种各样的表，尤其是由若干行和列构成的二维表，如学校中的学籍表、学生成绩表、课程表，企事业单位中的工资表、人事档案表，以及商品价格表、商品销售分析表等。如果手动制作这些表格，既耗费时间，又容易出错。

Excel 电子表格处理软件是制作表格和进行数据处理的常用软件，能帮助人们方便快捷地录入和编辑数据，存储、查找和统计数据，还具有智能化地计算和管理数据的能力。

本项目主要介绍使用 Excel 2010 制作电子表格的方法，共划分为 6 个任务，包括工作簿、工作表、单元格等基本概念，数据录入、数据计算、数据管理与分析、数据打印等内容。

学习目标

- 能够熟练使用 Excel 2010 进行数据管理与分析
- 掌握 Excel 2010 的基本概念及术语
- 熟练掌握数据录入及格式设置方法
- 熟练掌握数据管理与分析的基本方法
- 培养信息素养，提升信息搜集、整理和加工的能力
- 培养分析、解决实际问题的能力
- 培养科学严谨、务实高效的工作态度

任务 1　有个约会——初识 Excel 2010

任务提出

通过前面的学习，小叶同学对计算机产生了浓厚的兴趣，已经能够使用 Word 2010 熟练地编排各种文档，但总觉得 Word 2010 表格中对数据的计算与分析能力较弱。她准备继续学习 Excel 2010 软件，以便能灵活制作各种所需表格。这不，任务来了，学院要承接全院学生的 nit 考试，辅导员让她帮忙制作一张 nit 考试学生报名表。样张如图 5-1 所示。

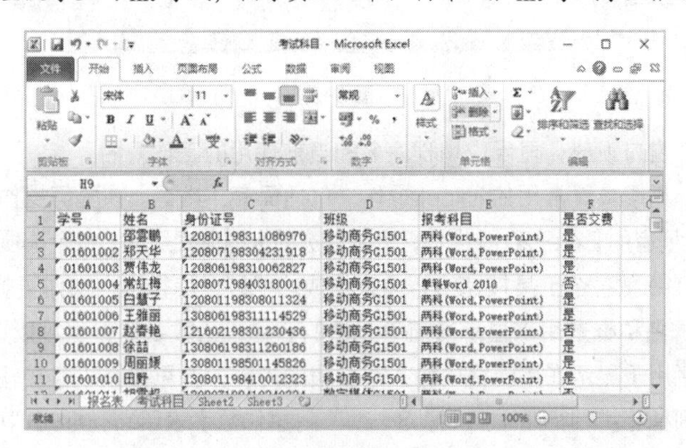

图 5-1

任务分析

报名表中的数据较多，可以使用之前所学的 Word 软件完成制作，但工作量过大，效率较低。而如果应用 Excel 软件的数据录入功能，则会大大提高工作效率，并提高正确率。

任务要点

- 工作界面
- 创建工作簿
- 基本概念
- 数据录入
- 工作簿、工作表和单元格基本操作

知识链接

5.1.1　Excel 2010 的基本概念及术语

（1）工作簿：即 Excel 文件，用来存储和处理数据的主要文档。默认文件名为“工作簿 1”，其扩展名是“.xlsx”。

（2）工作表：用来显示和分析数据的工作场所，它存储在工作簿中。默认情况下，一张工作簿中有 3 张工作表，分别为“Sheet1”“Sheet2”“Sheet3”。

（3）单元格：工作表中的每个小矩形块就是一个单元格，它是存储数据的最基本单位。

（4）单元格地址（名称）：每个单元格都有一个地址（又称单元格名称），指的是单元格在工作表中的位置。单元格地址可表示为列号+行号，如 C6 表示第 C 列第 6 行。

5.1.2　Excel 2010 窗口的组成

Excel 2010 窗口的组成如图 5-2 所示。

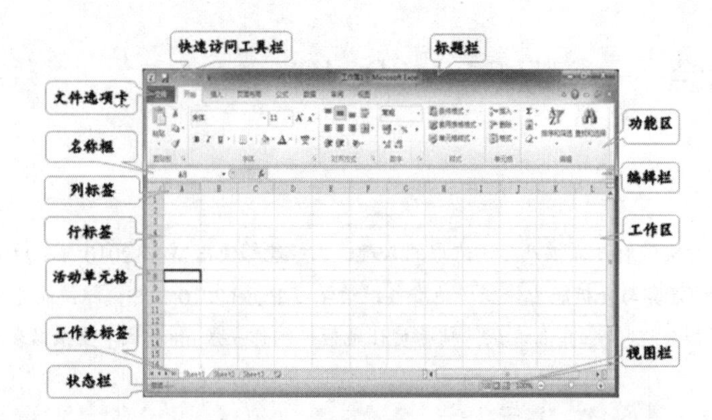

图5-2

（1）标题栏：位于整个窗口顶部，显示应用程序名和当前使用的工作簿名。

（2）快速访问工具栏：用于放置常用的 Excel 操作，包括保存、撤销、恢复等操作，也可以自定义其他命令。

（3）文件选项卡：包括所有的 Excel 2010 操作，分类以选项卡的形式呈现，每个选项卡又由若干个按钮组组成。

（4）功能区：Excel 2010 把各个工具按钮组合起来构成功能区，使得用户操作更加灵活和便捷。

（5）名称框与编辑栏：名称框是用来显示当前单元格的名称或函数名称，也可以选定某个区域后在名称框内自定义区域的名称；编辑栏用于显示在单元格中输入或编辑的内容，并可在其中直接输入或修改。

（6）工作表行标签与列标签：行标用“1，2，3……”阿拉伯数字表示，列标用“A，B，C……”英文大写字母表示。

（7）工作表标签：用于标识当前的工作表位置，显示工作表名称。

（8）工作区：用于录入、编辑、修饰、计算、管理工作表的主要区域。

（9）视图栏：有 3 种视图模式，分别为普通视图、页面布局视图、分页预览视图。

- 普通视图：是 Excel 2010 中的默认视图，用于正常显示工作表，在其中可以录入数据、计算数据、制作图表等。
- 页面布局视图：每一页都会同时显示页边距、页眉和页脚，在其中可以编辑数据、添加页眉和页脚，并通过拖动上边或左边标尺中的浅蓝色控制条设置页边距。
- 分页预览视图：显示蓝色的分页符，用户可以用鼠标拖动分页符来改变显示的页数和每页的显示比例。

（10）状态栏：用于显示当前工作区的状态信息。

提 示

在“视图”选项卡的“工作簿视图”组中还有“自定义视图”按钮，可以通过单击该按钮在打开的“视图管理器”对话框中自定义一系列特殊的显示方式和打印设置，并保存为视图模式。单击“全屏显示”按钮，可以切换为全屏显示。在该模式下，Excel 2010 将不显示功能区和状态栏等部分。

5.1.3 Excel 2010 工作簿的基本操作

1. 新建工作簿

方法 1. 新建空白工作簿

启动 Excel 2010 后，系统会自动新建一个名为“工作簿 1”的空白工作簿。

如果要新建更多的工作簿，可以依次选择“文件”→“新建”菜单命令，在“可用模板”列表框中选择“空白工作簿”选项，在右下角单击“创建”按钮，如图 5-3 所示。

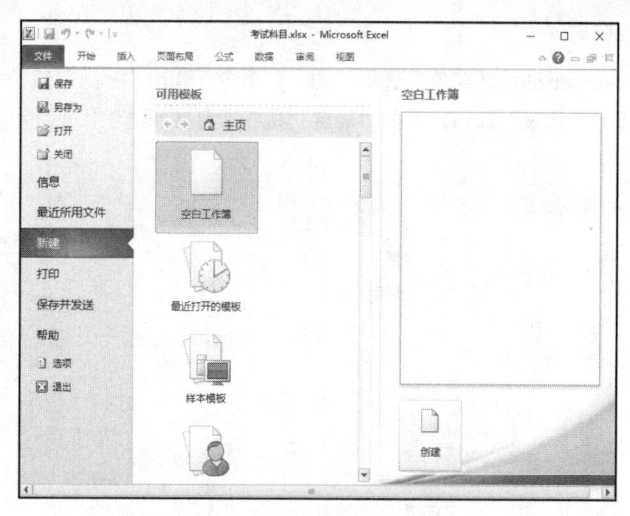

图 5-3

按“Ctrl”+“N”组合键可以快速新建空白工作簿，或在桌面或文件夹空白位置右击鼠标，在弹出的快捷菜单中选择“新建”→“Microsoft Excel 工作表”命令也可新建空白工作簿。

方法 2. 新建基于模板的工作簿

在图 5-3 的“新建”窗口中有许多专业表格样式的模板，用户可以根据需要选择相应模板快速创建所需的工作簿。

微课：新建并保存工作簿

2. 打开工作簿

双击工作簿文件名即可打开已有工作簿；或在 Excel 软件窗口选择“文件”→“打开”菜单命令，在弹出的“打开”窗口中选择文件所在位置，选中文件名，单击“打开”按钮。

3. 保存工作簿

可以单击“快速访问工具”中的“保存”按钮进行保存，或在“文件”菜单中选择“保存”或“另存为”命令。

“保存”与“另存为”的区别：当新建一个文件第一次进行保存时，二者的作用是相同的，可以任选其一。而当一个已有文件进行了再编辑，之后再进行保存时，那么“保存”命令表示用修改之后的代替全文件进行存储，而“另存为”命令表示原文件不变，把修改后的文件以一个新文件名进行存储。

5.1.4　工作表的基本操作

1. 选择工作表

（1）选择一张工作表：单击所需工作表标签即可，被选工作表标签呈白色显示状态。

（2）选择多张工作表：如选择多张相邻工作表，可以单击第一张工作表标签，按“Shift”键，同时单击最后一张工作表标签即可；如选择不相邻工作表，只需按“Ctrl”键，再分别单击要选工作表标签。

（3）选择工作簿中所有工作表：在任意一张工作表标签上右击鼠标，在弹出的快捷菜单中选择“选定全部工作表”命令即可，如图 5-4 所示。

2. 插入工作表

右击某个工作表标签，在弹出的快捷菜单中选择“插入”命令，弹出“插入”窗口，如图 5-5 所示，在“常用”选项卡的列表框中选择“工作表”选项，单击“确定”按钮即可在所选工作表之前插入一张新的空白工作表。

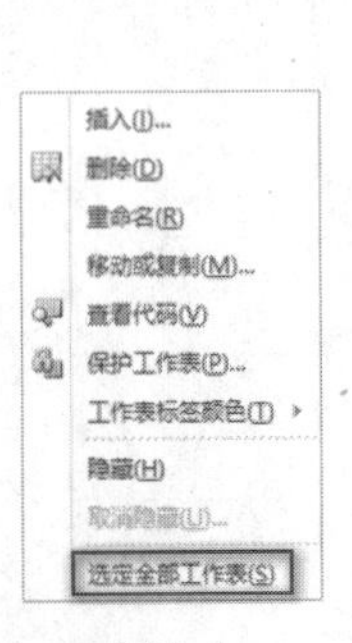

图 5-4

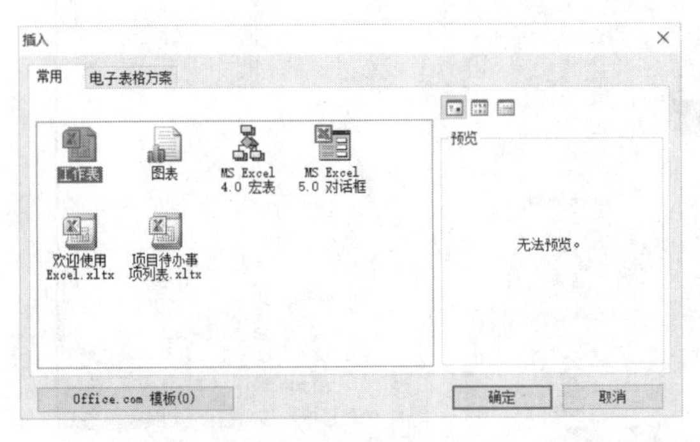

图 5-5

微课：插入工作表

在“插入”窗口中，有个“电子表格方案”选项卡，可以插入基于模板的工作表。另外，在已有的工作表标签最后有个“插入工作表”按钮，也可以直接插入一张工作表，其组合键是“Shift”+“F11”。在“开始”选项卡“单元格”组中单击“插入”按钮 中的 按钮，选择“插入工作表”命令，也可插入空白工

3. 删除工作表

选择要删除的工作表，右击鼠标，在弹击的快捷菜单中选择“删除”命令。

微课：删除工作表

4. 移动与复制工作表

选择要移动或复制的工作表，右击鼠标，在弹出的快捷菜单中选择“移动或复制”命令，弹出“移动或复制工作表”窗口，如图 5-6 所示，选择目标工作簿名，再选择目标工作表名，单击“确定”按钮，即可把所选工作表移动到目标工作表之前。如果在窗口中勾选“建立副本”复选框则为复制工作表。

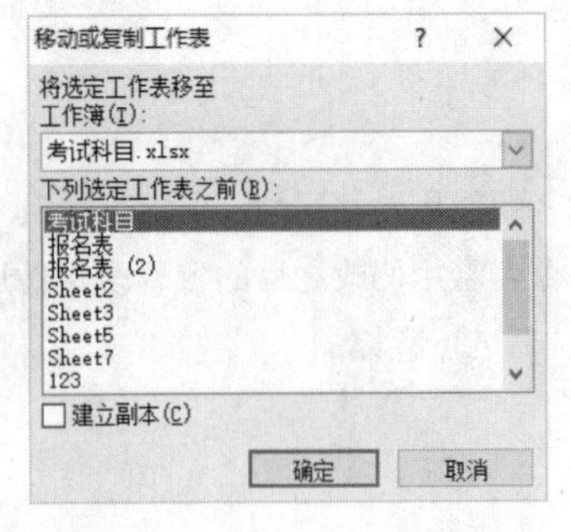

图 5-6

微课：移动与复制工作表

微课：重命名工作表

直接按下鼠标左键拖动工作表标签即可移动工作表到目标位置，同时按下“Ctrl”键拖动可以复制工作表到其他位置。

5. 重命名工作表

双击需要重命名的工作表标签，可以直接进行改名。或在图 5-4 中选择“重命名”命令。

微课：设置工作表标签颜色

6. 设置工作表标签颜色

选择工作表标签，右击鼠标，选择“工作表标签颜色”命令，单击所需颜色即可，方便用户区分不同的工作表。

7. 隐藏与显示工作表

对于一些重要数据，为防止他人随意查看、使用，用户可以对其进行隐藏。选择工作表标签，右击鼠标，选择“隐藏”命令，可将其隐藏。当需要再次显示时，只需在任意一个工作表标签上右击鼠标，选择“取消隐藏”命令即可。

微课：隐藏与显示工作表

8. 保护工作表

对于一些重要数据，为防止他人随意使用与修改，可以对工作表进行保护，方法如下。

（1）选择工作表，右击鼠标，在弹出的快捷菜单中选择“保护工作表”命令，弹出“保护工作表”窗口，如图 5-7 所示，输入密码，并根据需要设置用户权限，单击“确定”按钮，再次输入密码进行确认，即完成工作表的保护操作。

（2）启用工作表保护命令后，当对工作表进行修改时，只有正确输入密码才可以完成相应操作，否则将弹出警告提示，如图 5-8 所示。若需修改，可以右击工作表标签选择“撤销工作表保护”命令，正确输入密码即可。

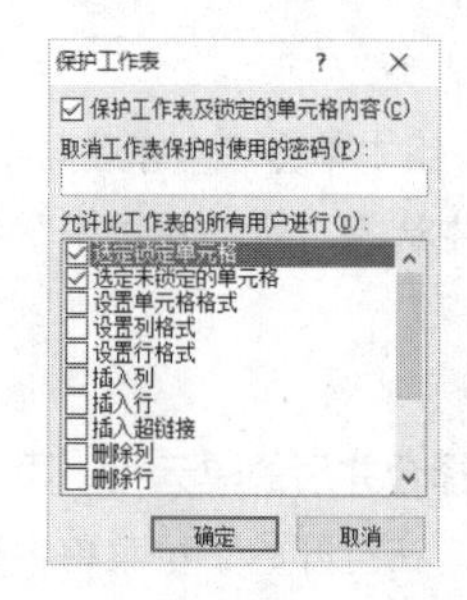

图 5-7

微课：保护工作表

图 5-8

5.1.5　单元格的基本操作

1. 选择单元格

（1）选择单个单元格：单击单元格，或在名称框中输入单元格名称并按“Enter”键。

（2）选择多个单元格：选择起始单元格并按住鼠标左键拖动到结束单元格，可选择一个矩形单元格区域。按住“Ctrl”键的同时，单击各单元格，可选择多个不连续的单元格。

（3）选择所有单元格：按“Ctrl”+“A”组合键可选择工作表中所有单元格。或单击行号和列号左上角交叉处的“全选”按钮。

（4）选择整行：单击左侧对应的行号。

（5）选择整列：单击上方对应的列号。

2. 移动和复制单元格

选择要移动的单元格，把鼠标移至选中单元格的边框处，鼠标指针变为✥形状时，直接拖动鼠标左键到目标单元格即可。如按住“Ctrl”键的同时进行拖动即为复制单元格。

3. 插入单元格

选中单元格，右击鼠标，在弹出的快捷菜单中选择“插入”命令，弹出“插入”对话框，如图 5-9 左图所示，选择相应的插入选项，单击“确定”按钮。或在“开始”选项卡的“单元格”组中选择“插入”按钮，如图 5-9 右图所示。

图 5-9

4. 删除单元格

选中单元格，右击鼠标，在弹出的快捷菜单中选择“删除”命令，弹出“删除”对话框，如图 5-10 所示，选择相应的删除选项，单击“确定”按钮。或在“开始”选项卡的“单元格”组中选择“删除”按钮。

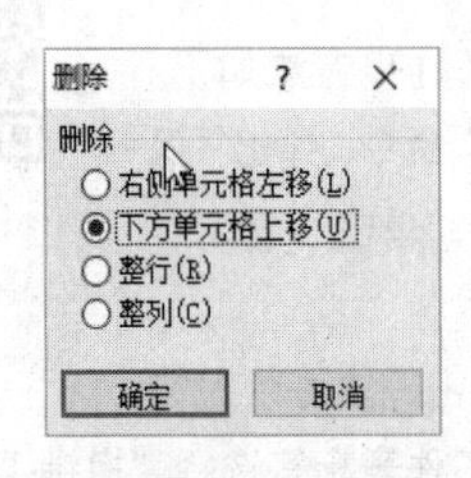

图 5-10

微课：插入单元格

微课：删除单元格

5. 合并与拆分单元格

（1）合并单元格。

选择需要合并的单元格区域，在“开始”选项卡的“对齐方式”组中单击“合并后居中”按钮 合并后居中 ，或单击该按钮右侧的 按钮，在打开的下拉菜单中选择“合并后居中”命令，如图 5-11 所示。

（2）拆分单元格。

当合并后的单元格不满足要求时，可拆分合并后的单元格。选择合并后的单元格，再次单击“合并后居中”按钮 合并后居中 ，或单击该按钮右侧的 按钮，在打开的下拉菜单中选择“取消单元格合并”命令，如图 5-11 所示，即可拆分已合并的单元格。

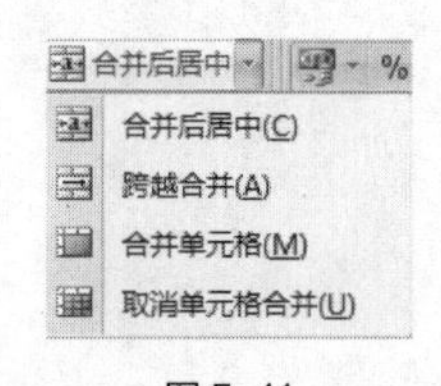

图 5-11

提示

图 5-11 中的“跨越合并”命令是在选中的单元格区域内只将同行中相邻的单元格进行合并；“合并单元格”命令将只合并单元格区域，而不居中显示其中的数据。

6. 调整单元格行高与列宽

方法 1. 自动调整行高与列宽

单击行号或列标选择要调整的行或列，在“开始”选项卡的“单元格”组中选择“格式”按钮，在打开的下拉菜单中选择“自动调整行高”或“自动调整列宽”命令。

方法 2. 手动调整行高与列宽

将鼠标移至行号之间的间隔线处，鼠标指针呈✥状时，按住鼠标左键上下拖动可改变行高。同样，将鼠标移至列标之间的间隔线处，鼠标指针呈✥状，按住鼠标左键左右拖动可改变列宽。

微课：调整行高和列宽

方法 3. 精确调整行高与列宽

在行号或列标的位置右击鼠标，在弹出的快捷菜单中选择“行高”或“列宽”命令，弹出相应的行高或列宽窗口，可输入具体数值，单击“确定”按钮。

提示

双击行号之间的间隔线，可以自动调整上一行的行高。双击列标间的间隔线，可以自动调整前一列的列宽。

7. 隐藏与显示行或列

选中要隐藏的行或列，在“开始”选项卡的“单元格”组中选择“格式”按钮，在打开的下拉菜单中选择“隐藏和取消隐藏”命令中的“隐藏行”或“隐藏列”。若要取消隐藏，则选择“取消隐藏行”或“取消隐藏列”命令，如图 5-12 所示。

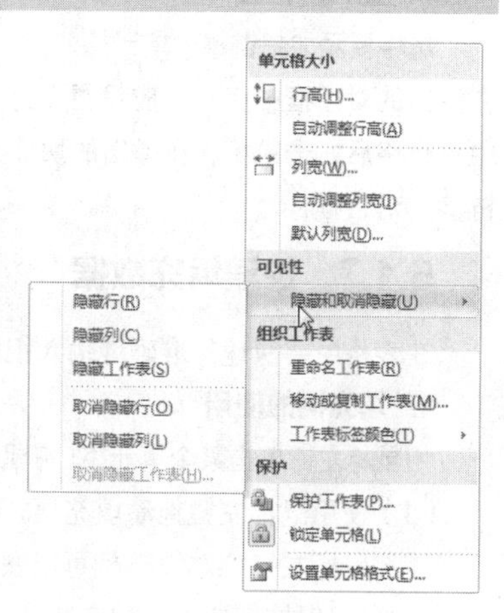

图 5-12

5.1.6　输入数据

Excel 支持各种类型数据的输入，如文本、数字、日期与时间、特殊符号等，其输入方法各有不同。

1. 文本的输入

文本可以是任何字符串（包括字符与数字的组合），在单元格中输入的文本自动左对齐。当输入文本的长度超过单元格显示宽度且右边单元格未有数据时，文本超出内容会显示在右侧相邻的单元格，但文本只属于输入的单元格内。

若要将数字作为文本输入，则应在其前面加上单引号，表示输入的内容为文本类型，在单元格中左对齐。

2. 数字的输入

数字自动右对齐。如数字宽度超过单元格的显示宽度，系统将用一串“#”号来表示，或者用科学记数法显示。若要全部显示，需要调整列宽。

3. 日期和时间的输入

输入日期要使用“/”或“-”将年、月、日分开，系统会自动转换成默认的日期格式。输入当前日期可按“Ctrl”+“;”组合键。

输入时间通常使用“:”将时、分、秒分开。输入当前时间可按“Ctrl”+“Shift”+“;”组合键。

4. 特殊符号的输入

当需要在 Excel 表格中插入一些键盘不能输入的符号时，可以通过单击“插入”选项卡“符号”组中的“符号”按钮Ω来实现。

提示

常用数据类型的输入技巧。

（1）邮政编码：邮政编码以 0 开头，输入时应先输入“'”，作为文本输入。

（2）分数：为避免将输入的分数视作日期，输入时应先输入“0”+“空格”，再输入相应的分数。

（3）百分比数据：先输入数字，再输入%号。

（4）货币数据：在数字前直接输入货币符号（输入法软键盘）。或先输入数据，然后选择“开始”→“单元格”组→“格式”→“设置单元格格式”→“货币”。

5. 换行输入数据

将光标定位在要换行的字符之后，按“Alt”+“Enter”组合键即可切换到下一行。

或先选中需要自动换行的数据区域，然后在“开始”选项卡的“对齐方式”组中单击“自动换行”按钮，则在该区域中输入的内容如超出单元格的宽度会自动换到下一行。

6. 插入批注

选中要添加批注的单元格，在“审阅”选项卡的“批注”组中单击“新建批注”按钮，然后在单元格右上角出现的批注框中直接输入内容。或选中单元格后右击鼠标，在弹出的快捷菜单中选择“插入批注”命令。

7. 插入超链接

选中要添加超链接的单元格，在“插入”选项卡的“链接”组中单击“超链接”按钮，在弹出的对话框中完成相应设置（方法同 Word 中的超链接），单击“确定”按钮。或选中单元格后右击鼠标，在弹出的快捷菜单中选择“超链接”命令，同样可以打开“插入超链接”对话框。

微课：插入超链接

5.1.7 快速填充数据

在表格中要快速并准确地输入相同或有规律的数据，可使用 Excel 提供的快速填充数据功能。

1. 填充柄的使用

用鼠标左键单击某个单元格，将鼠标移至该单元格的右下角，鼠标指针将变为黑色十字形状+，我们称之为填充柄。

（1）使用鼠标左键拖动填充柄。

使用鼠标左键拖动填充柄可以快速填充相同或序列数据。在结束单元格的右下角出现“自动填充选项”按钮，单击可以按需要进行相应选择，如图 5-13 左图所示。

（2）使用鼠标右键拖动填充柄。

使用鼠标右键拖动填充柄，在弹出的快捷菜单中有更多选项可以进行选择，如图 5-13 右图所示。

2.“序列”对话框的使用

使用“序列”对话框可以具体设置数据的类型、步长值和终止值等参数，以实现数据的填充，如图 5-14 所示。

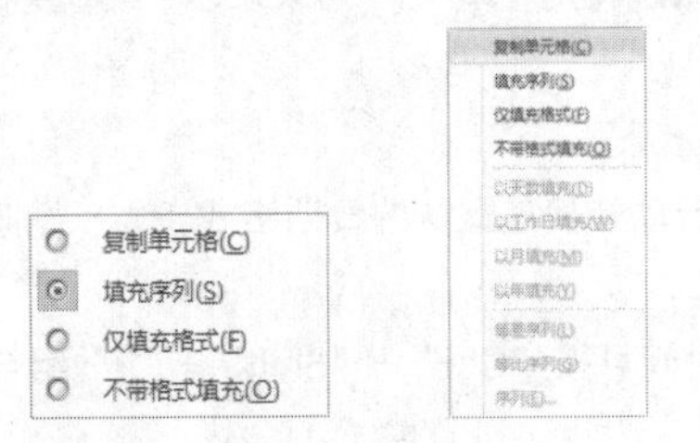

图 5-13

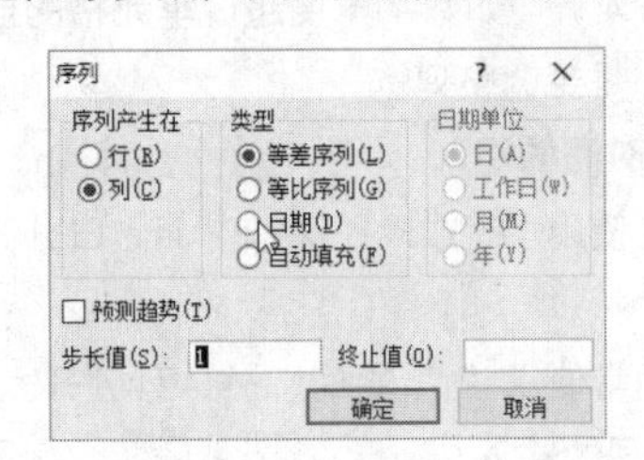

图 5-14

常用的打开“序列”对话框的方法有两种。

方法 1. 在起始单元格输入初始数据，用鼠标右键拖动填充柄，在弹出的快捷菜单中选择“序列”命令。

方法 2. 在起始单元格输入初始数据，选择以此单元格为首的一个空白单元格区域，单击“开始”选项卡下的“编辑”组中的“填充”按钮，选择“系列”命令。

5.1.8 编辑表格中的数据

1. 移动与复制数据

可用前面讲到的单元格移动与复制的方法进行数据的移动与复制。或选择需移动或复制的数据单元格，按“Ctrl”+“X”组合键可剪切数据，按“Ctrl”+“C”组合键可复制数据，然后单击目标单元格，按“Ctrl”+“V”组合键粘贴数据，这样数据连同其格式会同时被粘贴到目标位置。

如果只移动或复制单元格中的内容，则可双击鼠标左键选择单元格中的内容，然后根据需要按“Ctrl”+“X”或“Ctrl”+“C”组合键，完成后选择目标单元格，按“Ctrl”+“V”组合键，这样只把数据内容粘贴到目标位置。

2. 清除与修改数据

（1）清除数据。

选择需要清除的数据单元格，在“开始”选项卡下的“编辑”组中单击“清除”按钮，弹出下拉列表，如图5-15所示。

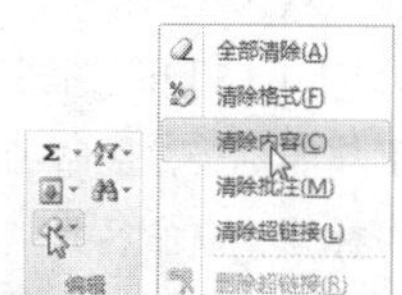

图5-15

- 全部清除：即删除内容，会将数据格式和单元格格式全部删除。
- 清除格式：只删除数据及单元格格式。
- 清除内容：只删除内容。
- 清除批注：如果单元格存在批注，会将批注删除。
- 清除超链接：如果单元格设置过超链接，会清除单元格的超链接，但超链接格式不会被清除。
- 删除超链接：删除单元格的超链接，包括其格式。

（2）修改数据。

- 单击要修改数据的单元格，直接输入新内容即可覆盖原有内容。
- 双击要修改数据的单元格，则把光标定位到数据内部，可直接修改其中内容。

选中单元格，按“Delete”键，可直接删除单元格中的内容。或右击鼠标，在弹出的快捷菜单中选择“清除内容”命令。

3. 查找与替换数据

在“开始”选项卡下的“编辑”组中单击“查找和选择”按钮，在弹出的快捷菜单中选择“查找”或“替换”命令，对数据进行查看和修改。

微课：查找数据

微课：替换数据

任务实施

1. 新建 Excel 工作簿并保存

双击桌面上的 Excel 2010 图标，启动 Excel 2010 软件，默认新建“工作簿 1”，单击快速访问工具栏的“保存”按钮，将文件保存在“学生”文件夹中，命名为“报名表.xlsx”。

2. 输入数据

- 在第 1 行对应的单元格中输入报名表各列的标题。

- 输入“学号”列的数据。单击 A2 单元格，先输入英文符号“'”，再输入“01601001”，然后使用鼠标左键拖动填充柄至 A169，学号被自动按序列填充。
- 依次输入其他各列数据。

3. 保存文档

数据输入完毕，再次单击“保存”按钮，然后单击标题栏右上角的“关闭”按钮，退出应用程序。

任务拓展

制作“考试科目”工作表，如图 5-16 所示。

操作提示

（1）打开“报名表.xlsx”工作簿，双击“Sheet1”工作表标签，重命名为“报名表”，双击“Sheet2”工作表标签，重命名为“考试科目”。

（2）打开“考试科目”工作表，按图 5-16 所示输入相应内容。

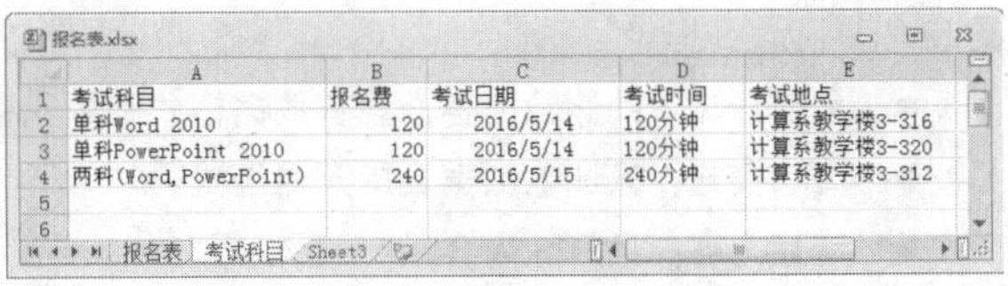

报名表.xlsx

	A	B	C	D	E
1	考试科目	报名费	考试日期	考试时间	考试地点
2	单科Word 2010	120	2016/5/14	120分钟	计算系教学楼3-316
3	单科PowerPoint 2010	120	2016/5/14	120分钟	计算系教学楼3-320
4	两科(Word,PowerPoint)	240	2016/5/15	240分钟	计算系教学楼3-312
5					
6					

报名表 考试科目 Sheet3

图 5-16

（3）输入完毕，单击“保存”按钮，然后单击标题栏右上角的“关闭”按钮，退出程序。

注意

输入“考试日期”数据时，只需输入“16-5-14”（或“16/5/14”），系统会自动转换为默认的日期格式“2016/5/14”。如要设置成其他日期格式，则可以选中相应单元格，右击鼠标，在弹出的快捷菜单中选择“设置单元格格式”命令，在弹出的对话框中选择所需格式，单击“确定”按钮。

任务练习

1. 填空题

（1）在 Excel 中用来存储和处理数据的文档被称为________。

（2）新建工作簿的组合键是________。

（3）一张工作簿中默认有________张工作表，用户可以对工作表进行插入和删除。

（4）在 Excel 中存储数据的最基本单位是________。

（5）Excel 中有 3 种视图模式，分别是________、________、________。

（6）按组合键________可以帮助用户在一个单元格中换行输入数据。

（7）为单元格插入批注，可在________选项卡的________组中单击________按钮来完成。

（8）在 Excel 中要快速填充数据可以使用________和________两种方法来实现。

2. 选择题

（1）在 Excel 2010 中，若选定多个不连续的行所用的键是（　　）。

A. “Shift”　　B. “Ctrl”　　C. “Alt”　　D. “Shift”+“Ctrl”

（2）在 Excel 2010 中，若在工作表中插入一列，则一般插在当前列的（　　）。

A. 左侧　　B. 上方　　C. 右侧　　D. 下方

（3）在 Excel 2010 中，使用工作表“重命名”命令后，则下面说法正确的是（　　）。

A. 只改变工作表的名称　　B. 只改变它的内容

C. 既改变名称又改变内容　　D. 既不改变名称又不改变内容

（4）在 Excel 2010 中，在单元格中输入文字时，默认的对齐方式是（　　）。

A. 左对齐　　B. 右对齐　　C. 居中对齐　　D. 两端对齐

（5）在 Excel 单元格中输入 5/15，系统会默认为是（　　）。

A. 分数 5/15　　B. 日期5月15日　　C. 小数 5.15　　D. 错误数据

（6）Office 办公软件是（　　）公司开发的软件。

A. WPS　　B. Microsoft　　C. Adobe　　D. IBM

（7）如要在 Excel 单元格中输入分数 1/2，则下列方法正确的是（　　）。

A. 直接输入 1/2　　B. 先输入单引号，再输入 1/2

C. 先输入 0，然后空格，再输入 1/2　　D. 先输入双引号，再输入 1/2

（8）下面有关 Excel 工作簿、工作表的说法中，正确的是（　　）。

A. 一个工作簿可包含多个工作表，默认工作表名为 Sheet1/Sheet2/Sheet3

B. 一个工作簿可包含多个工作表，默认工作表名为 Book1/Book2/Book3

C. 一个工作表可包含多个工作簿，默认工作表名为 Sheet1/Sheet2/Sheet3

D. 一个工作表可包含多个工作簿，默认工作表名为 Book1/Book2/Book3

（9）在 Excel 中，输入当前时间可按组合键（　　）。

A. “Ctrl” + “;”　　B. “Shift” + “;”

C. “Ctrl” + “Shift” + “;”　　D. “Ctrl” + “Shift” + “,”

（10）下面关于填充柄的说法正确的是（　　）。

A. 使用填充柄只能复制相同的数据　　B. 使用填充柄可以复制相同或有规律的数据

C. 使用填充柄不能复制数据　　D. 填充柄只能使用鼠标左键向下拖动

任务 2　给表格化妆——美化工作表

任务提出

小叶同学的 nit 报名表做好了，但还没设置格式，很不美观，今天我们就来给这个表格“化个妆”吧，样张如图 5-17 所示。

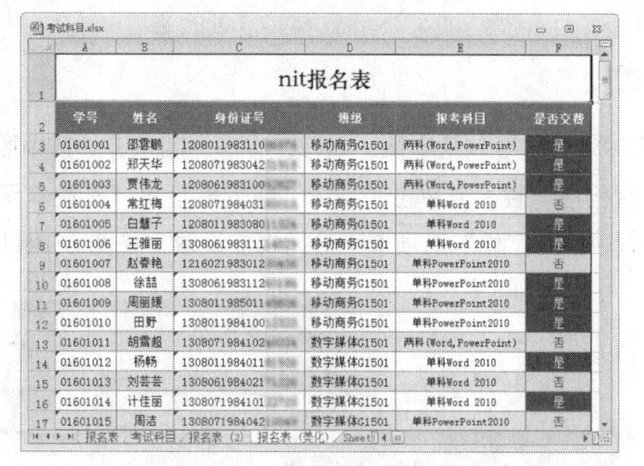

图 5-17

任务分析

美化表格，其实就是对表格及表中数据进行格式化设置，如设置字符格式、套用表格样式、设置边框与底纹、设置工作表背景等。

任务要点

- 自动套用格式
- 设置数据格式，包括字体格式、数字格式等
- 设置单元格格式，包括对齐方式、边框与底纹等
- 设置背景

知识链接

5.2.1 自动套用格式

系统中已经存储了一些表格格式，用户可以方便快捷地应用这些格式直接来美化表格。具体操作如下。

（1）选择要设置格式的单元格，在“开始”选项卡的“样式”组中单击“套用表格格式”按钮，在打开的下拉菜单中选择所需格式，如图 5-18 所示。

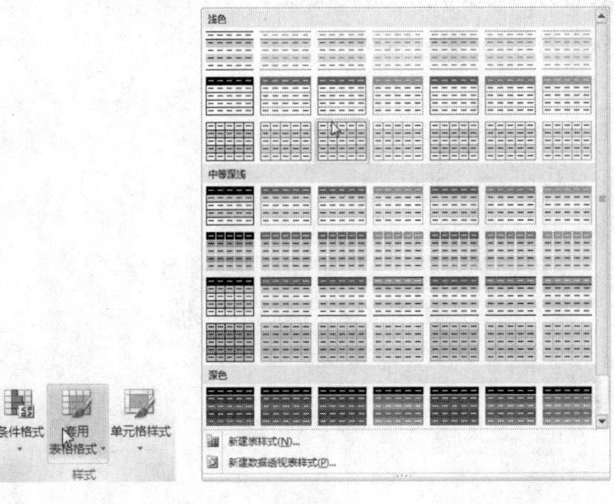

图 5-18

微课：自动套用格式

（2）套用表格格式后，将激活表格的“设计”选项卡，在其中可以重新设置表格样式，并设置样式选项。也可单击“单元格样式”按钮，在打开的下拉菜单中选择所需样式。或单击“条件格式”按钮，按设置的条件选择相应样式。

5.2.2 设置字体格式

在 Excel 2010 中设置的字体格式主要包括字体、字号、字形、颜色等。选中要设置的数据区域，在“开始”选项卡的“字体”组中可以设置相应属性。或单击“字体”组的右下角“设置单元格格式：字体”按钮，在弹出的“设置单元格格式”对话框中的“字体”选项卡下进行相应设置，如图 5-19 所示。

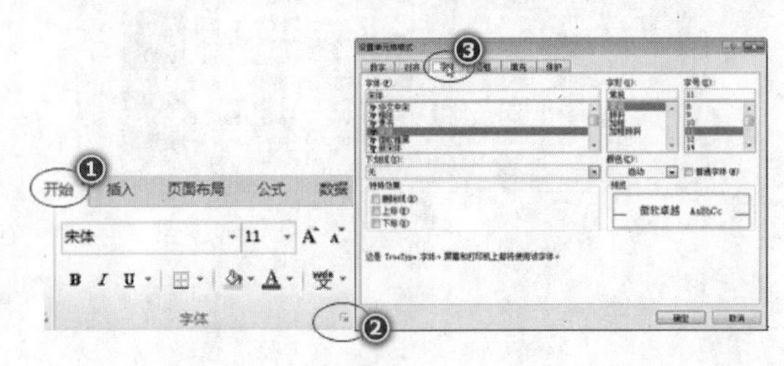

图 5-19

5.2.3　设置数据格式

Excel 2010 中的数据类型主要包括“货币”“数值”“会计专用”“日期”“百分比”“分数”等，用户可以根据需要设置所需的数据格式。

选中要设置的数据区域，在“开始”选项卡下的“数字”组中可以设置相应属性。或单击“数字”组右下角的“设置单元格格式：数字”按钮，在弹出的“设置单元格格式”对话框的“数字”选项卡中进行相应设置，如图 5-20 所示。

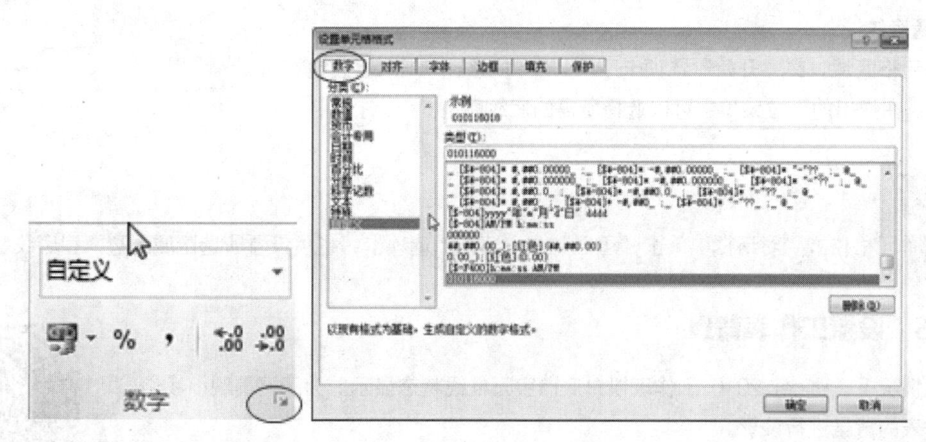

图 5-20

5.2.4　设置对齐方式

Excel 2010 中的文本默认为左对齐，数字为右对齐。如要改变数据的对齐方式，可在“开始”选项卡的“对齐方式”组中进行相应设置，其中，垂直对齐和水平对齐各有 3 种方式，还可设置文字方向和文字相对于单元格边框的缩进量，如图 5-21 所示。

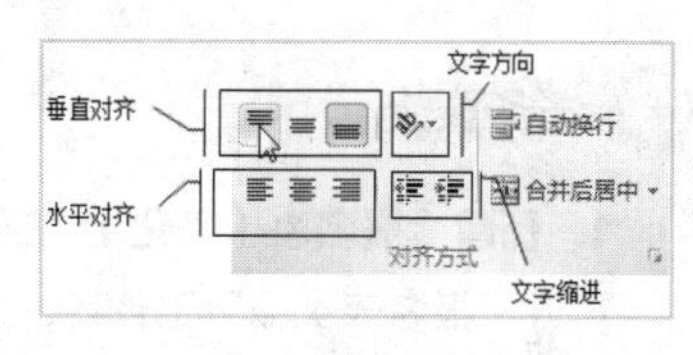

图 5-21

也可以通过单击“对齐方式”组右下角的“设置单元格格式：对齐方式”按钮，在弹出的“设置单元格格式”对话框中的“对齐”选项卡下进行相应设置，如图 5-22 所示。

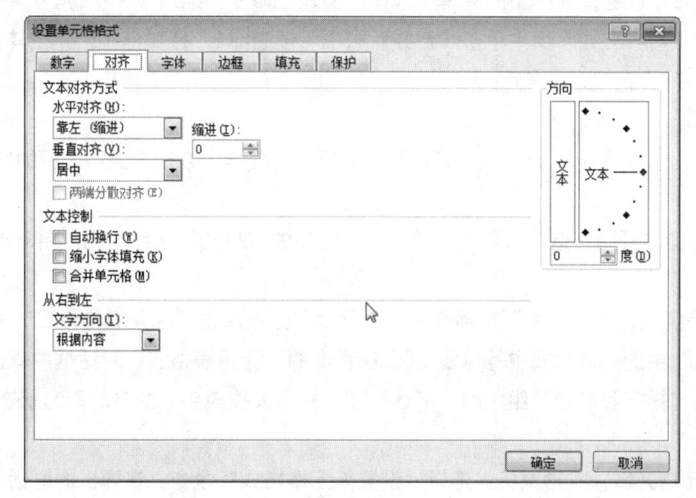

图 5-22

5.2.5 设置边框与底纹

1. 设置边框

选择单元格区域，在“开始”选项卡下的“字体”组中单击⊞按钮右侧的▾按钮，在弹出的下拉菜单中可以设置所需的边框，再通过选择“绘制边框”栏的相应选项可以设置边框的颜色、线型，还可手动绘制边框或边框网格及擦除边框，如图 5-23 所示。

图 5-23

2. 设置底纹

选择单元格区域，在“开始”选项卡下的“字体”组中单击按钮右侧的▾按钮，在弹出的下拉菜单中可以选择所需的底纹颜色。

提 示

在“设置单元格格式”对话框中单击“边框”或“填充”选项卡，也可设置所选区域的边框和底纹。

5.2.6 设置工作表背景

微课：设置工作表背景

在默认情况下，Excel 2010 工作表以白底黑字无框线状态显示。为了更美观，我们可以对工作表的背景进行设置。

在“页面布局”选项下的“页面设置”组中单击“背景”按钮，弹出“工作表背景”对话框，选择所需背景图片，单击“插入”按钮。插入背景后，“背景”按钮自动变成“删除背景”按钮，只需单击此按钮即可删除背景。

任务实施

1. 新建“报名表（美化）”工作表

打开“报名表.xlsx”工作簿，选择“报名表”工作表标签，按“Ctrl”键并按住鼠标左键拖动鼠标到“考试科目”工作表之后，复制一份“报名表”，双击其标签将其重命名为“报名表（美化）”。

2. 插入标题

在第一行的行号处右击鼠标，在弹出的菜单中选择“插入”命令，插入一个空行。选择 A1:F1 单元格区域，在“开始”选项卡下的“对齐方式”组中单击“合并后居中”按钮，将其合并，并在其中输入“nit 报名表”，设置字体为华文中宋、20 号、加粗、黑色。

3. 设置行高和列宽

用鼠标右击第一行，选择“行高”命令，设置行高为 45。用同样的方法设置第二行的行高为 29，其余各行的行高均为 18。

选择 A 至 F 列，单击“开始”选项卡下的“单元格”组中的“格式”按钮中的“自动调整列宽”命令。

4. 设置表格样式

选择 A2:F170 表格区域，在“开始”选项卡下的“样式”组中单击“套用表格格式”按钮，在打开的下拉菜单中选择“中等深浅”中的“表样式中等深浅 2”，在弹出的“套用表格式”对话框中单击“确定”按钮，再单击“数据”选项卡下的“排序和筛选”组中的“筛选”按钮，去掉表头中的自动筛选状态。

5. 设置对齐方式

选择 A2:F170 单元格区域，右击鼠标，选择“设置单元格格式”命令，在弹出的对话框中打开“对齐”选项卡，“水平对齐”和“垂直对齐”都选择“居中”命令，单击“确定”按钮。

（1）设置边框

选择 A2:F170 单元格区域，右击鼠标，选择“设置单元格格式”命令，在弹出的对话框中打开“边框”选项卡，样式选择右列第 5 种，颜色选择“主题颜色”中的“深蓝，文字 2”，然后单击“外边框”按钮，再选择样式左列最下面一种，颜色选择“标准色”中的“浅蓝”色，然后单击“内部”按钮，这样表格内外就加上了不同的边框线，最后单击“确定”按钮，如图 5-24 所示。

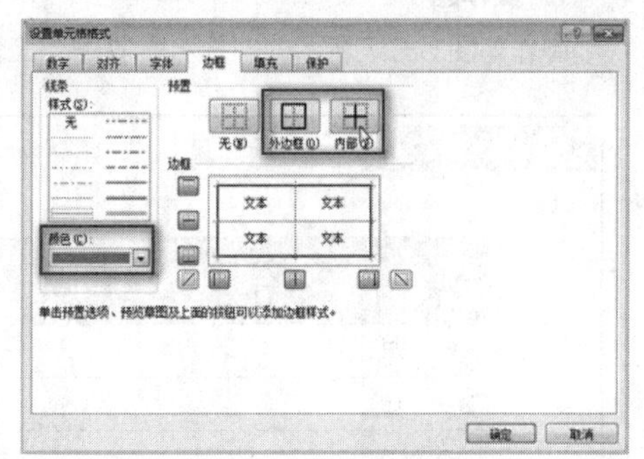

图 5-24

（2）设置条件格式

要求：将“是否交费”列中的“已交费”的单元格设置为紫底白字，“未交费”的单元格设置为红底黄字。

按“Ctrl”+“A”组合键选择整个表格，在“开始”选项卡的“样式”组中单击“条件格式”按钮，选择“新建规则”命令；在弹出的“新建格式规则”对话框中单击“选择规则类型”列表中的第二项“只为包含以下内容的单元格设置格式”，在“编辑规则说明”中选择“单元格值”“等于”，再单击按钮，在表格的第 F 列任意单击一个值为“是”的单元格，单击“格式”按钮；在弹出的“设置单元格格式”对话框中的“字体”选项卡中设置文字颜色为“白色”，在“填充”选项卡中设置底纹为“紫色”，单击“确定”按钮；回到“新建格式规则”对话框中继续单击“确定”按钮，如图 5-25 所示。

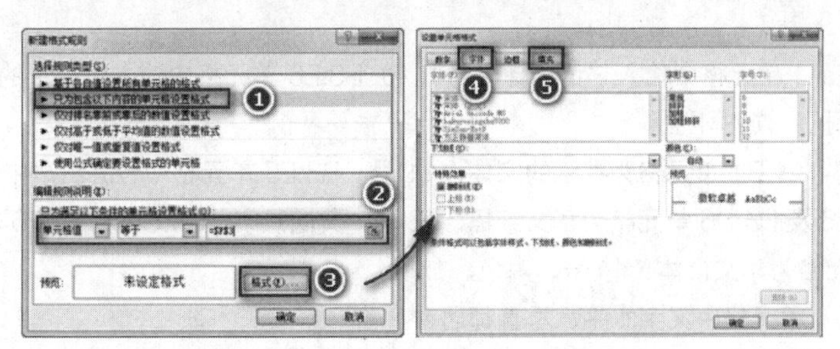

图 5-25

用同样的方法再将“未交费”的单元格设置为红底黄字。

任务拓展

将上面工作表中的“未交费”单元格重新设置为黄底红字。

操作提示

按“Ctrl”+“A”组合键，选中整个表格，单击“条件格式”按钮，选择“管理规则”命令，在弹出的“条件格式规则管理器”中选择需要修改的规则，单击“编辑规则”按钮，如图 5-26 所示。弹出“编辑格式规则”对话框（同新建格式规则），单击“格式”按钮，在“设置单元格格式”对话框中重新进行设置，然后单击“确定”按钮，完成修改。

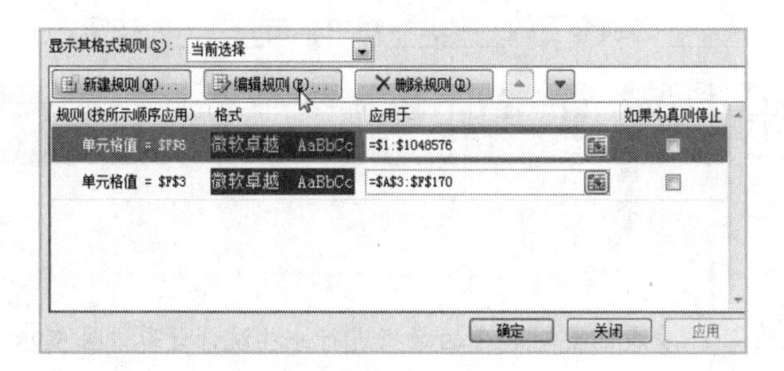

图 5-26

微课：条件格式

任务练习

1. 操作题

制作如图 5-27 所示的“报名费收据”工作表。

请选择学号			
NIT报名费收据			
学　号		姓　名	
班　级		报 名 费	
报考科目		报名日期	
			收款单位：计算机系教务科

图片：报名费收据

图 5-27

操作要求

（1）新建“报名费收据”工作表：打开“报名表.xlsx”工作簿，在“报名表（美化）”工作表标签之后新建“报名费收据”工作表。

（2）输入数据：在 A1 单元格中输入“请选择学号”，在 B3:E6 单元格中输入表格中的数据，在 E7 单元格中输入“收款单位：计算机系教务科”。

（3）设置字符格式：A1:B1 单元格为默认的宋体、11 号；B3:E3 单元格“合并后居中”、华文楷体、26 号、加粗、绿底白字；B4:B6 及 D4:D6 单元格为华文细黑、16 号、黄底黑字；C4:C6 及 E4:E6 单元格为华文行楷、16 号、白底黑字；E7 单元格为华文楷体、14 号、黑色、加粗。

（4）设置对齐方式：单元格中文字水平、垂直都居中。

（5）设置边框和底纹具体如下。

- A1:B1 单元格应用“单元格样式”中“数据和模型”类的“检查单元格”样式。
- B3:E6 单元格区域设置为外框紫色、中粗实线、左右无框线，内框为黑色、细实线。
- 为单元格填充颜色，最终效果如图 5-27 所示。

2. 填空题

（1）Excel 中的数据类型主要包括________、________、________、________、百分比、分数等，用户可以根据需要设置所需的数据格式。

（2）在 Excel 中设置字体格式，主要包括________、________、________、________等。

（3）设置表格的自动套用格式，在________选项卡下的________组中单击________按钮即可。

（4）Excel 表格中的文本默认对齐方式为________，数字为________。

（5）要给 Excel 表格添加背景，可以在________选项卡下的________组中单击________按钮。

任务 3　精打细算——数据计算与管理

任务提出

小叶同学的 nit 报名表已经顺利制作完成，下一步我们要对其中的数据进行一些统计计算。图 5-28 是一个报名统计表，我们来一起帮她完成表中的数据计算吧！

报名统计表

报考科目	报考人数	已交费人数	未交费人数	已收报名费
单科Word 2010				
单科PowerPoint2010				
两科(Word, PowerPoint)				
总计				

图 5-28

任务分析

要对表中数据进行计算，我们不但要会设计计算公式，还要会使用 Excel 的公式和函数来完成计算任务。

任务要点

- 单元格引用
- 公式
- 函数

知识链接

5.3.1 单元格引用

在进行数据计算时经常要用到对单元格地址的引用，一个引用地址代表工作表中一个或多个单元格或单元格区域，其作用在于标识工作表中单元格或单元格区域，指明公式中所使用的数据地址。一般情况下，单元格的引用分为相对引用、绝对引用和混合引用。

- 相对引用：复制公式时，在新的位置自动调整引用的单元格地址，即为相对引用，如 A1、B5。
- 绝对引用：复制公式时，在新的位置引用的单元格地址不变，这种方式即为绝对引用，如$A$1、$B$5。
- 混合引用：复制公式时，在新的位置引用的单元格，地址的行和列不同时改变的，这种方式即为混合引用，如$A1、B$5。

提示

（1）在某些情况下，需要引用其他工作表中的单元格地址，这时需要在单元格地址前加上工作表名，即“工作表名!单元格地址”，如“sheet2!A1”。这种形式中也分为相对引用、绝对引用和混合引用 3 种情况。
（2）把光标定位在公式中引用的单元格地址的任意位置上，按“F4”键，可以在 3 种引用模式之间进行切换。

5.3.2 公式的使用

Excel 中的公式是对工作表中的数据进行计算和操作的等式，在输入时以“=”开头，其后是公式的表达式。公式中包含了运算符、数值或任意字符、单元格引用、函数等元素。

1. 运算符

Excel 的运算符分为算术运算符、文本运算符、比较运算符和引用运算符。

（1）算术运算符：若要完成基本的数学运算（如加法、减法或乘法）、合并数字以及生成数值结果，可以使用表 5-1 所示的算术运算符。

表 5-1　算术运算符

算术运算符	含义	示例
+	加法	8+3
-	减法或负数	5-1 或-3
*	乘法	5*3
/	除法	5/3
%	百分比	80%
^	乘方	5^2

（2）文本运算符：可以使用与号“&”连接一个或多个文本字符串，以生成一段文本，如表 5-2 所示。

表 5-2　文体运算符

文本运算符	含义	示例	显示结果
&	将两个文本值连接起来产生一个连续的文本值	“河北”&“廊坊”	“河北廊坊”

（3）比较运算符：可以使用下列运算符比较两个值，当用运算符比较两个值时，结果为逻辑值“TRUE”或“FALSE”。如 A1=6,B1=8，计算结果如表 5-3 所示。

表 5-3　比较运算符

比较运算符	含义	示例	显示结果
=	等于	A1=B1	FALSE
>	大于	A1>B1	FALSE
<	小于	A1<B1	TRUE
>=	大于等于	A1>=B1	FALSE
<=	小于等于	A1<=B1	TRUE
<>	不等于	A1<>B1	TRUE

（4）引用运算符：可以使用表 5-4 所示的引用运算符对单元格区域进行合并计算。

表 5-4　引用运算符

引用运算符	含义	示例
:	区域运算符，生成对两个单元格引用之间的所有单元格的引用，包括这两个引用单元格	B5:B15
,	联合运算符，将多个引用区域合并为一个引用区域	B5:B15,D5:D15
空格	交叉运算符，生成对两个引用区域相交处的单元格的引用	B7:D7 C6:C8

2．运算符优先级

如一个公式中有若干个运算符，Excel 将按表 5-5 中的次序进行计算。如果一个公式中的若干个运算符具有相同的优先顺序，则同级从左到右进行计算。若要更改求值的顺序，请将公式中要先计算的部分用括号括起来。

表 5-5　运算符优先级

运算符	说明
:，单个空格	引用运算符
-	负数（如 -1）

续表

运算符	说明
%	百分比
^	乘方
* 和 /	乘和除
+ 和 –	加和减
&	连接两个文本字符串
=、<、>、<=、>=、<>	比较运算符

3. 输入公式

Excel 2010 中的公式始终以等号“=”开头，即表达式前加等号“=”，就构成了公式，公式规定了计算的顺序。Excel 2010 按照公式中每个运算符的优先级进行计算，同级再从左到右计算，特殊情况下可以通过括号来改变运算次序。如“=(A1–A2)*3/100”。

4. 快速计算

“公式”选项卡下的“函数库”组中的“自动求和”按钮 Σ，可以对选择范围内的数据进行快速计算，并同时自动填写计算结果。

另外，选择计算范围，在状态栏右侧可以看到自动计算出来的结果，包括平均值、计数值、求和值三项结果。

5. 公式审核

使用“公式”选项卡下的“公式审核”组，可以对使用的公式进行核对，以便查验公式是否正确，方便找出逻辑错误，如图 5–29 所示。

6. 计算选项

若要提高 Excel 2010 的运行速度，则可以进行计算选项设置。因默认情况下，Excel 2010 中的公式是自动完成计算的。每次任意一个单元格中的数据的变化都会使整个 Excel 2010 中公式自动计算一次。当数据量相当大的时候，每一次的公式计算都会消耗相当多的时间，有时还会造成“假死机”现象，故可把计算选项设置为“手动计算”，需要计算时，再单击“开始计算”或“计算工作表”按钮，节省时间，避免死机，如图 5–30 所示。

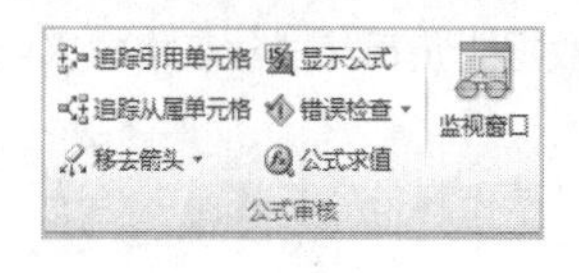

图 5–29

图 5–30

5.3.3 函数的使用

函数是 Excel 2010 预定义的特殊公式，它是一种在需要时直接调用的表达式。函数的一般格式如下。

函数名(参数 1,参数 2,参数 3,……参数 *N*)

1. 输入函数

方法 1. 直接在单元格中输入函数。

方法 2. 利用函数向导，引导建立函数运算公式。

通常在使用函数时，先选择存放计算结果的单元格，然后单击“编辑栏”中的“插入函数”按钮 *fx*，打开“插入函数”对话框，如图 5–31 所示，在列表中选择所需函数，启动函数向导，引导建立函数运算公式。

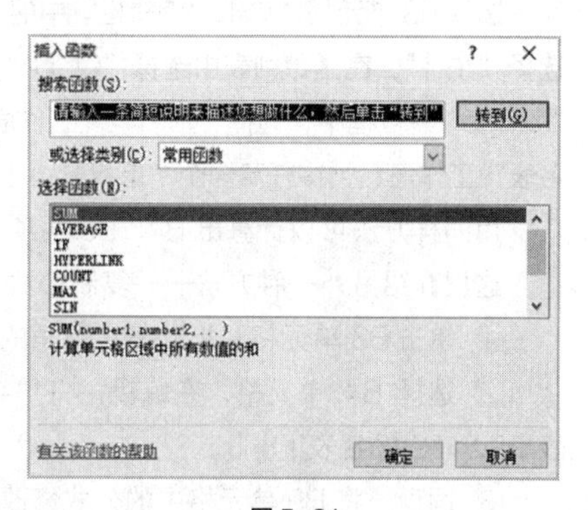

图 5–31

提示

插入函数也可通过单击“开始”选项卡下的“编辑”组中的“求和”按钮Σ，在其下拉列表中选择所需函数。或单击“公式”选项卡下的“函数库”组中的“插入函数”按钮fx，打开“插入函数”对话框，选择所需函数。

2. 常用函数

- SUM：求和，计算单元格区域中所有数值的和。
- SUMIF：对满足条件的单元格求和。
- SUMIFS：对一组给定条件指定的单元格求和。
- AVERAGE：求平均值，计算单元格区域中所有数值的算术平均值。
- MAX：返回一组数值中的最大值，忽略逻辑值及文本。
- MIN：返回一组数值中的最小值，忽略逻辑值及文本。
- COUNT：计算区域中包含数字的单元格的个数。
- COUNTA：计算区域中非空单元格的个数。
- COUNTIF：计算某个区域中满足给定条件的单元格数目。
- COUNTIFS：统计一组给定条件所指定的单元格数。
- RANK：排定名次的函数，用于返回一个数值在一组数值中的排序，排序时不改变该数值原来的位置。
- VLOOKUP：查找数据区域首列满足条件的元素，并返回数据区域当前行中指定列处的值。
- IF：判断给出的条件是否满足，如果满足，则返回一个值；如果不满足，则返回另一个值。

任务实施

1. 新建“报名统计”工作表

打开“报名表.xlsx”工作簿，在“报名表（美化）”工作表之后新建“报名统计”工作表。参照图5-28输入表中内容并设置格式。

要求：表标题A1:E1合并后居中，字体样式为华文新魏、28号、加粗，行高为45；表中数据垂直水平都居中，字体样式为宋体、16号、加粗，需要计算的数据不加粗，E3:E6数据为货币格式；表格加黑色边框，行高为28.5，列宽为“自动调整列宽”。

2. 计算表中数据

（1）报考人数。

选择B3单元格，单击“编辑栏”中的“插入函数”按钮fx，在“插入函数”对话框的“或选择类别”下拉列表中选择“统计”，在函数列表中选择“COUNTIF”，单击“确定”按钮。在弹出的“函数参数”对话框中，将光标定位在“Range”参数框中，选择“报名表”工作表中的E2:E169数据区域，再将光标定位在“Criteria”参数框中，选择“报名表”工作表E列中任意一个“单科Word 2010”单元格，如E5，然后单击“确定”按钮，如图5-32所示。

用同样方法可以计算出B4、B5两项的结果。

这里介绍另外一种方法——复制公式法。

① 单击B3单元格，拖动其右下角的“填充柄”+到B5单元格，出现和B3相同的结果。

② 选择B4单元格，在编辑栏将“=COUNTIF(报名表!E3:E170,报名表!E6)”公式修改为“=COUNTIF(报名表!E2:E169,报名表!E8)”。

③ 同理，将B5单元格中的公式修改为“=COUNTIF(报名表!E2:E169,报名表!E2)”。

到此，大家会发现在3个单元格的公式中，第一个参数是相同的，而在复制过程中会自动变化，这就是单元格相对引用的结果。如果我们把B3中的公式改为“=COUNTIF(报名表!$E$2:$E$169,报名表!E5)”，再进行复制，第一个参数就不会发生变化了。

[1]

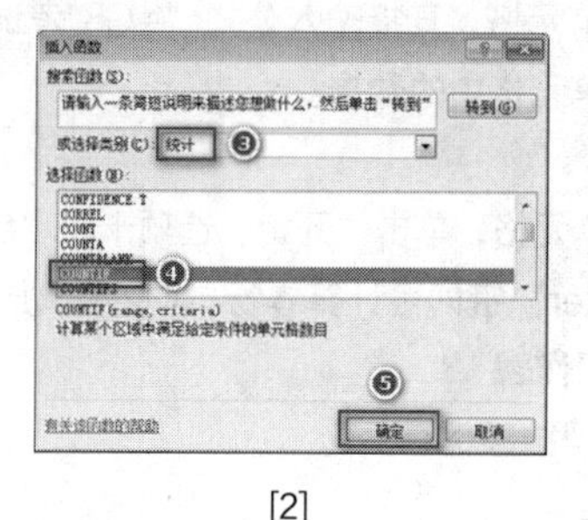
[2]

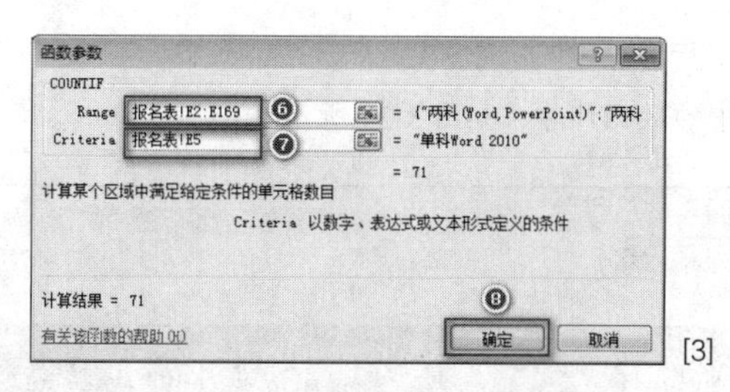
[3]

图5-32

提示

（1）COUNTIF函数中的“Range”参数表示要计算其中非空单元格数目的区域，“Criteria”参数表示计算需定义的条件，可以是数字、表达式或文本形式。

（2）单击参数框右侧的折叠按钮，可以将“函数参数”对话框收缩起来，以便节省空间选择所需数据区域。

（2）已交费人数。

选择C3单元格，在单击“编辑栏”中的“插入函数”按钮，在“插入函数”对话框的“或选择类别”下拉列表中选择“统计”，在函数列表中选择“COUNTIFS”，单击“确定”按钮。在弹出的“函数参数”对话框中，将光标定位在“Criteria_range1”参数框中，选择“报名表”工作表中的E2：E169数据区域；再将光标定位在“Criteria1”参数框中，选择“报名表”工作表E列中任意一个“单科Word 2010”单元格，如E5；继续将光标定位在“Criteria_range2”参数框中，选择“报名表”工作表中的F2：F169数据区域；再将光标定位在“Criteria2”参数框中，选择“报名表”工作表F列中任意一个“是”单元格，如F2，然后单击“确定”按钮，如图5-33所示。

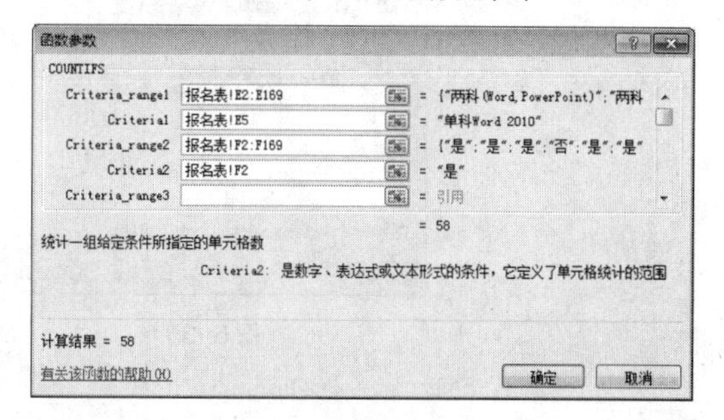

图5-33

选中C3单元格，用“F4”键修改公式为“=COUNTIFS(报名表!$E$2:$E$169,报名表!E5,报名表!$F$2:$F$169,报名表!$F$2)”，然后拖动单元格右下角十字填充柄到C5单元格，将C4单元格中的“E6”改为“E8”，按“Enter”键，再将C5单元格中的“E7”改为“E2”，然后按“Enter”键。

（3）未交费人数。

计算方法同步骤（2）。选中C3单元格，拖动十字填充柄至D3单元格，修改公式为“=COUNTIFS(报名表!$E$2:$E$169,报名表!E5,报名表!$F$2:$F$169,报名表!$F$5)”，D4单元格公式为“=COUNTIFS(报名表!$E$2:$E$169,报名表!E8,报名表!$F$2:$F$169,报名表!$F$5)”，D5单元格公式为“=COUNTIFS(报名表!$E$2:$E$169,报名表!E2,报名表!$F$2:$F$169,报名表!$F$5)”。

（4）已收报名费。

选中 E3 单元格，直接输入公式“=C3*考试科目!B2”，按“Enter”键。再拖动十字填充柄到 E5 单元格，计算出 E4、E5 单元格中的数据。

（5）总计。

选中 B6 单元格，单击“开始”选项卡→“编辑”组→“求和”按钮Σ，然后系统将自动选取数据区域 B3:B5，再直接按“Enter”键即可计算本行。向右拖动十字填充柄至 E6 单元格，完成其他各项计算。

3. 保存工作表

将最后处理结果保存。

任务拓展

完成“报名费收据”工作表中的数据计算，如图 5-34 所示。

请选择学号	01601001		
NIT报名费收据			
学　号	01601001	姓　名	郜雲鹏
班　级	移动商务G1501	报名费	240
报考科目	两科(Word, PowerPoint)	报名日期	2017年3月22日
			收款单位：计算机系教务科

图 5-34

知识拓展

1. 数据的有效性

为了防止在单元格中输入无效的数据，Excel 2010 可以定义数据的有效性，这不仅提高了输入的正确率，还减少了输入量，对于重复使用的数据序列，可以用下拉列表的形式对数据序列中的值进行选择，降低了出错率。例如，在“性别”列输入“男”或“女”就可以使用数据的有效性进行选择输入，方法是选择要输入的单元格，单击“数据”→“数据工具”组中的“数据有效性”按钮，弹出“数据有效性”对话框，如图 5-35 所示，进行相应设置，单击“确定”按钮。

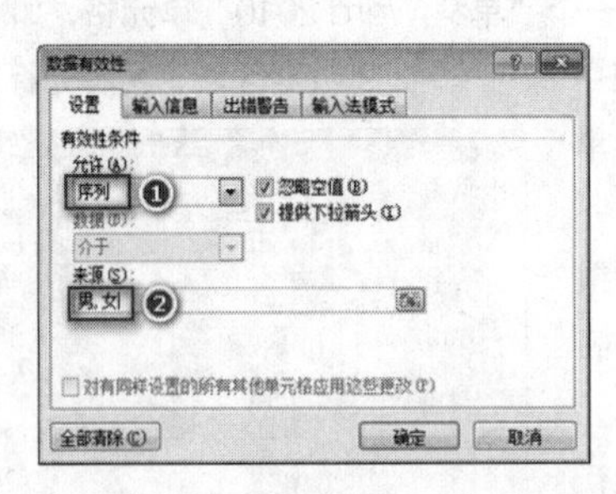

图 5-35

微课：数据有效性

注意

在图 5-35 中，“来源”项中输入的字符之间要用英文的逗号隔开。

2. 定义名称

在 Excel2010 中，用户可以为选择的单元格区域定义名称，在引用时可以直接使用名称，这样便简单明了。

定义的方法是：选择相应的单元格区域，在“编辑栏”左上角的“名称框”中直接输入名称即可。也可以单击“公式”→“定义的名称”组中的“定义名称”按钮，在弹出的“新建名称”对话框中设置名称、范围、引用位置，单击“确定”按钮，如图 5-36 所示。

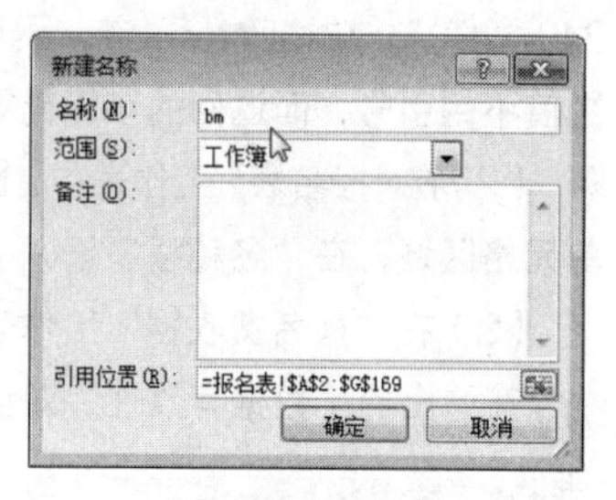

图 5-36

3. IF 函数

（1）功能：判断是否满足某个条件，如果满足，则返回一个值；如果不满足，则返回另一个值。

（2）语法：具体如下。

IF(logical_test,value_if_true,value_if_false)

提示

IF 函数可以进行嵌套，最多可以嵌套 7 层。

IF 函数的参数及其说明如表 5-6 所示。

4. VLOOKUP 函数

有时，我们需要根据数据表 1 的信息，到数据表 2 中查询与之相匹配的内容，而数据表 2 中的数据又很多，这时，VLOOKUP 函数就发挥作用啦！

表 5-6 IF 函数的参数

参数	简单说明	输入数据类型
logical_test	设置的条件	数值或表达式
value_if_true	满足条件返回的值	任何数值或字符
value_if_false	不满足条件返回的值	任何数值或字符

（1）功能：搜索表区域首列满足条件的元素，确定待检索单元格在区域中的行序号，再进一步返回选定单元格的值。

（2）语法：具体如下。

VLOOKUP(lookup_value,table_array,col_index_num,range_lookup)

VLOOKUP 函数的参数及相关说明如表 5-7 所示。

表 5-7 VLOOKUP 函数的参数

参数	简单说明	输入数据类型
lookup_value	要查找的值	数值、引用或文本字符串
Table_array	要查找的区域	数据表区域
col_index_num	返回数据在查找区域的第几列数	正整数
range_lookup	精确匹配/大致匹配	TRUE（或不填）/FALSE

操作提示

（1）打开“报名表”工作表，添加 G 列“报名费”项，要求已交费的考生显示实际报名费，未交费的则显示

“未交费”字样。使用 IF 函数完成输入：选择 G2 单元格，输入公式“=IF(F2="否","未交费",IF(E2="两科(Word,PowerPoint)",240,120))”，按“Enter”键，再用十字填充柄向下填充其他行。注意，公式中的标点符号都是英文符号，返回的数值不用引号，而返回的字符需要用英文引号引起来，如图 5-37 所示。

（2）在“报名表”工作表中，选择 A2:A169 单元格区域，在“名称框”输入“xh”，按 Enter 键。再选择 A2:G169 单元格区域，在“名称框”输入“bm”，按 Enter 键即可完成两个区域名称的定义。

（3）在“报名费收据”工作表中，选中 B1 单元格，单击“数据”→“数据工具”组中的“数据有效性”按钮，在弹出的“数据有效性”对话框中进行设置，如图 5-38 所示，单击“确定”按钮。

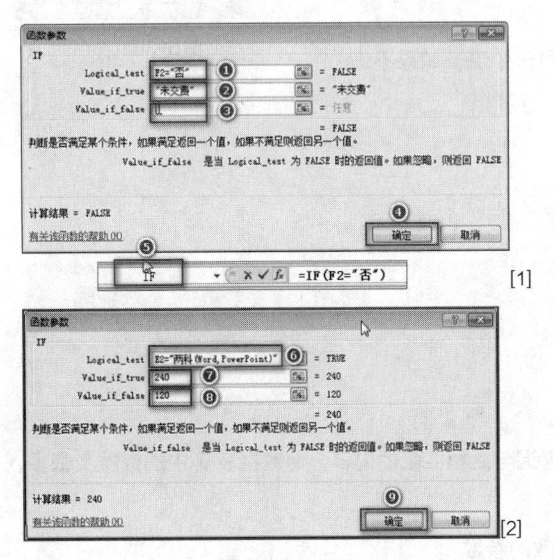

图 5-37

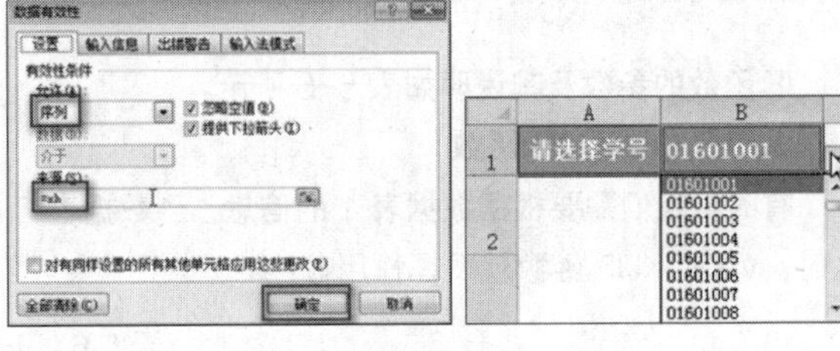

图 5-38

（4）选择 C4 单元格，输入“=”再单击 B1 单元格，按 Enter 键，在 C4 单元格中即出现 B1 单元格中所选定的学号。

（5）选择 E4 单元格，使用 VLOOKUP 函数完成姓名的填写，公式为“=VLOOKUP（$C$4,bm,2）”。同理完成其他几项的填写任务。

提 示

“报名费收据”工作表中隐藏了空单元格的边框线，取消网格线的显示状态的方法是单击“视图-显示”组中的“网格线”复选框。

任务练习

1. 操作题

制作如图 5-39 所示的“成绩统计表”工作簿。

操作要求

（1）新建工作簿，以“成绩统计表.xlsx”为名进行保存。

（2）按图 5-39 所示的样张完成统计表中数据的录入。

（3）使用函数计算“总分”“平均分”“名次”“等级”“各科平均分”“各科优秀率”“各科及格率”“各分数段人数”等项数据。

（4）保存工作簿。

📖操作提示

“名次”列的计算，可以使用 RANK 函数来完成。

- RANK 函数是排名函数,最常被用来求某一个数值在某一区域内的排名。
- 语法形式：RANK(number,ref,[order])。
- 参数：number 为需要求排名的那个数值或者单元格名称（单元格内必须为数字）；ref 为排名的参照数值区域；order 为 0 和 1，默认不用输入，得到的就是从大到小的排名，若是想求倒数第几，order 的值请使用 1。

2013-2014第一学期工程造价G1401班成绩统计表

序号	学号	姓名	建筑工程经济	城建英语	建筑材料与检测	工程制图与识图	总分	平均分	名次	等级
1	2013001	李小刚	78	98	97	96	369	92.3	2	优
2	2013002	申小楠	77	67	65	60	269	67.3	13	及格
3	2013003	陈文婷	100	96	94	95	385	96.3	1	优
4	2013004	古大力	59	58	53	61	231	57.8	15	不及格
5	2013005	林志远	56	65	94	85	300	75.0	9	中等
6	2013006	张黎明	65	87	100	90	342	85.5	3	良
7	2013007	周瑞中	67	85	90	49	291	72.8	10	中等
8	2013008	夏颖颖	89	83	81	65	318	79.5	6	中等
9	2013009	韩寒	69	73	57	76	275	68.8	12	及格
10	2013010	郭小溪	79	83	77	78	317	79.3	7	中等
11	2013011	祁志佳	67	78	98	87	330	82.5	4	良
12	2013012	周海燕	56	43	60	64	223	55.8	16	不及格
13	2013013	袁康康	67	90	87	67	311	77.8	8	中等
14	2013014	窦彬彬	77	71	65	78	291	72.8	10	中等
15	2013015	吴欣娜	79	92	59	90	320	80.0	5	良
16	2013016	徐晓静	59	63	88	58	268	67.0	14	及格
	各科平均分		72	77	79	75				
	各科优秀率		6%	25%	38%	25%				
	各科及格率		75%	88%	75%	81%				
各分数段人数	0-59		4	2	3	2				
	60-69		5	3	3	5				
	70-79		5	3	1	3				
	80-89		1	4	3	2				
	90-100		1	4	6	4				

图 5-39

2. 填空题

（1）一般情况下，Excel 单元格的引用分为________、________和________3 种。

（2）Excel 中的公式在输入时应该以________开头，其后是公式的表达式。

（3）Excel 的运算符包括：算术运算符、________、________和________。

（4）函数是 Excel 预定义的特殊公式，它的一般格式为：______________。

（5）Excel 中最常用的函数有：求和函数________、平均值函数________、最大值函数________、最小值函数________、计数函数________、条件函数________等。

任务 4　为我所用——数据分析

任务提出

小叶同学通过学习公式和函数的使用，顺利完成了“报名表”和“报名费收据”工作表的计算任务。小有成就的她正准备松口气时，新的任务又来了，老师让她帮忙对“报名表”中的数据做进一步分析，从中获取一些有用的信息，包括重新排列数据信息、挑选有用信息进行显示、对同类信息进行汇总等。具体要求如下。

（1）将“报名表”工作表中的数据按“报考科目”项进行重新排列，报考科目相同的再按“是否交费”项降序排列。

（2）查看计算机系（包括移动商务、数字媒体、网络技术、移动通信 4 个专业）已交费的学生的信息。

（3）查看除姓“张”和姓“王”之外的学生信息。

（4）查看计算机系已交费的和财会系未交费的学生信息。

（5）按班级汇总已交报名费总和。

（6）查看各班各科报名人数和各班报名总人数及每科报名总人数，或显示各班各科未交费人数和各班未交费总人数及每科未交费总人数。

任务分析

要提取表中的有用信息，就是要对数据进行分析。Excel 2010 中常见的数据分析操作包括数据排序、筛选、分类汇总和制作数据透视表等。

任务要点

- 数据排序
- 数据筛选，包括自动筛选、自定义筛选、高级筛选
- 分类汇总
- 数据透视表

知识链接

5.4.1 数据排序

在 Excel 2010 中，数据排序是指根据存储在表中的数据的种类，将其按一定方式进行重新排列，包括单条件排序和多条件排序。

1. 单条件排序

单条件排序是指在工作表中以一列单元格中的数据为依据，对所有数据进行重新排序。

选中作为排序依据的那列中除表头外的任一数据单元格，单击“数据”→“排序和筛选”组中升序按钮或降序按钮；或单击鼠标右键，在弹出的快捷菜单中选择“排序”下的“升序”或“降序”命令；或单击“开始”→“编辑”组中的“排序和筛选”按钮选择“升序”或“降序”命令。

2. 多条件排序

多条件排序即自定义排序，可以通过设置多个关键字对数据进行排序，当主关键字相同时，则按第二关键字继续排序，以此类推。

选择需要排序的数据区域，单击“数据”→“排序和筛选”组中的“排序”按钮，在弹出的“排序”对话框中设置排序条件，如图 5-40 所示，单击“确定”按钮。对于设置好的条件也可以通过“排序”对话框中的“删除条件”按钮进行删除。单击“选项”按钮，可在打开的“排序选项”对话框中设置以行、列、字母或笔画进行排序。

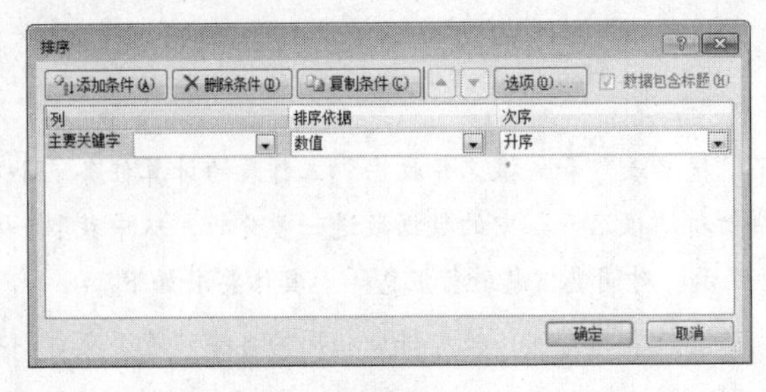

图 5-40

排序操作不会改变表中数据每行信息的完整性。

5.4.2　数据筛选

在数据量较大的工作表中查看具有特定条件的数据时，可用数据筛选功能快速将符合条件的数据显示出来，并隐藏其他数据，包括自动筛选、自定义筛选和高级筛选。

1. 自动筛选

自动筛选指根据用户设定的筛选条件，自动将满足条件的数据显示出来，并隐藏其他数据。

在表中任选一个数据单元格，单击“数据”→“排序和筛选”组中的“筛选”按钮，每列数据标题对应的单元格右侧将出现按钮，在需要筛选列单击按钮，勾选要显示的数据内容。

2. 自定义筛选

在自动筛选的基础上，可以进一步设置筛选条件，以满足用户需求。

在需要筛选列单击按钮，选择“文本筛选”下的“自定义筛选”命令，如图 5-41 左图所示。打开“自定义自动筛选方式”对话框进行相应设置，单击“确定”按钮，如图 5-41 右图所示。

3. 高级筛选

在工作表空白单元格处设置筛选条件，同行显示的条件是“并”的关系，不同行的是“或”的关系。

选择数据区域，单击“数据”→“排序和筛选”组中的“高级”按钮，弹出“高级筛选”对话框，如图 5-42 所示，设置筛选结果要显示的位置、筛选区域和条件区域，单击“确定”按钮。

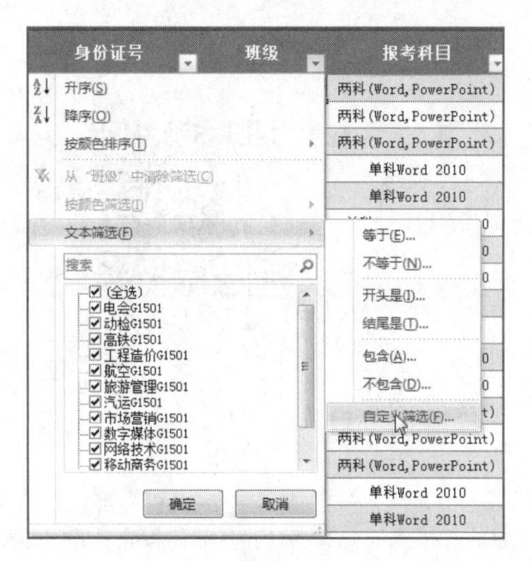

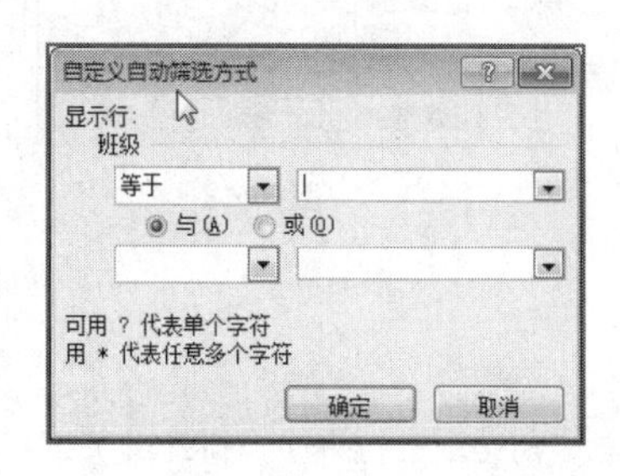

图 5-41

高级筛选
方式
在原有区域显示筛选结果(F)
将筛选结果复制到其他位置(O)
列表区域(L): $A$2:$F$170
条件区域(C):
复制到(T):
选择不重复的记录(R)
确定　取消

图 5-42

（1）在“高级筛选”对话框中，如果选取了“选择不重复的记录”复选框，则“方式”应选择“将筛选结果复制到其他位置”。

（2）在高级筛选中，条件区域的设置必须遵循以下原则。

- 条件区域与数据清单区域之间必须用空白行或空白列隔开。
- 条件区域至少应该有两行，第一行用来放置字段名，下面的行则放置筛选条件。
- 条件区域的字段名必须与数据清单中的字段名完全一致，建议通过复制得到。
- “与”关系的条件必须出现在同一行，“或”关系的条件不能出现在同一行。

5.4.3 分类汇总

分类汇总是根据指定的类别，将数据以指定的方式进行统计。这样可以快速地将大型表格中的数据进行分类汇总分析，以获取想要的统计数据。

首先按分类字段排序，然后单击“数据”→“排序和筛选”组中的“分类汇总”按钮，弹出“分类汇总”对话框，如图5-43所示，分别设置分类字段、汇总方式、选定汇总项，单击“确定”按钮。

其中，“替换当前分类汇总”复选框可用此次的分类汇总替换之前已经存在的分类汇总；“每组数据分页”复选框可按每个分类汇总自动分页；“汇总结果显示在数据下方”复选框可指定汇总行位于明细行的下面；“全部删除”按钮可删除已创建好的分类汇总。

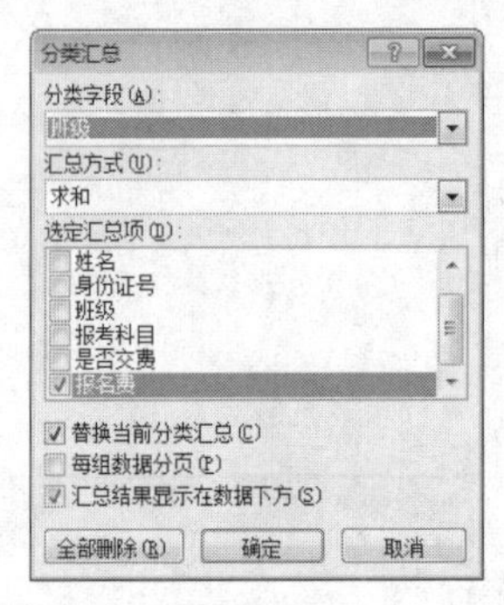

图5-43

微课：分类汇总

（1）分类汇总之前必须进行排序，排序的关键字就是分类汇总的分类字段，从而使相同关键字的行排列在相邻区域中，有利于分类汇总的操作。

（2）进行分类汇总后，行号前面多了一列，有 1 2 3 3个按钮，表示汇总结果可以按3个级别进行显示，1级表示只显示总的汇总值，2级表示按分类字段显示每组汇总值及总值，3级在显示汇总值的同时还显示明细数据。+和-按钮可以显示或隐藏单个分类汇总的明细行。

5.4.4 数据透视表

分类汇总可以对大量数据进行快速汇总统计，但是分类汇总只能针对一个字段进行分类，对一个或多个字段进行汇总。当用户需要按照多个字段进行分类并汇总时，分类汇总就会受到限制。

而数据透视表则是一种查询并快速汇总大量数据的交互式方式，可以按不同的需要、以不同的关系来提取和组织数据，并可体现一些预料之外的数据问题。

选择数据区域，单击“插入”→“表格”组中的“数据透视表”按钮，弹出“创建数据透视表”对话框，如图 5-44 所示，设置要分析的数据区域和放置数据透视表的位置，单击“确定”按钮。

系统激活数据透视表工具的“选项”和“设计”两个选项卡，且打开“数据透视表字段列表”任务窗格，如图 5-45 所示，将所需的字段名拖动到“报表筛选”“列标签”“行标签”“数值”对应的位置。

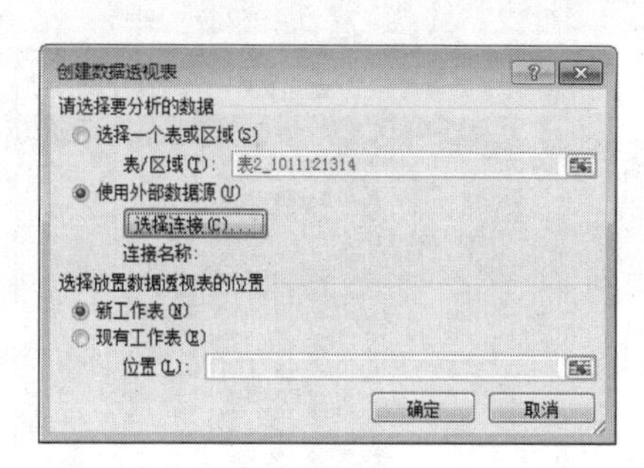

图 5-44

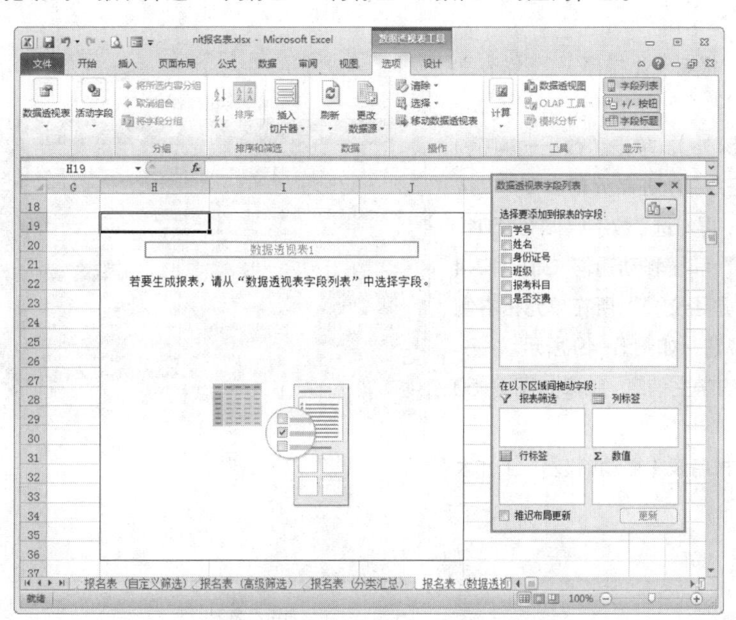

图 5-45

微课：创建数据透视表

提示

Excel 2010 除了数据透视表外，还有数据透视图，后者不仅具有数据透视表的交互功能，还具有图释功能：以图形形式表示数据透视表中的数据，更方便用户分析与对比数据。

任务实施

（1）将“报名表”工作表中数据按“报考科目”项进行重新排序，报考科目相同的再按“是否交费”项降序排序，结果如图 5-46 所示。

打开“报名表.xlsx”工作簿，复制“报名表（美化）”工作表到“报名费收据”工作表之后，重命名为“报名表（排序）”。

选择数据区域任一单元格（A1 除外），单击“数据”→“排序和筛选”组中的“排序”按钮，在弹出的“排序”对话框中设置排序条件，如图 5-47 所示，单击“确定”按钮。

（2）查看计算机系（包括移动商务、数字媒体、网络技术、移动通信 4 个专业）已交费学生信息，结果如图 5-48 所示。

图 5-46

图 5-47

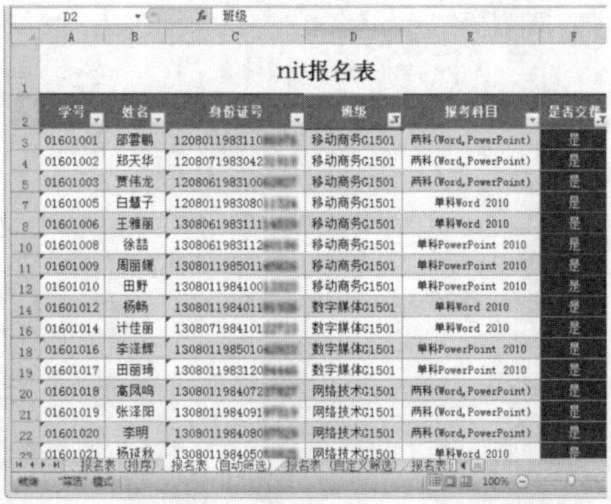

复制“报名表（美化）”工作表到“报名表（排序）”工作表之后，重命名为“报名表（自动筛选）”。

在数据区域中任选一单元格（A1 除外），单击“数据-排序和筛选”组中的“筛选”按钮；单击“班级”所在单元格右侧的按钮，单击“全选”复选框，取消全部选项；再勾选“数字媒体 G1501”“网络技术 G1501”“移动商务 G1501”和“移动通信 G1501”4 个班级，单击“确定”按钮；再单击“是否交费”所在单元格右侧的按钮，勾选“是”，单击“确定”按钮，如图 5-49 所示。

（3）查看除姓“张”和姓“王”之外的学生信息，结果如图 5-50 所示。

复制“报名表（美化）”工作表到“报名表（自动筛选）”工作表之后，重命名为“报名表（自定义筛选）”。

图 5-48

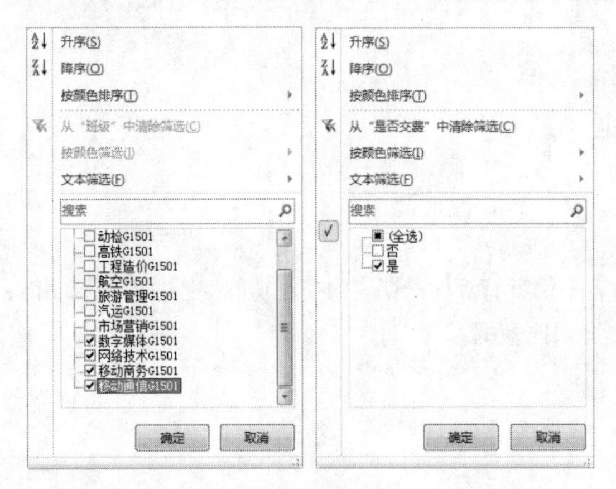

图 5-49

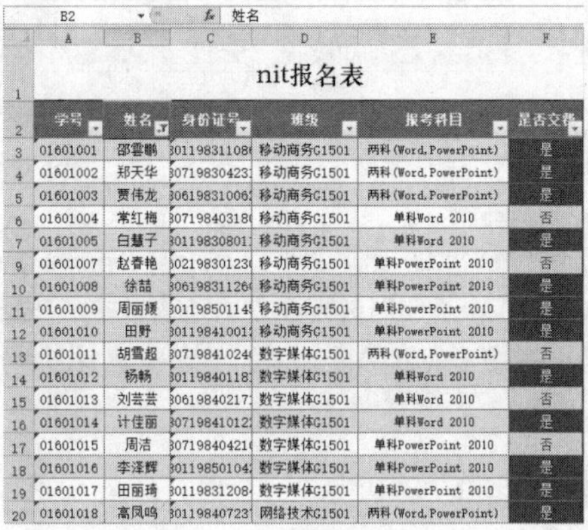

图 5-50

在数据区域中任选一单元格（A1 除外），单击“数据-排序和筛选”组中的“筛选”按钮，单击“姓名”所在单元格右侧的按钮，选择“文本筛选”下的“自定义筛选”命令，如图 5-51 所示。弹出“自定义自动筛选方式”对话框，按如图 5-52 所示进行设置，然后单击“确定”按钮。

（4）查看计算机系已交费的和财会系未交费的学生信息，结果如图 5-53 所示。

复制“报名表（美化）”工作表到“报名表（自定义筛选）”工作表之后，重命名为“报名表（高级筛选）”。

单击 H2 单元格，输入筛选条件，如图 5-54 所示。

在左侧数据区域中任选一单元格（A1 除外），单击“数据-排序和筛选”组中的“高级”按钮，弹出“高级筛选”对话框，按如图 5-55 所示进行设置，单击“确定”按钮。

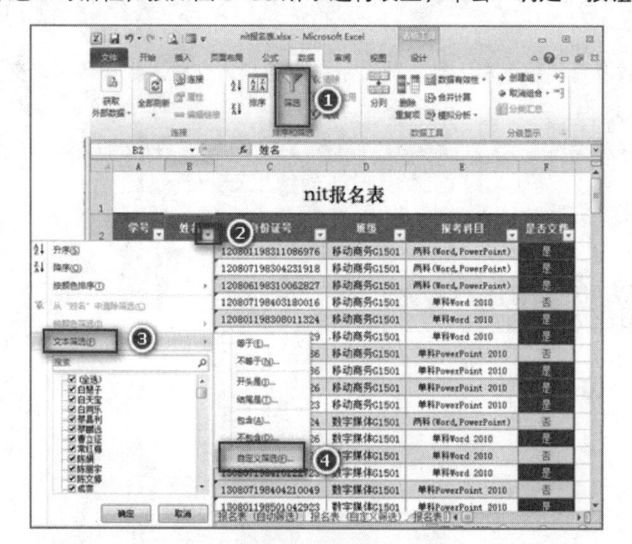

图 5-51

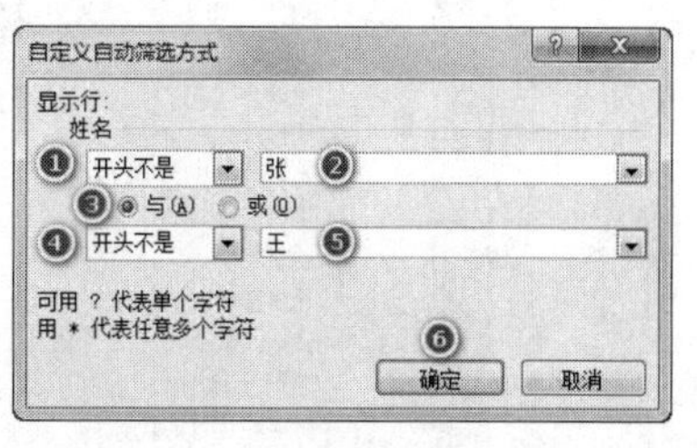

图 5-52

学号	姓名	身份证号	班级	报考科目	是否交费
01601001	邵雲鹏	120801198311086976	移动商务G1501	两科(Word, PowerPoint)	是
01601002	郑天华	120807198304231918	移动商务G1501	两科(Word, PowerPoint)	是
01601003	贾伟龙	120806198310062827	移动商务G1501	两科(Word, PowerPoint)	是
01601005	白慧子	120801198308011324	移动商务G1501	单科Word 2010	是
01601006	王雅丽	130806198311114529	移动商务G1501	单科Word 2010	是
01601008	徐喆	130806198311260186	移动商务G1501	单科PowerPoint 2010	是
01601009	周丽媛	130801198501145826	移动商务G1501	单科PowerPoint 2010	是
01601010	田野	130801198410012323	移动商务G1501	单科PowerPoint 2010	是
01601012	杨畅	130801198401181926	数字媒体G1501	单科Word 2010	是
01601014	计佳丽	130807198410122723	数字媒体G1501	单科Word 2010	是
01601016	李泽辉	130801198501042923	数字媒体G1501	单科PowerPoint 2010	是
01601031	李子严	430806198410180222	移动通信G1501	两科(Word, PowerPoint)	是
01601032	倪久杰	430801198408254426	移动通信G1501	两科(Word, PowerPoint)	是
01601033	倪久凯	430806198309260040	移动通信G1501	两科(Word, PowerPoint)	是
01601034	王映华	430806198412120027	移动通信G1501	单科PowerPoint 2010	是
01601035	杨志刚	430801198310126410	移动通信G1501	单科PowerPoint 2010	是
01601036	曹立征	430801198501122340	移动通信G1501	单科PowerPoint 2010	是
01601087	芦林	430806198410120326	电会G1501	单科Word 2010	否
01601088	孙畅	430806198410310525	电会G1501	单科Word 2010	否
01601089	张育知	430801198502066417	电会G1501	单科Word 2010	否
01601100	何永帅	430807198405160418	电会G1501	单科PowerPoint 2010	否
01601101	王子函	430801198506280126	电会G1501	单科PowerPoint 2010	否

图 5-53

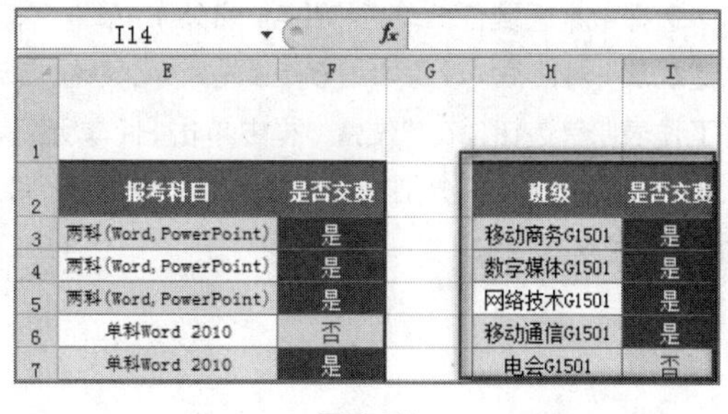

图 5-54

（5）按班级汇总已交报名费总和，结果如图 5-56 所示。

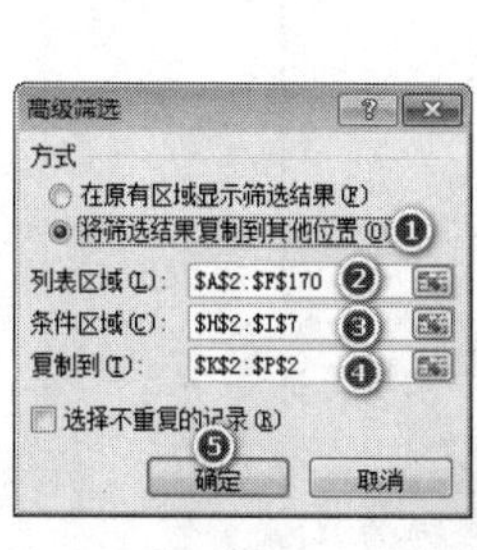

图 5-55

行	学号	姓名	身份证号	班级	报考科目	是否交费	报名费
30				电会G1501 汇总			3480
51				动检G1501 汇总			2760
69				高铁G1501 汇总			2880
93				工程造价G1501 汇总			2880
102				航空G1501 汇总			960
112				旅游管理G1501 汇总			1800
127				汽运G1501 汇总			1560
141				市场营销G1501 汇总			2280
149				数字媒体G1501 汇总			480
159				网络技术G1501 汇总			1440
170				移动商务G1501 汇总			1320
181				移动通信G1501 汇总			1560
182				总计			23400

图 5-56

复制“报名表”工作表到“报名表（高级筛选）”工作表之后，重命名为“报名表（分类汇总）”。

在“班级”列任选一数据单元格，单击“升序”按钮，然后单击“数据-分级显示”组中的“分类汇总”按钮，弹出“分类汇总”对话框，分别设置分类字段（班级）、汇总方式（求和）、选定汇总项（报名费），单击“确定”按钮。

（6）查看各班各科报名人数和各班报名总人数及每科报名总人数，或显示各班各科未交费人数和各班未交费总人数及每科未交费总人数，结果如图5-57所示。

是否交费	(全部)			
计数项:报考科目	列标签			
行标签	单科PowerPoint 2010	单科Word 2010	两科(Word,PowerPoint)	总计
电会G1501	11	11	6	28
动检G1501		10	10	20
高铁G1501	5	5	7	17
工程造价G1501	7	11	5	23
航空G1501	3	5		8
旅游管理G1501		3	6	9
汽运G1501		10	4	14
市场营销G1501	3	4	6	13
数字媒体G1501	3	3	1	7
网络技术G1501		6	3	9
移动商务G1501	4	3	3	10
移动通信G1501	3		7	10
总计	**39**	**71**	**58**	**168**

图5-57

复制“报名表（美化）”工作表到“报名表（分类汇总）”工作表之后，重命名为“报名表（数据透视表）”。

选择数据区域任一单元格（A1除外），单击“插入”→“表格”组中的“数据透视表”按钮，弹出“创建数据透视表”对话框，设置如图5-58左所示，系统自动选择数据区域，在“选择放置数据透视表的位置”项单击“现有工作表”单选钮，在“位置”框中单击H1单元格，单击“确定”按钮。弹出“数据透视表字段列表”任务窗格，如图5-58右所示，分别将“班级”“报考科目”和“是否交费”字段名拖动到“报表筛选”“列标签”“行标签”“数值”对应的位置。

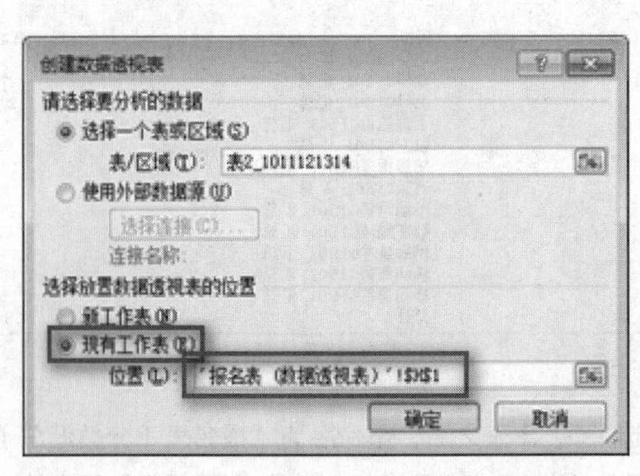

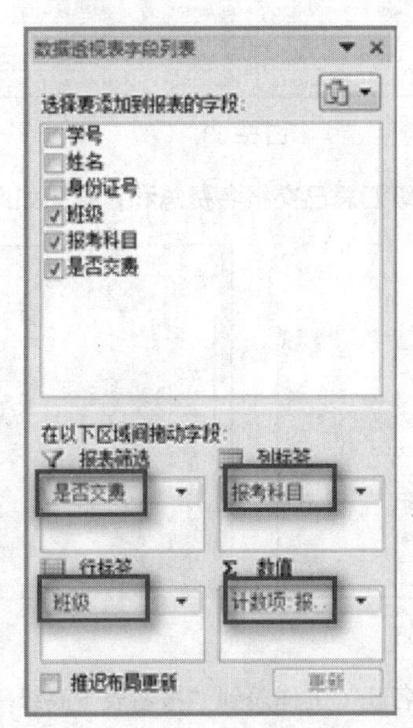

图5-58

提示

（1）在“数据透视表字段列表”任务窗格中，对已经拖至目标位置的字段名可以通过右侧的▾按钮做进一步设置，如移动位置、删除等，还可以通过“值字段设置”命令，在弹出的“值字段设置”对话框中更改“数值”项的汇总方式，如图 5-59 所示。

（2）对已经制作好的数据透视表，还可以通过“设计”菜单更改表的样式。

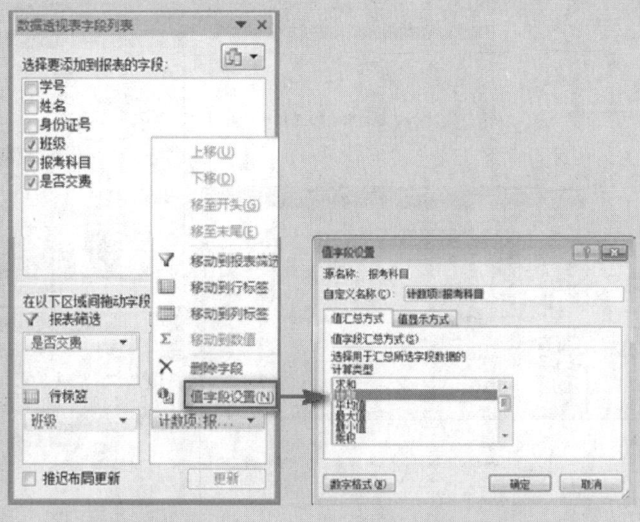

图 5-59

任务拓展

将下面两个表格中的数据进行合并计算。

📖知识拓展

- Excel 2010 的“合并计算”功能可以汇总或者合并多个数据源区域中的数据，具体方法有两种：一是按类别合并计算；二是按位置合并计算。
- 合并计算的数据源区域可以是同一工作表中的不同表格，也可以是同一工作簿中的不同工作表，还可以是不同工作簿中的表格。

📖操作提示

（1）新建 Excel 2010 工作簿，在 Sheet1 中输入表一和表二的数据。如图 5-60 所示。

（2）选择 D10 单元格，单击“数据”→“数据工具”组中的“合并计算”按钮，弹出“合并计算”对话框，设置如图 5-61 所示，单击“确定”按钮。

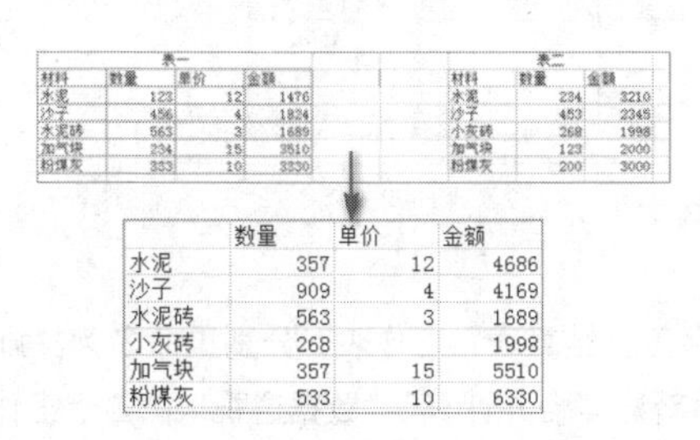

表一

材料	数量	单价	金额
水泥	123	12	1476
沙子	456	4	1824
水泥砖	563	3	1689
加气块	234	15	3510
粉煤灰	333	10	3330

表二

材料	数量	金额
水泥	234	3210
沙子	453	2345
小灰砖	268	1998
加气块	123	2000
粉煤灰	200	3000

	数量	单价	金额
水泥	357	12	4686
沙子	909	4	4169
水泥砖	563	3	1689
小灰砖	268		1998
加气块	357	15	5510
粉煤灰	533	10	6330

图 5-60

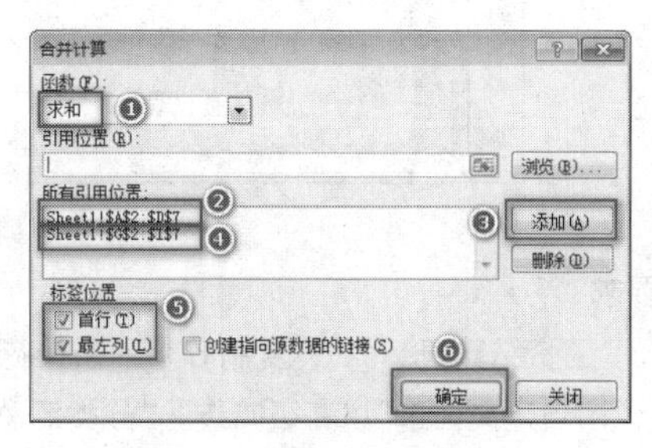

图 5-61

任务练习

1. 操作题

打开“工资结算表.xlsx”，对“豪景花园项目工资结算表”工作表中的数据进行排序、筛选、合并计算、分类汇总、制作数据透视表等操作，如图 5-62、图 5-63 所示，数据处理完毕后，保存处理结果。

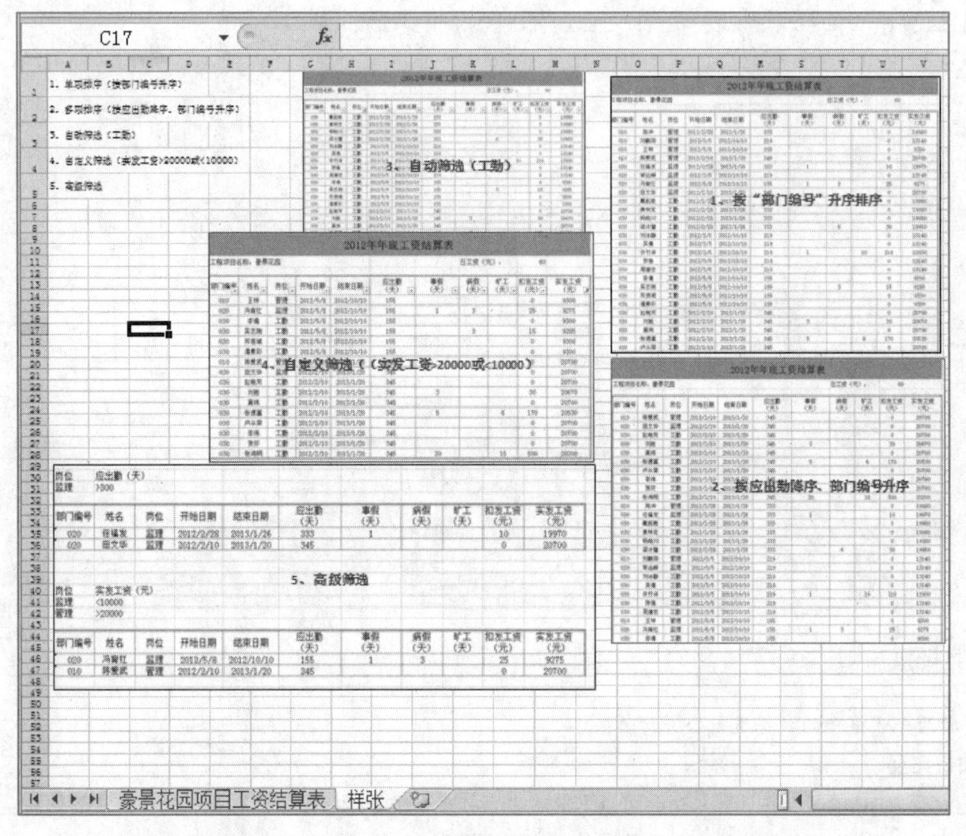

图 5-62

2012年年底工资结算表

工程项目名称：豪景花园　　　日工资（元）：　60

部门编号	姓名	岗位	开始日期	结束日期	应出勤（天）	事假（天）	病假（天）	旷工（天）	扣发工资（元）	实发工资（元）
		工勤 平均值							45.47619	16545.95238
		管理 平均值			分类汇总				0	15780
		监理 平均值							8.75	15771.25
		总计平均值							34.13793	16333.44828

岗位	监理	
行标签	平均值项:实发工资	求和项:扣发工资（元）
任福发	19970	10
邹远峰	13140	0
冯育红	9275	25
田文华	20700	0
总计	15771.25	35

数据透视表

岗位	扣发工资（元）	实发工资（元）
管理	0.00	15780.00
监理	8.75	15771.25
工勤	45.48	16545.95

合并计算

图 5-63

操作要求

（1）打开“工资结算表.xlsx”，复制 6 个“豪景花园项目工资结算表”工作表，分别重命名为“排序 1”“排序 2”“自动筛选”“自定义筛选”“高级筛选”“分类汇总”，再新建“合并计算”“数据透视表”2 个工作表。

（2）打开“排序 1”工作表，按“部门编号”列升序排序。

（3）打开“排序2”工作表，按“应出勤”列降序、“部门编号”列升序排序。

（4）打开“自动筛选”工作表，筛选出所有“工勤”岗位的人员信息。

（5）打开“自定义筛选”工作表，筛选出所有“实发工资”>20 000或<10 000的人员信息。

（6）打开“高级筛选”工作表，筛选出所有“监理”岗位、“实发工资”<10 000 或“管理”岗位、“实发工资”>20 000的人员信息。

（7）打开“分类汇总”工作表，按“岗位”计算“扣发工资”和“实发工资”的平均值。

（8）打开“合并计算”工作表，计算不同“岗位”人员“扣发工资”和“实发工资”的平均值。

（9）打开“数据透视表”工作表，统计不同“岗位”人员“实发工资”的平均值和“扣发工资”的总和。

选择 A1 单元格，单击“数据透视表”按钮，在弹出的对话框中选择“豪景花园项目工资结算表! $A$4:$K$33”表区域，制作数据透视表。

2. 填空题

（1）在Excel 2010中，数据排序包括________和________。

（2）在Excel 2010中，数据筛选包括________、________和________。

（3）在Excel 2010中，对数据进行分类汇总操作首先要按分类字段________。

（4）Excel 2010 的“合并计算”功能可以汇总或者合并多个数据源区域中的数据，具体方法有两种：一是________；二是________。

（5）________是一种查询并快速汇总大量数据的交互方式，可以按不同需要、以不同关系来提取和组织数据，并可体现一些预料之外的数据问题。

任务5　小小魔术师——表格变图表

任务提出

小叶同学帮助老师完成了nit报名表中各种数据的分析任务，从中也学到了更多有关Excel 2010的实用技术。老师告诉她，Excel 2010还能把数据以图表的形式呈现出来，既可以直观地查看表格中的数据，又可以方便地对数据进行分析和统计。小叶决定学会图表的制作，把数据透视表中的数据用图5-64所示图表的形式呈现给老师，以便让老师更直观地对数据进行查看和分析。

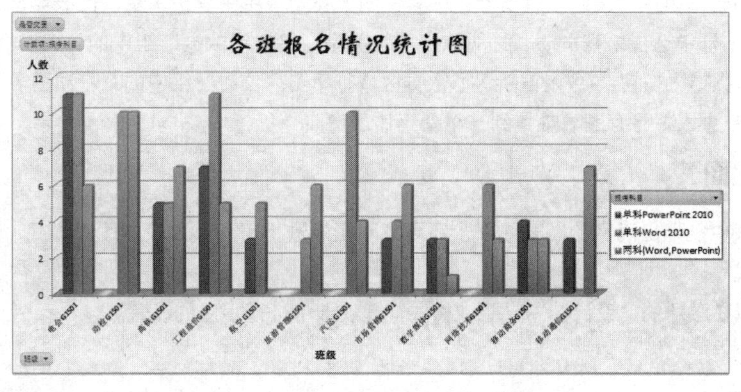

图5-64

任务分析

图表是Excel的重要数据分析工具，使用它可以清楚地显示数据的大小和变化情况，帮助用户分析数据，查看数据的差异、走势、预测发展趋势。图表的种类有很多，常见的有柱形图、折线图、饼图、条形图、面积图、散点图等，每种类型的图表又分为多个子图表。不同的图表类型所使用的场合各不相同，如柱形图常用于多个项目之间数据的比较，折线图用于显示等时间间隔数据的变化趋势。用户应根据实际需要选择适合的图表类型。本例中选用的就是柱形图中的三维簇状柱形图。

任务要点

- 创建图表
- 编辑图表
- 美化图表

知识链接

5.5.1 创建图表

为了更直观地查看、分析表格中的数据，用户可以将数据以图表的形式显示出来。

选择需要创建图表的数据区域，单击“插入”选项卡→“图表”组中所需的图表按钮，如图5-65所示，在打开的下拉菜单中选择子图表类型，即可创建所需图表，且可激活图表工具的“设计”“布局”“格式”选项卡。

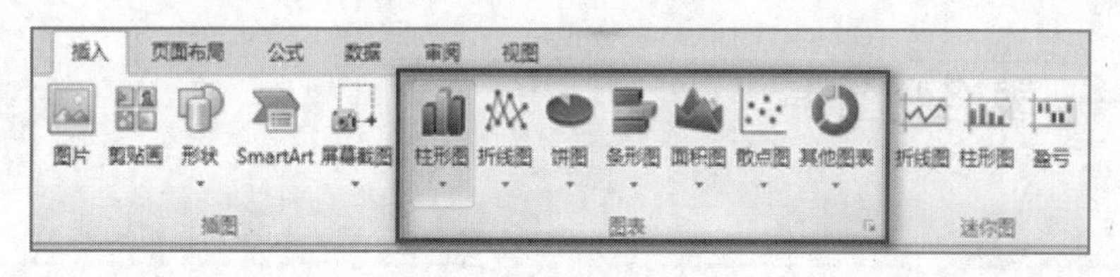

图5-65

微课：创建图表

5.5.2 编辑图表

对于创建好的图表可以进行修改，如改变图表类型、切换行/列、重新选择数据区域、移动图表位置等。

选中已创建的图表，选择“设计”选项卡，在其中的“类型”组中单击“更改图表类型”按钮，在弹出的“更改图表类型”对话框中选择所需图表，即可改变图表类型；单击“数据”组中的“切换行/列”按钮可使行/列互换，单击“选择数据”按钮可以重新选取数据区域；单击“位置”组中的“移动图表”按钮，在弹出的“移动图表”对话框中可以将已有图表放置到一个新工作表中。

5.5.3 美化图表

为了能在工作表中创建出满意的图表效果，还可以对图表进行美化，如设置图表样式、更改背景颜色、添加标题、设置文字格式等。

选择图表，可以在激活的“设计”“布局”“格式”选项卡中进行相应的设置。

提示

对于一个已经创建好的图表来说，其包括许多部分，如图表区、绘图区、图例、标题、坐标轴、网格线等，我们可以通过双击或右击鼠标选中相应对象，在弹出的快捷菜单中选择设置其格式命令，打开相应的对话框，详细设置各部分的格式，来完成美化图表的操作。也可以先选中图表，打开“格式”选项卡，在“当前所选内容”组中单击下拉列表框，选择所要设置的内容，再单击“设置所选内容格式”按钮，在弹出的设置格式对话框中进行相应设置，如图 5-66 所示。

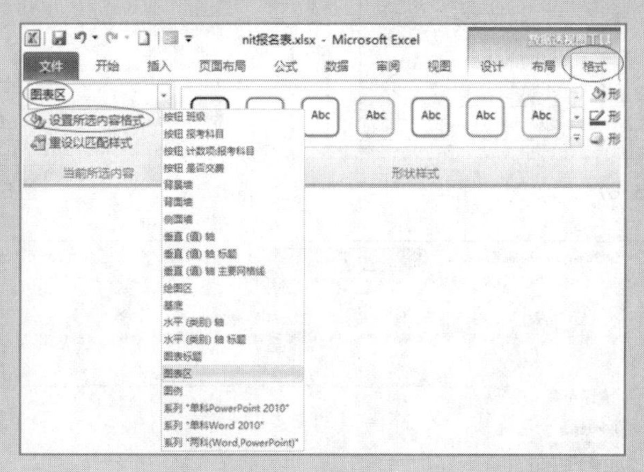

图 5-66

5.5.4　迷你图

微课：插入迷你图

Excel2010 除了提供传统的图表制作功能之外，还提供了一种全新的图表制作工具，即迷你图。迷你图是存在于单元格中的小图表，以单元格为绘图区域，能便捷地绘制出简明的数据小图表，为数据分析提供了便利。

任务实施

（1）打开“报名表.xlsx”工作簿，选择“报名表（数据透视表）”工作表。

（2）创建图表：选择 H4:K16 单元格区域，单击“插入”选项卡→“图表”组中的“柱形图”按钮，选择“三维柱形图”中的第一个“三维簇状柱形图”，如图 5-67 所示。

图表的雏形就制作好了，如图 5-68 所示。

（3）编辑与美化图表，具体操作如下。

① 移动图表：选择图表，单击“设计”选项卡→“位置”组的“移动图表”按钮，在弹出的对话框中选择“新工作表”单选钮，在文本框中输入“图表”，单击“确定”按钮。

② 设置图表标题：在“图表”工作表中，单击“布局”选项卡→“标签”组中的“图表标题”按钮，选择“图表上方”命令，如图 5-69 所示；设置图表标题为“各班报名情况统计图”，并在“开始”选项卡中设置字体为华文新魏、28 号、黑色、加粗。

③ 设置坐标轴：选中图表，单击“布局”选项卡→“标签”组中的“坐标轴标题”按钮，选择“主要横坐标轴标题”中的“坐标轴下方标题”命令，如图 5-70 所示；输入“班级”字样。用同样的方法添加纵坐标标题为“人数”，并将其移动到纵坐标的上方。

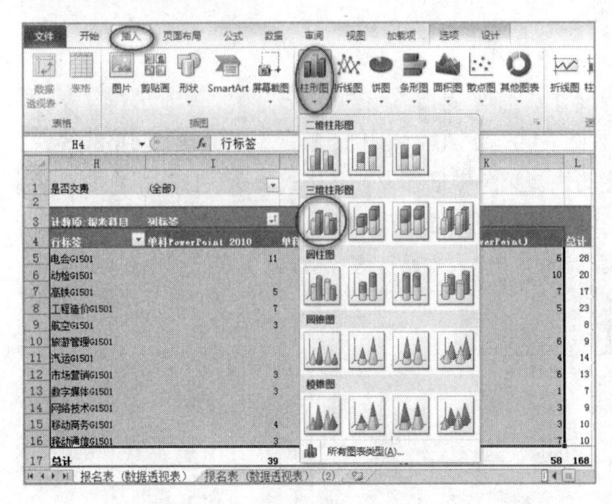

图 5-67

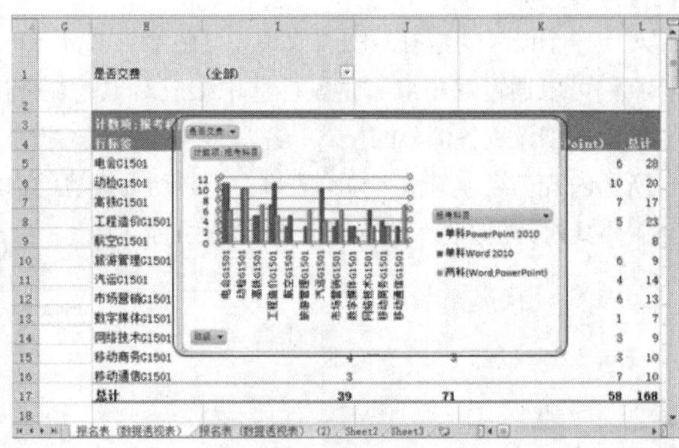

图 5-68

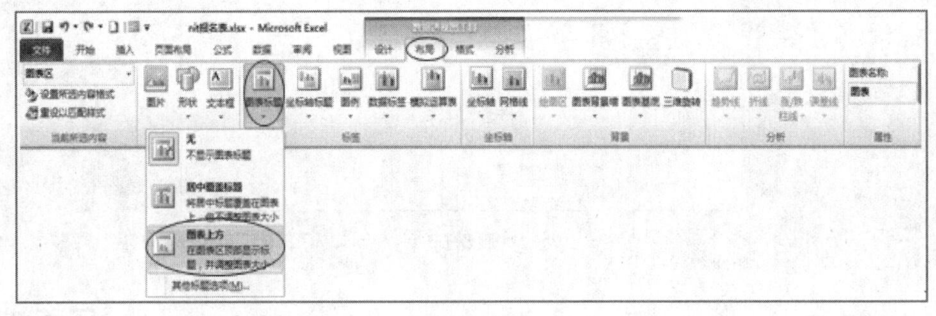

图 5-69

然后，分别单击鼠标左键选中横坐标轴下方各班名称和纵坐标左侧数值，设置字号为 8。

④ 设置图表区格式：选择图表区，单击“格式”选项卡→“形状样式”组中的“形状填充”按钮，如图 5-71 所示；选择“纹理”中的“羊皮纸”效果，然后单击“形状轮廓”按钮，选择“标准色”中的“紫色”，再单击“形状效果”按钮，选择“棱台”中的“圆形”。

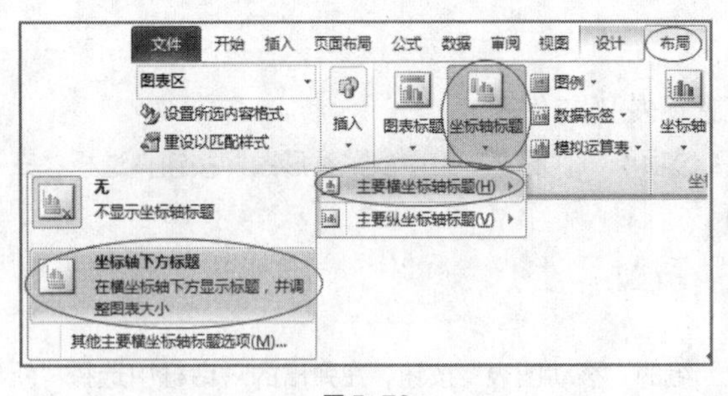

图 5-70

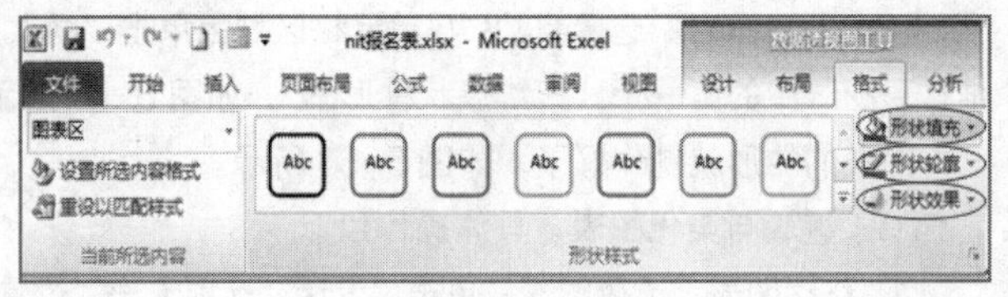

图 5-71

⑤ 设置图例格式：选择图例，单击“格式”选项卡→“形状样式”组中预设的“彩色轮廓-水绿色，强调颜色 5”。

⑥ 设置系列格式：选择系列“单科 PowerPoint 2010”，设置“形状样式”为“强烈效果-紫色，强调颜色 4”；选择系列“单科 Word 2010”，设置“形状样式”为“强烈效果-橙色，强调颜色 6”；选择系列“两科 (Word,PowerPoint)”，设置“形状样式”为“强烈效果-橄榄色，强调颜色 3”。

至此，图表制作完成，保存文件。

本例制作图表所使用的数据来自数据透视表，所以实际上所制作的图表就是一个数据透视图。当然，也可以通过直接插入数据透视图的方法创建数据透视图，在创建过程中会同时生成一个数据透视表。

任务拓展

以“报名统计表”数据分析为例制作迷你图，完成效果如图 5-72 所示。

🕮操作提示

（1）打开“报名表.xlsx”工作簿，复制“报名统计”工作表，重命名为“报名统计（迷你图）”。

（2）单击 A7 单元格，输入“迷你图”字样，并设置 A7:E7 单元格格式与 A2 相同。

（3）选择 B7:E7 单元格，单击“插入”选项卡→“迷你图”组中的“折线图”按钮，如图 5-73 所示，弹出“创建迷你图”对话框，选择“数据范围”为 B3:E5，单击“确定”按钮。同时激活“设计”选择卡，如图 5-74 所示。

报名统计表

报考科目	报考人数	已交费人数	未交费人数	已收报名费
单科Word 2010	71	58	13	¥ 6,960.00
单科PowerPoint2010	39	35	4	¥ 4,200.00
两科(Word, PowerPoint)	58	51	7	¥ 12,240.00
总计	168	144	24	¥ 23,400.00
迷你图				

图 5-72

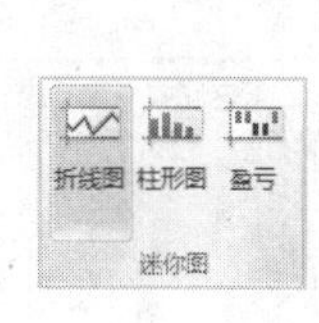

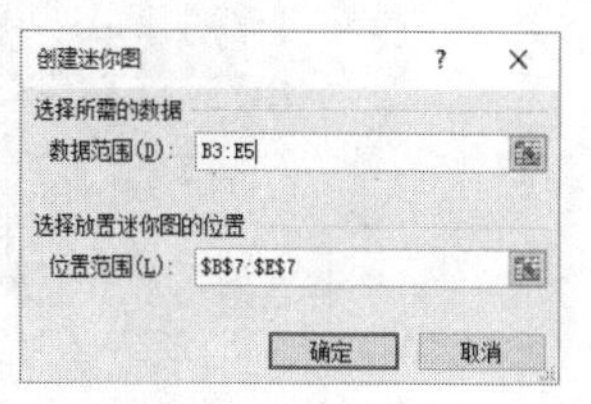

图 5-73

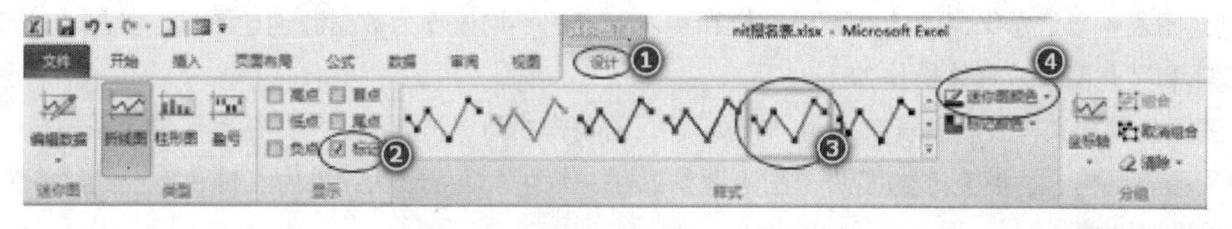

图 5-74

（4）单击“设计”选项卡→“显示”组中的“标记”复选框，在“样式”组中选择“迷你图样式深色#5”，单击“迷你图颜色”按钮，选择“粗细”为 2.25 磅。

（5）保存文件。

如果要删除迷你图，可以单击“设计”选项卡→“分组”组中的“清除”按钮。要改变迷你图的位置或数据源，可以单击“设计”选项卡→“迷你图”组中的“编辑数据”按钮，并在下拉菜单中选择“编辑组位置和数据”命令。

任务练习

1. 操作题

利用饼图比较“豪景花园项目工资结算表”中不同岗位职工实发工资的平均值，结果如图 5-75 所示。

🕮操作要求

（1）打开“工资结算表.xlsx”，复制“豪景花园项目工资结算表”工作表，重命名为“图表”。

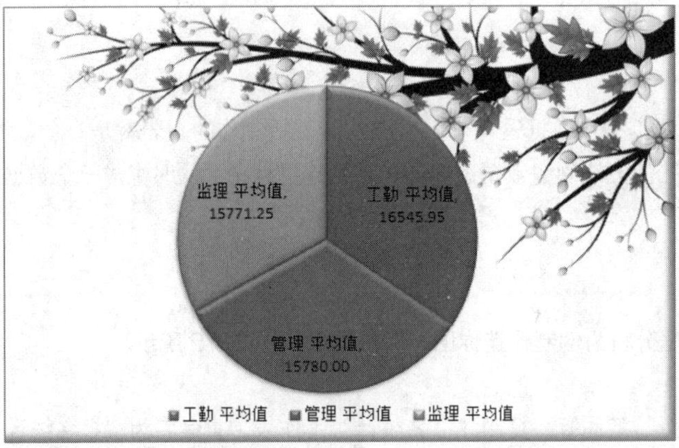

图 5-75

（2）分类汇总：按不同岗位汇总“实发工资”的平均值，保留两位小数，如图 5-76 所示。

2012年年底工资结算表										
工程项目名称：豪景花园							日工资（元）：		60	
部门编号	姓名	岗位	开始日期	结束日期	应出勤（天）	事假（天）	病假（天）	旷工（天）	扣发工资（元）	实发工资（元）
		工勤 平均值								16545.95
		管理 平均值								15780.00
		监理 平均值								15771.25
		总计平均值								16333.45

图 5-76

（3）创建图表：以汇总结果中 3 类不同岗位和实发工资的平均值作为数据源创建图表，类型为“二维饼图”。

（4）编辑和美化图表，具体操作如下。

- 设置图表布局和样式。图表布局为“布局 4”，图表样式为“样式 26”，并在底部显示图例。
- 设置图表区格式。填充外部图片“图表背景.jpg”作为背景，形状效果为“棱台”中的“冷色斜面”，形状轮廓为“绿色”。
- 设置绘图区格式。形状填充设置为“无填充颜色”。

（5）制作完毕，保存文件。

2. 填空题

（1）________是 Excel 2010 的重要数据分析工具，使用它可以清楚地显示数据的大小和变化情况，帮助用户分析数据，查看数据的差异、走势，预测发展趋势。

（2）图表的种类有很多，常见的有柱形图、________、________、________、面积图、散点图等，每种类型的图表又分为多个子图表。

（3）在 Excel 2010 中创建图表的方法是先____________，然后____________，在打开的下拉菜单中选择子图表类型，即可创建所需图表。

（4）Excel 2010 除了提供传统的图表制作功能之外，还提供了一种全新的图表制作工具，即________。

任务 6 完美呈现——打印工作表

任务提出

小叶同学不但按照老师的要求制作好了 nit 考试报名表，还完成了老师需要的各项数据分析，在此过程中也学到了不少实用的电子表格处理技术，很有成就感，也坚定了她继续提高计算机操作水平的信心。最后，老师让小叶把美化后的报名表打印在A4纸上，那么如何才能把电子表格完美地呈现在纸上呢？下面我们就一起来学习一下吧！

任务分析

在实际工作中，我们经常需要把电子表格打印到纸上，对于已经制作好的电子表格，要想完美呈现在纸上，就需要打印操作。在正式打印之前，我们需要先预览表格的打印效果，看看是否所有内容都能合理地出现在纸上，如不合适，就需要进行打印设置，包括纸张大小、纸张方向、页边距、打印区域等内容。

任务要点

- 打印预览
- 打印设置
- 页眉和页脚
- 打印

知识链接

5.6.1　打印预览

打印预览的目的是为了使电子表格的打印效果更佳，力求避免丢项或版面布局不合理。

选择"文件"菜单下的"打印"命令，在右侧单击"显示打印预览"按钮，即可查看打印效果，如图5-77所示。单击窗口右下角的"显示边距"按钮，可在预览窗口的四周显示页边距。

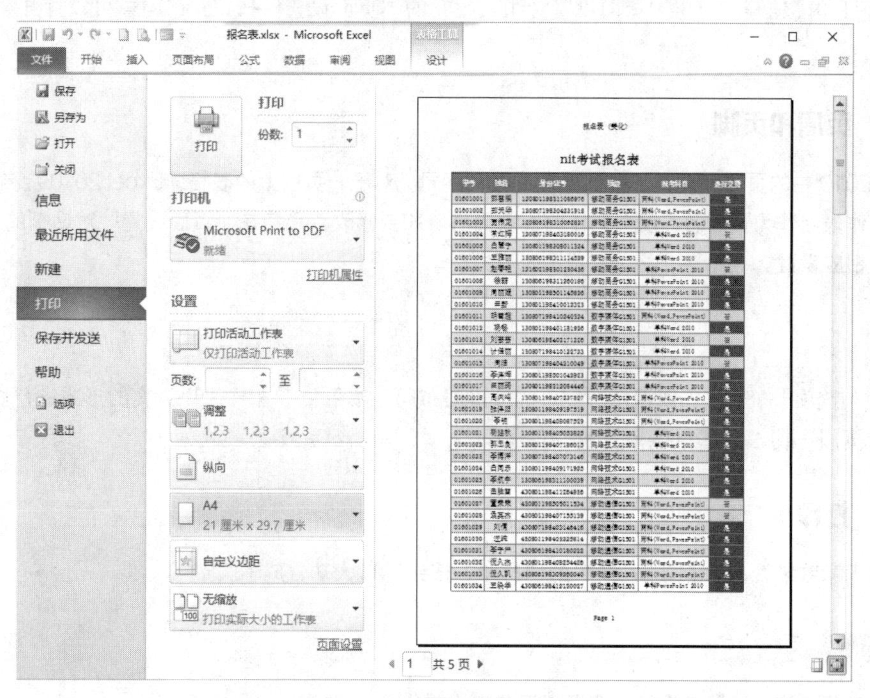

图5-77

5.6.2　打印设置

在图5-77所示的窗口中，可以设置打印份数、选择打印机，以及设置打印范围、纸张大小、纸张方向、页边距、有无缩放等内容。选择不同的打印机，纸张项的内容会有所不同。

单击该窗口中下部的“页面设置”链接页面设置，可弹出“页面设置”对话框，如图 5-78 所示，可以进行细节设置。

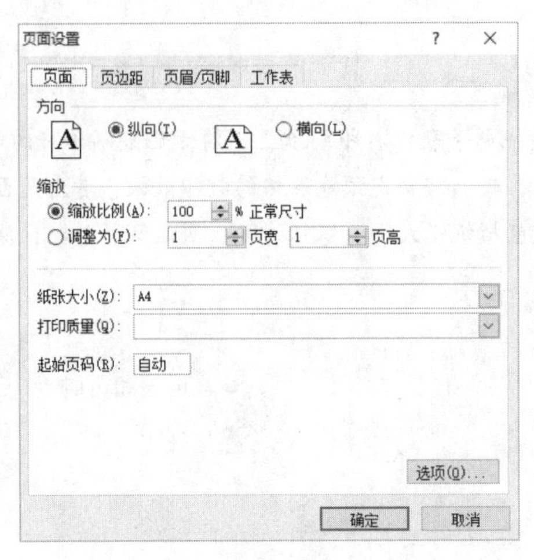

图 5-78

提示

在“页面布局”选项卡的“页面设置”组中，也可以设置页面属性，包括页边距、纸张方向、纸张大小、打印区域、打印标题等。单击“页面设置”组右下角的“页面设置”按钮，同样可以打开“页面设置”对话框。

5.6.3 页眉和页脚

同 Word 2010 中的页眉和页脚，但设置方法略有不同。对于一页以上的表格，Excel 2010 会自动加上页眉和页脚，并以工作表名作为页眉名，以页码作为页脚内容。如要修改，只需在“页面设置”对话框的“页眉/页脚”选项卡中进行相应设置。

提示

单击“视图”选项卡→“工作簿视图”组中的“页面布局”按钮，工作表以分页的形式进行显示，可以方便地单击“页眉”或“页脚”区域进行自定义。

5.6.4 打印

预览达到满意效果后，单击图 5-77 中的“打印”按钮就大功告成了。

任务实施

（1）打开“报名表.xlsx”工作簿，选择“报名表（美化）”工作表。

（2）打印预览：选择“文件”菜单下的“打印”命令，在右侧单击“显示打印预览”按钮。

（3）设置页边距：在图 5-77 所示的窗口中，单击“设置”中的“自定义边距”按钮，选择“自定义边距”命令，弹出“页面设置”对话框；在“页边距”选项卡中设置上、下边距为 2，左、右边距为 1.5，并勾选“居中方式”的“水平”复选框，单击“确定”按钮，如图 5-79 所示。或单击“页面布局”选项卡→“页面设置”组中

“页边距”按钮，选择“自定义边距”命令。

（4）设置页眉和页脚：打开“页面设置”对话框，选择“页眉/页脚”选项卡，页眉选择“无”，页脚选择“第 1 页，共? 页”，单击“确定”按钮，如图 5-80 所示。

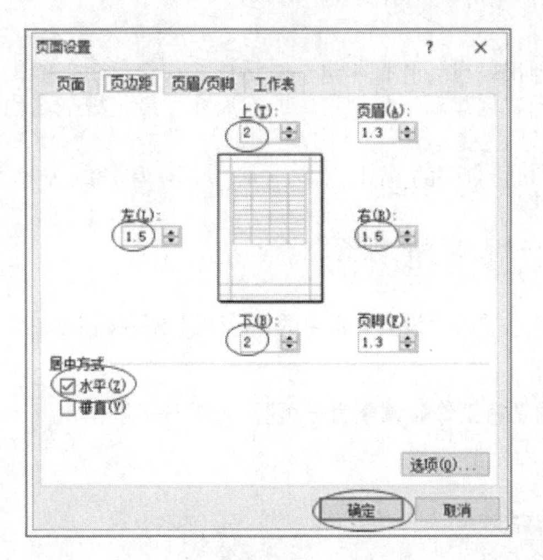

图 5-79

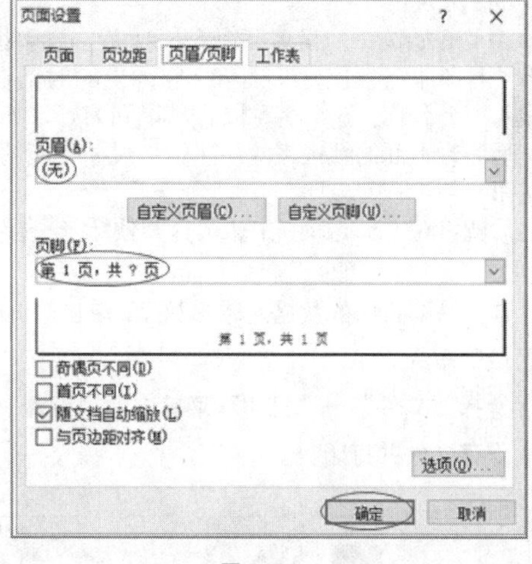

图 5-80

（5）设置打印标题：单击“页面布局”选项卡→“页面设置”组中的“打印标题”按钮，在弹出的“页面设置”对话框中，设置“工作表”选项卡中的“顶端标题行”为“$1：$2”，单击“确定”按钮，如图 5-81 所示。

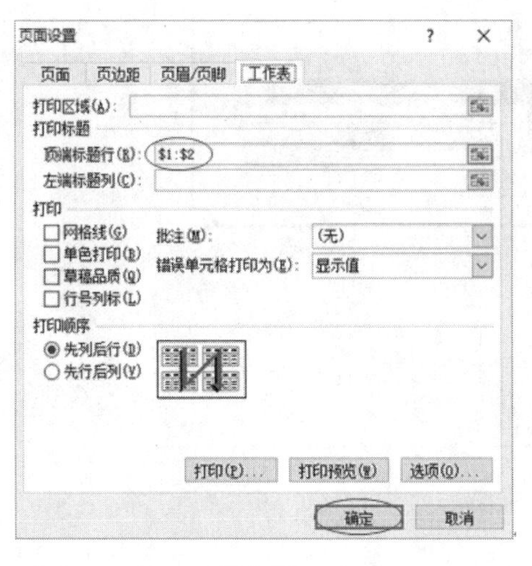

图 5-81

（6）打印：按“Ctrl”+“S”组合键保存文件，并选择“文件”菜单下“打印”命令中的“打印”按钮。

任务拓展

给报名参加 nit 考试的考生打印报名费收据。

操作步骤如下。

（1）打开“报名表.xlsx”工作簿，选择“报名费收据”工作表。

（2）设置纸张大小为宽 19cm、高 9cm。

提示

要自定义纸张大小，先在Windows操作系统里定义，再在Excel 2010里选择定义好的纸张。下面以Windows 7为例，进行介绍。

- 单击“开始”→“设置”命令，搜索“打印机”，弹出“设备和打印机”对话框，任选一个打印机，选择“打印服务器属性”菜单，在弹出的对话框中勾选“创建新纸张规格”，然后在“纸张规格名称”里输入一个名称，这个名称以容易识别为好，如“收据”。
- 然后修改下面的纸张尺寸。注意，尺寸不能超出打印机可打印的范围，如19cm、9cm等。单击“确定”按钮。
- 之后就可在Excel 2010中像选择其他纸张一样，选择你自己定义的纸张了。

（3）选择需要打印的数据区域B3:E7，单击“页面布局”→“页面设置”组中的“打印区域”按钮，选择“设置打印区域”命令。

（4）选择“文件”→“打印”菜单中的“设置”项下的“将工作表调整为一页”，如图5-82所示。

（5）保存文件并打印。

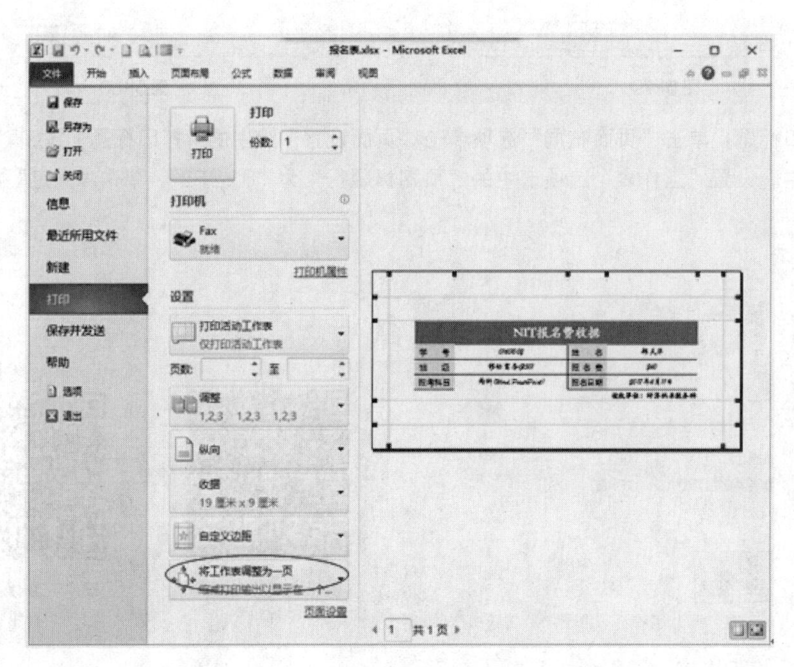

图5-82

任务练习

1. 选择题

（1）Excel 2010属于（　　）公司的产品。

A. IBM　　B. 苹果　　C. 微软　　D. 网景

（2）在Excel 2010中套用表格格式后，会出现（　　）功能区选项卡。

A. 图片工具　　B. 表格工具　　C. 绘图工具　　D. 其他工具

（3）Excel 2010可同时打开（　　）个工作表。

A. 64　　B. 125　　C. 255　　D. 任意多

（4）在 Excel 2010 中，使该单元格显示数值 0.4 的输入是（　　）。

A. 8/20　　B. =8/20　　C. “8/20”　　D. = “8/20”

（5）编辑栏的名称框显示为 B13，则表示（　　）。

A. 第 2 列第 13 行　　B. 第 2 列第 2 行

C. 第 13 列第 2 行　　D. 第 13 列第 13 行

（6）在 Excel 2010 中，设置字体的按钮在（　　）中。

A. “插入”选项卡　　B. “数据”选项卡　　C. “开始”选项卡　　D. “视图”选项卡

（7）下列组合键中，能退出 Excel 2010 的是（　　）。

A. “Ctrl” + “W”　　B. “Shift” + “F4”　　C. “Alt” + “F4”　　D. “Ctrl” + “F4”

（8）在一张 Excel 2010 工作表中，要想快速移到最后一列可以（　　）。

A. 按“Ctrl” + “→”组合键　　B. 按“Ctrl” + “End”组合键

C. 拖动滚动条　　D. 按“↓”键

（9）在 Excel 2010 单元格中编辑公式，必须先输入（　　）符号。

A. ?　　B. @　　C. =　　D. &

（10）打开“查找”对话框的组合键是（　　）。

A. “Alt” + “V”　　B. “Ctrl” + “F”　　C. “Shift” + “L”　　D. “Ctrl” + “L”

2. 填空题

（1）在 Excel 2010 中，工作表最多允许有________行。

（2）每次启动 Excel 2010 时新建的工作簿默认名为________。

（3）在 Excel 2010 中，当某一单元格中显示内容为“#NAME? ”时，表示________。

（4）在 Exce1 2010 中，非连续地址之间是以________分隔的。

（5）在 Excel 2010 中，函数 COUNT(12，13，“smile”)的返回值是________。

（6）区分不同工作表的单元格，要在地址前面增加________。

（7）在 Excel 2010 中要录入身份证号，数字分类应选择________格式。

（8）在 Excel 2010 中要想设置行高、列宽，应选用________中的“格式”命令按钮。

（9）在 Excel 2010 中，选取单元格区域 A2:C5 后一共有________个单元格被选中。

（10）在 Exce1 2010 中，双击某工作表标签，可以对该工作表进行________操作。

3. 判断题

（1）在 Excel 2010 中，可以使用鼠标拖动的方法进行工作表的移动。

（2）在 Excel 中选中单元格后，只可以清除单元格中的格式、内容和批注。

（3）在 Excel 2010 中隐藏行或列，其实就是将其数据进行了删除。

（4）Excel 2010 的工作表标签颜色可以进行修改。

（5）Excel 2010 可以通过 Excel 选项自定义快速访问栏，方便日常操作。

（6）Excel 2010 的函数都有参数。

（7）在 Excel 2010 中的“插入函数”对话框中的“常用函数”是固定不变的。

（8）单击工作簿右下角的状态栏中的“显示比例”按钮可以对工作簿显示比例进行设置。

（9）在 Excel 2010 中，执行“粘贴”命令时，只能粘贴单元格的数据，不能粘贴格式、公式批注等其他信息。

（10）在 Excel2010 中，选中单元格区域后可以将其直接复制为图片。

项目 6 演示文稿 PowerPoint 2010

项目导学

本项目主要介绍演示文稿的基础知识，包括幻灯片的各项基本操作（插入、删除、移动、复制等）、版式、主题、背景样式、页眉和页脚、各种素材对象的插入、动画效果、放映设置等。本项目划分为 3 个任务，分别就演示文稿建立、演示文稿美化、演示文稿动画与放映 3 个方面进行介绍，让读者对演示文稿有一个全方面的了解，为深入学习演示文稿的应用知识和技能操作打下坚实的基础。

学习目标

- 能够熟练使用 PowerPoint 2010 进行演示文稿的制作与设置
- 掌握 PowerPoint 2010 的基本概念及术语
- 熟练掌握演示文稿的制作与设置方法
- 培养信息素养，提升信息整理、加工能力
- 培养分析、解决实际问题的能力
- 鼓励个性发展，培养创新意识

任务1 员工联谊会流程——演示文稿的建立

任务提出

泰阳动物科技有限公司将要举行2016年度员工联谊会，通过活动为公司员工创建一个沟通和交流的平台，营造和谐的团队氛围，以此来提升公司的凝聚力。本次活动由行政人事部门的小张来负责具体事宜，如何将员工联谊会的流程更好地进行呈现呢？PPT应该是当之无愧的工具。

任务分析

认识演示文稿及其相关术语，熟识幻灯片基本操作、版式、主题、背景样式、母版、页眉和页脚等，是本任务的核心内容，是我们制作基本演示文稿的第一步！

任务要点

- PowerPoint 2010 简介与界面组成
- 演示文稿的建立、保存
- PowerPoint 2010 的视图
- PowerPoint 2010 的基本概念及术语
- 幻灯片操作
- 版式应用与设置
- 主题应用与设置
- 背景样式应用与设置
- 母版应用与设置
- 设置页眉和页脚

知识链接

6.1.1 PowerPoint 2010 简介和界面组成

PowerPoint 是由美国微软公司所开发的一款制作演示文稿的专用软件，其功能强大，使用方便，现已成为学术交流、产品展示、工作汇报、讲课培训等许多场合必不可少的工具软件，如图6-1所示。

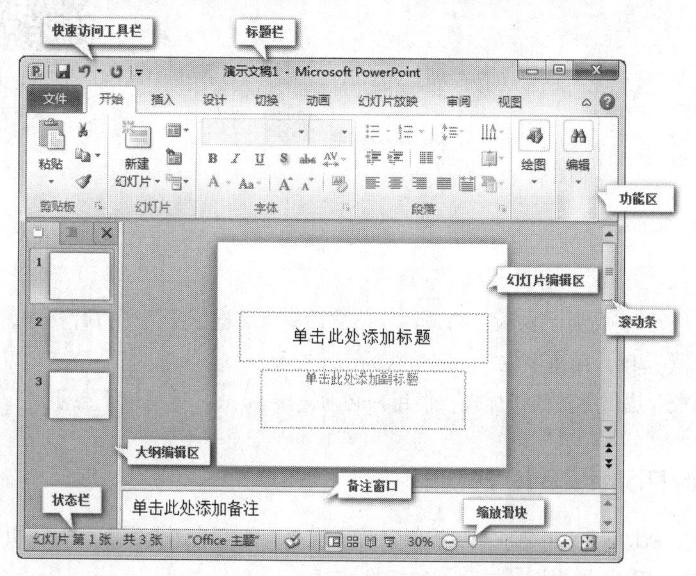

图6-1

- 快速访问工具栏：常用命令位于此处，如“保存”和“撤销”等。用户也可以根据需要添加自己所需的常用命令。
- 标题栏：显示正在编辑的演示文稿的文件名以及所使用的软件名。
- 功能区：工作时需要用到的命令位于此处。它与其他软件中的“菜单”或“工具栏”相同。
- 大纲编辑区：用于显示演示文稿的幻灯片数量及播放位置，通过它便于查看演示文稿的结构，包括“大纲”和“幻灯片”两个选项卡。选择“幻灯片”选项卡，以缩略图的形式显示每张幻灯片。选择“大纲”选项卡，演示文稿以“大纲”形式显示在窗格中，同时可修改演示文稿的文本等内容。
- 幻灯片编辑区：显示正在编辑的演示文稿。
- 备注窗口：添加演示文稿的说明与注释。
- 状态栏：显示正在编辑的演示文稿的相关信息。
- 滚动条：可以更改正在编辑的演示文稿的显示位置。
- 缩放滑块：可以更改正在编辑的文档的缩放比例。

6.1.2 演示文稿的建立、保存

和其他的微软产品操作方法相同，在此不再赘述。

在此讲解使用“模板”创建的方法。

方法：打开 PowerPoint 2010，依次执行“文件”→“新建”命令，从“可用的模板和主题”下方进行选择，再单击右侧的“创建”按钮即可，如图 6-2 所示。

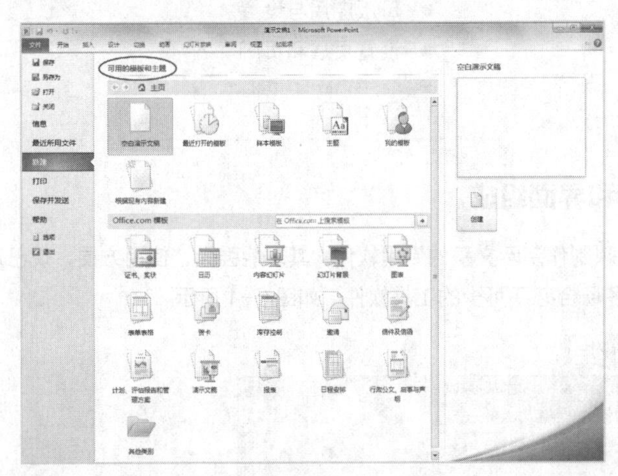

微课：新建并保存演示文稿

图 6-2

提示

（1）幻灯片模板是一个扩展名为“.potx”的文件。该文件记录了已定义的幻灯片格式，如母版、版式和主题等。用户可以以模板为基础，快速生成有一定格式的演示文稿。

（2）“Office.com 模板”提供免费模板样式，但用户必须连接 Internet 才可以下载使用。

6.1.3 PowerPoint 2010 的视图

视图是工作的环境，PowerPoint 2010 中提供了普通视图、幻灯片浏览视图、备注页视图和阅读视图，如图 6-3 所示，用鼠标单击可实现不同视图模式之间的切换。

（1）普通视图。

在该视图中，用户能完成的功能有：输入，查看幻灯片的主题、小标题以及备注，并且可以移动幻灯片图像位置和备注页方框，或是改变其大小。

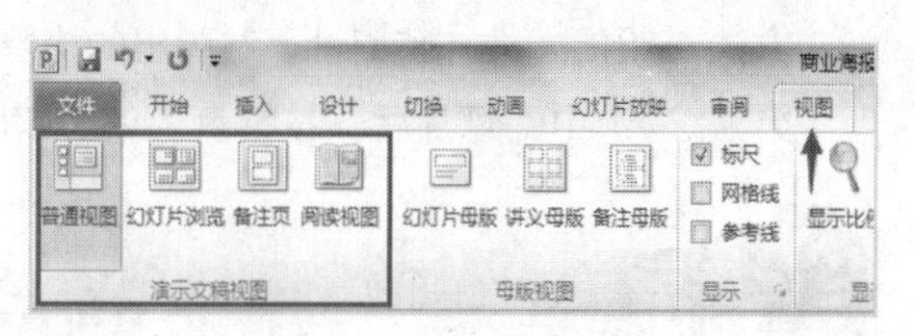

图6-3

（2）幻灯片浏览视图。

用户在该视图下能完成的功能有：同时显示多张幻灯片，可以看到整个文稿，方便添加、删除、复制和移动幻灯片页。

（3）备注页视图。

在该视图下，用户可以输入演讲者的备注，其中，幻灯片缩略图下方带有备注页方框，可以通过单击方框来输入备注文字。用户也可以在普通视图中输入备注文字。

（4）阅读视图。

在该视图下，会进入放映视图，只是其放映方式不同。

6.1.4　PowerPoint 2010 的基本概念及术语

（1）演示文稿：整个文件叫作一个演示文稿。

（2）幻灯片：在 PowerPoint 2010 演示文稿中创建和编辑的单页称为幻灯片。一个演示文稿由多张幻灯片组成。

（3）占位符：幻灯片版式上的虚框线，通常用来表示系统规定的填入图、表、文本等的位置。

（4）版式：幻灯片的版式涉及其组成对象的种类与相互位置的关系。

（5）主题：主题是指一个演示文稿整体上的外观设计方案，包含预定义的文字格式、颜色以及幻灯片背景图案等。

6.1.5　幻灯片操作

1. 新建幻灯片

当新建一个演示文稿后，演示文稿中只有一张幻灯片，可根据需要插入更多的幻灯片。

方法 1. 用鼠标右击幻灯片，在弹出的快捷菜单中选择“新建幻灯片”。此时，系统会在选择幻灯片的下方插入一张新幻灯片。

方法 2. 按“Enter”键或按“Ctrl”+“M”组合键。

2. 删除幻灯片

在制作过程中可删除不需要的幻灯片。

方法 1. 用鼠标右击幻灯片，在弹出的快捷菜单中选择“删除幻灯片”；或选中幻灯片后，按键盘上的“Delete”键。

方法 2. 按“Backspace”键也可将其删除。

提示

- 按住“Ctrl”键依次单击，可选择不连续的幻灯片。
- 按住“Shift”键可选择两张幻灯片之间的所有幻灯片。

3. 移动幻灯片

在幻灯片编辑过程中，可根据需要移动幻灯片在演示文稿中的位置。

方法：选中幻灯片后，直接向上或向下进行拖动，会看到一条横线，到所需位置松开鼠标即可移动幻灯片。

4. 复制幻灯片

在幻灯片编辑过程中，如果需重复使用相同幻灯片的格式可进行复制幻灯片操作，然后对复制的幻灯片进行修改，这样可减少工作量。

方法 1. 用鼠标右击幻灯片，在弹出的快捷菜单中选择“复制幻灯片”。此方法是在所选幻灯片的下方复制幻灯片。

方法 2. 选中幻灯片后，按键盘上的“Ctrl”键进行拖动也可复制幻灯片。

提示

复制和移动多张幻灯片与复制和移动一张幻灯片的方法相同。

5. 隐藏幻灯片

对于制作好的 PowerPoint 幻灯片，如果希望其中的部分幻灯片在放映时不显示出来，可以将这些幻灯片隐藏。

方法：在普通视图下，在左侧的窗口中，按住“Ctrl”键，分别单击要隐藏的幻灯片，单击鼠标右键，在弹出的菜单中选择“隐藏幻灯片”。若取消隐藏，可选中相应的幻灯片，再进行一次上面的操作即可。

6.1.6 版式应用与设置

在 PowerPoint 2010 中，所谓版式可以理解为“已经按一定的格式预置好的幻灯片模板”。它主要由幻灯片的占位符（一种用来提示如何在幻灯片中添加内容的符号，最大特点是其只在编辑状态下才显示，而在幻灯片放映时是看不到的）和一些修饰元素构成。

PowerPoint 2010 中内置了许多常用的幻灯片版式，如标题幻灯片、标题和内容、两栏内容、图片与标题等版式，如图 6-4 所示。

方法：选择要应用版式的幻灯片，依次执行“开始”→“幻灯片”组→“版式”命令，进行选择应用。

或右击幻灯片，在弹出的快捷菜单中选择“版式”进行选择应用。

进行了“版式”的应用后，就可在该“版式”提供的文本框中键入文本和选择键入对象内容。

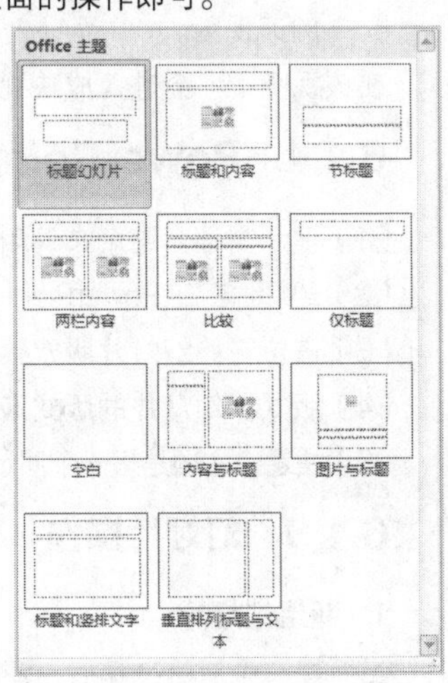

图 6-4

6.1.7 主题应用与设置

使用 PowerPoint 2010 创建演示文稿的时候，可以通过使用主题功能来快速地美化和统一每一张幻灯片的风格，如图 6-5 所示。

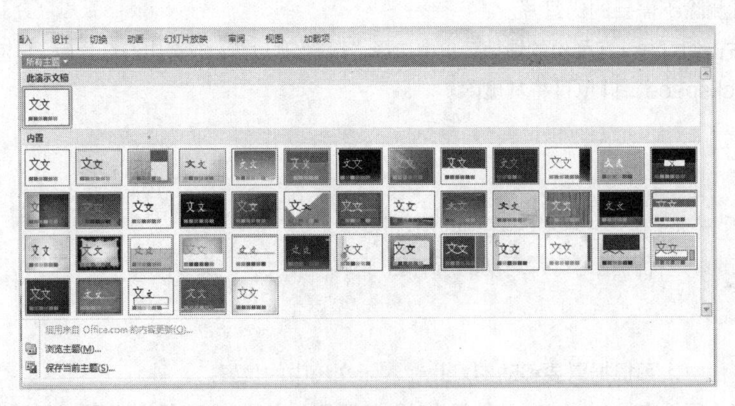

图 6-5

在“设计”→“主题”组中单击其他按钮打开主题库，在主题库当中可以非常轻松地选择某一个主题。将鼠标移动到某一个主题上，就可以实时预览到相应的效果。最后单击某一个主题，就可以将该主题快速应用到整个演示文稿当中。

- 如果想为某张幻灯片应用主题，可右键单击主题，在弹出的快捷菜单中选择“应用于选定的幻灯片”，即可将主题应用到独立的幻灯片上。
- 一个演示文稿中的多张幻灯片可应用多种主题。

如果对主题效果的某一部分元素不够满意，可以通过颜色、字体或者效果进行修改。可以单击“颜色”按钮，在下拉列表当中选择一种自己喜欢的颜色，如图 6-6 所示。

如果对自己选择的主题效果满意，则可以将其保存下来，方便以后使用。在“主题”组中单击其他按钮，执行“保存当前主题”命令，如图 6-7 所示。

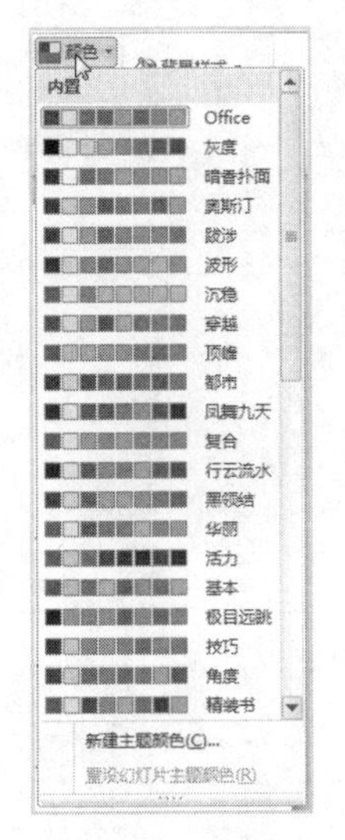

图 6-6

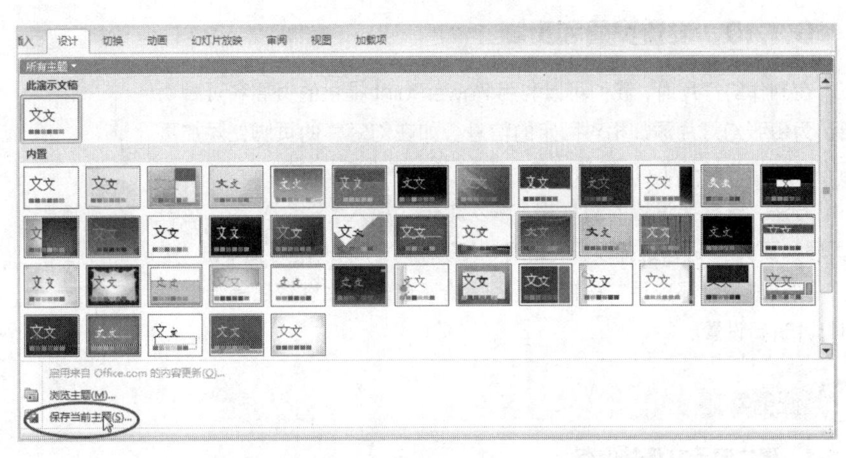

图 6-7

如果在“内置”部分没有喜欢的主题，可单击列表下方的“浏览主题”选项，选择本地机上的其他主题。

6.1.8　背景样式应用与设置

为了使演示文稿更加美观，还可以为其添加背景样式，不仅可以设置预置的背景样式，还可以设置某个图片、纹理、图案等作为背景样式，甚至还可以设置某种艺术效果等。

方法：选择要应用“背景样式”的幻灯片，单击“设计”→“背景”组→“背景样式”，进行选择设置，如图 6-8 所示。在任意“背景样式”上右击，可以根据需要选择是给所选幻灯片设置还是给全部幻灯片进行设置。

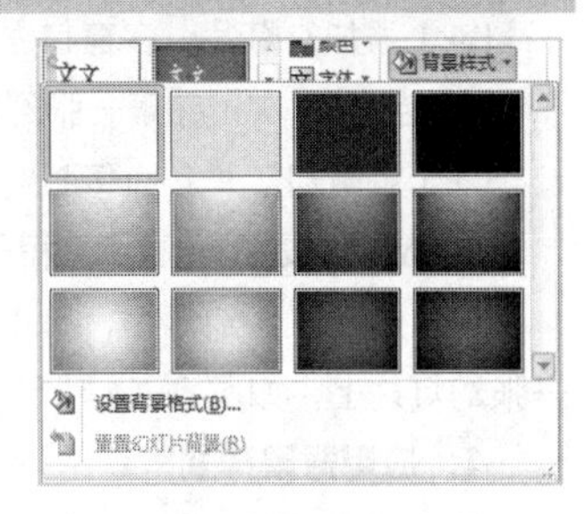

图 6-8

单击“设置背景格式”可以进一步对背景样式进行设置。

6.1.9　母版的使用

在 PowerPoint 2010 演示文稿设计中，除了每张幻灯片的制作外，最核心、最重要的就是母版的设计。母版同样也决定着幻灯片的外观，一般分为幻灯片母版、讲义母版和备注母版，其中，幻灯片母版是最常用的一种，因为它可以快速统一演示文稿的风格和内容格式。

幻灯片母版主要用于控制演示文稿中所有幻灯片的外观。在幻灯片母版中可调整各占位符的位置，比如，设置各占位符中的内容的字体、字号、颜色，以及改变项目符号的样式，插入文字、图片、图形、动画和艺术字，改变背景色等。

方法：选择所需要的幻灯片，选择“视图”→“母版视图”组→“幻灯片母版”命令，进入幻灯片母版的编辑状态。

修改编辑完毕后，执行“幻灯片母版”→“关闭”组→“关闭母版视图”命令，返回“普通视图”，此时可看到相应版式的幻灯片都已按照母版进行了修改。

在“母版”中插入的图片会以背景图片的形式显示在幻灯片中。

6.1.10 设置页眉和页脚

在制作幻灯片时，我们可以利用 PowerPoint 提供的页眉和页脚功能，为每张幻灯片添加相对固定的信息，如在幻灯片的页脚处添加页码（即幻灯片编号）、日期和时间、页脚文字等内容。

方法：选择要设置的幻灯片，依次单击“插入”→“文本”组→“页眉和页脚”，进行选择设置，如图 6-9 所示。可以根据需要单击“应用”按钮或“全部应用”按钮，选择是给所选幻灯片设置还是给全部幻灯片进行设置。

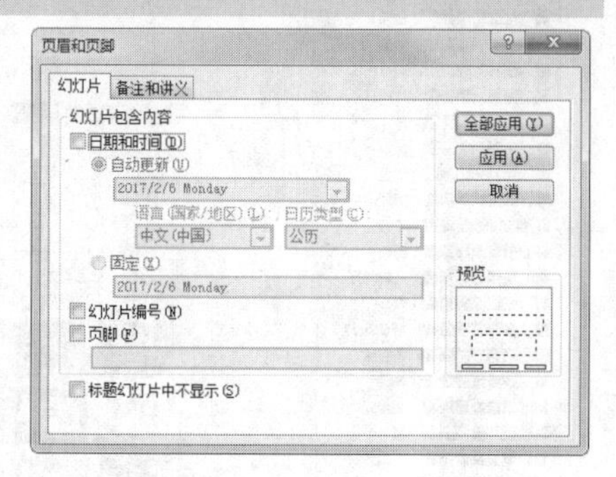

图 6-9

任务实施

1. 建立演示文稿并保存

（1）执行“开始”→“所有程序”→“Microsoft Office”→“Microsoft Office PowerPoint 2010”命令，启动 PowerPoint 2010。

（2）保存演示文稿，文件名为“员工联谊会流程（建立）.pptx”。

2. 编辑幻灯片

（1）添加幻灯片：在窗口左侧的“幻灯片”选项卡中的第一张幻灯片上面单击鼠标左键，然后按下“Ctrl”+“M”组合键 15 次，在第一张幻灯片下方插入 15 张新幻灯片。

（2）编辑幻灯片：为每张幻灯片输入内容，如图 6-10 所示。

3. 应用主题统一演示文稿风格

任意选择一张幻灯片，单击“设计”选项卡，选择“都市”主题，即可将此主题应用到当前演示文稿中的每一张幻灯片上，如图 6-11 所示。

4. 应用背景样式

任意选择一张幻灯片，依次单击“设计”→“背景”组→“背景样式”→“样式 9”，如图 6-12 所示，设置演示文稿中幻灯片的背景样式。

5. 修饰幻灯片上的对象

（1）选中第一张幻灯片主标题占位符中的“联谊”二字，单击“开始”选项卡，设置格式为“方正舒体、86 号体、深红色”。将副标题占位符中的文字“泰阳动物科技有限公司”设置为“加粗、文字阴影、深蓝色、32 号字、在占位符中居中显示”，设置效果如图 6-13 所示。

员工联谊会流程
泰阳动物科技有限公司
活动方案
• 活动主题：亲如一家
• 活动目的：通过活动让员工了解公司的企业文化和人文精神，营造和谐团队的文化氛围，为公司员工创造一个沟通和交流的平台，增进彼此间的互动与和谐，让员工感受到大家庭的温暖，并提升公司的凝聚力。
• 活动对象：公司总部领导、各公司执行经理、管理人员、员工
• 活动时间：2017年6月6日18:0 0
• 活动地点：公司三楼培训大厅
费用预算
• 喷绘：70元
• 条幅：60元
• 水果：1000元
• 糖果/坚果：约650元
• 饮品：约500元
• 装饰品/游戏小道具：200元
• 游戏礼品：8200元
• 风采展示奖金：一等奖：1000元
二等奖：800元
三等奖：600元
• 十佳优秀员工奖金：每人2000元
• 十佳优秀员工证书+奖杯：580元
• 合计：15660元
活动流程
主持人发言
• 尊敬的各位领导，各位同仁，大家晚上好！又是一个花好月圆日，我们欢聚一堂，又是一年秋风送爽时，我们载歌载舞，在这美好的夜晚，我们又迎来了每年一次的员工联谊会！
部门风采展示
• 每个部门必须以队名/部门称号、口号、节目表演来展示团队风采，选出“最佳士气风采展现奖”冠亚季奖。
秀秀你的家乡话
• 目的：各地方言汇聚一堂，让与会人员进一步了解五湖四海兄弟姐妹们地区的人文精神，营造友好氛围。
• 步骤：公司所有员工的姓名事先汇总，分别写在了每个纸条上放入纸箱中，由主持人随机抽出纸条，抽到者用家乡话读出，并介绍家乡美，例如：介绍家乡的景点、美食、风俗等。
京剧演唱
• 京剧是我国的国粹，博大精深，内涵丰富，融合多种艺术方法，表现真实的历史或现实故事，其特有的艺术魅力吸引着众多爱好者。
• 有请王总为大家演唱京剧《三家店》选段《将身儿来至在大街口》《军民鱼水情》。
五毛一块
• 目的：考验员工配合、协作能力。
• 规则：6人围成一圈，男员工代表5毛钱，女员工代表1块钱，主持人在圈中喊价格口令（例如主持人说2.5元），所有人自动组合，没有组合成功的人员，将被惩罚进行节目表演，胜者每人获得小礼品。
• 注意：主持人视情况灵活掌握价格口令，适当增加难度。
歌曲《再回首》
• 男1：岁月匆匆而过，给我们留下了几多感慨几多欢喜。
• 女1：我们常常回首过去，回首苦与乐，回首喜与悲。
• 男1：回首伤感的往事，回首欢喜的泪水。
• 女1：让我们再次回首，与过去说再见，对现在说珍惜，向未来说永不言败！请欣赏歌曲《再回首》，表演者：销售部李闯。
2016年度十佳优秀员工颁奖
• 他们把工作当成一种神圣的使命，点滴的事儿用心做，平凡的事儿认真做，在自己平凡的岗位上爱岗敬业，任劳任怨，为公司又好又快的发展做出了自己的贡献。
• 泰阳的精神：
优良的品德；
专业的技术；
从平凡到杰出；
勤业、敬业、精业、创业，和泰阳一起成长！
• 泰阳因为你们的智慧与汗水茁壮成长！
游戏“歌词对对碰”
• 目的：考验员工凝聚力。
• 要求：分成二组(10人一组)，主持人出一个字，参赛选手唱出的歌词中必须有该字在其中，以抢唱方式，最后哪一组中的选手唱不出歌词将被淘汰出局，在10分钟内哪一组人员较多者为胜方，败方将接受惩罚，需出代表进行节目表演，胜者每人获得小礼品。
手语舞《怒放的生命》
• 生命的光辉是一种无与伦比的光辉，只要它的足迹所至，无处不变得一片明亮，让我们的生命像花儿一样绽放！请大家一起欣赏客服部带来的手语舞《怒放的生命》。
游戏“衔纸杯传水”
• 目的：增进亲近感。
• 要求：人员选10名一组，男女交替配合，共选22名员工，分二组同时进行比赛，另有二名人员辅助组第一名人员倒水至衔至的纸杯内，再一个个传递至下一个人的纸杯内，最后一人的纸杯内的水倒入一个小缸内，最后在限定的五分钟内，看谁的缸内的水最多，谁就获胜，败方将接受惩罚，需出代表进行节目表演，胜者每人获得小礼品。
武术表演《少年英雄》
• 中华武术，源远流长，坐如钟，站如松，行如风，卧如弓，枪挑一条线，棍扫一大片，这些耳熟能详的武术谚语比比皆是，下面请欣赏财务部陈潇带来的武术表演《少年英雄》。
结语
• 男1：今夜，我们欢聚一堂，激情满怀。
• 女1：今夜，我们放松自我，心潮澎湃。
• 男1：告别今夜，我们将迎来明朝的旭日。
• 女1：告别今夜，我们将走进崭新的岗位。
• 男1：我们将用热情站在青春起跑点。
• 女1：我们将用奋斗书写公司新的篇章！
• 男1：泰阳动物科技有限公司2017年员工联谊会到此结束！
• 合：祝大家心想事成、万事如意！

图 6-10

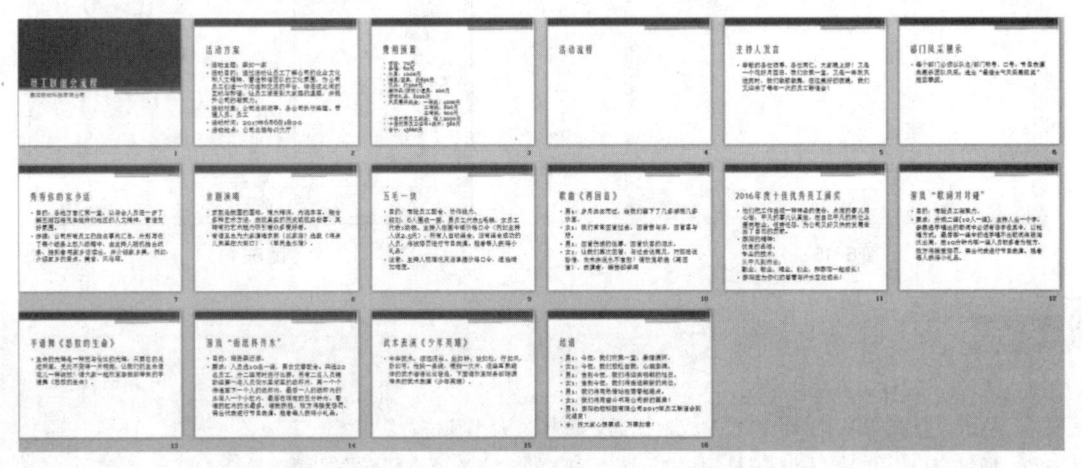

图 6-11

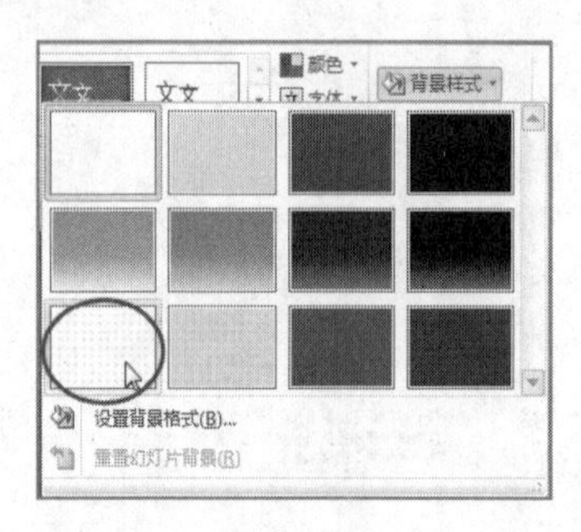

图 6-12

图 6-13

（2）应用“母版”快速统一幻灯片的外观效果。

● 任选一张幻灯片，单击“视图”选项卡，选择“母版视图”组→“幻灯片母版”命令，进入幻灯片母版的编辑状态。

● 选择第 3 张幻灯片母版，该母版为“标题和内容”母版，该版式“由幻灯片 2–16 使用”。

● 选中标题占位符，切换到“开始”选项卡，设置格式为“加粗、文字阴影、深蓝色、水平居中”。

● 选中内容占位符，右击鼠标，在弹出的快捷菜单中选择“设置形状格式”，在弹出的对话框中进行相关设置：线条颜色为“渐变线”→“预设颜色”→“彩虹出岫 II”，如图 6–14 所示；再设置线型“宽度为 3 磅、复合类型为由粗到细”，如图 6–15 所示；发光和柔化边缘为“预设”→“橙色”及“5pt 发光，强调文字颜色 4”，如图 6–16 所示；文本框为“内部边距”→“上下均为 0.5 厘米”，如图 6–17 所示。在“开始”选项卡下，单击“两端对齐”按钮，使内容占位符中的文本对齐工整。

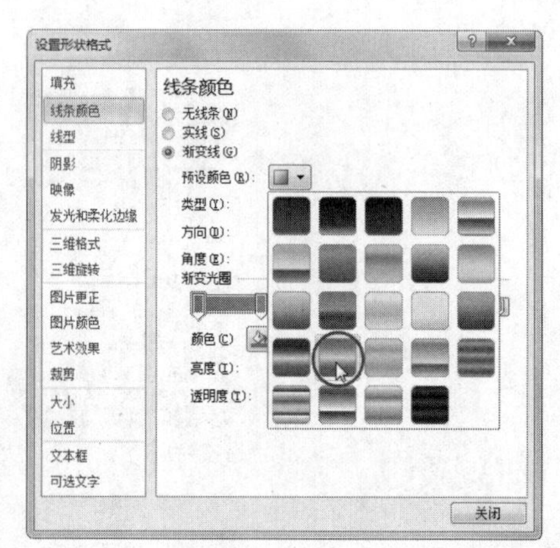

图 6–14

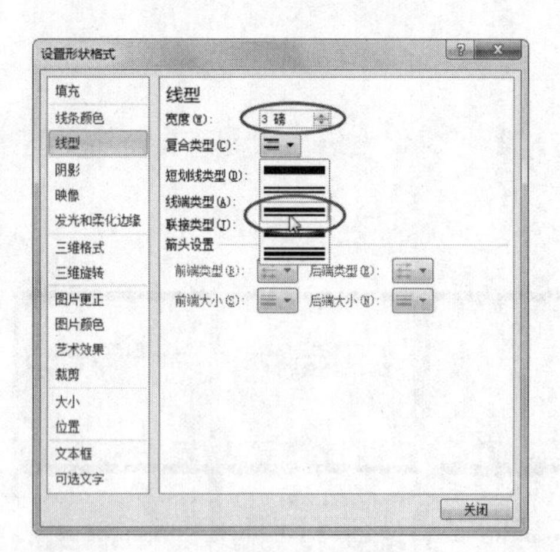

图 6–15

图 6–16

提示

设置对象形状格式有如下两种途径。

方法 1：右击，选择“设置形状格式”或根据需要选择“大小和位置”。

方法 2：通过窗口上方的“绘图工具–格式”选项卡下的对应选项进行操作即可。

- 选中内容占位符中的一级标题，修改其项目符号样式。方法是单击“开始”→“段落”组→“项目符号”，单击“项目符号和编号”选项，再单击“自定义”按钮，选择“wingdings”字体中的“❁”符号，返回如图6-18所示的“项目符号和编号”对话框，设置“大小”为120%“字高”，“颜色”为红色。单击“确定”按钮完成项目符号修改设置。
- 执行“幻灯片母版”→“关闭”组→“关闭母版视图”命令，返回“普通视图”，此时幻灯片效果如图 6-19 所示。

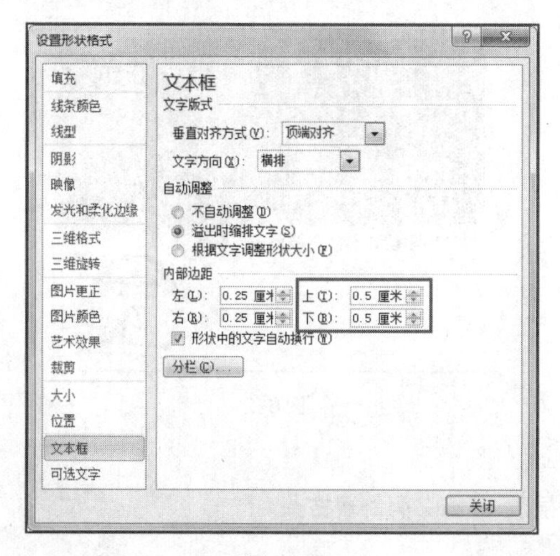

图6-17

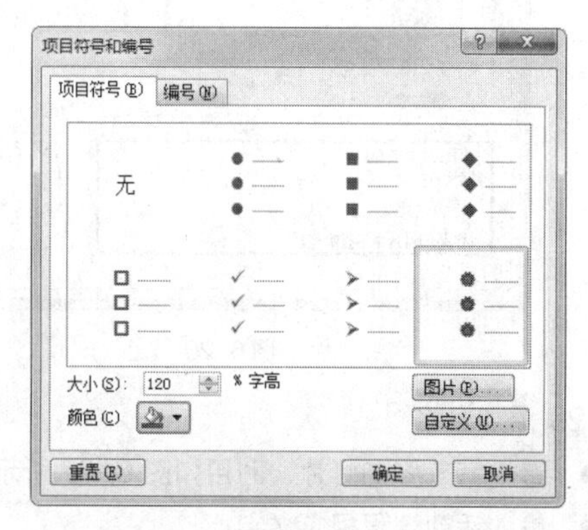

图6-18

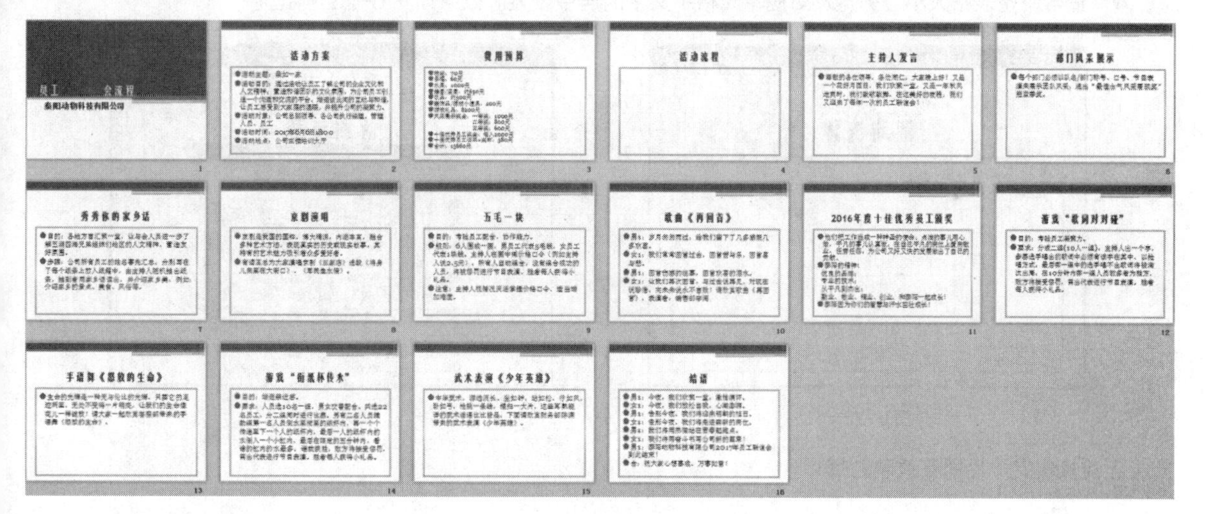

图6-19

6. 设置页眉和页脚

（1）任意选择一张幻灯片，执行“插入”→“文本”组→“页眉和页脚”命令，打开“页眉和页脚”对话框，添加日期、幻灯片编号、页脚文字，并勾选“标题幻灯片中不显示”，如图 6-20 所示。

（2）单击“全部应用”按钮。

7. 图片与表格稍加点缀

图片与表格知识在下一任务中进行详解，在此对演示文稿稍加点缀，起到修饰作用。

（1）添加图片

- 选中第 1 张幻灯片，执行“插入”→“图像”组→“图片”命令，将素材文件夹中的“SC6-1-1.png”图片插入到演示文稿当前幻灯片的右下方，适当调整大小。
- 选中图片，单击窗口上方“绘图工具-格式”选项卡，选择“旋转，白色”图片样式。设置效果如图 6-21 所示。

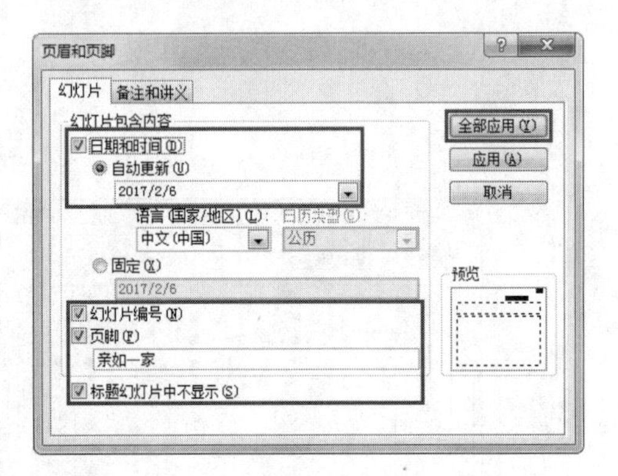

图 6-20

图 6-21

（2）添加表格

- 选中第 4 张幻灯片，利用如图 6-22 所示的占位符插入 13 行 2 列的表格。
- 输入活动流程相应文字。
- 适当调整表格大小、列宽及对应单元格中文字的居中设置。效果如图 6-23 所示。

图 6-22

图 6-23

上述操作完成后即可放映幻灯片。

任务拓展

请根据提供的素材和样张完成“民航安全检查.pptx”的制作。

操作提示

（1）幻灯片内容占位符中的二级文本段落格式设置可以使用“提高列表级别”功能按钮来实现。

（2）制作 PPT 主题模板，以方便日后类似航空 PPT 演示文稿的创建。

① 打开 PowerPoint 2010 软件，新建空演示文稿，依次单击“视图”→“母版视图”组→“幻灯片母版”，如图 6-24 所示，打开幻灯片母版进行编辑。

② 页面大小的选择：幻灯片模板设置的第一步就是幻灯片页面大小的选择，单击“幻灯片母板”→“页面设置”组→“页面设置”，打开如图 6-25 所示的“页面设置”对话框，根据自己的需求选择是否进行设置更改。

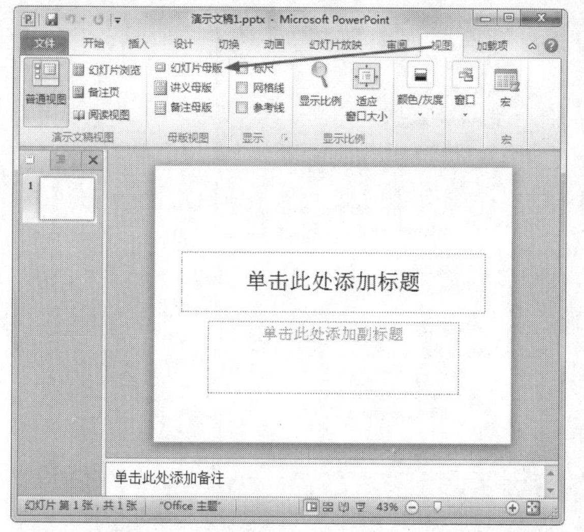

图 6-24

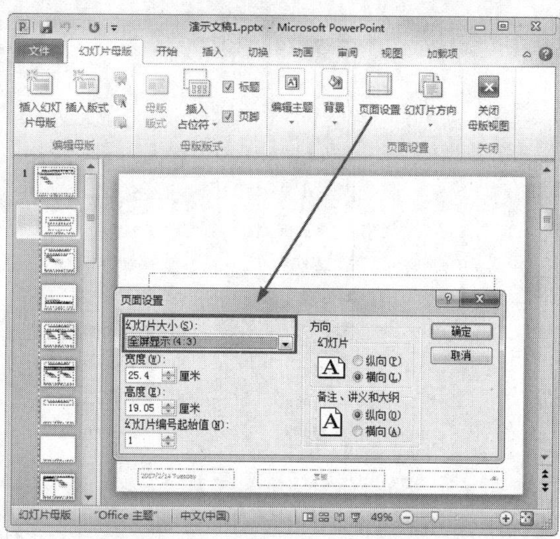

图 6-25

③ 插入事先准备好的图片素材，如果有 Logo 图片也一并插入。可根据需求绘制图形。

④ 再对 PPT 主题模板的文字（样式为：大标题、微软雅黑、36 号、深蓝、居中）和项目符号（蓝色、50% 字高）、编号进行修饰，可通过单击“开始”选项卡对主标题和各级文本进行格式设置，如图 6-26 所示。

⑤ 在网上下载一些动态的 PPT 模板，会发现里面携带了动画。PPT 动画不止是在制作 PPT 的时候添加，也可以在制作 PPT 主题模板的时候进行添加。通过如图 6-27 所示的“动画”选项卡给对象添加动画，再设置对象的出场顺序以及动画持续时间。注：有关动画的设置将在后续部分进行详细讲解，在此可以略过此步。

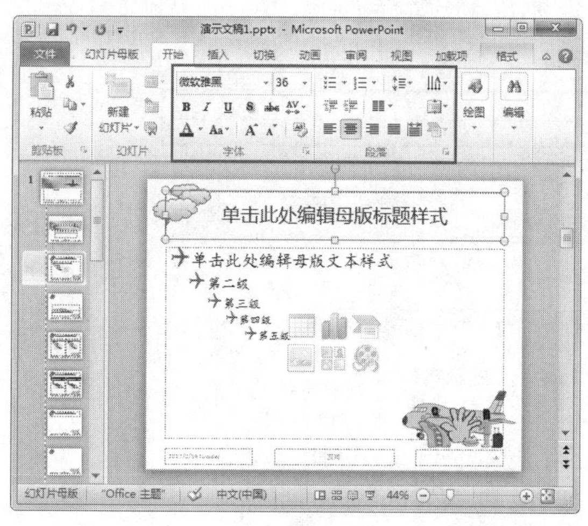

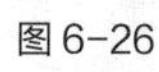

图 6-26

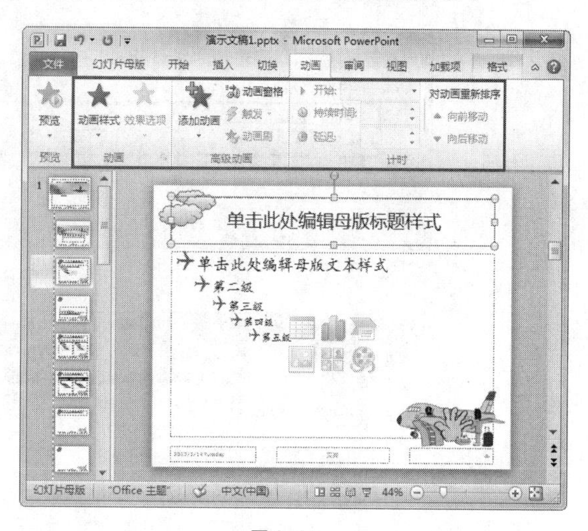

图 6-27

⑥ 模板文档制作完成后，退出母版视图，接下来就是保存了。单击“文件”按钮，依次选择“保存并发送”→“更改文件类型”命令，最后在“更改文件类型”中双击“模板(*.potx)”，如图 6-28 所示。

⑦ 此时程序将打开默认的文件保存位置，如图 6-29 所示。不用更改它，在“文件名”中输入一个便于记忆的名称，例如“航空专业模板.potx”，单击“保存”按钮。

⑧ 现在关闭此 PPT 文档。再新建一个空白演示文稿或打开一个已创建的演示文稿，单击“设计”选项卡下“主题”组右侧的“其他”按钮，展开“主题”组，再单击下方的“浏览主题（M）”，如图 6-30 所示，选择刚刚保存的“航空专业模板.potx”，单击“应用”按钮，即可应用自己创建的主题模板。

图 6-28

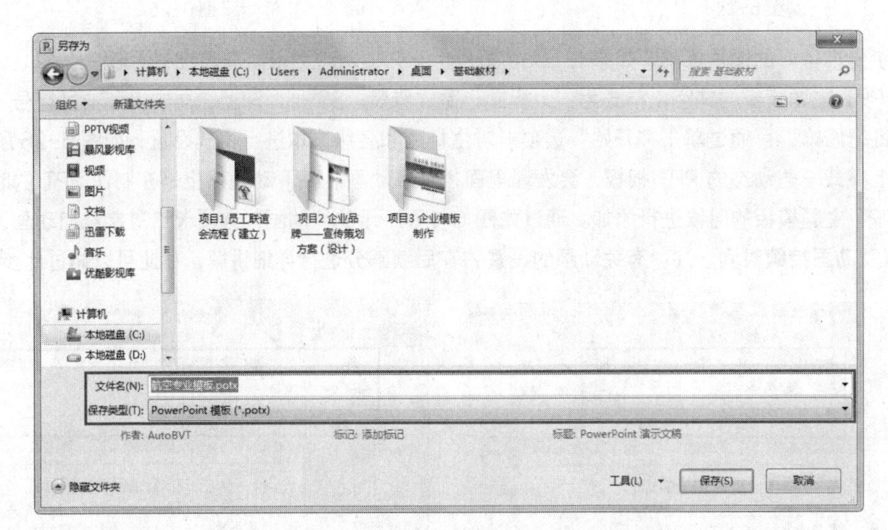

图 6-29

图 6-30

此时看看你的“设计”选项卡下的“主题”组，刚刚做好并应用的模板文档是不是已经出现在那儿啦？这样就可以在任何时候方便地使用具有自己特色的模板了。

制作 PPT 主题模板时，建议多收集一些对自己有用的图片素材，多学习高手的 PPT 制作方法，这样你也就会成为 PPT 模板制作高手的一员哦！

（3）在幻灯片最后添加一张新幻灯片，更改幻灯片版式，并插入所需图片、输入文字。

（4）插入页眉和页脚，最终效果如图 6-31 所示。

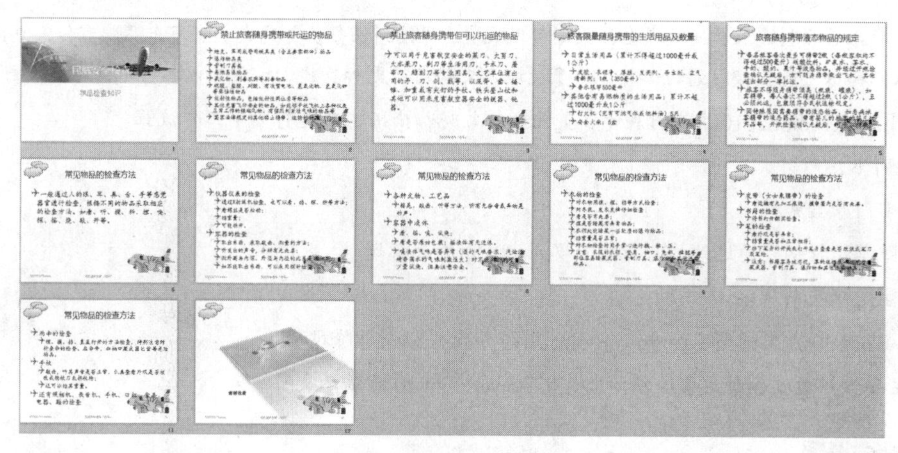

图 6-31

任务练习

1. 判断题

（1）如果在放映时暂时不想让观众看见一组幻灯片中的两张幻灯片，可以“隐藏幻灯片”。（　　）

（2）演示文稿的基本组成项目是幻灯片。（　　）

（3）幻灯片上的占位符不可以删除。（　　）

（4）在 PowerPoint 2010 的普通视图下，可以同时显示幻灯片、大纲和备注。（　　）

（5）在 PowerPoint 2010 的窗口中，无法改变各个区域的大小。（　　）

（6）在 PowerPoint 2010 中，“主题”只能统一文本的颜色风格。（　　）

（7）PowerPoint 2010 文档在保存时也可设置密码对它加以保护。（　　）

（8）在 PowerPoint 2010 中，在普通视图模式下可以实现在其他视图中可实现的一切编辑功能。（　　）

（9）在 PowerPoint 2010 中，添加新幻灯片在“插入”选项卡中进行。（　　）

（10）在打印演示文稿的幻灯片时，页眉/页脚的内容也可打印出来。（　　）

2. 选择题

（1）PowerPoint 2010 演示文稿文件默认的扩展名是（　　）。

A. PTTX　　B. FPTX　　C. PPTX　　D. POTX

（2）PowerPoint 2010 的演示文稿具有普通视图、幻灯片浏览视图、（　　）视图和阅读视图。

A. 页面　　B. 备注页　　C. 母版　　D. 联机版式

（3）在 PowerPoint 2010 窗口的功能区中不包括（　　）。

A. 插入　　　B. 视图　　　C. 动画　　　D. 图片格式

（4）能对幻灯片进行移动、删除、复制，但不能编辑幻灯片中具体内容的视图是（　　）视图。

A. 普通　　　B. 幻灯片浏览　　　C. 备注页　　　D. 阅读

（5）（　　）母版不是 PowerPoint 2010 的母版类型之一。

A. 大纲　　　B. 幻灯片　　　C. 讲义　　　D. 备注

任务 2　品牌宣传策划——演示文稿设计

任务提出

小陈同学毕业后顺利进入长安汽车企业策划部做文员，现接到任务负责完成长安汽车品牌宣传策划方案。宣传策划方案是进入职场很可能会接触到的工作，为了使演示文稿内容更加美观，常常加以各种元素对其进行点缀。

如何利用 PowerPoint 2010 来进行展示、美化幻灯片呢？小陈主要进行如下工作流程。

① 确定 PPT 主题。

② 在各部门收集素材。

③ 用图纸草拟提纲，通过结构与布局，罗列出展示的大标题。

④ 确定主题颜色与风格。

⑤ 进入 Word 2010 文档整理和 PowerPoint 2010 演示文稿制作阶段。

本任务主要学习通过各种元素的添加来美化 PowerPoint 2010 演示文稿。

任务分析

熟识各种元素（包括图片、剪贴画、形状、SmartArt、文本框、艺术字、表格、音频、视频等）并对其进行设置，是本任务的核心内容，是我们美化演示文稿的关键步骤！

任务要点

- 添加图形元素并进行设置（图片、剪贴画、形状、SmartArt、文本框、艺术字、表格等）
- 音频、视频插入与设置

知识链接

在 PowerPoint 2010 中可添加的元素，包括图片、剪贴画、形状、SmartArt、文本框、艺术字、表格、音频、视频等。可通过单击“插入”选项卡中相应按钮来完成对上述元素的插入操作，如图 6-32 所示。

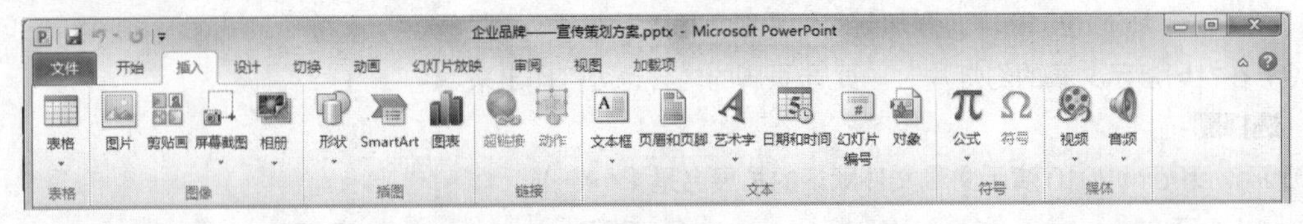

图 6-32

6.2.1　图片

在 PowerPoint 2010 中可将外部图片插入到当前幻灯片中来，以美化幻灯片。

插入方法有以下两种。

方法 1. 选择要插入图片的幻灯片，执行“插入”→“图像”组→“图片”命令，进行选择即可。

方法 2. 使用带图片版式的占位符，单击“插入来自文件的图片”图标，进行选择即可，如图 6-33 所示。

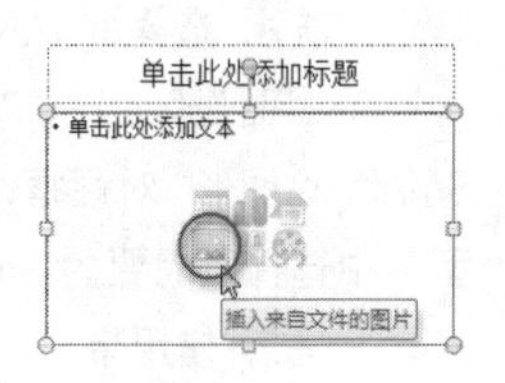

图 6-33

设置方法：可以在“图片工具-格式”选项卡下对其进行设置或右击图片，选择“设置图片格式”“大小和位置”等相应选项进行设置。

在 PowerPoint 2010 中插入的图片可以是静态图也可以是动态图。静态图的类型有多种，如 jpg、png、bmp、tiff 等。另外还可以插入 GIF 动态图，不过，只有在放映状态才能看到 GIF 图片的动态播放效果。

6.2.2 剪贴画

在 PowerPoint 2010 中不但可以将外部图片插入到幻灯片上来，也可以将演示文稿中自带的剪贴画插入到幻灯片上来。

插入方法有以下两种。

方法 1. 选择要插入剪贴画的幻灯片，执行“插入”→“图像”组→“剪贴画”命令，搜索剪贴画的类型，选择插入即可。

方法 2. 使用带剪贴画版式的占位符，单击“剪贴画”图标，搜索剪贴画的类型，选择插入即可，如图 6-34 所示。

设置方法：可以在“图片工具-格式”选项卡下对其进行设置或右击剪贴画图片，选择“设置图片格式”“大小和位置”等相应选项进行设置。

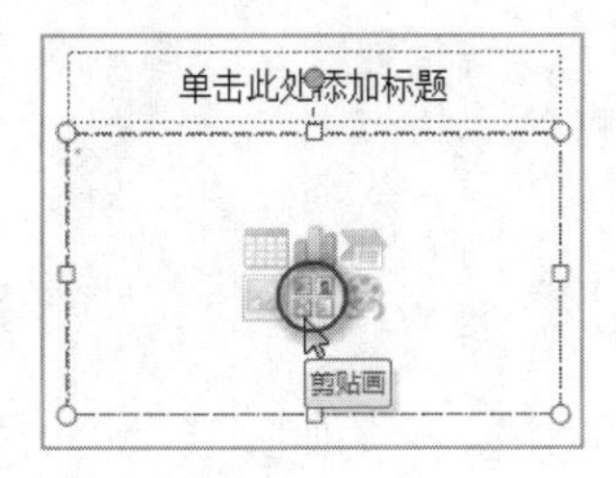

图 6-34

微课：插入图片和剪贴画

6.2.3 形状

PowerPoint 2010 中也提供了一套自选图形形状。用户可以在文档中绘制各种图形形状，也可以根据需要对图形形状进行格式化。

微课：插入形状

插入方法：选择要插入形状的幻灯片，执行“插入”→“图像”组→“形状”命令，进行选择即可。

设置方法：可以在“绘图工具-格式”选项卡下对其进行设置或右击形状图形，选择“设置形状格式”“大小和位置”等相应选项进行设置。

6.2.4 SmartArt

我们在制作幻灯片时，常常会有数据统计分析及层次结构整理的文字，有时候它们之间的树状关系太复杂或太抽象，用文字描述既累赘又不甚清晰。这时候我们可以选择 SmartArt 图形的表现方式，让它们之间的关系更加简单明了的同时，让整个版面生动美观。

插入方法如下。

方法 1. 选择要插入 SmartArt 的幻灯片，执行“插入”→“图像”组→“SmartArt”命令，打开“选择 SmartArt 图形”对话框，如图 6-35 所示，在需要的“类型”中选择所需要的 SmartArt 即可。

方法 2. 使用带 SmartArt 版式的占位符，如图 6-36 所示，单击“插入 SmartArt 图形”图标，在需要的类型中选择所需要的 SmartArt 插入即可。

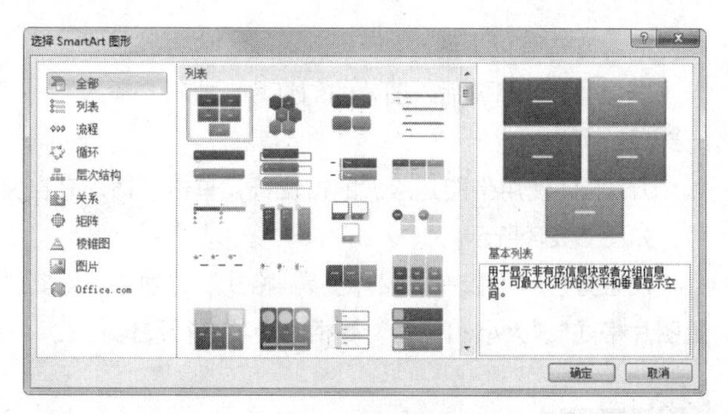

图 6-35

设置方法：在图形指示框内依次输入文字，完成文本及图片内容编辑。此外，选中 SmartArt 后，还可以根据“SmartArt 工具”上下文选项卡对 SmartArt 进行更多的设置，如在“SmartArt 工具-格式”选项卡中，单击“排列”组中的“组合”选项，在其下拉菜单中根据需要选择“组合”或“重新组合”或“取消组合”。

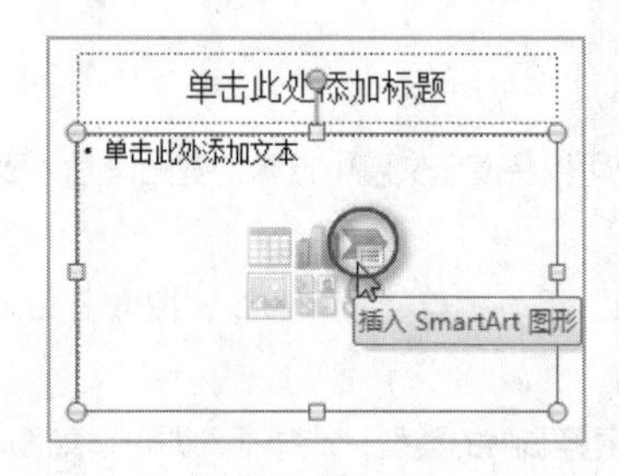

图 6-36

微课：插入 SmartArt 图形

提 示

- 在 SmartArt 中选择任意一个形状，按“Delete”键可以将其删除。
- 选择 SmartArt 中任意一个形状，可以将其位置进行移动。
- 选择 SmartArt 中任意一个形状，通过“SmartArt”工具→“格式”→“更改形状”命令或右击选择“更改形状”可以更改形状的类型。
- 选择 SmartArt 中任意一个形状，通过“SmartArt”工具→“设计”→“添加形状”命令或右击选择“添加形状”可以添加形状的数量。

6.2.5 文本框

在 PowerPoint 2010 中输入文本也是常用的操作，那么我们应该怎样输入和设置文本呢？除了直接输入以外，另一种就是使用文本框。使用文本框不仅可以输入横排的文本，还可以输入竖排的文本。

方法：选择要插入文本框的幻灯片，执行“插入”→“文本组”→“文本框”命令，根据自己的需要选择文本框的类型（横排文本框或垂直文本框），然后拖动鼠标绘制文本框的大小，确定文本框绘制好之后释放鼠标，直接输入文本即可。

可以在“绘图工具-格式”选项卡下对其进行设置或右击文本框，选择“设置形状格式”“大小和位置”等相应选项进行设置。

6.2.6 艺术字

艺术字通常用在编排报头、广告、请柬及文档标题等特殊位置，而在演示文稿中，其一般被用于制作幻灯片标题，以使文稿变得更美观。

方法：选择要插入艺术字的幻灯片，执行“插入”→“文本”组→“艺术字”命令，根据需要选择一个样式，在弹出的“请在此放置您的文字”的艺术字编辑框里输入需要的文字。

如果是先选中文字，则再执行“插入”→“文本”组→“艺术字”可将选中的文字直接变成艺术字。

可以在“绘图工具-格式”选项卡下对其进行设置或右击艺术字，选择相应选项进行设置。

6.2.7 表格

在 PowerPoint 2010 中插入与设置表格是我们制作 PPT 时比较常用的技巧，可以非常清晰、直观地对数据进行表现。

方法：选择要插入表格的幻灯片，执行“插入”→“表格”组→“表格”命令，可以通过拖选表格行或列、插入表格对话框、绘制表格 3 种方法进行表格的创建。此操作与 Word 中相同，在此不再赘述。

或者使用带表格版式的占位符，单击“插入表格”图标，输入所需创建行或列的数字即可，如图 6-37 所示。

可以在“表格工具-设计”或“表格工具-布局”上下文选项卡下对其进行设置或右击表格，选择“设置形状格式”“另存为图片”等相应选项进行设置。

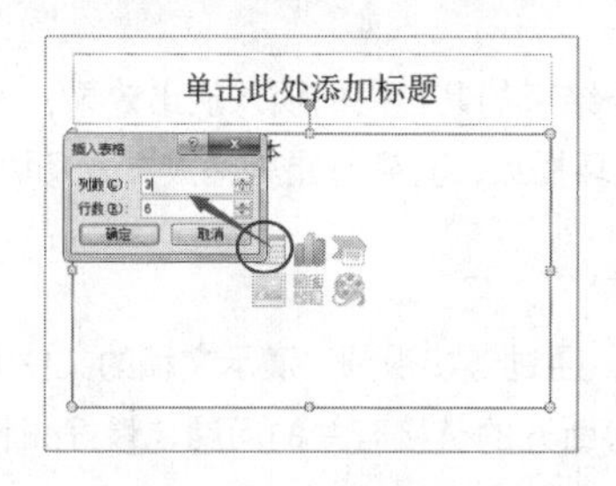

图 6-37

6.2.8 插入音频

为了突出演示文稿的效果，用户可以在演示文稿中添加音频，如文件中的音频、剪贴画音频和录制音频等。PowerPoint 2010 支持.mp3、.wma、.wav、.mid 等格式的声音文件。

方法：选择要插入音频的幻灯片，执行“插入”→“媒体”组→“音频”命令，根据需要选择插入的音频类型，音频插入后，幻灯片上会显示小喇叭形状的音频文件图标。

1. 设置音频格式

选中插入到幻灯片中的音频文件图标，打开窗口上方的“音频工具-格式”选项卡，如图 6-38 所示。

图 6-38

音频文件的图标可以换作其他图片，使外观更漂亮。更换图片的方法是：单击“调整”组中的“更改图片”命令，打开“插入图片”对话框，选择图片位置，插入图片即可。对于新更改的图片还可以进行图片样式、排列、大小等格式设置。

2. 设置音频的播放选项

选中音频文件图标，打开窗口上方的“音频工具-播放”选项卡，如图 6-39 所示。

图 6-39

在“播放”选项卡上的“编辑”组中，单击“剪裁音频”命令，打开如图 6-40 所示的对话框，可通过分别调整左侧的绿色标记和右侧的红色标记来剪裁音频。

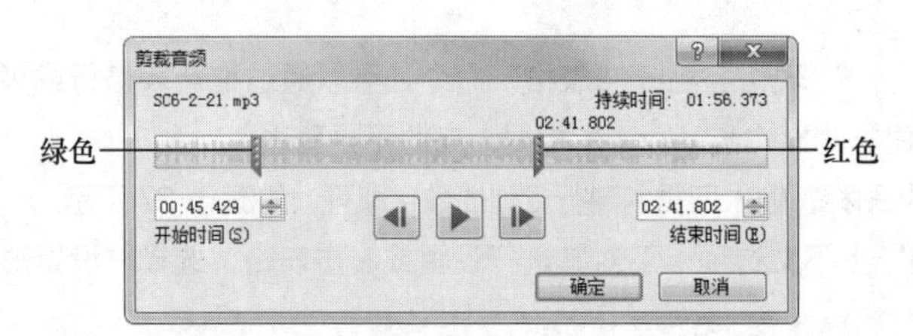

图 6-40

微课：插入音频

另外，还可以通过“淡入”与“淡出”命令来设置音频开始与结束的几秒内的淡入淡出效果；通过“音频选项”组设置音频文件的开始方式、放映时隐藏、播完返回开头和循环播放，直到停止等播放方式及播放参数。

6.2.9 插入视频

PowerPoint 2010 演示文稿可以链接外部视频文件或电影文件。通过链接视频，演示文稿的文件大小（也可以嵌入，防止文件传递过程中丢失）可以减小。为了防止可能出现与断开的链接有关的问题，最好先将视频复制到演示文稿所在的文件夹中，然后再链接到视频。

PowerPoint 2010 支持的视频文件以及动画文件的类型包括：avi、wma、mpg、swf 等。

方法：选择要插入视频的幻灯片，执行“插入”→“媒体”组→“视频”命令，根据需要选择插入的视频类型，视频插入后，在幻灯片上会显示视频文件播放窗口。

或者使用带视频版式的占位符，单击或者双击其中的“插入媒体剪辑”图标，进行选择插入。

1. 设置视频格式

选中插入到幻灯片中的视频文件播放窗口，打开窗口上方的“视频工具-格式”选项卡，如图 6-41 所示。

图 6-41

对于插入到幻灯片的视频或动画可以进行视频样式、排列以及大小等设置。

2. 设置视频播放选项

选中视频文件播放窗口，打开窗口上方的“视频工具-播放”选项卡，如图 6-42 所示。

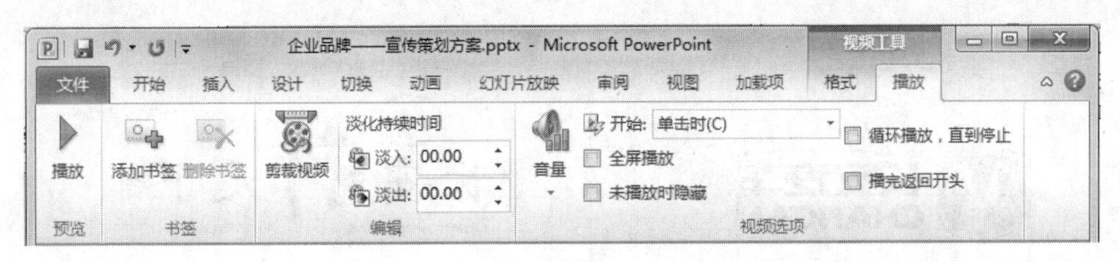

图6-42

使用“编辑”组中的“剪裁视频”命令，可以剪裁视频，还可以通过“淡入”与“淡出”命令来设置视频开始与结束的几秒钟内的淡入淡出效果，以及在“视频选项”组设置视频文件的播放方式和播放参数。

任务实施

1. 打开素材

打开名为“企业品牌——宣传策划方案（设计）素材.pptx”的文件。

2. 修饰幻灯片上的文字对象

（1）选中第1张幻灯片，将副标题占位符中的文字“长安汽车”设置为“黑体”“深蓝色”。

（2）应用“母版”快速统一幻灯片上的文字外观效果。

- 任选一张幻灯片，单击“视图”选项卡，选择“母版视图”组→“幻灯片母版”命令，进入幻灯片母版的编辑状态。
- 选择第3张幻灯片母版，该母版为“标题和内容”母版，该版式为“由幻灯片2-9使用”。
- 选中标题占位符，切换到“开始”选项卡，设置格式为“方正胖头鱼简体”“深蓝色”，设置完成后如图6-43所示。
- 执行“幻灯片母版”→“关闭”组→“关闭母版视图”命令，返回“普通视图”。

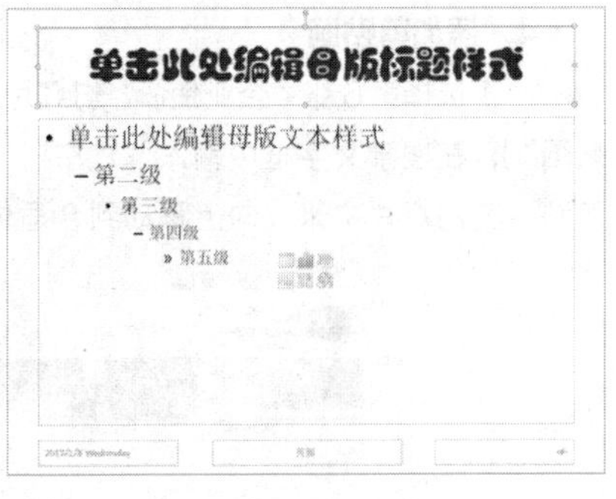

图6-43

3. 添加图片

在第1、2、6、7、8张幻灯片上插入所需要的图片。

方法1. 占位符插入法

- 选择第2张“策划目的”幻灯片，单击内容占位符中的“插入来自文件的图片”图标，选择素材文件夹中的“SC6-2-1.png”，将其插入到幻灯片上来，按住“Ctrl”键调整合适的大小。
- 采用以上方法，将所需要的图片素材“SC6-2-2.png”和“SC6-2-3.gif”分别插入到第7张“企业愿景”和第8张“形象用语”两张幻灯片中，调整合适大小并移动到合适位置。
- 选中第7张幻灯片中的图片“SC6-2-2.png”，单击“图片工具”→“格式”选项卡，选择“裁剪”中的“裁剪”，拖动如图6-44所示的点向上，裁掉“前进　与你更近”一行内容，最后在幻灯片空白处单击完成裁剪。

方法2. 直接插入法

- 选择第1张幻灯片，执行“插入”→“图像”组→“图片”命令，选择素材文件夹中的“SC6-2-4.png”，将其插入到幻灯片上来，参照样张移至幻灯片上合适位置。
- 采用以上方法，将图片素材“SC6-2-5.png”插入到第8张幻灯片“形象用语”中。选中图片，单击“图片工具-格式”选项卡，选择“颜色”中的“设置透明色”，在图片的白色区域单击，如图6-45所示，去掉图片的白色背景，将图片移动到合适位置。

图6-44

图6-45

方法3. 幻灯片母版插入法

- 任选一张幻灯片，单击“视图”选项卡，选择“母版视图”组→“幻灯片母版”命令，进入幻灯片母版的编辑状态。
- 选择第2张幻灯片母版，该母版为“标题幻灯片”母版，该版式为“由幻灯片1使用”。执行“插入”→“图像”组→“图片”，选择素材文件夹中的“SC6-2-2.png”，将其插入到幻灯片上来，改变大小移至幻灯片左上角。
- 选择第3张幻灯片母版，该母版为“标题和内容”母版，该版式为“由幻灯片2-9使用”。执行“插入”→“图像”组→“图片”，选择素材文件夹中的“SC6-2-5.png”，将其插入到幻灯片上来，改变大小移至幻灯片右下角，同样去掉背景色。
- 执行“幻灯片母版”→“关闭”组→“关闭母版视图”命令，返回“普通视图”，此时幻灯片效果如图6-46所示。

4．添加剪贴画

（1）选择第6张“企业使命”幻灯片，单击内容占位符中的“剪贴画”图标（或执行“插入”→“图像”组→“剪贴画”），在搜索文字框中输入“汽车”，单击“搜索”按钮，找到所需要的剪贴画，如图6-47所示，单击将其插入到当前幻灯片中来，向上移动到合适位置。

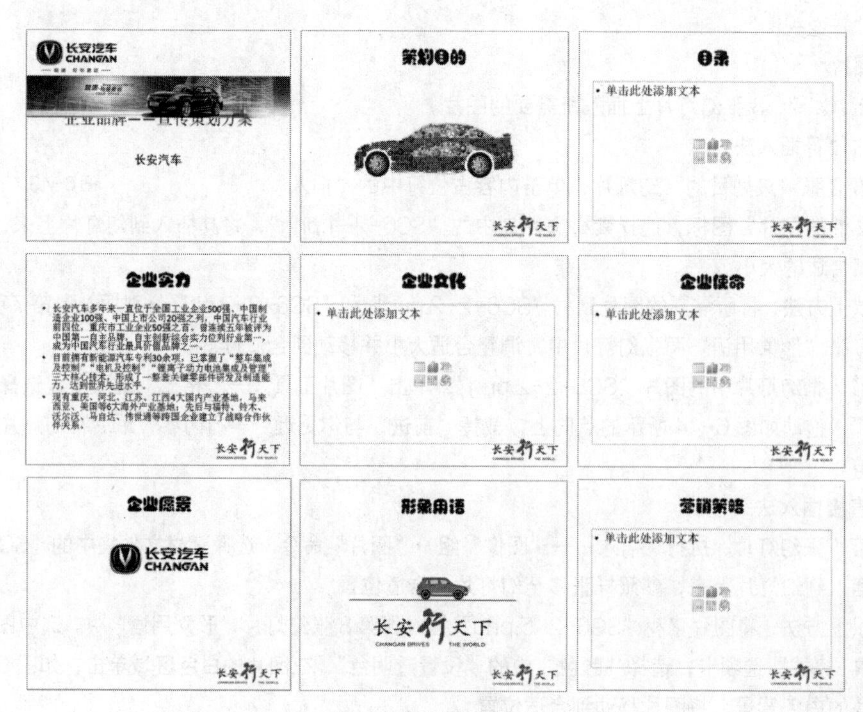

图6-46

(2) 选中剪贴画，在窗口上方的“图片工具-格式”选项卡下单击“图片效果”→“阴影”→“右下对角透视”。

图6-47

5. 添加艺术字

(1) 选中第1张幻灯片中的标题文字“企业品牌——宣传策划方案”，执行“插入”→“文本”组→“艺术字”→“填充-蓝色，强调文字颜色1，金属棱台，映像”。

(2) 删除原标题及主标题占位符。

(3) 选中艺术字，设置格式为“黑体”“44号”。

(4) 适当向下移动艺术字及副标题占位符的位置，第1张幻灯片效果如图6-48所示。

(5) 选择第2张“策划目的”幻灯片，执行“插入”→“文本”组→“艺术字”→“渐变填充-蓝色，强调文字颜色1，轮廓-白色”。

(6) 在出现的“请在此放置您的文字”框中输入文字“拓展市场份额 树立品牌形象”。

(7) 选中艺术字，设置格式为“32号字”。单击窗口上方“绘图工具-格式”选项卡，然后进行以下设置。

- “文本效果”→“发光”→“蓝色，5pt发光，强调文字颜色1”。
- “文本效果”→“棱台”→“十字形”。
- “文本效果”→“映像”→“全映像，4pt偏移量”。向上移动到合适位置，此时第2张幻灯片效果如图6-49所示。

6. 添加 SmartArt

(1) 选择第3张幻灯片，单击内容占位符中的“插入SmartArt图形”图标（或执行“插入”→“插图”组→“SmartArt”），打开“选择SmartArt图形”对话框，选择“图片”类型中的“垂直图片重点列表”，如图6-50所示，单击“确定”按钮即可在当前幻灯片上添加所选择的SmartArt。

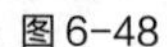

图6-48

图6-49

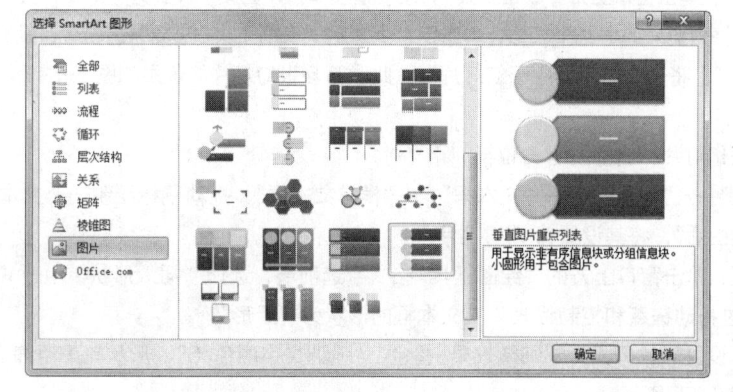

图6-50

（2）任意选择一个形状，右击选择“添加形状”，在前面或后面添加均可，共添加 3 个形状。

（3）参照样张，在形状中输入相应的文字。分别单击每个形状前面的图片图标，把素材文件夹中的“SC6-2-6.jpg”“SC6-2-7.jpg”“SC6-2-8.jpg”“SC6-2-9.jpg”“SC6-2-10.jpg”“SC6-2-11.jpg” 6 张图片依次插入进来。此时第 3 张幻灯片的效果如图 6-51 所示。

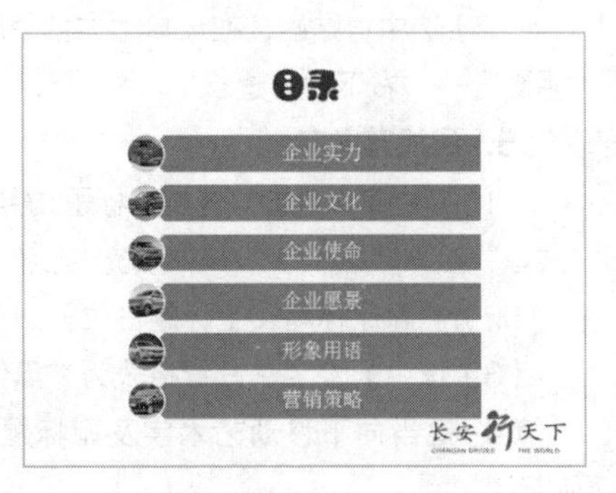

图 6-51

（4）选择第 9 张幻灯片，单击内容占位符中的“插入 SmartArt 图形”图标（或执行“插入”→“插图”组→“SmartArt”），打开“选择 SmartArt 图形”对话框，选择“循环”类型中的“基本循环”，如图 6-52 所示，单击“确定”按钮即可在当前幻灯片上添加所选择的 SmartArt。

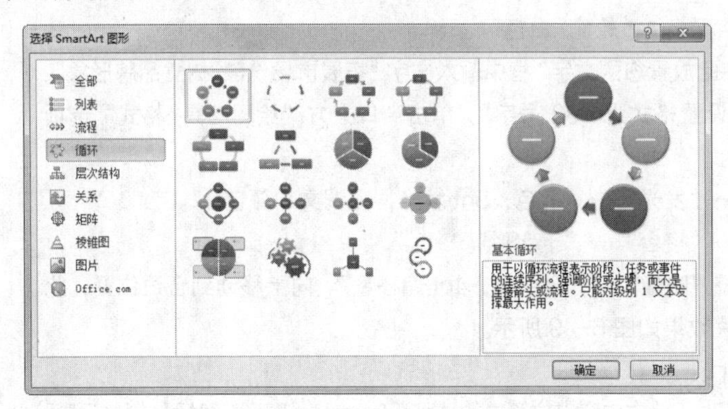

图 6-52

（5）参照样张的，在形状中输入相应的文字。

（6）单击窗口上方的“SmartArt 工具-设计”选项卡，将 SmartArt“更改颜色”为“彩色-强调文字颜色”，将“SmartArt 样式”设置为“卡通”。此时第 9 张幻灯片的效果如图 6-53 所示。

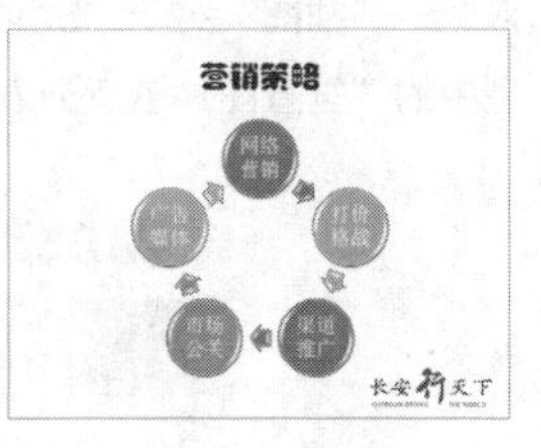

图 6-53

7. 添加表格

（1）选择第 5 张幻灯片，使用占位符插入一个 5 行 2 列的表格。

（2）参照样张输入表格的内容。

（3）选中表格的第 1 行，右击选择“合并单元格”。

（4）设置表格第 1 行文字的样式为“文字阴影”“32 号”“水平居中”“橙色”“强调文字颜色 6”。选中第 2~5 行，文字样式为“14 号字”，单击窗口上方“表格工具-布局”选项卡，设置文字样式为“对齐方式”组→“垂直居中”。

（5）适当调整表格列宽。选中整个表格，单击窗口上方的“表格工具-布局”选项卡，设置样式为“排列”组→“对齐”→“左右居中”，将表格水平居中于幻灯片上。此时第 5 张幻灯片的效果如图 6-54 所示。

8. 添加文本框

（1）选择第 6 张幻灯片，删除内容占位符。

（2）执行“插入”→“文本”组→“文本框”→“横排文本框”，拖动鼠标绘制一个文本框，输入文字“引领汽车文明，造福人类生活”，将其设置为“28 号字”。

（3）选中文本框，单击窗口上方的“绘图工具-格式”选项卡，选择“插入形状”组→“编辑形状”→“编辑顶点”，参照样张通过拖动锚点和控制线来改变文本框的形状为“足形”。

（4）选中足形，设置形状样式为“细微效果-橙色”“强调文字颜色 6”，形状轮廓粗细为“3 磅”，此时第 6 张幻灯片的效果如图 6-55 所示。

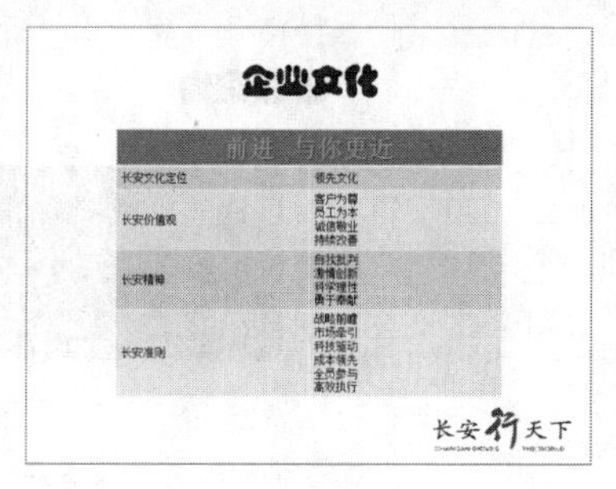

图 6-54

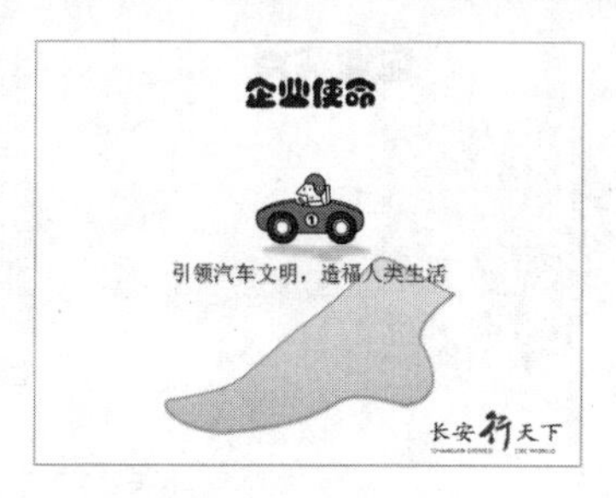

图 6-55

9．添加形状

（1）选择第 7 张幻灯片，单击“插入”→“插图”组→“形状”，打开“形状”列表，选择“线条”类型中的“箭头”形状，鼠标指针变成“+”字形，在所需要的位置拖动鼠标绘制 1 个“箭头”形状。

（2）选中箭头，单击窗口上方的“绘图工具-格式”选项卡，设置形状轮廓粗细为 1.5 磅。

（3）选中箭头，按住“Ctrl”+“Shift”组合键，水平向右复制 2 份，拖动箭头两端顶点改变箭头方向，效果如图 6-56 所示。

（4）采用相同的方法，绘制 1 个“矩形”形状。

（5）选中矩形，右击选中“编辑文字”，参照样张输入相应文字，字号为 14。

（6）选中矩形，形状填充为“无填充颜色”，形状轮廓的样式为“黑色”“粗细为 1.5 磅”“虚线为圆点”，形状效果设置如下。

- “发光”→“蓝色”，5pt 发光，强调文字颜色 1。
- “映像”→“全映像”，4pt 偏移量。

（7）选中矩形，按住“Ctrl”+“Shift”组合键，水平向右复制 2 份，改变文字并调整矩形大小，此时第 7 张幻灯片的效果如图 6-57 所示。

图 6-56

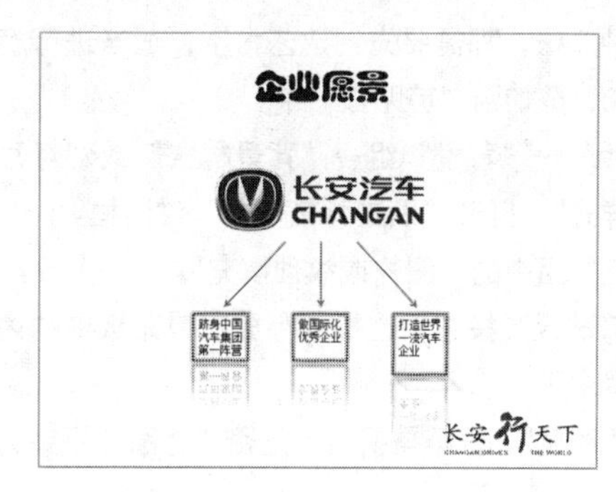

图 6-57

10．插入视频

（1）选择第 4 张幻灯片，拖动内容占位符右侧的中间控制点向左拖动到合适位置，如图 6-58 所示。

（2）执行“插入”→“媒体”组→“视频”→“文件中的视频”，将素材文件夹中的“SC6-2-12.avi”视频插入到当前幻灯片中。

（3）选中视频文件播放窗口，单击窗口上方的“视频工具-格式”选项卡，通过执行“强烈”→“监视器”→“灰色”来设置视频样式，视频效果设置为“三维旋转”→“倾斜”→“倾斜右下”。

（4）选中视频文件播放窗口，向右移动并调整大小，此时第 4 张幻灯片的效果如图 6-59 所示。

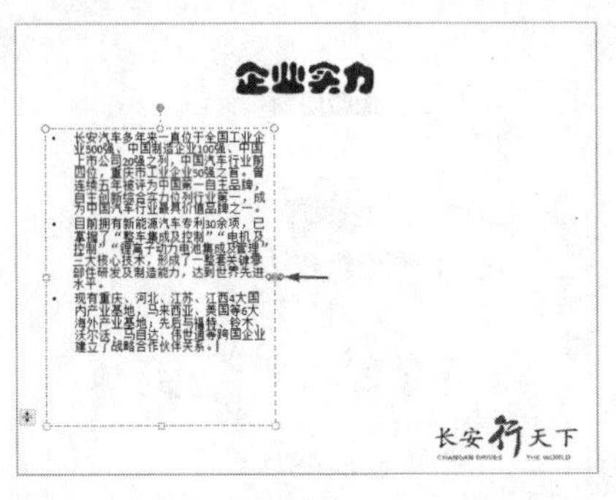

图 6-58

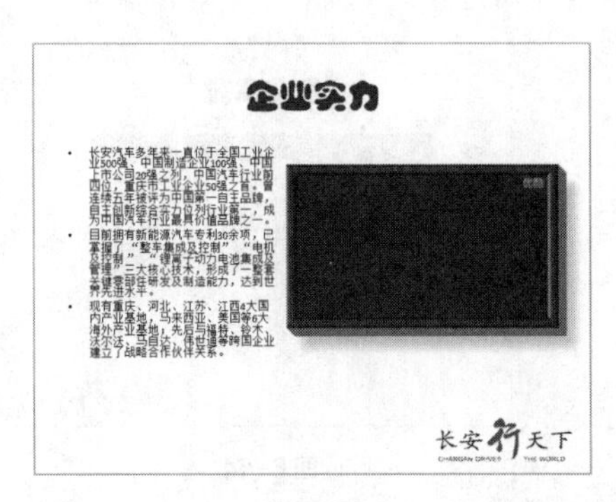

图 6-59

通过上述步骤，幻灯片制作完成。

任务拓展

请根据提供的素材和样张完成“兽医临床诊疗.pptx”的制作。

操作提示

（1）第 1 张幻灯片中的立体标题效果和最后 1 张幻灯片中的弧形文字效果用“文本框”来实现，即可先对已插入的文本框设置“文本效果”（三维旋转、转换/跟随路径），再进行文字录入、状态调整。

（2）第 2 张幻灯片中的 SmartArt 中间形状和第 7 张幻灯片中的艺术字，二者都是通过填充图片素材来实现的。此外，幻灯片中的正 12 边形是通过“SmartArt”工具→“格式”选项卡→“形状”面板→“更改形状”按钮→“十二边形”一系列选择操作设置出来的。

（3）利用剪贴板制作艺术字水印效果

可以通过执行“设计”→“背景”组→“背景样式”或幻灯片母版中的“背景样式”两个途径来完成。

- 无论是哪种方法，都需要先创建艺术字，适当进行旋转，然后进行剪切，剪切到“剪贴板”中。
- 执行“设计”→“背景”组→“背景样式”或幻灯片母版中的“背景样式”，打开“设置背景格式”对话框。
- 选择“填充”组中的“图片或纹理填充”。
- 先单击“剪贴板”按钮，这样刚存放在剪贴板中的内容就被填充到背景中了。
- 再设置“透明度”，根据需要勾选是否“将图片平铺为纹理”，效果如图 6-60 所示。
- 单击“全部应用”按钮，此案例的最终效果如图 6-61 所示。

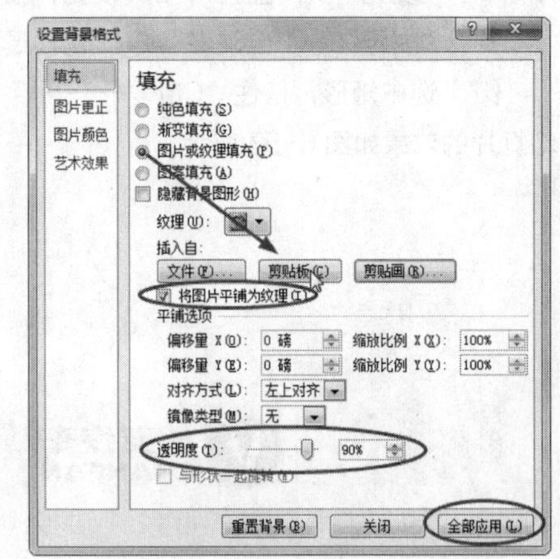

图 6-60

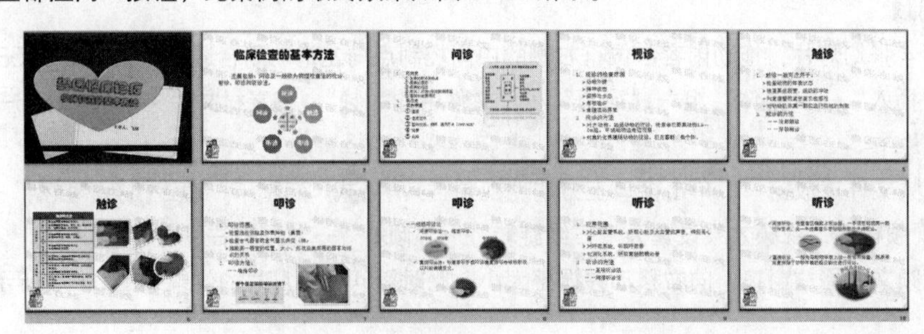

图 6-61

任务练习

1. 判断题

(1)在普通视图和幻灯片浏览视图中，都可以向幻灯片插入声音。(　　)

(2)在 PowerPoint 2010 中，图片可以通过插入的方法而不是填充的方法插入到文本框中。(　　)

(3)在 PowerPoint 2010 中，只有在放映幻灯片时，才能看到影片效果。(　　)

(4)幻灯片中的声音总是在执行到该幻灯片时自动播放。(　　)

(5)在 PowerPoint 2010 中，表格中字符大小随表格对象的大小变化且按比例变化。(　　)

(6)PowerPoint 2010 绘制自选图形时，按住“Ctrl”键，即可以某点为中心进行绘制。(　　)

(7)在 PowerPoint 2010 中，用户可以对图片进行水平翻转或垂直翻转操作。(　　)

(8)在 PowerPoint 2010 中，只能插入 GIF 文件的图片动画，不能插入 Flash 动画。(　　)

(9)拖动某一对象的同时按住“Ctrl”键，可以实现对该对象的复制。(　　)

(10)在备注页中添加的对象，对幻灯片的视图没有影响。(　　)

2. 选择题

(1)在 PowerPoint 2010 中，母版经常用来在幻灯片上(　　)。

A. 添加图徽　　B. 更改版式　　C. 更改模板样式　　D. 添加公共内容

(2)若想在幻灯片窗格显示下一张，除了可以使用光标、下箭头外，还可用(　　)键。

A. “Tab”　　B. “PgDn”　　C. “Enter”　　D. 以上都可以

(3)在 PowerPoint 2010 中可以插入的内容有(　　)。

A. 文字、图表、图像　　B. 声音、电影

C. 幻灯片、超链接　　D. 以上几个方面都可以

(4)绘制图形时，如果画一条倾斜 45 度的直线，在拖动鼠标时，需要按下列(　　)键。

A. “Ctrl”　　B. “Tab”　　C. “Shift”　　D. “Alt”

(5)在 PowerPoint 2010 中，有关修改图片，下列说法错误的是(　　)。

A. 按住鼠标右键向图片内部拖动时，可以隐藏图片的部分区域

B. 当需要重新显示被隐藏的部分时，还可以通过“裁剪”工具进行恢复

C. 如果要裁剪图片，先选定图片，再单击“图片工具-格式”选项卡中的“裁剪”按钮

D. 裁剪图片是指保持图片的大小不变，而将不需要显示的部分隐藏起来

任务3 动态宣传——流动的演示文稿

任务提出

廊坊市通用机械制造有限公司系我国生产超微细加工设备的重点骨干企业。现在该公司要举行年会，需要通过演示文稿对企业品牌进行宣传策划，让新老客户清楚公司的生产性质、企业文化、公司荣誉、产品工作原理、主要产品、应用领域、联系方式等，从而进一步扩大公司的知名度。

任务分析

认识超链接、动画设置种类及放映设置，熟记超链接、动作按钮、动画设置、幻灯片切换、放映与发布的方法，是本任务的核心内容，是我们制作出色演示文稿的首要条件！

任务要点

- 超链接的创建与设置
- 动作按钮的使用
- 动画效果的添加与设置
- 幻灯片切换
- 演示文稿的放映
- 演示文稿的发布

知识链接

6.3.1 超链接的创建与设置

演示文稿中常用的超链接主要有外部文件的链接、内部幻灯片之间的链接、电子邮件链接。

1. 外部文件链接

外部文件链接可以在演示文稿放映时，单击某个对象打开另一个文件。

操作方法：先选择链接的对象（文字或图片等），执行“插入”→“链接”组→“超链接”，或右击鼠标后在快捷菜单中选择“超链接（H）”，弹出如图6-62所示的“插入超链接”对话框，选择“链接到：”列表中的“现有文件或网页（X）”，在右侧的“当前文件夹（U）”中选择要链接的文件即可。

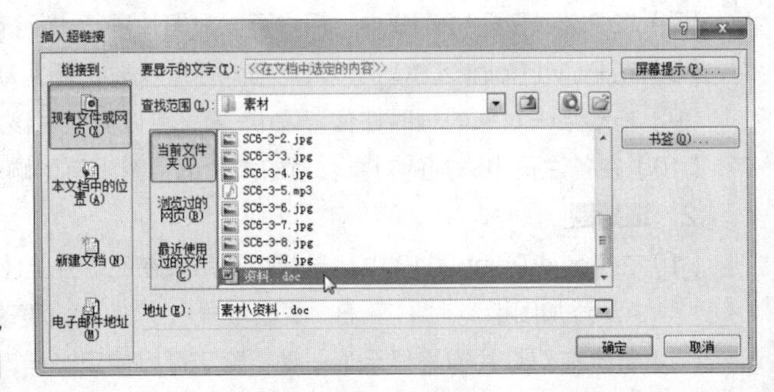

图6-62

在使用外部链接时，应先把所要链接的文件与演示文稿放在同一个文件夹中，然后再操作。

2. 内部幻灯片之间的链接

操作方法：先选择链接的对象（文字或图片等），执行“插入”→“链接”组→“超链接”，或右击鼠标后在快捷菜单中选择“超链接（H）”，在弹出的“插入超链接”对话框中，选择“链接到”列表中的“本文档中的位置（A）”，在右侧的“请选择文档中的位置（C）：”列表中选择要链接的幻灯片即可，如图6-63所示。

3. 电子邮件链接

操作方法：先选择链接的对象（文字或图片等），执行“插入”→“链接”组→“超链接”，或右击鼠标后在快捷菜单中选择“超链接（H）”，在弹出的“插入超链接”对话框中，选择“链接到”列表中的“电子邮件地址（M）”，在右侧的“电子邮件地址（E）：”文本框中输入电子邮件地址即可，如图6-64所示。

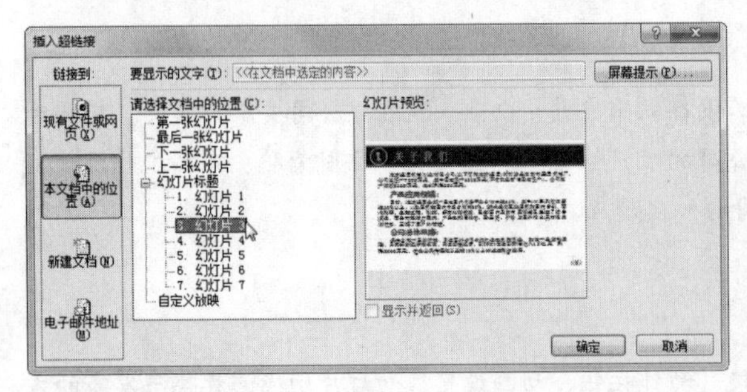

图6-63

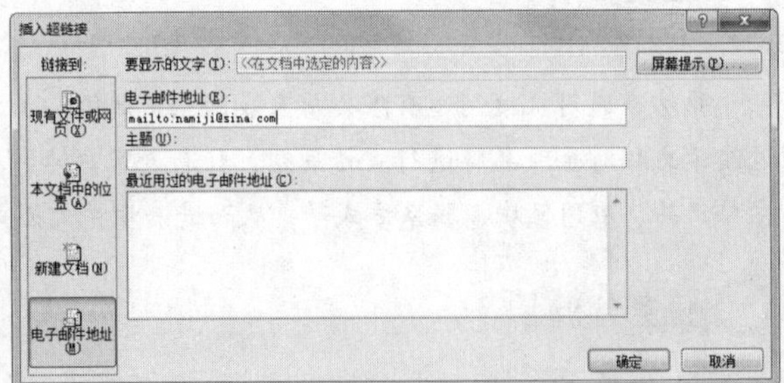

图6-64

4. 超链接的设置

如果设置超链接后，发现字体颜色会改变，且改变后与演示文稿的主题不统一，则可以进行设置，其设置方法为：单击“设计”选项卡，选择“主题”组→“颜色”，在其下拉列表中选择“新建主题颜色”命令，在弹出的对话框中选择“超链接”和“已访问超链接”右侧的颜色进行设置即可。

6.3.2　动作的使用

设置一张幻灯片中的动作时会链接着某些事件的启动。PowerPoint 2010 提供了一些常用的动作按钮，例如第一张、上一张、结束等。动作也可以从屏幕上的任何对象（对象可以是软件提供的动作按钮，也可以是幻灯片上的某个对象，例如形状、图片、文本等）启动，并且可以决定是当鼠标移至对象上时还是单击时开始执行动作。

1. 系统自带动作按钮创建动作

单击“插入”选项卡，选择“插图”组→“形状”，在其下拉列表中选择动作按钮，如图 6-65 所示。在幻灯片上拖动鼠标进行绘制，同时会出现“动作设置”对话框，如图 6-66 所示，在对话框中选择动作触发的条件（单击鼠标或鼠标经过），在相应的选项卡中设置相应的动作（如超链接到、运行程序等）。

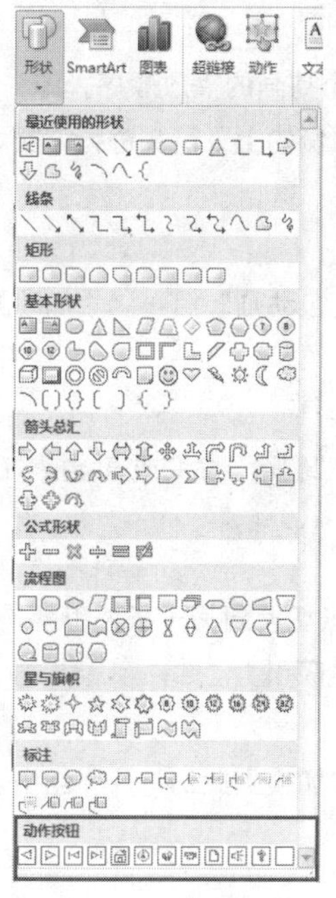

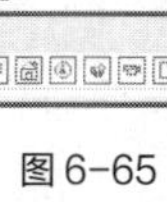

图 6-65

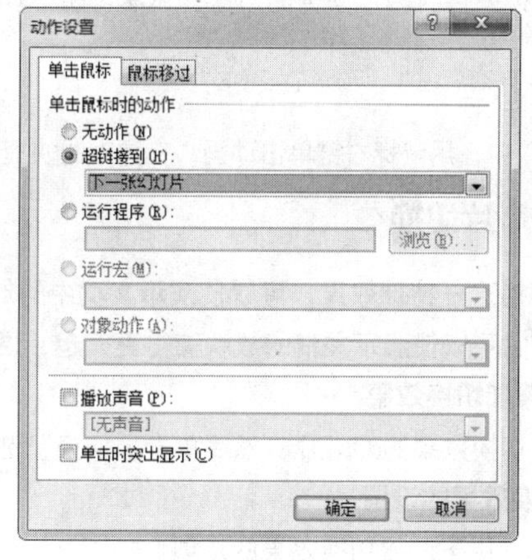

图 6-66

2. 给幻灯片上的某个对象创建动作

先选择对象，再单击“插入”选项卡，然后选择“链接”组→“动作”，会出现“动作设置”对话框，在对话框中选择动作触发的条件（单击鼠标或鼠标经过），在相应的选项卡中设置相应的动作（超链接到、运行程序等）即可。

6.3.3　动画效果的添加与设置

用户可以为幻灯片上的各种对象设置特殊的视听和动画效果，用来突出主题、丰富版面。

1. 动画类型

演示文稿中可以对对象设置 4 种动画，分别是进入、强调、退出和动作路径。

- 进入：是指对象“从无到有”。
- 强调：是指对象直接显示后再出现的动画效果。

- 退出：是指对象“从有到无”。
- 动作路径：是指对象沿着已有或者自己绘制的路径运动。

2. 添加动画

先选择对象，再在“动画”→“动画”组列表中选择“动画”的动画类型和效果。

3. 动画的设置

（1）动画效果的设置：在动画窗格，用鼠标右键单击某个“动画”，选择“效果选项”，再选择“效果”选项卡，可以设置是否伴随声音文件播放、动画播放后的效果以及动画文本动作的样式等。

（2）开始时间设置：可以设置动画开始、运行的时间等。

- “单击时”：单击鼠标后动画开始播放。
- “与上一动画同时”：与上一动画同时开始播放。
- “上一动画之后”：不用单击鼠标，上一动画结束后开始播放。
- “延迟”：可以让动画在“延迟时间”设置的时间到达后才开始出现。
- “期间”：指动画演示时间。
- “重复”：动画演示次数。

（3）动画顺序设置：可以在“动画窗格”中调整一张幻灯片里多个动画的播放顺序，即先在“动画窗格”中选择动画，再通过拖动改变上下位置，或通过窗格下方“重新排序”两侧的上下箭头进行调整。

4. 添加多个动画

同一个对象，可以有多个动画。

操作方法：选择要再次添加动画的对象，依次单击“动画”→“高级动画”组→“添加动画”，从中选择动画类型添加即可。

5. 删除动画

在“动画窗格”中，用鼠标右键单击动画，在弹出的快捷菜单中选择“删除”命令或直接按“Delete”键。

6.3.4 幻灯片切换

使用幻灯片切换这一特殊效果，可以使演示文稿中的幻灯片从一张切换到另一张，也就是控制幻灯片进入或移出屏幕的效果。它可以使演示文稿的放映变得更有趣、更生动、更具吸引力。

1. 为幻灯片添加切换效果

先选择要添加切换效果的幻灯片，然后单击“切换”选项卡，在“切换到此幻灯片”组中选择切换效果即可。

2. 幻灯片切换效果的设置

（1）效果选项：用于设置切换效果的选项。

（2）声音：设置幻灯片在切换时是否播放声音。

（3）持续时间：切换效果持续的时间。

（4）全部应用：为整个演示文稿的所有幻灯片设置同一切换效果。

（5）换片方式：单击鼠标或自动换片。

6.3.5 演示文稿的放映

1. 自定义幻灯片放映

自定义放映就是从当前演示文稿中选取若干张幻灯片，不改变它们在当前演示文稿中的位置，重新排序组合并命名。选取某个自定义放映进行放映，只放映该自定义中的幻灯片。

操作方法：单击“幻灯片放映”选项卡，选择“开始放映幻灯片”组→“自定义幻灯片放映”→“自定义放映（W）”命令，会弹出如图 6-67 所示的“自定义放映”对话框。单击“新建（N）”按钮，之后会出现“定义自定义放映”对话框，如图 6-68 所示。

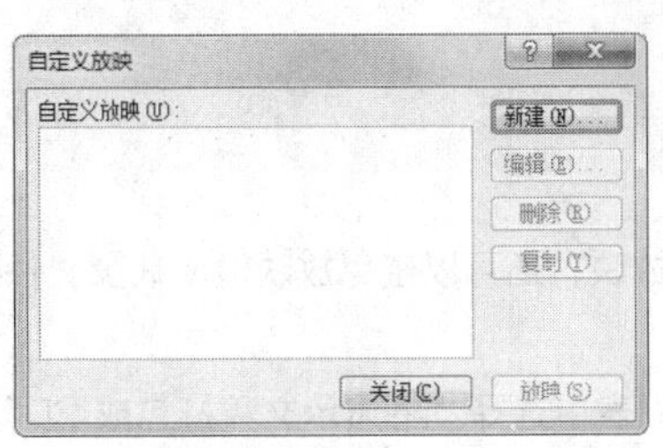

图 6-67

图 6-68

在“定义自定义放映”对话框中，可以添加演示文稿中需要播放的幻灯片，还可以设置幻灯片播放的顺序，之后单击“确定”按钮，返回到“自定义放映”对话框，单击“放映”即可。

微课：排练计时

2. 排练计时

使用排练计时功能，在排练放映时自动记录使用时间，便可精确设定放映时间，设置完成后保留幻灯片排练时间。放映时，不管事先是何种状态，此时都从第一张幻灯片开始放映，而且把整个幻灯片全部放映一遍，用户无须单击鼠标即可自动放映。

提示

设置排练计时后，要在“设置放映方式”对话框中选择换片方式为“如果存在排练计时，则使用它（U）”，如图 6-69 所示。

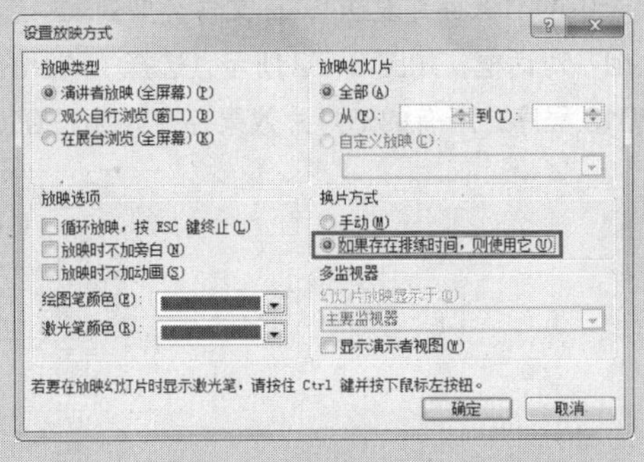

图 6-69

3. 设置幻灯片放映

（1）幻灯片放映类型。

- 演讲者放映：默认的放映方式，幻灯片全屏放映，放映者有完全的控制权。
- 观众自行放映：幻灯片从窗口放映，并提供滚动条和“浏览”菜单，由观众选择要看的幻灯片。
- 在展台放映：幻灯片全屏放映，放映完毕后，自动反复，循环放映，观众无法对放映进行干预，也无法修改。

（2）幻灯片放映内容。

- 全部放映。
- 部分放映。
- 自定义放映。

（3）换片方式。

- 手动。
- 排练计时。

6.3.6 演示文稿的发布

1. 演示文稿打包成 CD

打包演示文稿可以在没有安装 PowerPoint 2010 的计算机上正常放映，还可以避免放映时因缺少文件而无法呈现特殊字体、音乐、视频片段等元素的显示效果。

操作方法：选择“文件”选项卡中的“保存并发送”，在文件类型列表中选择“将演示文稿打包成 CD”，单击“打包成 CD”按钮，出现“打包成 CD”对话框，如图 6-70 所示。添加要复制的文件，单击“复制到文件夹（F）”按钮，在弹出如图 6-71 所示的“复制到文件夹”对话框中，选择保存的位置，单击“确定”按钮即可。

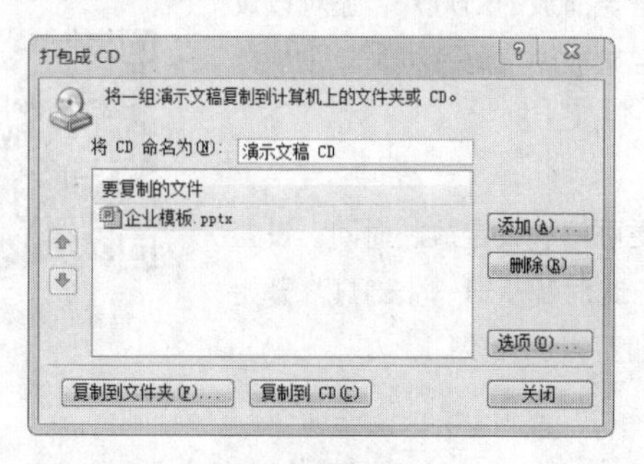

图 6-70

2. 演示文稿以Word 形式发布

演示文稿还可以以Word 的形式进行保存。

操作方法：选择“文件”选项卡中的“保存并发送”，在文件类型列表中选择“创建讲义”，单击“创建讲义”按钮，出现“发送到 Microsoft Word”对话框，如图 6-72 所示，选择“Microsoft Word 使用的版式”类型，单击“确定”按钮。之后会打开Word 2010 程序，所有的幻灯片效果存在Word 2010 文档中，保存即可。

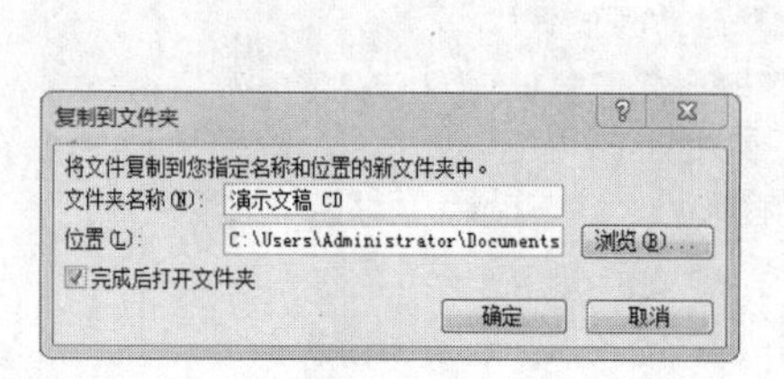

图 6-71

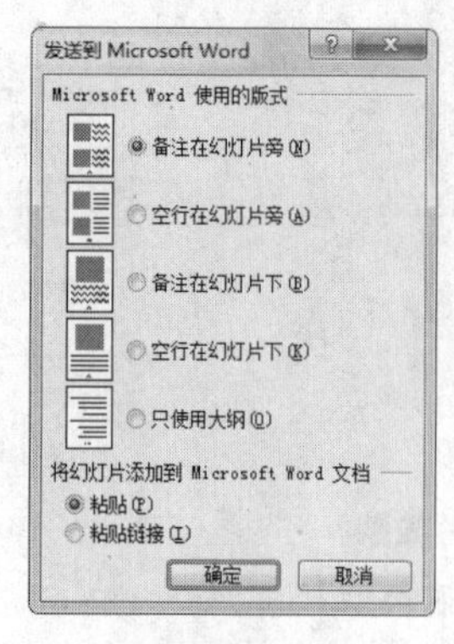

图 6-72

任务实施

1. 演示文稿创建与设置

① 新建演示文稿。

② 执行“设计”→“页面设置”组→“页面设置”，设置幻灯片大小为“全屏显示（16∶9）”，如图 6-73 所示。

2. 封面页制作

（1）插入图片。

- 执行“插入”→“图像”组→“图片”，将公司标志图片“SC6-3-1.png”插入进来，调整大小放置到合适位置。
- 采用相同的方法，依次将素材文件夹中的 3 张图片“SC6-3-2.jpg”“SC6-3-3.jpg”“SC6-3-4.jpg”插入到演示文稿中。

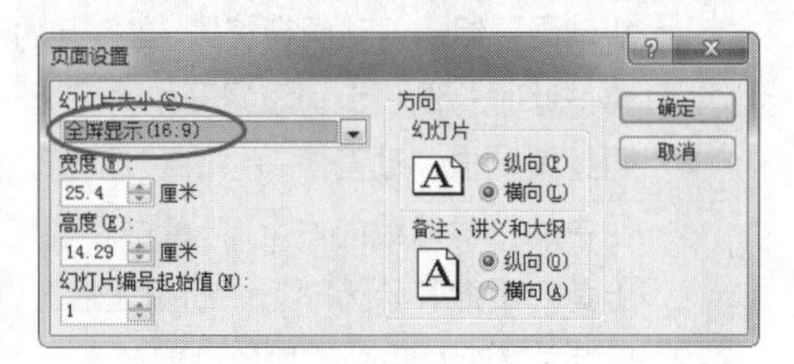

图6-73

- 将图片“SC6-3-1.png”置于顶层。

（2）插入并设置艺术字。

- 删除主标题占位符。
- 执行“插入”→“文本”组→“艺术字”，选择如图6-74所示的类型，输入文字“追求卓越 勇攀高峰”，设置为36号字。

提 示

① 将图片“SC6-3-1.png”置于顶层，可借助“选择窗格”来实现。“选择窗格”的打开方法：执行“开始”→“编辑”组→“选择”→“选择窗格”。

② 删除主标题占位符时，由于其被图片覆盖，同样可借助“选择窗格”通过设置幻灯片上对象的可见性来操作。

（3）输入文字并设置。

- 在副标题占位符中，输入文字“廊坊市通用机械制造有限公司”，格式为“幼圆”“加粗”“18号”“黑色”。
- 适当调整占位符大小与位置，第1张封面幻灯片的效果如图6-75所示。

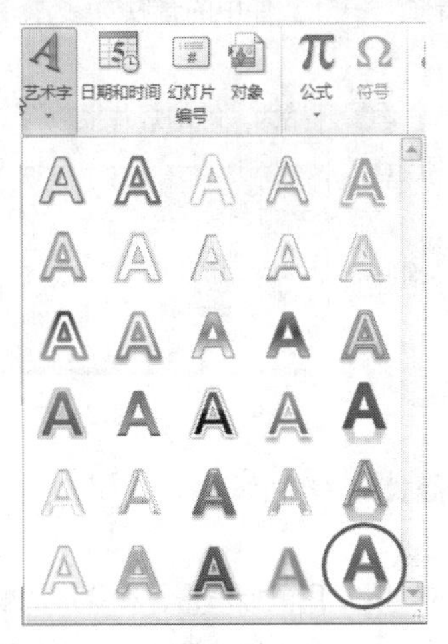

图6-74

图6-75

（4）设置动画。

① 公司标志动画效果的设置步骤如下。

- 选中标志图形，在“动画”选项卡中，单击“动画”组中的“更多进入效果(E)”，选择“华丽型”组中的“螺旋飞入”进入动画效果，单击“确定”按钮。设置开始为“上一动画之后”。
- 再单击“动画”→“高级动画”组→“添加动画”，选择“强调”类型中的“陀螺旋”。单击“动画”→“高级动画”组→“动画窗格”，在打开的动画窗格中右击该动画，在弹出的快捷菜单中选择“效果选项”，单击“计时”选项卡，设置开始为“上一动画之后”，期间为“非常快（0.5 秒）”，单击“确定”按钮。

- 再继续单击“动画”→“高级动画”组→“添加动画”，单击“其他动作路径(P)”，选择“直线和曲线”组中的“对角线向右上”，单击“确定”按钮。用鼠标调整动作路径方向，即终点红色箭头指向幻灯片左上角。设置开始为“上一动画之后”，期间为“快速（1 秒）”。

② 封面主题图片动画效果的设置步骤如下。

- 借助选择窗格，选择“SC6-3-2.jpg”，设置“淡出”进入动画效果，开始为“上一动画之后”，期间为“快速（1 秒）”。
- 采用相同的方法（可借助“动画刷”），再分别依次选择“SC6-3-3.jpg”和“SC6-3-4.jpg”，也设置同样的动画效果。

提 示

① “动画刷”的使用方法与 Word 2010 中的“格式刷”的使用方法相似。
② “选中已设置动画的对象”，单击“动画刷”，在要复制动画格式的对象上单击，可将动画格式复制一处。
③ 若双击“动画刷”，然后依次单击要复制动画格式的对象，则可将动画格式复制多处。复制完成后，需再次单击“动画刷”，结束动画格式复制功能。

- 设置艺术字动画效果：选择艺术字，设置“挥鞭式”进入动画效果，开始为“上一动画之后”，期间为“非常快（0.5 秒）”。
- 设置文本动画效果：选择副标题占位符，设置“切入”进入动画效果，开始为“上一动画之后”，期间为“非常快（0.5 秒）”。

（5）插入并设置声音。

- 选择第 1 张封面幻灯片，执行“插入”→“媒体”组→“音频”→“文件中的音频”，选择素材文件夹中的“SC6-3-5.mp3”音频文件，单击“插入”按钮。
- 选中音频文件图标，单击窗口上方的“音频工具-播放”选项卡，设置开始为“跨幻灯片播放”，并勾选“放映时隐藏”和“循环播放，直到停止”两个复选框，如图 6-76 所示。

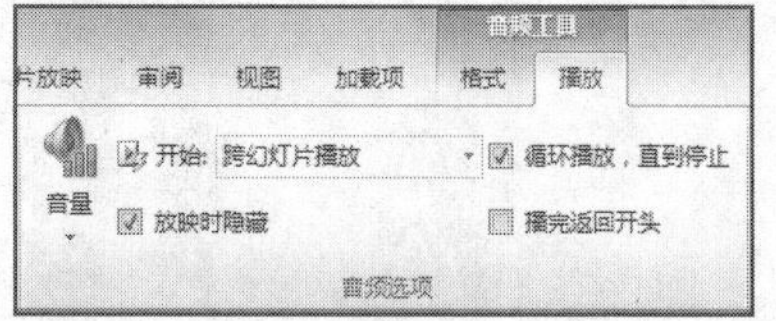

图 6-76

（6）设置幻灯片切换方式。

选择第 1 张“封面页”幻灯片，单击“切换”→“切换到此幻灯片”组→“随机线条”。

3. 目录页制作

（1）设置版式。

在第 1 张幻灯片上右击，选择“新建幻灯片”。再次右击，选择版式为“空白”。

（2）绘制图形。

① 执行“插入”→“形状”→“矩形”，绘制一个与页面等宽的矩形，用鼠标右击，在弹出的快捷菜单中选择“设置形状格式”，线条颜色为“无”，填充为“渐变填充”、深蓝（R=0，G=32，B=96）到深蓝再到深蓝，适当调整滑块的位置，第三个滑块的透明度调为 100%，如图 6-77 所示。

② 再绘制一个与页面等宽的矩形，线条颜色为“无”，填充为“橙色，强调文字颜色 6，深色 25%”，阴影为“内部上方”，效果如图 6-78 所示，然后将其与上面的矩形进行组合。

（3）制作图文组合目录。

① 执行“插入”→“图像”组→“图片”，将素材文件夹中的“SC6-3-6.jpg”公司图片插入到演示文稿中。

② 执行“插入”→“插图”组→“形状”→“矩形”，绘制一个与上面图片等宽的矩形，填充为黑色，无线条颜色。用鼠标右击矩形，选择“编辑文字”，输入文字“关于我们”，格式为“黑体”“18 号”。选择公司图片与矩形，用鼠标右击，在弹出的快捷菜单中选择“组合”→“组合”，如图 6-79 所示。

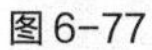

图 6-77　　图 6-78

③ 单击组合后的对象，按住“Ctrl”+“Shift”组合键水平向右复制 4 组，更改文字信息。自左向右，选择第 2 组中的公司图片，单击窗口上方的“图片工具-格式”选项卡，设置“颜色”为“重新着色（红色，强调文字颜色 2 深色）”。采用相同的方法，依次参照样张更改剩余 3 组中公司图片的颜色，如图 6-80 所示。

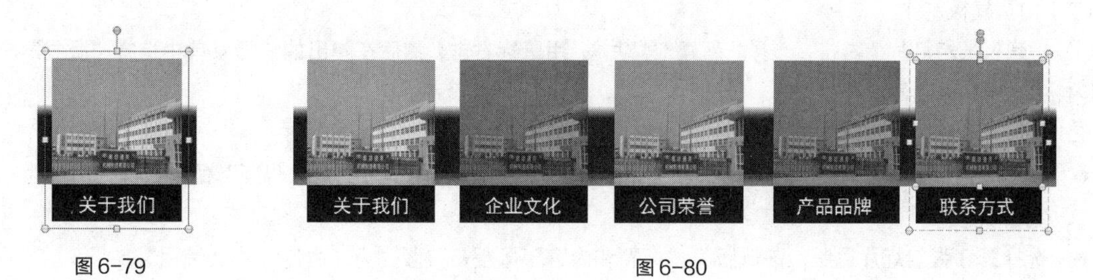

图 6-79　　图 6-80

注意

横向分布时，要先将左右两对象的位置固定好，然后再进行分布设置。

④ 选中上面 5 组组合图形，单击窗口上方的“绘图工具-格式”选项卡，设置“对齐”为“横向分布”，即将 5 组组合图形平均分布于幻灯片中，如图 6-81 所示。

图 6-81

（4）输入目录文字。

① 执行“插入”→“文本”组→“文本框”→“横排文本框”，拖动绘制。

② 在幻灯片外部（页面下方）输入文字“目录”，设置为“华文琥珀、32 号、白色”。

（5）设置动画。

① 设置两个矩形组合后的图形进入动画效果的操作步骤如下。

- 选择组合对象，设置“擦除”进入动画效果，方向为“自左侧”，开始为“上一动画之后”，期间为“非常快（0.5 秒）”。
- 继续选择对象，再单击“动画”→“高级动画”组→“添加动画”，设置动作路径为“直线”、开始为“上一动画之后”。用鼠标调整动作路径长度，即终点红色箭头向下拖动延伸路径长度。

② 设置目录文字进入动画效果的操作步骤如下。

- 选择目录文字所在文本框，设置动作路径为“直线”，开始为“上一动画之后”，方向为“上”。用鼠标调整动作路径长度，即终点红色箭头向下拖动缩短路径长度。

③ 设置图文组合目录动画效果的操作步骤如下。

- 选择“关于我们”组合目录，设置“切入”进入动画效果，方向为“自底部”，开始为“上一动画之后”、期间为“快速（1 秒）”。
- 采用相同的方法，分别依次设置“企业文化”“公司荣誉”“产品品牌”“联系方式”等 4 个组合目录，动画参数不变（此步同样可以使用“动画刷”来操作）。

（6）设置幻灯片切换方式。

选择第 2 张“目录页”幻灯片，单击“切换”→“切换到此幻灯片”组→“平移”。

4．内页制作

（1）内页模板制作。

① 在第 2 张幻灯片上右击，选择“新建幻灯片”，用鼠标右击，然后在弹出的快捷菜单中选择“版式”→“标题和内容”，删除标题占位符。

② 插入图形与图片的方法如下。

- 任选一张幻灯片，单击“视图”选项卡，选择“母版视图”组→“幻灯片母版”命令，进入幻灯片母版的编辑状态。
- 选择第 3 张幻灯片母版，该母版为“标题和内容”母版，该版式为“由幻灯片 3 使用”。
- 将第 2 张幻灯片上由两个矩形组合的图形复制粘贴到第 3 张幻灯片母版中，取消其动画设置。
- 执行“插入”→“图像”组→“图片”，选择素材文件夹中的“SC6-3-1.png”，将其插入到幻灯片上来，改变大小移至幻灯片右下角。
- 执行“幻灯片母版”→“关闭”组→“关闭母版视图”命令，返回“普通视图”，此时幻灯片的效果如图 6-82 所示。

③ 绘制一个正圆形。形状填充为“无填充颜色”，形状轮廓为“橙色”。

④ 插入艺术字的方法如下。

- 插入并设置艺术字“1”。执行“插入”→“文本”组→“艺术字”，设置如图 6-83 所示的艺术字样式，输入数字“1”，设置为 36 号字。
- 选中艺术字，设置“文本填充”→“渐变”→“其他渐变”，打开“设置文本效果格式”对话框，设置渐变填充“预设”→“金色年华”，可根据自己个人喜好删减渐变滑块并更改渐变颜色，移动滑块位置，如图 6-84 所示。
- 插入并设置艺术字“关”。首先执行“插入”→“文本”组→“艺术字”，设置如图 6-85 所示的艺术字样式，输入数字“关”，设置为 32 号字。按住“Ctrl”+“Shift”组合键，水平向右复制 3 份，分别改为“于”“我”“们”。

图 6-82

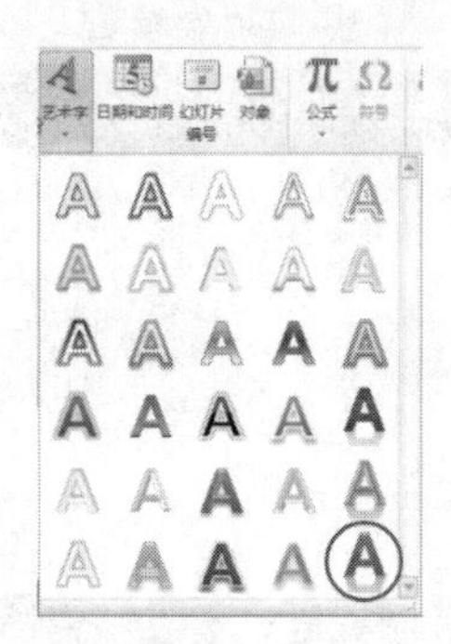

图 6-83

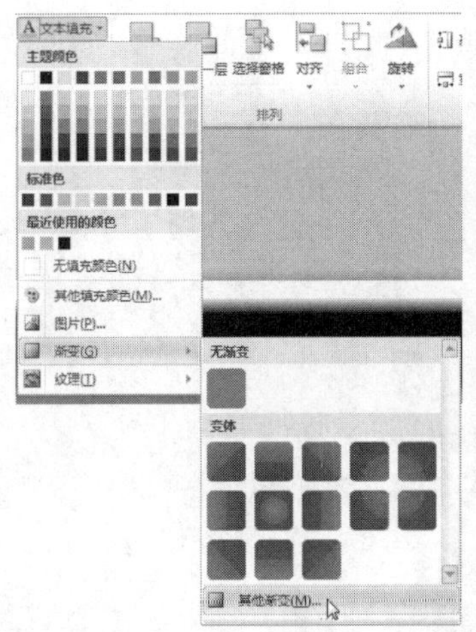

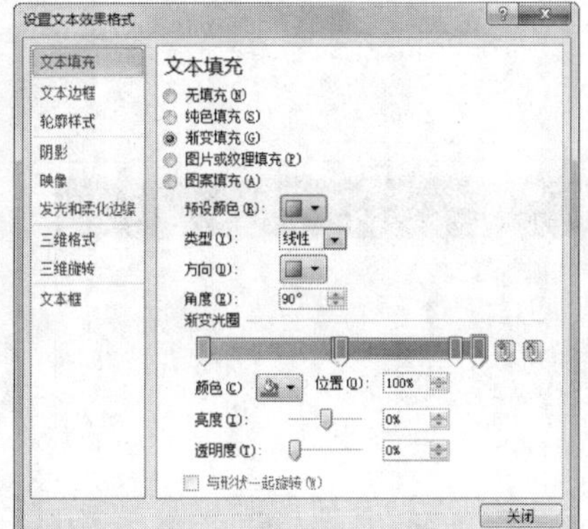

图 6-84

⑤ 设置动画的方法如下。

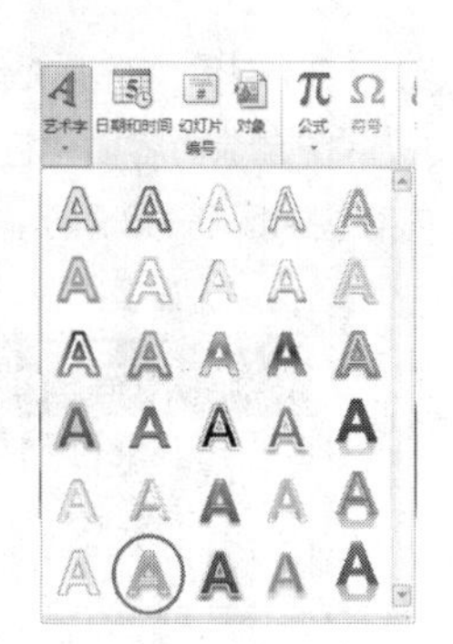

图 6-85

- 选择正圆形，设置“轮子”进入动画效果，开始为“与上一动画同时”。
- 选择艺术字“1”，设置“淡出”进入动画效果，开始为“上一动画之后”，期间为“非常快（0.5 秒）”。
- 选择艺术字“关”，设置“弹跳”进入动画效果，开始为“上一动画之后”，持续时间为“0.25 秒”。
- 选择艺术字“关”，使用“动画刷”将动画格式分别复制给艺术字“于”“我”“们”。

⑥ 将第 3 张幻灯片复制 4 份，参照样张分别更改每张幻灯片上的序号和标题文字，内页模板制作效果如图 6-86 所示。

（2）制作“关于我们”幻灯片。

① 在内容占位符中输入文字内容。

② 删除所有项目符号。

③ 选中所有段落，首行缩进两个字符。

④ 同时选中文字“产品应用领域:”和“公司总体思路:”，设置格式为“黑体”“24 号”“加粗”“蓝色”，如图 6-87 所示。

⑤ 选中内容占位符，设置“百叶窗”进入动画效果，方向为“垂直”，组合文本为“作为一个对象”，开始为“上一动画之后”。

⑥ 设置幻灯片切换方式。选择第 3 张“关于我们”幻灯片，单击“切换”→“切换到此幻灯片”组→“摩天轮”。

图 6-86

（3）制作“企业文化”幻灯片。

① 删除内容占位符，将所需 PPT 模板中的图形复制过来，调整大小，图形颜色可以自行修改，输入所需文字内容，如图 6-88 所示。

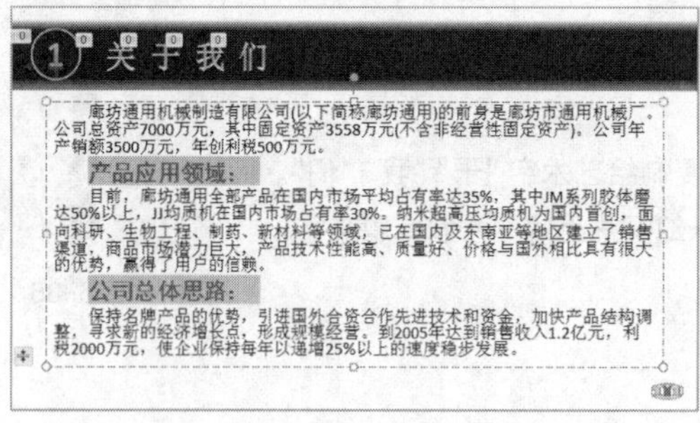

图 6-87

图 6-88

提示

用户在演示文稿中应用主题，可以使幻灯片风格统一，还可以添加各种类型的 SmartArt，使其更加美观。此外，也可通过网络搜索一些国内外提供 PowerPoint 2010 模板的网站，选择自己中意的模板，制作具有鲜明个人特色的演示文稿。

② 设置第1组图形动画。

- 选中“企业精神”所在的图形，设置“回旋”进入动画效果，开始为“上一动画之后”。
- 选中“用户至上 求实创新 团结奉献 唯一必争”所在的图形，设置“擦除”进入动画效果，方向为“自左侧”，开始为“与上一动画同时”。

③ 设置第2组图形动画。

- 选中“企业定位”所在的图形，设置“回旋”进入动画效果，开始为“与上一动画同时”，延迟为“0.25秒”。
- 选中“是研制超微粒加工设备的国家定点骨干企业”所在的图形，设置“擦除”进入动画效果，方向为“自左侧”，开始为“与上一动画同时”，延迟为“0.25秒”。

④ 设置第3组图形动画。

- 选中“企业承诺”所在的图形，设置“回旋”进入动画效果，开始为“与上一动画同时”，延迟为“0.5秒”。
- 选中“廊坊通用将为您提供快捷、周到的服务”所在的图形，设置“擦除”进入动画效果，方向为“自左侧”，开始为“与上一动画同时”，延迟为“0.5秒”。

⑤ 设置幻灯片切换方式。选择第4张“企业文化”幻灯片，单击“切换”→“切换到此幻灯片组”→“传送带”。

(4) 制作“公司荣誉”幻灯片。

① 执行“插入”→“图像”组→“图片”(或利用内容占位符)，将素材文件夹中的图片“SC6-3-7.jpg”“SC6-3-8.jpg”“SC6-3-9.jpg”“SC6-3-10.jpg”“SC6-3-11.jpg”“SC6-3-12.jpg”插入进来，适当调整大小并排列，如图6-89所示。

图6-89

② 自左向右依次设置每张图片动画效果。

- 选中第1张图片，设置“切入”进入动画效果，方向为“自右侧”，开始为“上一动画之后”。
- 采用相同的方法与参数(可使用动画刷)，分别依次设置其他几张图片的动画效果。

③ 设置幻灯片切换方式。选择第5张“公司荣誉”幻灯片，单击“切换”→“切换到此幻灯片”组→“旋转”。

(5) 制作“产品品牌”幻灯片。

① 插入图片并设置动画效果。

- 执行“插入”→“图像”组→“图片”(或利用内容占位符)，将素材文件夹中的图片“SC6-3-13.jpg”“SC6-3-14.jpg”“SC6-3-15.jpg”“SC6-3-16.jpg”“SC6-3-17.jpg”“SC6-3-18.jpg”“SC6-3-19.jpg”插入进来。
- 选择图片“SC6-3-13.jpg”，适当调整大小。设置“淡出”进入动画效果，开始为“与上一动画同时”，持续时间为“3秒”。再设置“缩放”退出动画效果，开始为“与上一动画同时”，持续时间为“5秒”。
- 采用相同的方法依次适当调整其余图片的大小和旋转方向，并设置进入和退出动画效果，注意每个图片对象进入和退出动画的“持续时间”和“延时”的时间参数变化。

可以借助“选择窗格”，通过控制对象的可见性来设置幻灯片上每个对象的显示和动画效果。

② 插入文本框并设置动画效果。

- 执行“插入”→“文本”组→“文本框”，绘制两个文本框并输入关于“产品工作原理”和“A试验机型性能特点、B量产机型简单性能说明”的相应文字，分别将两个文本框置于“幻灯片编辑窗口”区域外侧左下、右上两处位置。

- 选中左下文本框，设置“直线”动作路径动画效果，开始为“与上一动画同时”，持续时间为“36 秒”。
- 使用动画刷将动画格式赋予右上文本框。
- 将左下文本框动画方向调整为向上，并分别用鼠标调整左下文本框和右上文本框的动作路径长度，延伸至合适长度。
- 在“动画窗格”窗口中调整两个文本框动画效果位置于第 1 张图片“SC6-3-13.jpg”退出动画效果位置之后。

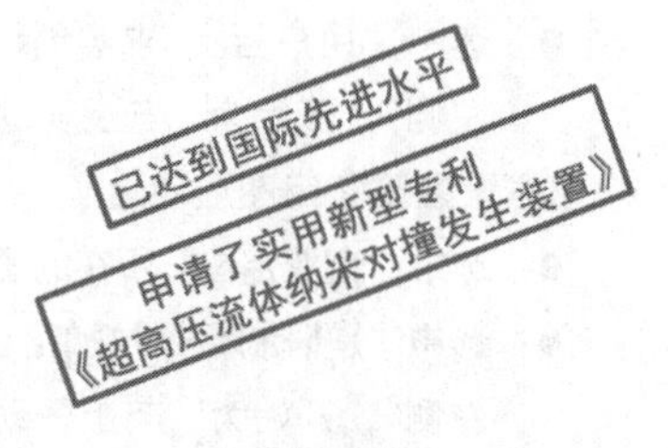

图 6-90

③ 继续绘制两个文本框（文本框：填充白色，4.5 磅红色轮廓），输入相应文字（文字：黑体、28 号、加粗、红色）并旋转文本框，右击鼠标，选择“组合”命令进行组合，如图 6-90 所示。再设置“缩放”进入动画效果，开始为“与上一动画同时”，持续时间为“1 秒”，延迟为“24 秒”。此时“产品品牌”幻灯片的效果如图 6-91 所示。

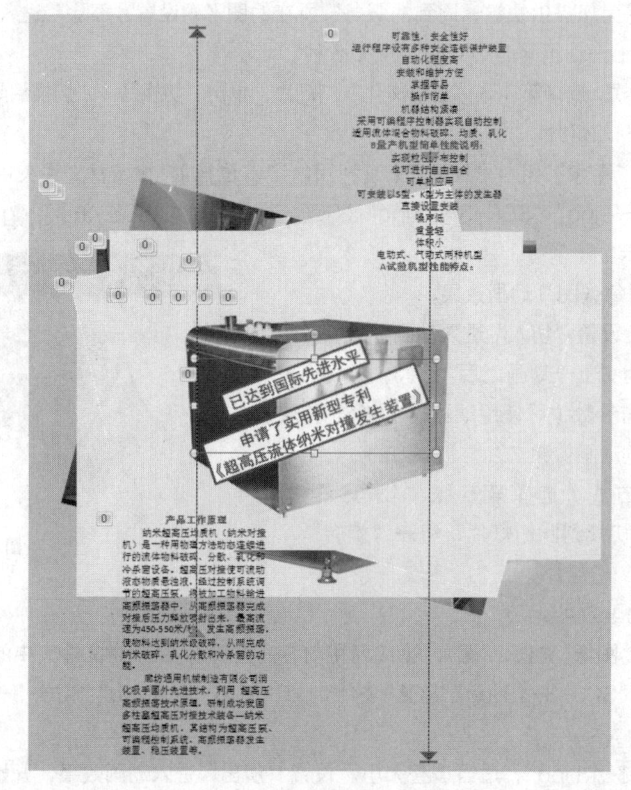

图 6-91

④ 设置幻灯片切换方式。选择第 6 张“产品品牌”幻灯片，单击“切换”→“切换到此幻灯片”组→“窗口”。

（6）制作“联系方式”幻灯片。

① 插入图片、文本框、输入文字并插入符号。

- 执行“插入”→“图像”组→“图片”（或利用内容占位符），将素材文件夹中的图片“SC6-3-20.jpg”插入进来，适当调整大小放置到合适位置。
- 执行“插入”→“文本”组→“文本框”，绘制 1 个横排文本框并输入文字“地址：廊坊市经济技术开发区创业路 598 号”。
- 在文字前，执行“插入”→“符号”组→“符号”，在“Windings”字体框中选择所需要的符号，字号为 24，颜色为紫色（R=255，G=102，B=255）。
- 将文本框选中，按住“Ctrl+Shift”组合键，垂直向下复制 3 份，分别更改项目符号颜色及文字信息，如图 6-92 所示。

② 设置动画效果。

- 选中图片，设置“飞入”进入动画效果，开始为“上一动画之后”，方向为“自左侧”。
- 自上而下选择第 1 个文本框，设置“飞入”进入动画效果，开始为“上一动画之后”，方向为“自右侧”，动画文本为“按字母、字母之间延迟百分比为 15”。
- 使用动画刷将动画格式赋予其他 3 个文本框，将开始都改为“与上一动画同时”。

图 6-92

③ 设置幻灯片切换方式。选择第 7 张“联系我们”幻灯片，单击“切换”→“切换到此幻灯片”组→“轨道”。

5. 放映幻灯片

（1）放映幻灯片的方法。

① 从第 1 张幻灯片开始放映。

方法 1. 选择“幻灯片放映”→“开始放映幻灯片”组→“从头开始”命令。

方法 2. 按“F5”键。

② 从当前幻灯片开始放映。

方法 1. 选择“幻灯片放映”→“开始放映幻灯片”组→“从当前幻灯片开始”命令。

方法 2. 单击 PowerPoint 2010 窗口右下角的“幻灯片放映”按钮。

（2）结束放映的方法。

方法 1. 按“Esc”键。

方法 2. 在放映的过程中右击鼠标，在弹出的快捷菜单中选择“结束放映”命令。

任务拓展

请根据提供的素材和样张完成“高铁乘务员礼仪培训.pptx”的制作。

📖**操作提示**

（1）利用给出的“PPT 模板素材.pptx”创建幻灯片上的图形对象。

（2）最后一张幻灯片（三种引导手势）的动画利用“触发器”来完成。

📖**知识讲解**

PPT 触发器是 PowerPoint 2010 中的一项功能，经常在制作多媒体交互式演示时使用。它相当于一个按钮开关，可以理解为一个热对象。在 PPT 中设置好触发器功能后，单击触发器会触发一个操作。该操作的对象可以是多媒体音乐、影片、动画等。

（1）触发器制作流程。

① 制作用来做触发器的对象。这些对象可以是图片、图形、按钮、文本框、段落等。

② 进行自定义动画设置。

③ 在触发器窗口完成触发器相关设置。

（2）操作步骤提示。

① 选中左侧图片，设置“切入”进入的动画效果，方向为“自右侧”。

② 在“动画窗格”中右击该动画，在弹出的快捷菜单中选择“效果选项”，在“计时”选项卡下单击“触发器”按钮，选择“单击下列对象时启动效果”右侧的按钮，选择“前摆式”图形，单击“确定”按钮。

③ 同理，设置其他两张图片的动画效果。

最终效果如图 6-93 所示。

图 6-93

任务练习

1. 判断题

（1）要将一个对象的动画效果快速复制到另一个对象上，可以选定对象后，使用动画刷。（　　）

（2）在“动画窗格”中，不能对当前的设置进行预览。（　　）

（3）在没有安装 PowerPoint 2010 软件的情况下，也可以播放演示文稿。（　　）

（4）幻灯片中的文本、形状、表格、图形和图片等对象都可以作为创建超链接的起点。（　　）

（5）在放映幻灯片过程中，使用画笔做标注，若结束放映保留墨迹注释，则墨迹注释会永不可删。（　　）

（6）在 PowerPoint 2010 中，用户不能将整个演示文稿变为黑白，因为 PowerPoint 2010 无此功能。（　　）

（7）若幻灯片放映方式为“放映全部幻灯片”，则隐藏的幻灯片也会被放映出来。（　　）

（8）若希望放映演示文稿时无需人工控制，则应事先设置幻灯片切换方式，并排练计时。（　　）

（9）在幻灯片放映过程中，要结束放映，可按“Esc”键。（　　）

（10）PowerPoint 可以在一个 PPT 文件中插入另一个 PPT 文件里的幻灯片。（　　）

2. 选择题

（1）放映幻灯片时，要对幻灯片的放映具有完整的控制权，应使用（　　）。

A. 演讲者放映　　B. 观众自行浏览　　C. 展台浏览　　D. 自动放映

（2）PowerPoint 2010 放映过程中，向后进行播放的快捷键有（　　）。

A. “空格”键　　B. “Enter”键　　C. “PageDown”键　　D. 以上都可以

（3）在演示文稿中插入超链接时，所链接的目标不允许是（　　）。

A. 幻灯片中的某个对象　　B. 同一个演示文稿中的某张幻灯片

C. 其他应用程序的文档　　D. 另一个演示文稿

（4）在 PowerPoint 2010 中，在下列（　　）菜单中可以找到“打包成 CD”命令。

A. 文件　　B. 开始　　C. 插入　　D. 加载项

（5）要使幻灯片在放映时实现在不同幻灯片之间的跳转，需要为其设置（　　）。

A. 超链接　　B. 动作按钮　　C. 排练计时　　D. 自定义放映

项目 7

实用多媒体软件

项目导学

本项目主要介绍常用图像处理软件和音视频编辑软件的实用功能。以图像处理软件光影魔术手和音视频格式编辑软件狸窝为例介绍实用多媒体技术及应用。项目细化为两个任务，借助图片的美化、证件照制作、电子相册制作、音视频编辑等几个方面的典型案例，帮助读者学习了解多媒体技术，学习多媒体技术的综合应用。

学习目标

- 能够熟练使用多媒体软件快速获取实用信息
- 了解图像、音频、视频信息术语
- 了解图像、音频、视频信息的常用处理方法
- 培养信息素养，提升信息搜集、整理、加工能力
- 培养常用软件的联合应用能力
- 培养严谨的工作态度、提升审美能力

任务1 图片处理——光影魔术手

任务提出

信息时代人们对图像的需求越来越大，对图像的修改、拼接的要求也越来越高。所以选择功能强大的图像处理软件是人们在日常工作中面临的一个重要的问题。图像处理软件光影魔术手可以改善数码照片的画质及效果，使人们能更好地用照片记录生活工作的精彩瞬间。下面，让我们一起来学习光影魔术手。

任务分析

一般地，我们对图片的常用处理集中在修复、抠图、调色、合成、特效等几个方面。为了提高图片的处理效率，我们这里通过“光影魔术手”软件，完成对图片的简单处理操作，实现抠图、裁剪、调色、修饰、合成等效果，使之符合进一步的操作需要。

任务要点

- 软件简介及界面
- 工具简介
- 抠图制作
- 图片裁剪
- 调色与添加文字、水印
- 添加边框
- 制作电子相册

知识链接

7.1.1 软件简介及界面

光影魔术手（NEO IMAGING）是一款对数码照片画质进行改善及效果处理的小软件。它的主要特点是简单易学、处理速度快、效果理想，无需专业图像处理知识，就可以满足大部分照片的后期处理要求，而且它的图像调整及批量处理功能非常强大，可以实现拼图等实用功能，工作界面如图7-1所示。

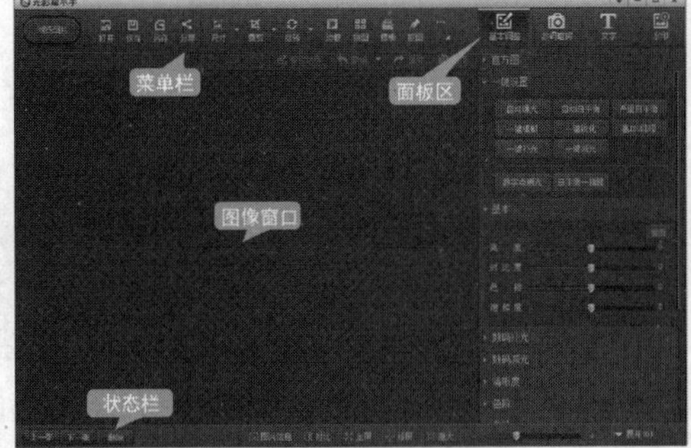

图7-1

- 菜单栏：包含了用于图像处理的各类命令，每个菜单又有若干个子菜单，选择子菜单中的命令可以执行相应的操作。
- 图像窗口：显示所打开的图像文件。
- 面板区：用于存放软件提供图像的功能面板。
- 状态栏：位于工作界面或图像窗口最下方，用来显示当前图像状态及操作命令提示信息。

7.1.2 工具简介

1. 数码暗房工具

- 反转片效果：模拟反转片的效果，令照片反差更鲜明，色彩更亮丽。
- 反转片负冲：模拟反转负冲的效果，色彩诡异而新奇。
- 黑白效果：模拟多类黑白胶片的效果，在反差、对比方面，和数码相片完全不同。
- 去红眼、祛斑：去除闪光灯引起的红眼、面部的斑点等。

提 示

如果皮肤上有比较大的色斑、黑痣等杂点影响磨皮效果，则可以利用光影魔术手中的祛斑工具“斑点修复画笔”先把痣点去除，然后再精细磨皮，这样效果更佳。

“斑点修复画笔”在使用时，扩大或缩小笔触，笔触大小调整为能盖住污点即可。它用来修改有明显污点等有缺陷或者需要更改的图像。

- 人像美容：人像磨皮的功能，使 MM 的皮肤像婴儿一样细腻白皙，不影响头发、眼睛的锐度，如图 7-2 所示。

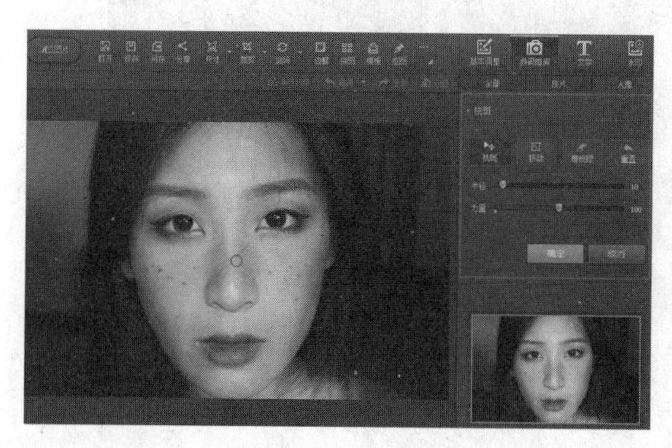
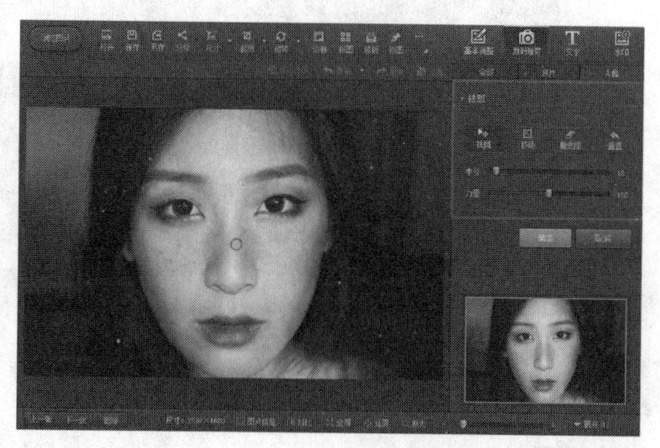

图 7-2

- 人像褪黄：校正某些肤色偏黄的人像数码照片，一键操作，效果明显。
- 褪色旧相：模仿老照片的效果，色彩黯淡，情调怀旧。
- 晚霞渲染：对天空、朝霞、晚霞类明暗跨度较大的照片有特效，色彩艳丽，过渡自然。

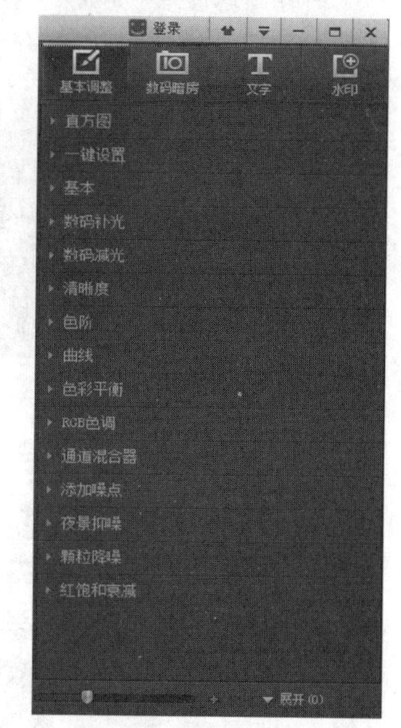

图 7-3

2. 基本调整工具

光影魔术手中的基本调整工具的功能如图 7-3 所示。

（1）一键设置：能对图像进行自动美化、自动曝光、自动白平衡等操作。

- 严重白平衡错误校正：对于偏色严重的照片纠正有特效，色彩溢出亦可追补。
- 自动白平衡：智能校正白平衡不准确的照片的色调。
- 高 ISO 降噪：可以去除数码相机高 ISO 设置时所拍摄的照片中的红绿噪点，并且不影响照片锐度。
- 白平衡一指键：修正数码照片的色彩偏差，还原自然色彩，可以手工微调——没有调不准的照片。

（2）基本设置：在基本设置里能对图像的亮度、对比度、色相和饱和度进行调节，如图 7-4 所示。

（3）数码补光：对曝光不足的部位进行补光，易用、智能，过渡自然。

（4）数码减光：对曝光过度的部位进行细节追补，用于对付闪光过度、天空过曝等十分有效。

（5）夜景抑噪：对夜景、大面积暗部的相片进行抑噪处理，去噪效果显著，且不影响锐度。

（6）红饱和衰减：针对 CCD 对红色分辨率差的弱点而设计，有效修补红色溢出的照片（如没有红色细节的红花）。

（7）色阶、曲线、通道混合器：多通道调整，操作同 Photoshop，高级用户可以随心所欲地使用。

图 7-4

任务实施

1. 抠图制作

如何用光影魔术手完成照片抠图及背景颜色更换呢?

（1）打开素材文件，如图 7-5 所示。

图 7-5

（2）单击“打开”按钮，启动“打开”对话框，如图 7-6 所示。

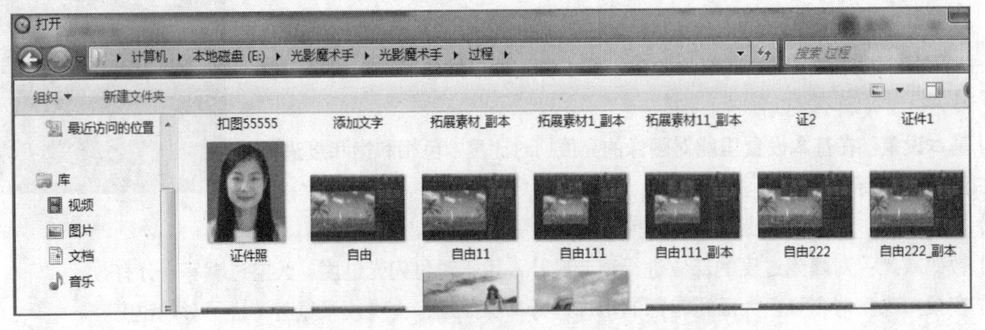

图 7-6

（3）选择红色背景的人像照片，单击“抠图”→“自动抠图”，如图 7-7 所示。

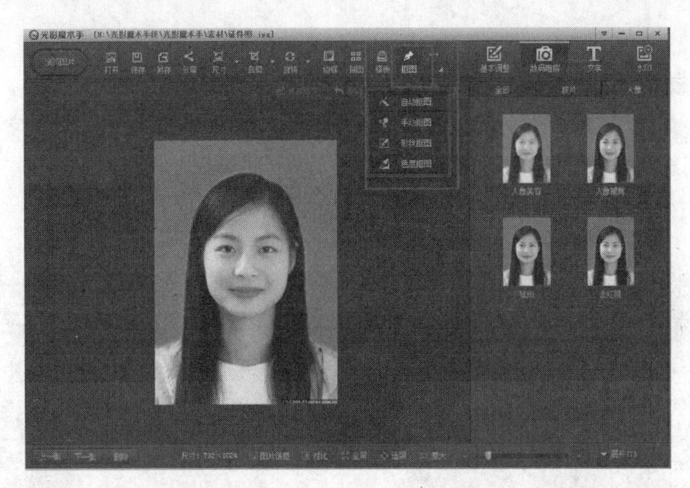

图 7-7

（4）在弹出的抠图界面，单击“选中笔”按钮，在红色背景部分划一下，出现绿色线条，如图 7-8 所示；再单击“删除笔”按钮，在人像部分划一下，出现红色线条。

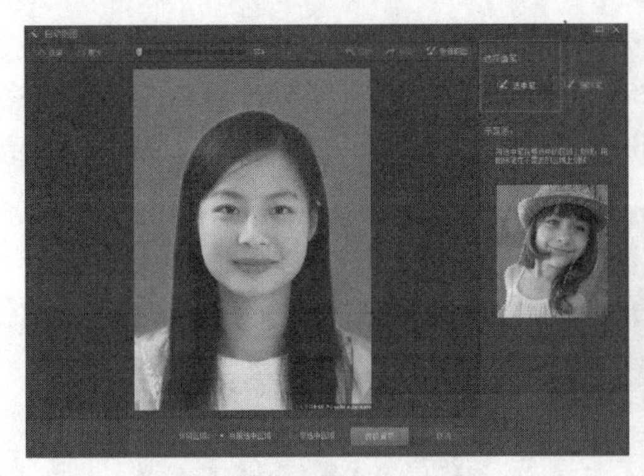

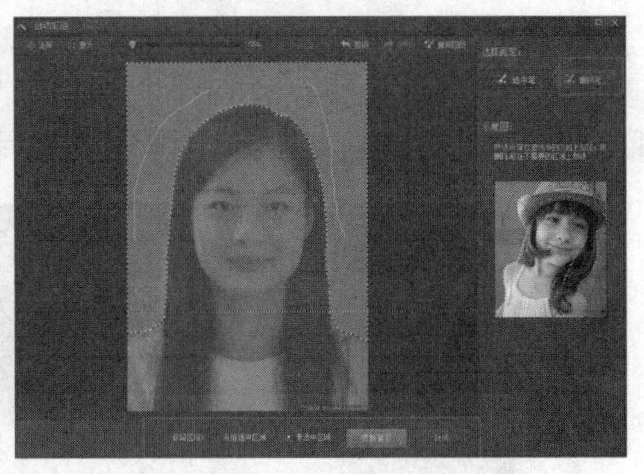

图 7-8

（5）选择下方的“非选择区域”单选项，单击“替换背景”按钮，如图 7-9 左图所示。

（6）选择蓝色背景进行替换，如图 7-9 右图所示。可适当调大“边缘羽化”值，以改善替换效果。单击“确定”按钮，保存文件。

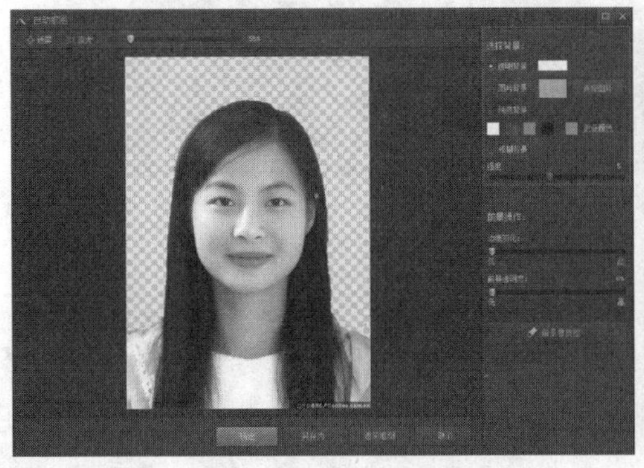

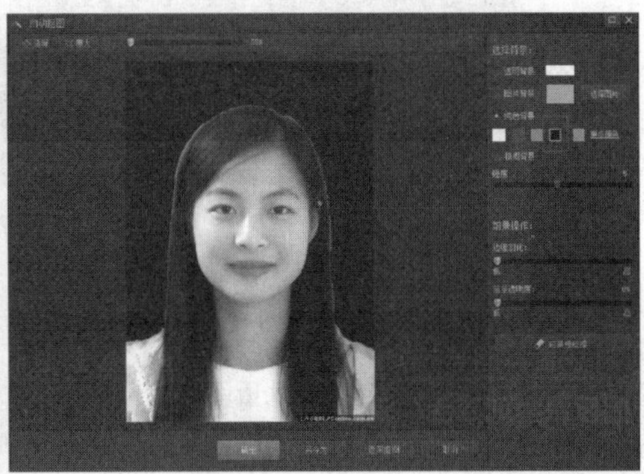

图 7-9

2. 图片裁剪

图片裁剪分为自由尺寸裁剪与指定规格裁剪两种。下面对“裁剪”操作进行详细介绍。

（1）自由尺寸裁剪。

这种裁剪方式，比较适合完成单个图片的裁剪操作。

① 打开素材文件，如图 7-10 所示，可以看到图片左下角有“图片来源：……”等字样，本次裁剪操作就是要“剪掉”它，方便将该图片完美地应用到文档中。

图 7-10

② 单击“裁剪”按钮，弹出“剪裁”参数设置栏，且鼠标指针形状发生相应改变。参数栏中默认显示“宽：0”“高：0”“宽高比：无限制”。在图片显示区对角方式拖动鼠标，确定“裁剪”后保留的区域范围。此外，还可以通过对该范围的四角及四边中点的操作柄的拖动对前面设置的区域范围进行再次调整，直到使用满足要求，如图 7-11 所示。

图 7-11

③ 单击参数设置栏中的“确定”按钮，

（2）指定规格裁剪。

这种裁剪方式，比较适合完成批量图片的裁剪操作。通过这种裁剪操作可以使图片间保持相同的尺寸及宽高比，保证引用图片的统一性。

① 在资源管理器中打开“草原”素材文件夹，可以看到该文本夹下的 10 张草原图片，如图 7-12 所示。

图 7-12

② 在光影魔术手中，单击“打开”按钮，选择“1.jpg”图片。

③ 在弹出的“剪裁”参数设置栏中设置“宽高比：16∶9”“宽：800”，则图像窗口中自动出现裁剪选择区，将鼠标置于选择区中部，鼠标指针变为四向箭头形，用左键拖动即可调整所选位置，满意后单击“确定”按钮。

④ 单击“另存为”按钮，将该图片保存至“草原裁剪”文件夹，文件名不变。

⑤ 单击状态栏中的“下一张”按钮，打开“2.jpg”，完成相同裁剪操作，依次类推，直到 10 张图片全部处理完成，如图 7-13 所示。

其实，这种指定规格裁剪方式，除了上面所介绍的操作方法以外，还有另外一类不用设置宽（或高）度参数的形式，即单击“剪裁”按钮右边的下拉按钮，就会打开一个裁剪比例列表，用户可以根据自身需要直接选择裁剪比例，自适应当前打开的图片，如图 7-14 所示，对图片“3.jpg”进行 1:1 裁剪。操作要求是保证图片宽高比为 1:1，且去除图片上多余的文字说明信息。但第一次裁剪操作后，宽高比 1:1 自动满足，而多余的文字并没有去掉。为了得到满意的图片，用户可结合其他宽高比的使用，通过多次裁剪的方法得到所需图片。

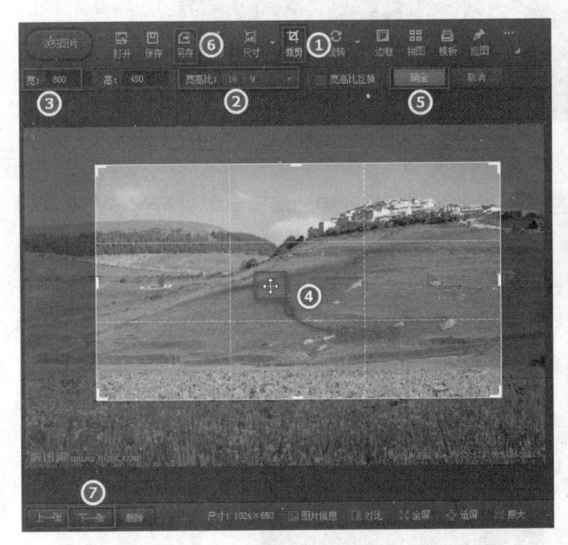

图 7-13

图 7-14

如图 7-15 所示，在第一次裁剪的基础上，再进行第二次 4:3 裁剪，最后做第三次 1:1 裁剪，以得到所需要的图片。但是，可以发现，经过 3 次指定规格的裁剪操作后，图片损失还是比较大。如果用户对图片显示内容没有严格要求，则可以选用这种方法。

此外，用户还可以将自己经常使用且列表中没有的图片宽高比，添加到系统列表中，方便以后调用，如图 7-16 所示。

图 7-15

添加常用比例

宽高比：220 360

添加常用比例

确定 取消

图 7-16

通过对比可以发现，自由尺寸裁剪的灵活性最强，两类常用指定规格裁剪比较规范。它们各有千秋，用户可以根据实际需要自由配合，灵活选用。

3. 调色与添加文字、水印

（1）打开素材图片，如图 7-17 所示，图片色彩有些暗。

图 7-17

（2）可以在软件窗口右侧“基本调整-基本”栏中，对亮度、对比度、色相、饱和度等参数进行调节，直到达到自己想要的效果。

通常，如果对图片需要整体调光，可以用“一键补光”，在“数码补光”“数码减光”里对补光的亮度、范围、强力追补等进行操作。这些功能一般在照片补光效果不明显的时候使用。另外，“清晰度”参数可以对较模糊的图片进行显示效果的调整，提高照片的总体显示质量，如图 7-18 所示。

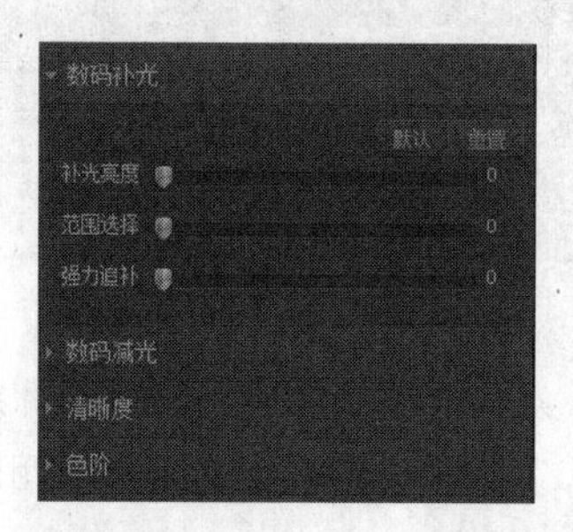

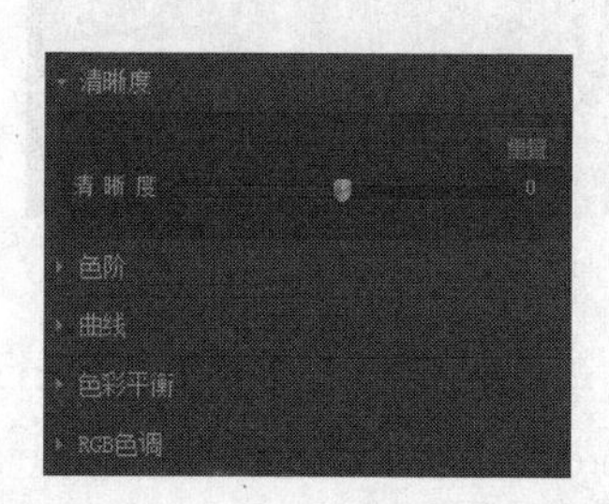

图 7-18

（3）“色阶”和“曲线”参数用于对图片亮度进行调整。用户可以通过对色阶的黑、白、中间调滑块的拖动来调整图片亮度，或者拖动线不同位置，改变曲线的曲度来调节图片明暗，效果如图 7-19 所示。只是前者操作简单，效果稍显生硬；后者的操作复杂度提高，调整更加精细。

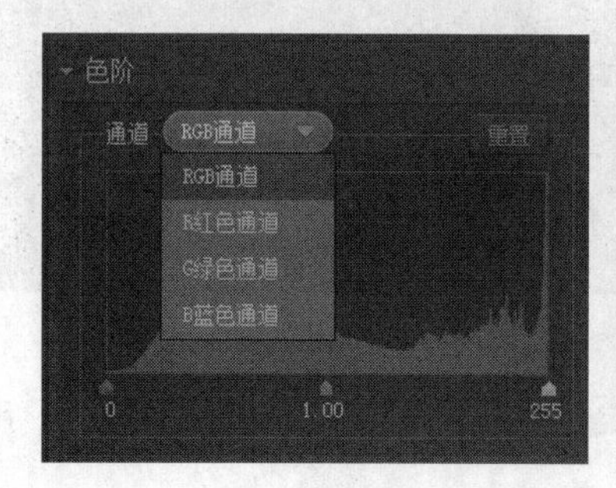

图 7-19

（4）“色彩平衡”主要用于调整图片的整体色调。如果图片整体出现偏红或偏蓝色的现象，我们就可以通过色彩平衡进行修改。例如，当前图片在色彩平衡滑块移动至两端时显示效果变化还是比较明显的，如图 7-20 所示。用户可以使用该栏制作图片特效。例如，通过修改该栏的参数，轻松完成“复古”“清新”等风格图片的制作。

图 7-20

（5）为图片添加文字进行点缀、说明也是日常工作中经常要用到的一类操作。单击右上角的“文字”按钮。在文字区域输入要添加的文字“洪水猛于虎”。根据自己的需要，设置字体、颜色、大小完成文字制作。此外，在高级设置里，还可以为文字设置发光、描边及阴影等文字特效，如图 7-21、图 7-22 所示。

图 7-21

图 7-22

（6）在“水印”栏为图片添加水印标志，以标明图片的来源。单击“添加水印”按钮，选择“水印标志.jpg”素材，设置水印与原图的融合模式（包括正片叠底、滤色、叠加、柔光 4 种）、透明度、旋转角度、水印大小参数，用鼠标拖动水印以调整位置，然后保存，如图 7-23 所示。

图 7-23

4. 添加边框

我们在美化照片的时候往往喜欢为照片加边框，一些漂亮或者有特点的边框可以为照片加分。下面就为大家介绍一下用光影魔术手添加图片边框的方法。

（1）打开素材图片，单击“边框”按钮，在弹出的下拉列表里选择适合的边框模式，如“花样边框”，如图 7-24 所示。

图 7-24

（2）单击“花样边框”命令，打开花样边框对话框，选择“推荐素材”中的“简洁”类边框组，选择其中的第一列第三个和第二列第一个边框，如图 7-25 所示，我们想要的图像边框效果就出来了。

（3）用户还可以用多图边框制作合成电子照片，记录生活轨迹。在边框中选择“多图边框”，在调节框中，选择场景中的相册场景，调整图片的位置，调整好后单击“确定”按钮，保存相册，效果和操作界面如图 7-26 所示。

图 7-25

图 7-26

提示

用户还可以利用“拼图”功能，完成图片的合成。这种操作模式中提供了自由拼图、模板拼图和图片拼接 3 种模式，其操作也十分简便，不再详述。

5. 制作电子相册

在生活和工作中随时都可能用到图片，怎么将图片合理保存并方便查阅就成了人们要解决的一个实际问题。制作电子相册就是解决这个问题的一个不错的选择。

其实，利用前面项目介绍过的 PowerPoint 2010 就可以轻松地制作这样的电子相册。

操作步骤如下。

（1）启动 PowerPoint 2010，单击添加第一张幻灯片，单击“插入”选项卡，执行“插入”→“相册”→“新建相册”操作，打开“相册”对话框，如图 7-27 所示。

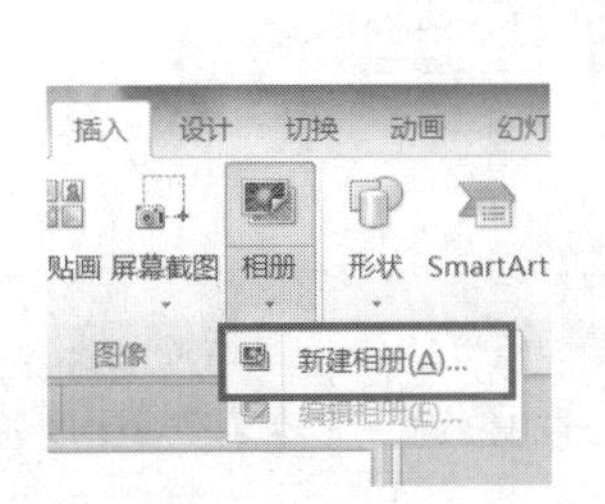

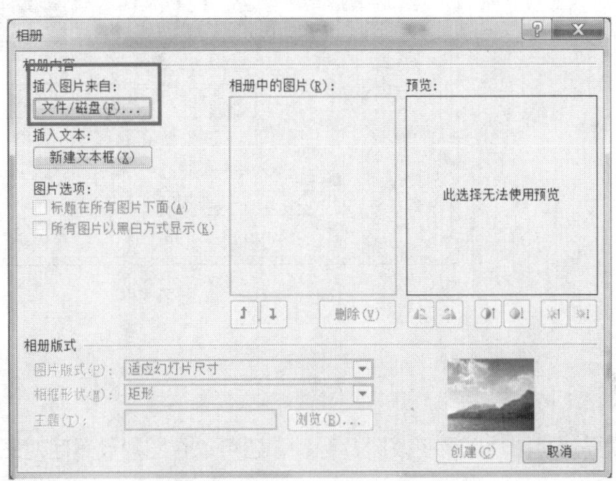

图 7-27

（2）导入批量图片。单击“文件/磁盘”按钮，打开“插入新图片”对话框，定位到图片素材所在的文件夹“草原裁剪”，如图 7-28 所示（图 7-12 的处理结果）。全选图片，然后按下“插入”按钮返回“相册”对话框。

图 7-28

提示

把用光影魔术手修改好的尺寸相同的图片，按图片的横竖分开放（图片横竖交叉不统一很难看）。在选中图片时，按住“Shift”键或“Ctrl”键，可以一次性选中多个连续或不连续的图片文件。

（3）设置图片版式为“2 张图片”，相框形状为“圆角矩形”，主题为“Angles.thmx”，单击“创建”按钮，如图 7-29 所示。

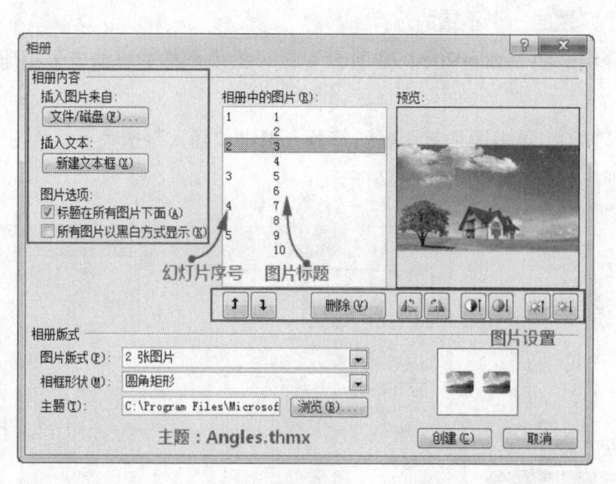

图 7-29

提示

可以根据需要选择图片以及更改图片标题，还可以在图片设置区对图片的位置、旋转度、对比度、亮度进行适当调节。

（4）新相册演示文稿生成，定位第一张幻灯片中的占位符，设置标题为“我和草原有个约定”，副标题为“ANNE 创建”。相册效果如图 7-30 所示。

图 7-30

提示

如果用户所选择的图片是利用“光影魔术手”处理过的带有边框的图片或者使用拼接功能合成的图片，相册演示文稿的效果会更好，容纳的图片信息量会更大，如图 7-31 所示。

图 7-31

任务拓展

1. 二寸蓝底证件照

请根据提供的素材和效果图使用“光影魔术手”完成“二寸蓝底证件照”的制作。

（1）二寸照片宽 3.5 厘米、高 5.3 厘米，分辨率为 300 像素/英寸（大 2 寸/2R），如图 7-32 所示。

（2）将背景颜色换成暗红色，设置颜色值（R：231，G：31，B：24）。原图与效果图分别如图 7-33 所示。

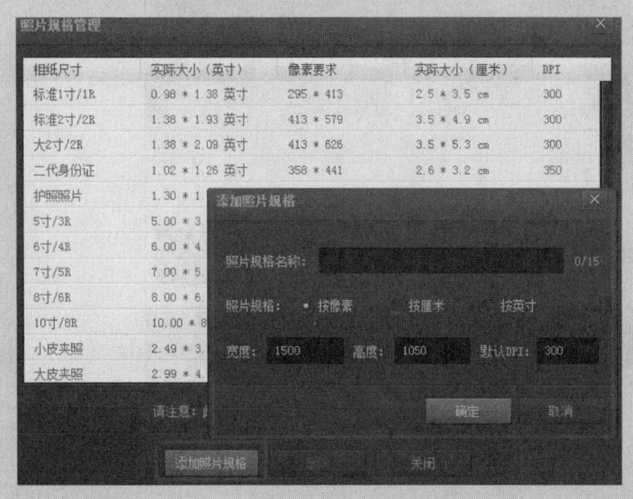

图 7-32

图 7-33

2. 文件互传

微信是目前我们应用最多的在线交流软件之一。它的“文件传输助手”可以帮助用户将计算机和手机进行无线连接，实现文件互传。

如图 7-34 所示，我们可以利用电脑版微信的“文件传输助手”将文件转至自己的手机，再转发给微信好友（或者直接选择电脑版微信上的某好友，直接发送文件）。同时，微信好友发来的文件，我们可以转发给自己的手机版“文件传输助手”，并在自己的电脑版微信上接收。这个过程与利用 QQ 帮助手机与计算机互传文件的过程很相似。

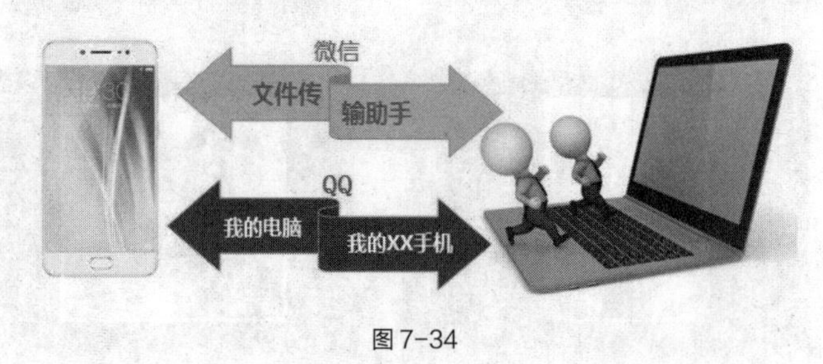

图 7-34

📖操作提示

（1）登录网页版微信，网页上会出现一个二维码，执行“微信”→“发现”→“扫一扫”，手机出现确认登录提示，确认后，登录网页微信成功。手机上出现“文件传输助手”，操作过程如图 7-35 所示。

（2）这样就可以在计算机和手机微信同时打开的情况下，以“文件传输助手”为中介，计算机向手机发送证件照图片文件，手机向计算机发送文档，如图 7-36 所示。

要求：请你在素材文件夹中选择任意一个图片文件和一个演示文稿文件，利用微信进行计算机与手机间的文件互传。

图 7-35

图 7-36

任务练习

1. 判断题

（1）光影魔术手软件中自动曝光的组合键是"Ctrl"+"Alt"+"M"。（　　）

（2）如果要把图片的背景颜色从红色变成绿色，使用抠图就能完成。（　　）

（3）"撕边"边框不是光影魔术手里提供的自带边框。（　　）

（4）使用"裁剪"功能裁剪掉多余的空白边，能使产品更加突出。（　　）

（5）由于拍摄时光线较暗导致拍摄的图像模糊，可以用白平衡一指键设置来调节。（　　）

2. 选择题

（1）光影魔术手是一款（　　）软件。

A. 图形绘制　　B. 动画制作　　C. 排版　　D. 图像处理

（2）光影魔术手图片缩放组合键是（　　）。

A. "Ctrl"+"Alt"+"X"　　B. "Ctrl"+"Shift"+"S"

C. "Ctrl"+"Alt"+"S"　　D. "Ctrl"+"Alt"+"T"

（3）要想去除人物图像中的斑点可以使用（　　）工具进行修复。

A. 人像美容　　B. 素淡人像　　C. 祛斑　　D. 人像褪黄

（4）去色的组合键是（　　）。

A. "Ctrl"+"U"　　B. "Ctrl"+"Shift"+"U"

C. “Alt” + “U”　　D. “Ctrl” + “Shift” + “Alt” + “U”

（5）（　　）是多图花边边框的组合键。

A. “Ctrl” + “Alt” + “M”　　B. “Ctrl” + “Alt” + “F”

C. “Ctrl” + “Alt” + “P”　　D. “Ctrl” + “Alt” + “Q”

（6）（　　）不是光影魔术手的功能。

A. 滤镜功能　　B. 图片裁剪　　C. 白平衡调整　　D. 负片效果

（7）光影魔术手的英文名称是（　　）。

A. Photoshop　　B. ACDSee　　C. NeoImaging　　D. Illustrator

任务 2　影音助手——音、视频软件

任务提出

在使用多媒体素材时，经常遇到音频与视频时长、格式的限制，需要对音频或视频文件进行截取和格式转换。

任务分析

会使用音频软件 GoldWave 进行音频的截取与格式转换，会使用狸窝全能视频转换器转换视频格式。

任务要点

- 常用音频格式
- 常用视频格式
- 音频软件 GoldWave
- 狸窝全能视频转换器

知识链接

7.2.1　常用音频格式

1. WAV 波形音频格式

WAV 是微软和 IBM 共同开发的 PC 标准声音格式。扩展名为.wav 的文件是一种通用的音频数据文件，用来保存一些没有压缩的音频，称为波形文件，依照声音的波形进行存储，因此占用的存储空间较大。CD 唱片包含的就是 WAV 格式的波形数据，只是扩展名没写成“.wav”而是“.cda”。WAV 文件也可以存放压缩音频，但其本身的文件结构使之更加适合于存放原始音频数据，其优点是易于生成和编辑，缺点是在保证一定音质的前提下压缩比不够，不适合在网络上播放。

2. MP3 格式

MP3 是一种音频压缩技术，其全称是动态影像专家压缩标准音频层面 3（Moving Picture Experts Group Audio Layer III）。MP3 可以大幅度地降低音频数据量。MP3 利用 MPEG Audio Layer 3 的技术，将音乐以 1:10 甚至 1:12 的压缩率压缩成容量较小的文件。而对于大多数用户来说，重放的音质与最初的不压缩音频相比没有明显地下降，其优点是压缩后占用空间小，适用于移动设备的存储和使用。

3. WMA 格式

WMA（Windows Media Audio）是微软公司推出的与 MP3 格式齐名的一种音频格式。WMA 在压缩比和音质方面超过了 MP3，更是远胜于 RA（Real Audio），即使在较低的采样频率下也能产生较好的音质。使用 Windows Media Audio 编码格式的文件以.wma 作为扩展名，非常适合用于网络流媒体。

4. RA 格式

RA 采用的是有损压缩技术，由于它的压缩比相当高，所以音质相对较差，但是所占的容量是最小的。因此，在高压缩比条件下，RA 格式表现好，但若在中、低压缩比条件下时，表现却反而不及其他同类型格式了。此外，RA 可以随网络带宽的不同而改变声音质量，以使用户在得到流畅声音的前提下，尽可能高地提高声音质量。RA 格式的这些特点导致其特别适合在网络传输速度较低的互联网上使用，互联网上的许多网络电台、音乐网站的歌曲试听都使用这种音频格式。

5. MIDI 格式

经常玩音乐的人应该常听到 MIDI（Musical Instrument Digital Interface）这个词，该技术最初应用在电子乐器上，用来记录乐手的弹奏，以便以后重播。随着在计算机里面引入了支持 MIDI 合成的声音卡，MIDI 正式成为了一种音频格式。

6. OGG 格式

OGG（OGG Vobis）是一种完全免费、开放和没有专利限制的音频压缩格式，支持多声道。

7.2.2　常用视频格式

1. MPEG 格式

动态图像专家组（Moving Picture Experts Group，MPEG）以视听媒体对象为基本单元，采用基于内容的压缩编码，以实现数字视音频、图形合成应用及交互式多媒体的集成。MPEG 系列标准对 VCD、DVD 等视听消费电子产品及数字电视和高清晰度电视（DTV&HDTV）的发展，及多媒体通信等信息产业的发展产生了巨大而深远的影响。

2. AVI 格式

音频视频交错（Audio Video Interleaved，AVI）格式是微软公司发表的，在视频领域可以说是最悠久的格式之一。AVI 格式调用方便、图像质量好，压缩标准可任意选择，是应用最广泛、也是应用时间最长的视频格式之一。

3. MOV 格式

QuickTime 原本是 Apple 公司用于 Mac 计算机上的一种图像视频处理软件，生成的视频格式为 MOV 格式。

4. ASF 格式

ASF（Advanced Streaming format，高级流格式）是 Microsoft 为了和 Real Player 竞争而发展出来的一种可以直接在网上观看视频节目的文件压缩格式。ASF 使用了 MPEG4 的压缩算法，压缩率和图像的质量都很不错，是一个可以在网上即时观赏的视频“流”格式。

5. WMV 格式

WMV 格式是一种独立于编码方式的在 Internet 上实时传播多媒体的技术标准，Microsoft 公司希望用其取代 QuickTime 之类的技术标准以及 WAV、AVI 之类的文件扩展名。WMV 格式的主要优点在于：可扩充的媒体类型、本地或网络回放、可伸缩的媒体类型、流的优先级化、多语言支持、扩展性等。

6. 3GP 格式

3GP 是一种 3G 流媒体的视频编码格式，主要是为了配合 3G 网络的高传输速度而开发的，也是目前手机中最为常见的一种视频格式。

7. FLV 格式

FLV（Flash Video）是一种流媒体视频格式。它形成的文件极小、加载速度极快，使得在网络上观看视频成为可能。

8. RMVB 格式

RMVB 的前身为 RM 格式，是 Real Networks 公司所制定的音频视频压缩规范，根据不同的网络传输速率，而制定出不同的压缩比率，从而实现在低速率的网络上进行影像数据实时传送和播放，具有体积小、画质优的优点。

9. WebM 格式

该模式由 Google 提出，是一个开放、免费的媒体文件格式。

7.2.3 音频软件 GoldWave

GoldWave是一个功能强大的数字音乐编辑器，可以方便地实现声音的编辑、播放、录制及格式转换。GoldWave体积小，功能强，支持许多格式的音频文件，包括 WAV、OGG、VOC、IFF、AIFF、AIFC、AU、SND、MP3、MAT、DWD、SMP、VOX、SDS、AVI、MOV、APE 等音频格式，还可从 CD、VCD 和 DVD 或其他视频文件中提取声音。GoldWave 含有丰富的音频处理特效，从一般特效如多普勒、回声、混响、降噪到高级的公式计算，可以实现更多的音频效果，是一款深受广大用户喜爱的音频处理软件，工作环境如图 7-37 所示。

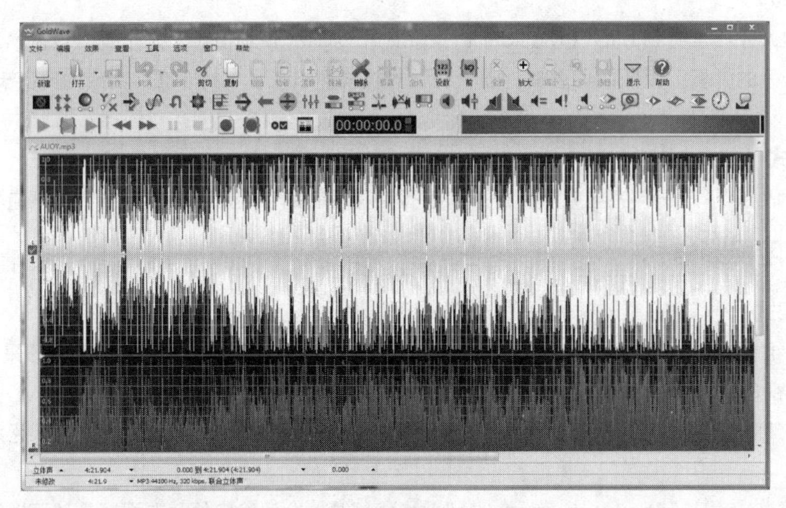

图 7-37

7.2.4 狸窝全能视频转换器

狸窝全能视频格式转换器是一款功能强大、界面友好的全能型音视频转换及编辑工具，可以快速在各种类型的视频格式之间任意相互转换，同时也是一款简单易用、功能强大的音视频编辑器。利用狸窝全能视频转换器的视频编辑功能，用户可以编辑自己拍摄或收集的视频，使其独一无二、特色十足。在视频转换设置中，该转换器还可以对输入的视频文件进行可视化编辑（如截取视频片段、剪切视频黑边、添加水印、视频合并、调节亮度和对比度等），工作环境如图 7-38 所示。

图 7-38

任务实施

使用 GoldWave 截取音频文件高潮部分并保存。

1. 启动 GoldWave 打开音频文件

执行“开始”→“所有程序”→“GoldWave”命令，启动 GoldWave 后，执行“文件”→“打开”命令（或按“Ctrl”+“O”组合键），出现“打开声音文件”对话框，在对话框中选择要打开的素材文件“7-2-1素材.mp3”，如图 7-39 所示，单击“打开”按钮。

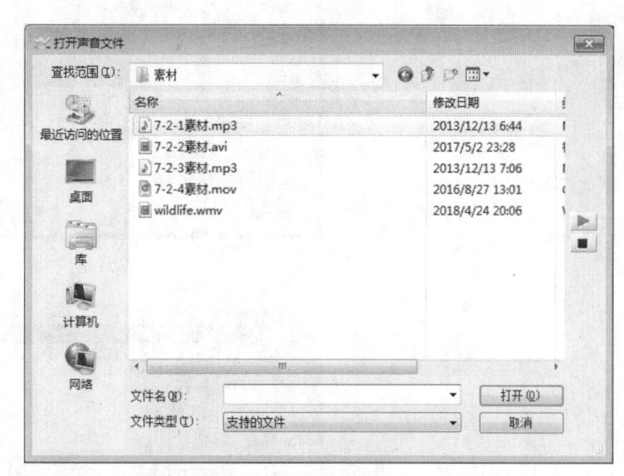

图 7-39

2. 截取音频

（1）选择截取音频的开始和结束的位置。

单击“播放”按钮播放音频，在音频播放的过程中，将开始标记拖动到高潮的开始位置，将结束标记拖动到高潮的结束位置，如图 7-40 左图所示。

（2）截取音频。

单击工具栏上的“剪裁”按钮，如图 7-40 右图所示，完成音频文件高潮部分的截取。

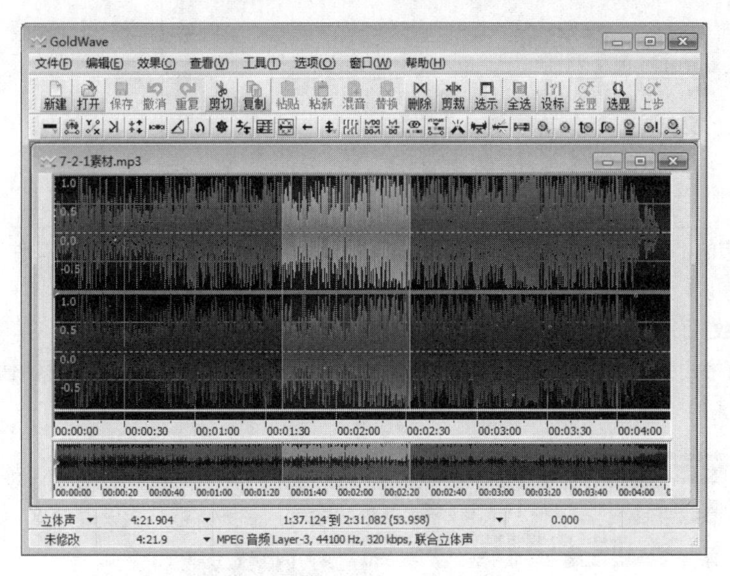

剪裁

图 7-40

3. 保存音频文件

执行“文件”→“另存为”命令，在弹出的“保存声音为”对话框中设置保存的路径，设置保存类型为“MP3”，文件名为“7-2-1 效果.mp3”，如图 7-41 所示，单击“保存”按钮完成文件的保存。

4. 转换格式

使用狸窝全能视频转换器将 WEBM 视频格式转换为 AVI 视频格式。

1. 启动狸窝全能视频转换器添加视频

（1）启动狸窝全能视频转换器。

选择“开始”→“所有程序”→“狸窝全能视频转换器”命令，启动狸窝全能视频转换器，启动后的界面如图 7-42 所示。

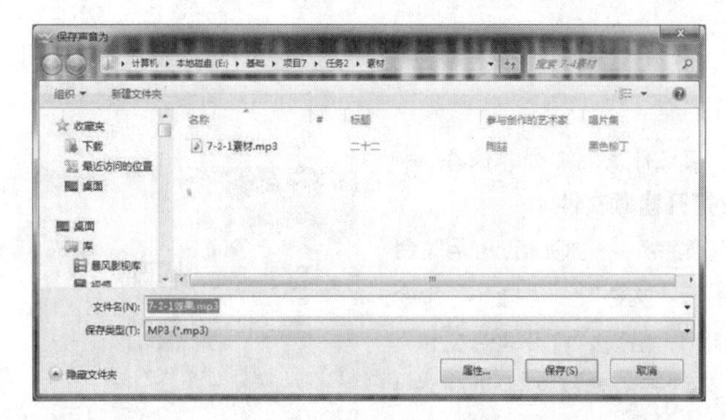

图 7-41

图 7-42

（2）添加视频文件。

单击图 7-42 窗口左上方的“添加视频”按钮，在弹出的“打开”对话框中选择视频素材文件“7-2-2 素材.webm”，单击“打开”按钮。

2．设置视频的转换的参数

选择“预置方案”的输出格式为“.avi”格式，设置“视频质量”为“高等质量”，指定文件的输出目录，如图 7-43 所示，单击窗口右下角的“转换”按钮，启动转换过程。

图 7-43

3．完成转换

启动转换过程后，软件会切换到图 7-44 所示的视频格式转换界面，待转换进度达到 100%，视频转换过程即正常结束。

图 7-44

任务拓展

请根据提供的素材和效果文件使用 GoldWave 完成音频文件“7-2-3 素材.mp3”高潮部分的截取，并将文件声音增大；使用狸窝全能视频转换器将视频文件“7-2-4 素材.mov”转换为 RMVB 视频格式，并设置音、视频均为高等质量。

提示

（1）GoldWave 中可以使用“更改音量”按钮更改声音大小。

（2）狸窝全能视频转换器在转换视频格式时可以通过视频质量和音频质量设置输出视频文件的音频和视频质量。

任务练习

1. 判断题

（1）MP3 音频文件格式是一种无损的音频压缩格式。(　　)

（2）GoldWave 音频处理软件不能对音频添加一些特殊效果。(　　)

（3）狸窝全能视频转换器只能完成视频格式的转换与编辑，不能处理音频。(　　)

（4）狸窝全能视频转换器不但可以完成视频格式转换，还可以为视频添加效果。(　　)

（5）WMA 是一种音频格式。(　　)

2. 选择题

（1）下列音频文件类型中，音质较好的是 (　　)。

A. WAV　　B. MP3　　C. MIDI　　D. OGG

（2）以下是视频文件格式的是 (　　)。

A. WMA　　B. RA　　C. RMVB　　D. MP3

（3）下列音质最好的是 (　　)。

A. MP3 音频文件　　B. CD 光盘　　C. VCD 光盘　　D. 收音机

（4）以下不属于狸窝全能视频转换器处理范围的是 (　　)。

A. 添加水印　　B. 调节亮度　　C. 视频合并　　D. 中文转换为英文

（5）以下不属于 GoldWave 音频特效处理的是 (　　)。

A. 多普勒　　B. 回声　　C. 格式转换　　D. 降噪

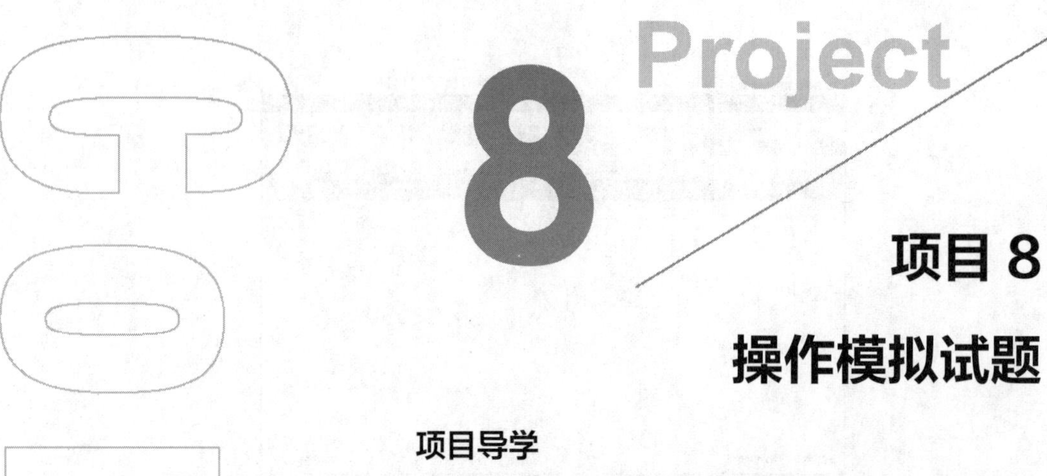

项目 8

操作模拟试题

项目导学

本项目主要提供了 Office 2010 办公系列软件中的 Word 2010、Excel 2010 和 PowerPoint 2010 的操作练习，帮助读者进行常规操作的复习和总结，以适应各类计算机应用能力水平测试的需要。

学习目标

- 能够熟练使用 Word 2010、Excel 2010 和 PowerPoint 2010 进行文字编辑、数据处理和演示文稿制作
- 熟练掌握 Word 2010、Excel 2010 和 PowerPoint 2010 的基本操作
- 培养信息素养，提升信息整理、加工能力
- 培养分析、解决实际问题的能力

8.1 Word 2010 操作模拟试题

试题 1

1. 编辑与排版：打开素材文件夹下的“海洋馆.docx”文件，按要求操作

（1）基本编辑。

① 删除文章中的所有空行。

② 将文章中“（一）发展”和“（二）雏形”两部分内容互换位置，并修改编号。

③ 将文章小标题中所有的括号“（ ）”替换为中括号“【 】”。

（2）排版操作。

① 设置页边距上、下为 2.4 厘米，左、右为 2 厘米；纸张大小为 A4；页眉页脚边距为 1.5 厘米。

② 将文章标题中的“海洋馆”设置为隶书，颜色为标准色中的深蓝色，另外设置为一号字、加粗、水平居中对齐，段前、段后间距各 1 行。

③ 用“Ctrl”键配合鼠标左键同时选中文章小标题（【一】雏形、【二】发展、【三】完善），将其设置为楷体、标准色中的蓝色、加粗、四号字、左对齐、段前 0.5 行。

④ 文章其余部分文字（除标题以外的部分）设置为楷体、常规、四号字，首行缩进 2 字符，1.5 倍行距。

⑤ 给文章插入页眉“海洋馆”，且样式为宋体、五号字、水平居中对齐。在页脚插入页码，样式为“加粗显示的数字”“第 x 页共 Y 页”（X 表示当前页数，Y 表示总页数），水平居中对齐。

（3）图文操作。

① 在文章中插入素材文件夹下的图片文件“鱼.jpg”，将图片宽度、高度设置为原来的 110%，为图片添加图注（使用简单文本框）“水族馆”；文本框高 0.8 厘米、宽 2 厘米，无填充颜色，无线条颜色；图注的字体为楷体、加粗、小四号字，颜色为标准色中的黄色，文字水平居中对齐。

② 将图片和图注左右居中对齐、垂直底端对齐后组合。将组合后的图形环绕方式设置为“上下型”，距正文上、下均为 0 厘米；图形的位置为水平距页边距右侧 6 厘米、垂直距页边距下侧 13 厘米。

（4）保存操作。

将排版后的文件以原文件名存盘。

2. 表格操作：新建空白文档，按要求操作

① 插入一个 5 行 5 列的表格。

② 第 1 列和第 4 列的列宽为 3 厘米，其余列宽为 2 厘米。

③ 所有行高为固定值 1.3 厘米。

④ 参照样张，合并单元格，添加斜线。

⑤ 绘制 0.5 磅双线边框，其余为 0.5 磅单线，颜色均为标准色蓝色。第 1 列设置底纹为标准色中的浅绿色。

⑥ 设置表格水平居中，所有单元格对齐方式为中部居中。

⑦ 将文档命名为“表格 1.docx”并保存。

样张分别如图 8-1、图 8-2 所示。

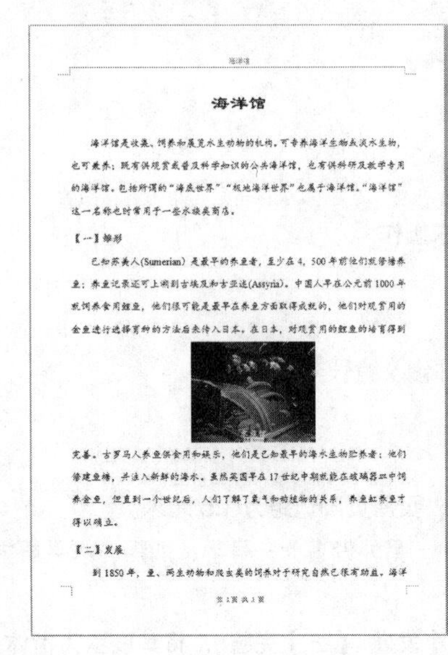

海洋馆

海洋馆

海洋馆是收集、饲养和展览水生动物的机构。可专养海洋生物或淡水生物，也可兼养；既有供观赏或普及科学知识的公共海洋馆，也有供科研及教学专用的海洋馆。包括所谓的“海底世界”“极地海洋世界”也属于海洋馆。“海洋馆”这一名称也时常用于一些水族类商店。

【一】雏形

已知苏美人(Sumerian) 是最早的养鱼者，至少在4，500年前他们就修塘养鱼；养鱼记录还可上溯到古埃及和古亚述(Assyria)。中国人早在公元前1000年就饲养食用鲤鱼，他们很可能是最早在养鱼方面取得成就的，他们对观赏用的金鱼进行选择育种的方法后来传入日本。在日本，对观赏用的鲤鱼的培育得到完善。古罗马人养鱼供食用和娱乐，他们是已知最早的海水生物贮养者；他们修建鱼塘，并注入新鲜的海水。虽然英国早在17世纪中期就能在玻璃器皿中饲养金鱼，但直到一个世纪后，人们了解了氧气和动植物的关系，养鱼缸养鱼才得以确立。

【二】发展

到1850年，鱼、两生动物和爬虫类的饲养对于研究自然已很有助益。海洋

第1页 共2页

海洋馆

馆一词首次出现在英国鸟类学家戈斯（Philip Gosse）的著作中。他和其他人的著作引发了公众对水生生物的兴趣。世界上第一个供展览用的海洋馆于1853年在英国摄政公园(Regent's Park) 对公众开放。以后，柏林海洋馆、那不勒斯海洋馆、巴黎海洋馆相继建立。

马戏团创办人巴纳姆(P. T. Bamum) 认识到商业上利用活的水生动物的可能性，于1856年在美国纽约博物馆开设第一家供展览用的私营的海洋馆。到1928年，全世界共有公立或私营的海洋馆45所，此后，发展速度减慢，直到第二次世界大战后才出现了几个新的大型海洋馆。在亚洲，第一座海洋馆建于1930年，中国的青岛海洋馆在蔡元培、杨杏佛等人倡议下，靠社会募捐建立。

【三】完善

现在世界上许多城市都设有公立的以及营业性的海洋馆。另一类海洋馆则是主要以科学研究为目的，其中最著名的有那不勒斯海洋馆、摩纳哥海洋学研究所的海洋馆、英格兰普里茅斯（Plymouth)海洋生物站的普里茅斯海洋馆以及加利福尼亚州拉霍拉(La Jolla)的斯克利普斯（Scripps）海洋学研究所的海洋馆。还有一类海洋馆则是在各世界博览会和展览会上供展览用的临时性的海洋馆。

佛罗里达海洋世界(Marineland) 是第一个大型海洋馆，于1938年向公众开放，为一私人企业；其特点是使用巨型鱼类水箱和经过训练的海豚。加利福尼亚帕洛斯弗迪斯（Palos Verdes）的太平洋海洋世界以及迈阿密的海洋馆都与此相仿。这一类型海洋馆的特殊价值在于其巨型水箱，每个容量达一百万加仑，各种鱼类放养其中，并不分隔开。而在正式的海洋馆中（如芝加哥的谢德海洋馆（Shedd Aquarium），不同种类的鱼是分隔开的。

至1970年，世界海洋馆名录上已载有468个海洋馆。

第2页 共2页

图8-1

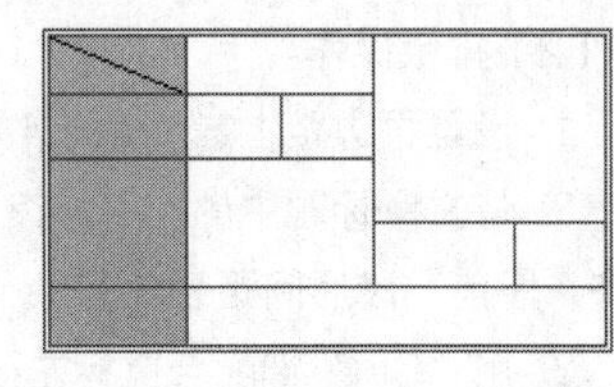

图8-2

试题2

1. 编辑与排版：打开素材文件夹下的“信息化.docx”文件，按要求操作

（1）基本编辑。

① 将文章中所有英文半角“()”替换为中文全角的“（ ）”。

② 将文中所有的“空格”去掉。

③ 将文中所有“农业农村”替换为绿色、粗体的“农业农村”。

（2）排版操作。

① 页边距上、下为2.6厘米，左、右为2厘米；纸张大小为自定义（21厘米×28厘米）。

② 将文章标题“农村信息改革政策措施”设为黑体、加粗、小号字，水平居中对齐，段前1行，段后1行。

③ 设置文章小标题［（一）加强组织领导，落实部门责任、（二）加强市场激励，鼓励社会力量参与、（三）完善标准体系，实现农业农村信息化规范化、（四）制定政策，增加资金投入（五）建立绩效评估机制，确保农民得实惠］为黑体、四号、粗体，左对齐，段后0.5行。

④ 设置文章中所有文字（大标题和小标题以外的部分）为宋体、小四号字，两端对齐，首行缩进2字符，行距为固定值18磅。

⑤ 插入“空白页眉”，然后输入文字“农村信息改革”，水平居中对齐；在页脚处插入页码，样式为“普通数字”“-x-”（X为页码），水平居中。

（3）图文操作。

① 在文章中插入“wordkt”文件夹下的图片文件“网络.jpg”，将图片宽度设为原来的80%，为图片添加图注“农业信息化平台结构拓扑图”（使用简单文本框），文字格式为宋体、五号、蓝色，文本框宽为7厘米、高为0.8厘米，文字相对文本框水平居中对齐，文本框无填充、无线条。

② 将图片和文字左右居中后组合。将组合后的图形环绕方式设置为“四周型”，自动换行设置为“只在左侧，水平距页边距右侧10厘米，垂直距段落下侧1厘米”。

（4）保存操作。

将排版后的文件以“农业信息化.docx”为文件名存盘。

2. 表格操作：新建空白文档，按要求操作

① 插入一个 6 行 5 列的表格。

② 设置表格第 1 行行高为固定值 1.2 厘米，其余行行高为固定值 0.7 厘米。

③ 按样表所示合并单元格，添加相应文字。

④ 设置表格自动套用格式，列表型 2 样式。

⑤ 设置表格中所有文字的单元格对齐方式为水平且垂直居中，整个表格水平居中。

⑥ 将此文档以“表格 2.docx”为文件名进行保存。

样张如图 8-3、图 8-4 所示。

农业信息化主要政策措施

（一）加强组织领导，落实部门责任

组建农业农村信息化行动计划协调小组，负责制定长期发展规划，提出相应方针政策，协调解决农业农村信息化行动实施中的重大问题。充分发挥各部门及相关机构在农业农村信息化工作中的重要作用，尤其要充分调动地方各级政府的积极性，发挥各级行政主管部门的作用，理清思路，明确任务，协同开展面向“三农”的信息服务，促进信息技术在农业农村领域的广泛应用，提高农业农村信息化水平。

农业信息化平台结构拓扑图

（二）加强市场激励，鼓励社会力量参与

坚持政府引导和市场运作相结合，不断完善涉农信息服务的激励机制，支持和鼓励社会各界参与农业农村信息化建设。加强各类涉农信息服务主体的社会责任。加大对农村信息资源开发和内容产业的扶持力度。将“信息下乡”“宽带下乡”纳入政策范围，鼓励企业开展“信息下乡”“宽带下乡”“家电下乡”等活动，发展涉农信息服务业，让农民普遍享受到先进实用、质优价廉的信息服务。

（三）完善标准体系，实现农业农村信息化规范化

研究制定农业农村信息化建设相关标准体系，建立健全相关工作制度，推动农业农村信息化建设规范化和制度化。建立信息采集和发布规范，以及信息分类、编码标准、数据交换等标准。

（四）制定政策，增加资金投入

研究制定将农业农村信息化投入纳入财政转移支付、农村基本建设预算和农村科教兴农的管理办法和规范，节约投资，保护投资。加大对经济欠发达地区、老少边穷地区的财政转移支付力度，明确农村地区的信息化投入。研究制定电信资费向农村倾斜的相关优惠政策，切实降低农村地区电信资费。加强涉农部门沟通协调，整合利用国家已向有关部门拨付的面向农村信息服务的专项资金，合力推进农业农村信息化建设。探索制定针对农民上网、乡村信息站、研发适合农业农村应用的信息技术产品企业的补贴和从事农村信息化的财税优惠政策，支持和鼓励社会资本参与农村信息化建设，逐步形成中央和地方、政府和企业共同支撑农业农村信息化的投入机制。

（五）建立绩效评估机制，确保农民得实惠

建立农业农村信息化统计与考核评价指标体系、量化考核标准和办法。加强对农业农村信息化项目立项、审批、设计、建设、监理、验收、应用等各个环节的监督和绩效评估。加大宣传推广力度，不断总结推广新的典型和好的做法，组织开展先进农村综合信息服务站和优秀信息服务员考核评估和表彰活动。以农民所得实惠为导向，定期开展农业农村信息化绩效评估。

图 8-3

各部门通信费清单				
电话费		网络通信费		总计
上半年	下半年	上半年	下半年	

图 8-4

试题 3

1. 编辑与排版：打开素材文件夹下的“淘宝网店如何定位.docx”文件，按要求操作

（1）基本编辑。

① 将文章中所有英文半角“:”替换为中文全角的“：”。

② 删除文章中所有的空行。

③ 将文中“1、价格（price）”与“2、产品（Product）”两段内容互换位置，并更改序号。

（2）排版操作。

① 页边距上、下为 2.4 厘米，左右为 3 厘米；纸张大小为 A4。

② 将文章标题“网店运营如何定位”设置为华文新魏、二号，颜色为标准色中的绿色，水平居中，段前 1 行，段后 1 行。

③ 设置文章小标题（一、3C 定位，二、4P 定位）为楷体、四号、粗体，左对齐，段前、段后间距均为 0.3 行。

④ 设置文章中所有文字（除标题和小标题以外的部分）为宋体、小四号字，左对齐，首行缩进 2 字符，行距为最小值 20 磅。

⑤ 将文章第 1 段文字分成等宽的两栏，有分隔线。

（3）图文操作。

① 在文章中插入艺术字“网店开张纳客，诚信为本”，艺术字样式设置为第 3 行第 1 列样式，字体设置为华文彩云、32 号字、粗体，设置艺术字的宽度为 7 厘米、高度为 6 厘米。

② 将艺术字的环绕方式设置为“四周型”，艺术字水平距页边距右侧 4 厘米，垂直距段落下侧 1 厘米。

（4）保存操作。

将排版后的文件以原文件名存盘。

2. 表格操作：打开“表格 3.docx”文档，按要求操作

① 在表格最后列的右边插入空列，输入列标题“总分”。

② 计算其左边相应 3 项成绩的总和，并按“总分”降序排列。

③ 设置表格列宽均为 2.5 厘米，行高均为固定值 0 .7 厘米，表格外边框线为 2. 25 磅、内边框线为 1 磅。

④ 设置表格第 1 行底纹为标准色中的橙色。

⑤ 设置表格中的文字水平、垂直均居中对齐。

⑥ 将文档以原文件名保存。

样张如图 8-5、图 8-6 所示。

淘宝网店如何定位

电子商务现在已经成了全民关注的事物，由于创富传说不断，精彩纷呈，于是很多人都一头扎进来了，然而当他们的脚真正地站在这里面的时候才发现，一切真的都是“浮云”了。其实这真的不奇怪，淘宝中很多这样的情况，尤其很多兼职的更是如此，究其原因还是前期的准备不足或者是店铺定位不明。

电子商务终归还是属于做生意，只不过是一种更为先进的商务模式，既然如此，那么它就还是适用于我们传统商业的一些活动规律和技巧，因此我觉得是可以运用营销学中的 3C 和 4P 原理来对我们网店做一个具体的战略定位分析的。

一、3C 定位

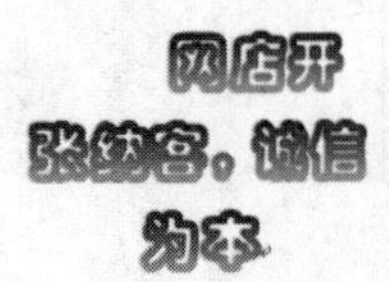

1、顾客（consumer）：你的网店的客户群是哪一些？他们有什么特征、特点？客户群的需求有什么？他们的消费趋势又是如何？消费能力怎么样？你对顾客的充分分析是你以后制定有针对性的促销政策的坚实的基础。其实这是在解决一个顾客需要什么的问题。

2、自己/公司（company）：个人（公司）的未来目标是什么？同时我有什么样的资源，这些资源对我的帮助是在哪里？有没有能够寻找到更加有利的其他优势？自己（公司）所经营的项目的特征是什么？行业特点又如何？自己（公司）产品的成本是否有优势？分析出自己（公司）的长短处来，至少让自己心中有数。

3、竞争（competition）：现在的淘宝网站上各行各业几乎都有，竞争是非常激烈的。要想胜出，我们就需要分析竞争对手，我们首先要知道对手是谁，寻找到与自己相近的竟品（或者行业的前几名），分析研究对手，对比分析出自己的优劣长短处来，同时要分析出目前的行业发展状况，知道自己与对手的优劣势，更要明白自己在行业中所处的竞争位置。在分析完这些问题之后，制定适合的营销策略，并细分任务制定可行的有利的战术配合完成整个战略。当然这里面还存在着节奏的掌握问题，也就是说，战术的利用方法、力度、时间、策略等都要结合竞争对手和行业的变化，之后这样才能够真正地达到好的效果。

二、4P 定位

4P 是营销学中的一个很重要的名词，简单地来说就是产品、价格、渠道、促销。随着营销学和商业运动的蓬勃发展，4P 逐渐延伸发展成 6P、4C 等更加宽广和符合现代商业的多角度名词，但是个人认为 4P 还是商业行为中最基本的东西，对于我们电子商务来说也是一样。

1、产品（product）：对于这一点我相信了解淘宝的人，货源的重要性就不需要我再赘述了。产品不给力很可能你的一切都是白做，质量是一个店铺的基石。当然我们所说的产品不仅仅只是说质量，还包括产品的效用、外观、式样、品牌、包装和规格， 还包括服务和保证等因素。由于电子商务的特殊性，有几个因素可能会更加重要，比如服务、包装等。

2、价格（price）：在很多人的心目中可能淘宝网的最大特点就是价格便宜，确实很多来网购的朋友都是奔着便宜来的。然而对于营销学 4P 中的价格来说，我更愿意将其理解为性价比，它包含基本的价格和折扣价格。而在电子商务中基本价格每天都在接受着不断新加入的卖家低价的考验，同样折扣促销也是在淘宝中随时随地地出现，怎么样让自己的产品既有利润又能畅销，真是一个大学问，由此可见正确的定位自己产品的价格是每一个淘宝卖家必须好好思考的课题。

3、渠道（place）：在 4P 中渠道主要是指营销网络和流通渠道，而基于电子商务的特殊性此概念会有所不同，我认为可以分成进货渠道和物流配送，目前来说我们淘宝的卖家进货渠道大部分可以分成以下几种：厂家、批发市场拿货、网上分销，我相信大家对于这三种模式的利弊应该是很清楚的，也明白其重要性了；物流配送中的悲欢离合的故事也真是举不胜举了！

4、促销（promotion）：在 4P 中这个词的内涵很多，包括人员的促销、广告、宣传折扣等。同样这个词在淘宝中也耳熟能详了，为了销量淘宝卖家大部分是三天一大促销两天一小促销，然而有吸引力和有实际效果的促销却很少，所以促销该怎么去做、活动该怎么去进行，这都是我们必须好好来思考的，对店铺好好进行分析，在不同的阶段对于不同的定位做不同的促销，这很关键。

图 8-5

姓名	计算机基础	高等数学	大学英语	总分
王海	94	88	90	272
石鹏	83	93	85	261
张志明	76	80	79	235
黄小梅	67	87	78	232
李贵深	79	78	68	225
马涛	64	80	78	222

图 8-6

8.2　Excel 2010 操作模拟试题

试题 1

（1）打开“Excel1.xlsx”，完成以下操作。

① 针对 Sheet1 工作表完成以下操作：设置 C4:F14 单元格区域为数值型，负数形式第 4 种，一位小数。

② 针对“贷款”工作表完成以下操作：设置“金额”列的数据格式为货币型，负数形式第 4 种，2 位小数，无货币符号。

③ 根据“期限”列数据，使用公式填充“年利率”列，年利率分别是 1 年期 6.15、3 年期 6.40、5 年期 6.55、其余显示空白。

④ 根据“贷款日”及“期限”利用日期函数公式填充“到期日”的数据。

提 示

到期日的年份=贷款日的年份+期限。

⑤ 保存以上操作结果。

（2）在“Excel1.xlsx”里继续进行以下图表操作。

① 在 Sheet1 里建立带数据标记的折线图图表，分类轴标志为食品、服装、生活用品、耐用消费品；数据区域为 B3:F6。

② 在图表上方底端插入图表标题“部分城市消费水平对比”；在图表底部插入横坐标轴标题“日常消费”；在纵坐标轴插入竖排标题“最高 100”。

③ 设置图表区边框颜色为浅绿、外部右下斜偏移阴影；填充色从渐变填充中的“预设颜色”选择羊皮纸，类型为线性，方向为线性对角、左上到右下。

④ 设置绘图区填充颜色为金色年华 II，类型为矩形，方向为中心幅射。

样张如图 8-7、图 8-8 所示。

C2　　fx　=IF(B2=1,6.15,(IF(B2=3,6.4,(IF(B2=5,6.55)))))

	A	B	C	D	E	F	G
1	贷款日	期限	年利率	金额	到期日	银 行	
2	2012/4/1	1	6.15	20,000.00	2013/4/1	农业银行	

E2　　fx　=DATE(YEAR(A2)+1,MONTH(A2),DAY(A2))

	A	B	C	D	E	F
1	贷款日	期限	年利率	金额	到期日	银 行
2	2012/4/1	1	6.15	20,000.00	2013/4/1	农业银行

图 8-7

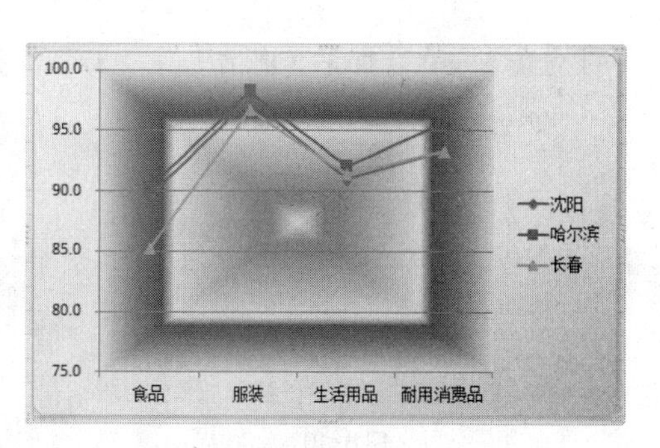

图 8-8

试题 2

（1）打开“Excel2.xlsx”工作簿，完成以下操作。

① 合并后居中 A1:H1 单元格，设置行高为 25，输入标题“存款信息览表”。

② 使用公式计算“本息”列，本息=金额×（1+年利率/100）。

③ 根据存入日与到期日数据，利用公式计算“期限”列数据（提示：用 year 函数，期限为年，数值型，无小数）。

④ 使用公式填充“赠品”列。当金额大于 50 000 时，赠品为“电饭堡”；当金额大于等于 30 000 且小于等于 50 000 时，赠品为“洗发水”；其余显示空白。

⑤ 将以上结果保存到文件夹中，并继续进行后续操作。

（2）利用“存款”工作表中的数据，进行高级筛选。

① 筛选条件：金额介于 30 000 与 50 000 之间（不包括 30 000、50 000），且“银行”为建设银行或工商银行。

② 条件区域：起始单元格定位在 H5。

③ 复制到：起始单元格定位在 H10。

（3）利用“统计”工作表中的数据，建立数据透视表（结果参见样张），要求如下。

① 报表筛选：期限；行标签：银行，统计“金额”之和。

② 结果放在新建工作表中，工作表名为“按银行统计”。

③ 结果仅显示期限为 5 的数据。

④ 将“按银行统计”工作表调整到“统计”工作表后。

⑤ 保存文件。

样张如图 8-9、图 8-10 和图 8-11 所示。

H5 =IF(D5>50000,"电饭煲",(IF(D5>=30000,"洗发水","")))

	B	C	D	E	F	G	H	I
1	存款信息览表							
2	期限	年利率	金额	本息	到期日	银 行	赠品	
3	1	3.00	20000	20600	2013/4/1	农业银行		
4	1	3.00	18000	18540	2013/9/1	建设银行		
5	1	3.00	55000	56650	2013/10/1	工商银行	电饭煲	
6	1	3.00	28000	28840	2013/5/1	中国银行		
7	3	4.25	25000	26063	2015/2/1	中国银行		
8	3	4.25	16000	16680	2016/5/1	农业银行		
9	3	4.25	36000	37530	2015/7/1	中国银行	洗发水	
10	3	4.25	28000	29190	2015/8/1	中国银行		
11	3	4.25	38000	39615	2015/12/1	建设银行	洗发水	
12	3	4.25	22000	22935	2016/1/1	农业银行		
13	3	4.25	52000	54210	2016/3/1	农业银行	电饭煲	

图 8-9

金额	金额	银 行	银 行	
>30000	<50000	建设银行		
>30000	<50000		工商银行	
存入日	期限	年利率	金额	银 行
12/01/12	3	4.25	38000	建设银行
11/01/12	5	4.75	34000	工商银行
08/01/05	3	4.25	40000	工商银行
12/30/10	3	4.25	36000	工商银行
06/06/09	3	4.25	45000	建设银行
10/01/10	3	4.25	35000	工商银行
10/01/11	5	4.75	32000	建设银行

图 8-10

	A	B	C
1	期限	5	
2			
3	行标签	求和项:金额	
4	工商银行	173000	
5	建设银行	90000	
6	农业银行	128000	
7	中国银行	61000	
8	总计	452000	
9			
10			
11			
12			
13			

存款 / 统计 / 按银行统计

数据透视表字段列表

选择要添加到报表的字段：

☑期限
☐年利率
☑金额
☑银 行

在以下区域间拖动字段：

报表筛选：期限

列标签：

行标签：银 行

数值：求和项:金额

☐ 推迟布局更新　更新

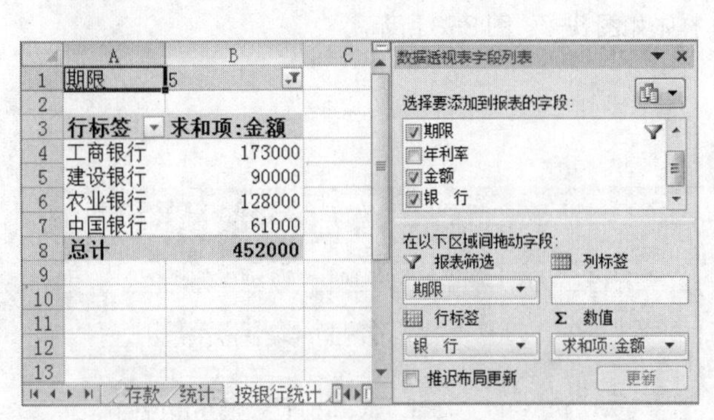

图 8-11

试题 3

打开文件夹下的“Excel3.xlsx”文件，按下列要求操作。

（1）编辑工作表 Sheet1：合并 A1:I1 单元格，文本水平右对齐，并为 A3:O3 单元格区域添加 12.5%的灰色底纹图案。

（2）将 A5:O34 单元格文字设置为黑体、14 磅、水平居中，自动调整列宽。

（3）填充数据：填充“工号”列，工号分别为 HJ01、HJ02、HJ03、HJ29。

（4）使用公式计算“应出勤”“实出勤”“全勤奖”“应发工资”“罚款”“实发工资”列数据。各项数据计算公式如下。

应出勤=发工资日期−起止日期。

实出勤=应出勤−事假−病假−旷工。

全勤奖：当实出勤与应出勤天数相等时，全勤奖为 1 000，其余为 0。

应发工资=基本工资+全勤奖。

罚款=事假×事假 1 天扣款+病假 x 病假 1 天扣款+旷工 x 旷工 1 天扣款。

实发工资=应发工资−借支−罚款。

（5）将以上结果保存。

（6）利用 Sheet2 工作表数据制作簇状柱形图。

（7）分类轴为“单位名称”；数值轴为“服装和化妆品”。

（8）在图表上方插入图表标题“各商场销售金额对比图”，主要纵坐标轴标题为销售额（元）。

（9）图表位置设置为“作为新工作表插入”；名称为“销售额对比”。

（10）图表标题格式为隶书、20 磅、蓝色。

（11）主要纵坐标轴刻度最小值为 0、最大值为 360 000，主要刻度单位为 30 000，次要刻度单位为 6 000，数字使用千位分隔符。

（12）绘图区：设置填充的“预设颜色”为红木，类型为线性，方向为线性向下。

（13）保存文件。

样张如图 8-12、图 8-13 所示。

N16 =G16*$Q$14+H16*$R$14+I16*$S$14

2013年2月工资表

工程项目名称：豪景花园　　工资发放日期：2013年2月28日

工号	姓名	岗位	基本工资	起止日期	应出勤	事假	病假	旷工	实出勤	全勤奖	应发工资	借支	罚款	实发工资
HJ01	陈冲	管理	3000	2013/1/31	28				28	1000	4000		0	4000
HJ02	任福发	监理	5000	2013/1/31	28	1			27	0	5000		10	4990
HJ03	戴起胜	工勤	1500	2013/1/31	28				28	1000	2500		0	2500
HJ04	姜林宏	工勤	1500	2013/1/31	28				28	1000	2500		0	2500
HJ05	杨晓川	工勤	1500	2013/1/31	28				28	1000	2500		0	2500
HJ06	梁汝慧	工勤	1500	2013/1/31	28		6		22	0	1500		30	1470
HJ07	刘鹏阳	管理	3000	2013/2/5	23				23	1000	4000		0	4000
HJ08	邹远嵘	监理	5000	2013/2/5	23				23	1000	6000		0	6000
HJ09	刘泳静	工勤	1500	2013/2/5	23				23	1000	2500		0	2500
HJ10	吴倩	工勤	1500	2013/2/5	23				23	1000	2500		0	2500
HJ11	许竹浒	工勤	1500	2013/2/5	23	1		10	12	0	1500		210	1290
HJ12	贺强	工勤	1500	2013/2/5	23				23	1000	2500		0	2500

缺勤1天扣款金额（元）		
事假1天扣款	病假1天扣款	旷工1天扣款
10	5	20

图 8-12

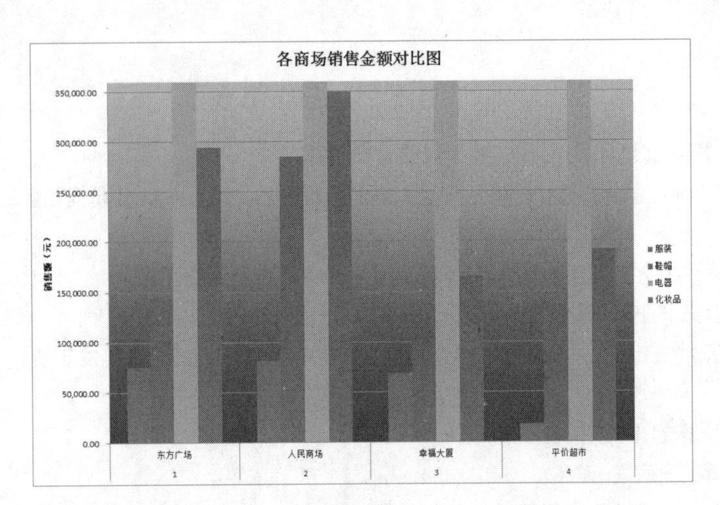

图 8-13

8.3 PowerPoint 2010 操作模拟试题

试题 1

打开“ppt1.pptx”文件，进行以下操作。

（1）为第 2 张幻灯片中的图片添加动画：进入效果为“基本缩放”；效果选项为“从屏幕中心放大”；开始为“单击鼠标时”。

（2）为第 4 张幻灯片中的文本框“更多......”添加超链接，链接到新浪网。

（3）添加第 5 张幻灯片，版式为“空白”，在第 5 张幻灯片中添加艺术字“谢谢欣赏”，艺术字样式为“第 4 行 1 列的样式”。艺术字格式为隶书、60 磅、加粗。

（4）将所有幻灯片的动画设置为“擦除”，效果选项为“自左侧”。

样张如图 8-14 所示。

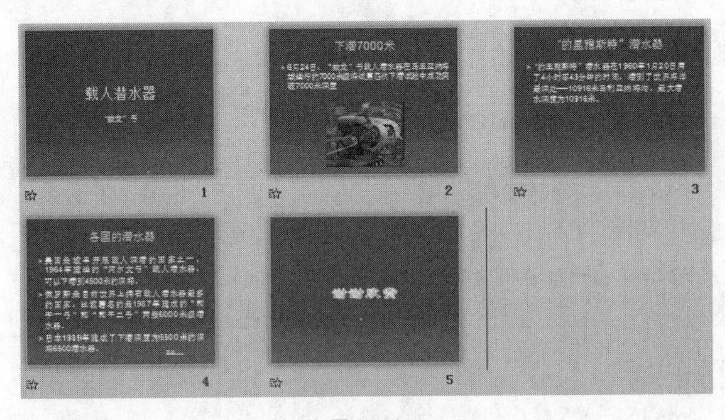

图 8-14

试题 2

打开“ppt2.pptx”，进行以下操作。

（1）将第 1 张幻灯片的背景设置为“预设颜色”的“宝石蓝”，类型为“线性”，方向为“线性对角-右上到左下”。

（2）在末尾添加一张空白版式的幻灯片，插入文本框，输入文字“谢谢观赏”，设置字体为华文彩云，样式为

72 磅、红色。

（3）为第 4 张幻灯片的文本占位符中的文本添加动画，且为“自顶部飞入”，开始时间为“从上一项之后延迟 1 秒”。

（4）在第 4 张幻灯片的右下角添加自定义动作按钮，按钮文本为“返回”，为该按钮添加动作“鼠标移过时链接到第 2 张幻灯片”。

（5）设置所有幻灯片的切换效果为“随机线条”，效果选项为“水平”。

（6）保存文件。

样张如图 8-15 所示。

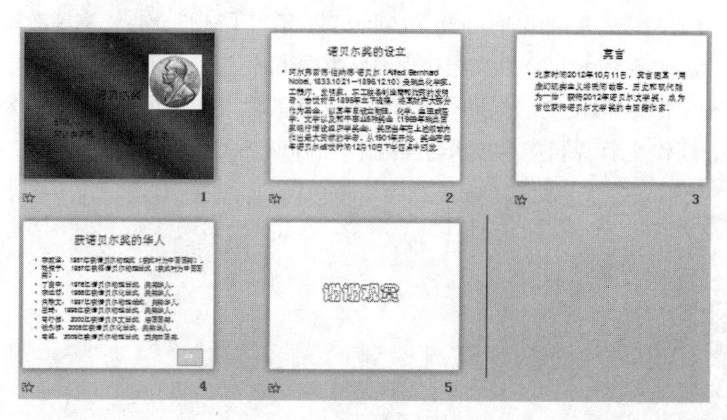

图 8-15

试题 3

打开“ppt3.pptx”，进行以下操作。

（1）将素材文件夹下的演示文稿“中国与哥德巴赫猜想.pptx”中的幻灯片添加到第 4 张幻灯片之后。

（2）在第 4 张幻灯片的右下角添加动作按钮“自定义样式”，按钮高度为 1.2 厘米、宽度为 4.5 厘米。

（3）在按钮上添加文本“中国与哥德巴赫猜想”，文本字号为“12 磅”，单击鼠标时链接到第 5 张幻灯片。

（4）设置前 4 张幻灯片的切换方式为“时钟”，效果选项为“楔入，风声”，每隔 5 秒换片。

（5）为第 5 张幻灯片中的文本设置动画效果为“擦除”，效果选项为“自顶部”。

（6）在演示文稿中应用素材文件夹中的设计模板“MLayer.pot”。

（7）保存文件。

样张如图 8-16 所示。

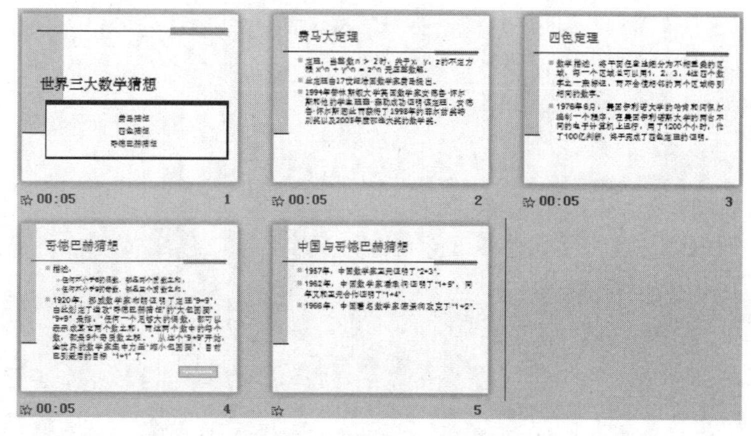

图 8-16

参考文献

［1］侯冬梅.计算机应用基础（第二版）［M］.北京：中国铁道出版社，2014.

［2］互联网+计算机教育研究院.大学计算机基础（微课版）［M］.北京：人民邮电出版社，2015.

［3］高林，陈承欢.计算机应用基础（Window 7+Office 2010）［M］.北京：高等教育出版社，2014.

［4］黄桂林，江义火，郭燕.Word 2010 文档处理案例教程［M］.北京：航空工业出版社，2012.

［5］谢海燕，吴红梅.Office 2010 办公自动化高级应用实例教程［M］.北京：中国水利水电出版社，2013.

［6］陈晴，刘斌舫，汪作文.计算机应用技术与实践（Window 7+Office 2010）（第二版）［M］.北京：中国铁道出版社，2012.

微课：本书任务练习答案